回归分析与线性统计模型

林建忠◎编

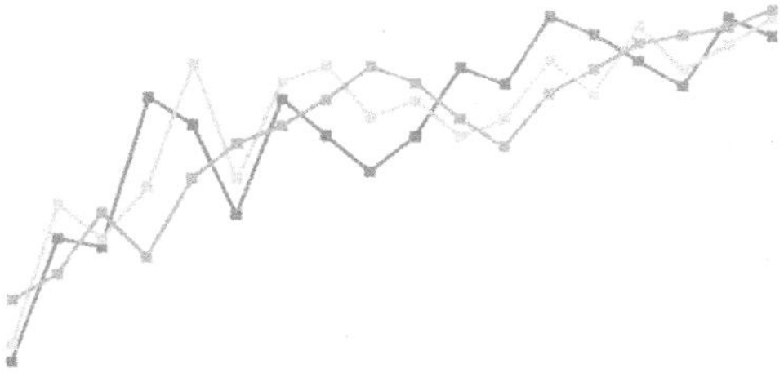

上海交通大学出版社
SHANGHAI JIAO TONG UNIVERSITY PRESS

内容提要

本书介绍了几种典型的线性统计模型及其建模分析方法，不仅详细讲解了各种理论公式的推导过程，还就具体的案例数据结合统计软件展示数据分析的各个步骤.此外，每章还配备一定数量的理论习题与上机实验题.

本书可作为普通高等院校应用统计硕士专业学位研究生基础课程教材，也可作为数学专业大四学生和其他学科研究生统计课程的教学参考书，以及业界数据分析师的参考用书.

图书在版编目(CIP)数据

回归分析与线性统计模型/ 林建忠编. —上海：
上海交通大学出版社，2018(2021 重印)
ISBN 978-7-313-20166-9

Ⅰ. ①回… Ⅱ. ①林… Ⅲ. ①回归分析—高等学校—
教材②线性回归—统计模型—高等学校—教材 Ⅳ.
①O212.1

中国版本图书馆 CIP 数据核字(2018)第 209552 号

回归分析与线性统计模型

主　　编：林建忠
出版发行：上海交通大学出版社　　地　　址：上海市番禺路 951 号
邮政编码：200030　　电　　话：021-64071208
印　　制：苏州古得堡数码印刷有限公司　　经　　销：全国新华书店
开　　本：710 mm×1000 mm　1/16　　印　　张：21.5
字　　数：392 千字
版　　次：2018 年 9 月第 1 版　　印　　次：2021 年 9 月第 3 次印刷
书　　号：ISBN 978-7-313-20166-9
定　　价：58.00 元

前言

在大数据时代，探索由工作进程所产生的数据集中各变量之间的关系已成为十分重要的问题.大数据时代的数据集不仅变量繁多，而且变量性状多样化及变量间层次结构复杂化.数据分析的实践表明，拟合这类数据集中多变量复杂关系的模型往往首先考虑的是线性统计模型.广义上说，线性统计模型包括线性回归模型、可以线性化的非线性模型、方差分析模型、广义线性模型和混合效应类线性模型等一大类应用广泛的统计模型.对实际数据建立统计模型过程中所使用的两个基本建模分析方法包括回归分析方法和方差分析方法.

回归分析法是确定两种或两种以上变量间相互依赖的定量关系的一种统计分析方法.由于实际数据集中的变量与变量之间的定量关系事先是未知的，回归分析方法强调从多个视角评判数据所拟合的统计模型的逻辑合理性，运用十分广泛.线性统计模型的理论及其相应的分析方法也是进一步学习和研究其他统计建模方法的基础.正是由于这些原因，线性统计模型及其建模分析方法不仅成为统计专业本科生和研究生的基础课，而且也是生物、医学、经济、管理、商业、金融、工程技术及社会科学等学科的本科生和研究生统计课程的重要内容.

本书以回归分析方法作为线性回归模型建模分析的主线，然后将这一方法逐步引入到方差分析模型、协方差分析模型和混合效应类线性模型的建模分析过程中.在这个过程中,方差分析方法是自然代入的.全书共 12 章.第 1 章预备知识汇总了本书所需的矩阵和随机向量知识;第 2、3 章系统讨论了多元线性回归模型的参数估计、假设检验和模型设定的恰当性检验;第 4、5、6 章介绍了模型设定不恰当及病态数据情形下的几种模型校正方法;第 7 章就实际数据展示了如何搭建和验证各种可能扩展的线性模型;第 8 章讲解了能够处理具有一般随机特征响应变量的广义线性模型;第 9、10 章系统探讨了能够分析因变量与定性型自变量线性关系的方差分析模型和协方差分析模型,第 11、12 章介绍了能够分析具有随机效应和分层结构数据特征的几种混合效应类线性模型及面板数据模型.

线性统计模型的类型十分丰富,本书旨在为应用统计硕士专业学位的研究生介绍这一领域最常用的几类模型,使读者对线性统计模型的建模分析方法有比较系统的了解,以便为今后更深入的学习打下良好的基础.正因为此,读者只要掌握了大学阶段的多元微积分、线性代数和初等概率统计知识,就可以阅读本书的内容.考虑到目前统计软件及介绍统计软件的书籍和网上资料繁多,因此本书对统计软件的具体操作不再详细介绍.本书的部分内容也可作为数学专业大四学生和其他学科研究生统计课程的教学参考书,以及业界数据分析师的参考用书.

在本书完稿之际,我要感谢所有关心和支持我写作和出版此书的人们.香港中文大学统计系张绍洪教授带我进入线性模型统计建模领域.自 2005 年以来,本教材的大部分内容在上海交通大学数学科学学院的《数据分析》和《回归分析与线性统计模型》课程中进行讲授,部分参加课程学习的同学也对课程的成功和本书的成书做出了贡献,其中张轶和杨宇弘两同学为本书各提供了一个案例.本书的写作和出版得到了教育部上海交通大学 2016 年深化专业学位研究生教育综合改革项目(项目编号：ZXZY071007)的重点资助，以及国家自然科学基金国际(地区)合作与交流项目“开放网络下医疗资源配置和优化的模型、算法及应用研究”(项目编号：71520107003)和上海交通大学 2017 年研究生“学科人才培养建设与创新-专业课建设”经费(经费号：WF610107101)的资助.

本书相关数据存放在本书作者在上海交通大学数学科学学院的个人网页内.

由于作者水平所限，书中存在的缺点和错误，恳请同行和广大读者批评指正.

林建忠

上海交通大学数学科学学院

2018 年 2 月

目录

1 预备知识

线性统计模型中的回归分析和方差分析等方法广泛使用了矩阵和随机向量的数学理论，国内外各类线性统计模型的著作都对这些结果进行了不同程度地介绍，如 *Matrix Analysis for Statistics*[1]《近代回归分析》[2]《线性模型引论》[3]《统计学中的矩阵代数》[4]等.本章仅就与本书有关的相关结果加以介绍.

1.1 实向量线性空间

一般的线性空间 S 是由向量组成的一个集合，集合中的元素是一般意义的向量，它可以是 n 维实数向量，也可以是满足一定条件的函数等.在线性空间 S 这个集合中定义了两种运算，即向量与向量之间的加法运算和向量与实数之间的乘法运算.此外，要求 S 中任意两个向量求和之后所得的向量仍然是 S 中的向量，即线性空间对向量加法运算封闭；S 中任意向量与任意实数相乘后仍然是 S 中的向量，即线性空间对向量与实数之间的数乘运算封闭.另外，向量之间的加法运算满足结合律和交换律，数乘运算满足结合律和分配律.本书仅简单介绍由 n 维实数向量按通常意义下的向量加法和数乘法所形成的线性空间 $\mathbf{R}^n$，简称 n 维实向量空间，直观上可以将它看成是二、三维实向量空间的自然推广.

考虑 n 维实数空间 $\mathbf{R}^n$ 中向量组 $\boldsymbol{a}_1, \boldsymbol{a}_2, \cdots, \boldsymbol{a}_k$ 的一切可能的线性组合构成的集合

$$S_0 = \left\{\boldsymbol{x} = \sum_{i=1}^{k} \alpha_i \boldsymbol{a}_i,\ \alpha_1, \alpha_2, \cdots, \alpha_k \in \mathbf{R}\right\},$$

S_0 也是线性空间，称为 $\mathbf{R}^n$ 的子空间.若记 $\boldsymbol{A}=(\boldsymbol{a}_1, \boldsymbol{a}_2, \cdots, \boldsymbol{a}_k)$，则 $S_0=\{\boldsymbol{x}=\boldsymbol{A}\boldsymbol{t}, t \in \mathbf{R}_k\}$，它是矩阵 $\boldsymbol{A}$ 的列向量张成的子空间，记为 $S_0=\mathcal{M}(\boldsymbol{A})$. 如果子空间 S_0 由一组线性无关的向量 $\boldsymbol{a}_1, \boldsymbol{a}_2, \cdots, \boldsymbol{a}_k$ 张成，则称 $\boldsymbol{a}_1, \boldsymbol{a}_2, \cdots, \boldsymbol{a}_k$ 为 S_0 的一组基，k 称为 S_0 的维数，记作 $k=\dim(S_0)$. 记矩阵 $\boldsymbol{A}$ 的秩为 $\mathrm{rk}(\boldsymbol{A})$，容易证明 $\dim \mathcal{M}(\boldsymbol{A})=\mathrm{rk}(\boldsymbol{A})$.

对 $\mathbf{R}^n$ 中的任意两个向量 $\boldsymbol{a}=(a_1, a_2, \cdots, a_n)^{\mathrm{T}}$，$\boldsymbol{b}=(b_1, b_2, \cdots, b_n)^{\mathrm{T}}$，定义它们的内积为 $(\boldsymbol{a}, \boldsymbol{b})=\boldsymbol{a}^{\mathrm{T}}\boldsymbol{b}=\sum_{i=1}^{n}a_ib_i$.若 $(\boldsymbol{a}, \boldsymbol{b})=0$，则称 $\boldsymbol{a}$ 与 $\boldsymbol{b}$ 正交，记为 $\boldsymbol{a}\perp\boldsymbol{b}$.若 $\boldsymbol{a}$ 与子空间 S 中的每一个向量正交，则称 $\boldsymbol{a}$ 正交于 S，记为 $\boldsymbol{a}\perp S$.称 $(\boldsymbol{a}^{\mathrm{T}}\boldsymbol{a})^{1/2}=\sqrt{\sum_{i=1}^{n}a_i^2}$ 为向量 $\boldsymbol{a}$ 的长度，记为 $\|\boldsymbol{a}\|$.设 S 为一子空间，容易证明

$$S^{\perp}=\{\boldsymbol{x}: \boldsymbol{x}\perp S\}$$

也是线性空间，称为 S 的正交补空间.设 $\boldsymbol{A}$ 为 $n\times k$ 矩阵，记 $\boldsymbol{A}^{\perp}$ 为满足条件 $\boldsymbol{A}^{\mathrm{T}}\boldsymbol{A}^{\perp}=\{\boldsymbol{0}\}$ 且具有最大秩的矩阵，则

$$\mathcal{M}(\boldsymbol{A}^{\perp})=\boldsymbol{A}^{\perp}. \tag{1-1}$$

对于一个线性空间 S，如果存在 k 个子空间 $S_1, S_2, \cdots, S_k$，使得对任意 $\boldsymbol{a}\in S$，可唯一分解为

$$\boldsymbol{a}=\boldsymbol{a}_1+\boldsymbol{a}_2+\cdots+\boldsymbol{a}_k,\ \boldsymbol{a}_i\in S_i(i=1, 2, \cdots, k),$$

则称 S 为 $S_1, S_2, \cdots, S_k$ 的直和，记为 $S=S_1\oplus S_2\oplus\cdots\oplus S_k$.若进一步假设，对任意的 $\boldsymbol{a}_i\in S_i$，$\boldsymbol{a}_j\in S_j$，$i\neq j$ 有 $\boldsymbol{a}_i\perp\boldsymbol{a}_j$，则称 S 为 $S_1, S_2, \cdots, S_k$ 的正交直和，记为 $S=S_1\dot{+}S_2\dot{+}\cdots\dot{+}S_k$，特别 $\mathbf{R}^n=S\dot{+}S^{\perp}$，对 $\mathbf{R}^n$ 的任意子空间 S 成立.设 $\boldsymbol{A}=(\boldsymbol{A}_1\vdots\cdots\vdots\boldsymbol{A}_k)$，$\mathcal{M}(\boldsymbol{A}_i)\mathcal{M}(\boldsymbol{A}_j)=\{\boldsymbol{0}\}$，$i\neq j$，则

$$\mathcal{M}(\boldsymbol{A})=\mathcal{M}(\boldsymbol{A}_1)\oplus\mathcal{M}(\boldsymbol{A}_2)\oplus\cdots\oplus\mathcal{M}(\boldsymbol{A}_k).$$

若进一步假设 $\boldsymbol{A}_i^{\mathrm{T}}\boldsymbol{A}_j=\boldsymbol{0}$，$i\neq j$，则

$$\mathcal{M}(\boldsymbol{A})=\mathcal{M}(\boldsymbol{A}_1)\dot{+}\mathcal{M}(\boldsymbol{A}_2)\dot{+}\cdots\dot{+}\mathcal{M}(\boldsymbol{A}_k),$$

对实向量线性空间的完整介绍可以参考其他相关书籍[1,5].

以下介绍几个以后讨论中经常用到的事实.

定理 1.1 对任意矩阵 $\boldsymbol{A}$，恒有 $\mathcal{M}(\boldsymbol{A})=\mathcal{M}(\boldsymbol{A}\boldsymbol{A}^{\mathrm{T}})$.

证明 显然 $\mathcal{M}(\boldsymbol{A}\boldsymbol{A}^{\mathrm{T}})\subset\mathcal{M}(\boldsymbol{A})$，故只需证 $\mathcal{M}(\boldsymbol{A})\subset\mathcal{M}(\boldsymbol{A}\boldsymbol{A}^{\mathrm{T}})$.事实上，对任给 $\boldsymbol{x}\perp\mathcal{M}(\boldsymbol{A}\boldsymbol{A}^{\mathrm{T}})$，有 $\boldsymbol{x}^{\mathrm{T}}\boldsymbol{A}\boldsymbol{A}^{\mathrm{T}}=\boldsymbol{0}$.右乘 $\boldsymbol{x}$，得 $\boldsymbol{x}^{\mathrm{T}}\boldsymbol{A}\boldsymbol{A}^{\mathrm{T}}\boldsymbol{x}=\|\boldsymbol{A}^{\mathrm{T}}\boldsymbol{x}\|^2=0$，故 $\boldsymbol{A}^{\mathrm{T}}\boldsymbol{x}=\boldsymbol{0}$.于是 $\boldsymbol{x}\perp\mathcal{M}(\boldsymbol{A})$.定理证毕.

定理 1.2 设 $\boldsymbol{A}_{n\times m}$，$\boldsymbol{H}_{k\times m}$，则

(1) $S=\{\boldsymbol{A}\boldsymbol{x}: \boldsymbol{H}\boldsymbol{x}=\boldsymbol{0}\}$ 是 $\mathcal{M}(\boldsymbol{A})$ 的子空间.

(2) $\dim(S)=\mathrm{rk}\begin{bmatrix}\boldsymbol{A}\\ \boldsymbol{H}\end{bmatrix}-\mathrm{rk}(\boldsymbol{H})$.

证明 (1) 显然成立,证明略;(2) 不妨设 $\mathrm{rk}(\boldsymbol{H})=k$(自然数 $k\leqslant m$),则存在 $m\times m$ 可逆阵 $\boldsymbol{Q}$,使得 $\boldsymbol{HQ}=(\boldsymbol{I}_k \vdots \boldsymbol{O})$,其中 $\boldsymbol{I}_k$ 为 k 阶单位矩阵.于是

$$\begin{aligned}\dim(S)&=\dim\left\{\begin{bmatrix}\boldsymbol{A}\\\boldsymbol{H}\end{bmatrix}\boldsymbol{x}:\boldsymbol{Hx}=\boldsymbol{0}\right\}=\dim\left\{\begin{bmatrix}\boldsymbol{A}\\\boldsymbol{H}\end{bmatrix}\boldsymbol{Qx}:\boldsymbol{HQx}=\boldsymbol{0}\right\}\\&=\dim\left\{\begin{bmatrix}\boldsymbol{U}_1&\boldsymbol{U}_2\\\boldsymbol{I}_k&\boldsymbol{O}\end{bmatrix}\boldsymbol{x}:(\boldsymbol{I}_k \vdots \boldsymbol{O})\boldsymbol{x}=\boldsymbol{0}\right\}=\dim\{\boldsymbol{U}_2\boldsymbol{x}_2:\boldsymbol{x}_2\text{ 任意}\}\\&=\mathrm{rk}(\boldsymbol{U}_2)=\mathrm{rk}\begin{bmatrix}\boldsymbol{U}_1&\boldsymbol{U}_2\\\boldsymbol{I}_k&\boldsymbol{O}\end{bmatrix}-\mathrm{rk}(\boldsymbol{I}_k)=\mathrm{rk}\begin{bmatrix}\boldsymbol{A}\\\boldsymbol{H}\end{bmatrix}-\mathrm{rk}(\boldsymbol{H}),\end{aligned}$$

其中 $(\boldsymbol{U}_1 \vdots \boldsymbol{U}_2)=\boldsymbol{AQ}$,$\boldsymbol{x}=\begin{bmatrix}\boldsymbol{x}_1\\\boldsymbol{x}_2\end{bmatrix}$,$\boldsymbol{x}_1$ 为 $k\times 1$ 向量,$\boldsymbol{x}_2$ 为 $(m-k)\times 1$ 向量,定理证毕.

推论 1.1 设 $\mathcal{M}(\boldsymbol{A})\cap\mathcal{M}(\boldsymbol{B})=\{\boldsymbol{0}\}$,则 $\mathcal{M}(\boldsymbol{A}^{\mathrm{T}}\boldsymbol{B}^{\perp})=\mathcal{M}(\boldsymbol{A}^{\mathrm{T}})$.

证明 因为

$$\mathcal{M}(\boldsymbol{A}^{\mathrm{T}}\boldsymbol{B}^{\perp})=\{\boldsymbol{A}^{\mathrm{T}}\boldsymbol{x},\ \boldsymbol{x}=\boldsymbol{B}^{\perp}t,\ t\text{ 为任意数}\}=\{\boldsymbol{A}^{\mathrm{T}}\boldsymbol{x},\ \boldsymbol{B}^{\mathrm{T}}\boldsymbol{x}=\boldsymbol{0}\},$$

依定理 1.2 及假设条件,有

$$\begin{aligned}\dim\mathcal{M}(\boldsymbol{A}^{\mathrm{T}}\boldsymbol{B}^{\perp})&=\mathrm{rk}\begin{bmatrix}\boldsymbol{A}^{\mathrm{T}}\\\boldsymbol{B}^{\mathrm{T}}\end{bmatrix}-\mathrm{rk}(\boldsymbol{B}^{\mathrm{T}})=\mathrm{rk}(\boldsymbol{A} \vdots \boldsymbol{B})-\mathrm{rk}(\boldsymbol{B})\\&=\mathrm{rk}(\boldsymbol{A})=\dim(\mathcal{M}(\boldsymbol{A}^{\mathrm{T}})),\end{aligned}$$

但

$$\mathcal{M}(\boldsymbol{A}^{\mathrm{T}}\boldsymbol{B}^{\perp})\subset\mathcal{M}(\boldsymbol{A}^{\mathrm{T}}),$$

于是

$$\mathcal{M}(\boldsymbol{A}^{\mathrm{T}}\boldsymbol{B}^{\perp})=\mathcal{M}(\boldsymbol{A}^{\mathrm{T}}),$$

定理证毕.

1.2 矩阵求逆引理

分块矩阵的求逆公式和矩阵之和的求逆公式不仅在统计学的理论推导中经

常使用,而且在信号处理、神经网络、自动控制和系统理论中都具有广泛的应用,现分别介绍如下.

1.2.1 分块矩阵的求逆公式

引理 1.1 设方阵

$$\boldsymbol{A}=\begin{bmatrix}\boldsymbol{A}_{11} & \boldsymbol{A}_{12}\\ \boldsymbol{A}_{21} & \boldsymbol{A}_{22}\end{bmatrix}$$

可逆.若 $|\boldsymbol{A}_{11}|\neq 0$,则

$$\boldsymbol{A}^{-1}=\begin{bmatrix}\boldsymbol{A}_{11} & \boldsymbol{A}_{12}\\ \boldsymbol{A}_{21} & \boldsymbol{A}_{22}\end{bmatrix}^{-1}=\begin{bmatrix}\boldsymbol{A}_{11}^{-1}+\boldsymbol{A}_{11}^{-1}\boldsymbol{A}_{12}\boldsymbol{A}_{22.1}^{-1}\boldsymbol{A}_{21}\boldsymbol{A}_{11}^{-1} & -\boldsymbol{A}_{11}^{-1}\boldsymbol{A}_{12}\boldsymbol{A}_{22.1}^{-1}\\ -\boldsymbol{A}_{22.1}^{-1}\boldsymbol{A}_{21}\boldsymbol{A}_{11}^{-1} & \boldsymbol{A}_{22.1}^{-1}\end{bmatrix}, \tag{1-2}$$

若 $|\boldsymbol{A}_{22}|\neq 0$,则

$$\boldsymbol{A}^{-1}=\begin{bmatrix}\boldsymbol{A}_{11.2}^{-1} & -\boldsymbol{A}_{11.2}^{-1}\boldsymbol{A}_{12}\boldsymbol{A}_{22}^{-1}\\ -\boldsymbol{A}_{22}^{-1}\boldsymbol{A}_{21}\boldsymbol{A}_{11.2}^{-1} & \boldsymbol{A}_{22}^{-1}+\boldsymbol{A}_{22}^{-1}\boldsymbol{A}_{21}\boldsymbol{A}_{11.2}^{-1}\boldsymbol{A}_{12}\boldsymbol{A}_{22}^{-1}\end{bmatrix}, \tag{1-3}$$

式(1-2)中 $\boldsymbol{A}_{22.1}=\boldsymbol{A}_{22}-\boldsymbol{A}_{21}\boldsymbol{A}_{11}^{-1}\boldsymbol{A}_{12}$,式(1-3)中 $\boldsymbol{A}_{11.2}=\boldsymbol{A}_{11}-\boldsymbol{A}_{12}\boldsymbol{A}_{22}^{-1}\boldsymbol{A}_{21}$.

证明 注意到在矩阵 $\boldsymbol{A}$ 左乘一个单位下三角阵(亦称 Frobenius 矩阵)可以将 $\boldsymbol{A}$ 中的 $\boldsymbol{A}_{21}$ 打成零矩阵,即

$$\begin{bmatrix}\boldsymbol{I} & \boldsymbol{O}\\ \boldsymbol{X} & \boldsymbol{I}\end{bmatrix}\begin{bmatrix}\boldsymbol{A}_{11} & \boldsymbol{A}_{12}\\ \boldsymbol{A}_{21} & \boldsymbol{A}_{22}\end{bmatrix}=\begin{bmatrix}\boldsymbol{A}_{11} & \boldsymbol{A}_{12}\\ \boldsymbol{X}\boldsymbol{A}_{11}+\boldsymbol{A}_{21} & \boldsymbol{X}\boldsymbol{A}_{12}+\boldsymbol{A}_{22}\end{bmatrix}, \tag{1-4}$$

其中 $\boldsymbol{X}$ 为待定矩阵.为了使右边矩阵右下角子矩阵变为零矩阵,令 $\boldsymbol{X}\boldsymbol{A}_{11}+\boldsymbol{A}_{21}=\boldsymbol{O}$,若 $|\boldsymbol{A}_{11}|\neq 0$,解得 $\boldsymbol{X}=-\boldsymbol{A}_{21}\boldsymbol{A}_{11}^{-1}$.将此代入式(1-4)得

$$\begin{bmatrix}\boldsymbol{I} & \boldsymbol{O}\\ -\boldsymbol{A}_{21}\boldsymbol{A}_{11}^{-1} & \boldsymbol{I}\end{bmatrix}\begin{bmatrix}\boldsymbol{A}_{11} & \boldsymbol{A}_{12}\\ \boldsymbol{A}_{21} & \boldsymbol{A}_{22}\end{bmatrix}=\begin{bmatrix}\boldsymbol{A}_{11} & \boldsymbol{A}_{12}\\ \boldsymbol{O} & -\boldsymbol{A}_{21}\boldsymbol{A}_{11}^{-1}\boldsymbol{A}_{12}+\boldsymbol{A}_{22}\end{bmatrix},$$

类似地,在上面矩阵方程中右乘一个单位上三角阵,则可以将 $\boldsymbol{A}$ 中的 $\boldsymbol{A}_{12}$ 打成零矩阵,即

$$\begin{bmatrix} \boldsymbol{I} & \boldsymbol{O} \\ -\boldsymbol{A}_{21}\boldsymbol{A}_{11}^{-1} & \boldsymbol{I} \end{bmatrix} \begin{bmatrix} \boldsymbol{A}_{11} & \boldsymbol{A}_{12} \\ \boldsymbol{A}_{21} & \boldsymbol{A}_{22} \end{bmatrix} \begin{bmatrix} \boldsymbol{I} & -\boldsymbol{A}_{11}^{-1}\boldsymbol{A}_{12} \\ \boldsymbol{O} & \boldsymbol{I} \end{bmatrix} = \begin{bmatrix} \boldsymbol{A}_{11} & \boldsymbol{O} \\ \boldsymbol{O} & -\boldsymbol{A}_{21}\boldsymbol{A}_{11}^{-1}\boldsymbol{A}_{12} + \boldsymbol{A}_{22} \end{bmatrix}, \tag{1-5}$$

此式证明了 $\boldsymbol{A}_{22.1}$ 的可逆性.两边求逆矩阵,容易得到

$$\begin{aligned} \begin{bmatrix} \boldsymbol{A}_{11} & \boldsymbol{A}_{12} \\ \boldsymbol{A}_{21} & \boldsymbol{A}_{22} \end{bmatrix}^{-1} &= \begin{bmatrix} \boldsymbol{I} & -\boldsymbol{A}_{11}^{-1}\boldsymbol{A}_{12} \\ \boldsymbol{O} & \boldsymbol{I} \end{bmatrix} \begin{bmatrix} \boldsymbol{A}_{11}^{-1} & \boldsymbol{O} \\ \boldsymbol{O} & \boldsymbol{A}_{22.1}^{-1} \end{bmatrix} \begin{bmatrix} \boldsymbol{I} & \boldsymbol{O} \\ -\boldsymbol{A}_{21}\boldsymbol{A}_{11}^{-1} & \boldsymbol{I} \end{bmatrix} \\ &= \begin{bmatrix} \boldsymbol{A}_{11}^{-1} + \boldsymbol{A}_{11}^{-1}\boldsymbol{A}_{12}\boldsymbol{A}_{22.1}^{-1}\boldsymbol{A}_{21}\boldsymbol{A}_{11}^{-1} & -\boldsymbol{A}_{11}^{-1}\boldsymbol{A}_{12}\boldsymbol{A}_{22.1}^{-1} \\ -\boldsymbol{A}_{22.1}^{-1}\boldsymbol{A}_{21}\boldsymbol{A}_{11}^{-1} & \boldsymbol{A}_{22.1}^{-1} \end{bmatrix}, \end{aligned}$$

用完全类似的方法可以证明引理的后半部分.

1.2.2 矩阵之和的求逆公式

引理 1.2 (Sherman-Morrison 公式)令 $\boldsymbol{A}$ 是一个 $n \times n$ 的可逆矩阵,并且 $\boldsymbol{x}$ 和 $\boldsymbol{y}$ 是两个 $n \times 1$ 向量,使得 $\boldsymbol{A} + \boldsymbol{x}\boldsymbol{y}^{\mathrm{T}}$ 可逆,则

$$(\boldsymbol{A} + \boldsymbol{x}\boldsymbol{y}^{\mathrm{T}})^{-1} = \boldsymbol{A}^{-1} - \frac{\boldsymbol{A}^{-1}\boldsymbol{x}\boldsymbol{y}^{\mathrm{T}}\boldsymbol{A}^{-1}}{1 + \boldsymbol{y}^{\mathrm{T}}\boldsymbol{A}^{-1}\boldsymbol{x}}, \tag{1-6}$$

该引理称为矩阵求逆引理,是 Sherman 与 Morrison 于 1949 年和 1950 年得到的.

Woodbury 于 1950 年将矩阵求逆引理进一步推广为矩阵之和的求逆公式,即

引理 1.3 (Sherman-Morrison-Woodbury 公式)令 $\boldsymbol{A}$ 是一个 $n \times n$ 的可逆矩阵,并且 $\boldsymbol{U}$ 和 $\boldsymbol{V}$ 是两个 $n \times 1$ 向量,使得 $\boldsymbol{A} + \boldsymbol{UBV}$ 可逆,则

$$\begin{aligned} (\boldsymbol{A} + \boldsymbol{UBV})^{-1} &= \boldsymbol{A}^{-1} - \boldsymbol{A}^{-1}\boldsymbol{UB}(\boldsymbol{B} + \boldsymbol{BVA}^{-1}\boldsymbol{UB})^{-1}\boldsymbol{BVA}^{-1} \\ &= \boldsymbol{A}^{-1} - \boldsymbol{A}^{-1}\boldsymbol{U}(\boldsymbol{I} + \boldsymbol{BVA}^{-1}\boldsymbol{U})^{-1}\boldsymbol{BVA}^{-1}, \end{aligned} \tag{1-7}$$

或者

$$(\boldsymbol{A} - \boldsymbol{UV})^{-1} = \boldsymbol{A}^{-1} + \boldsymbol{A}^{-1}\boldsymbol{U}(\boldsymbol{I} - \boldsymbol{VA}^{-1}\boldsymbol{U})^{-1}\boldsymbol{VA}^{-1}, \tag{1-8}$$

构造出这两个公式当然不易,但验证这两个公式并不困难,留给读者作为后面的习题.

1.3 广义逆矩阵

定义 1.1 对于矩阵 $\boldsymbol{A}_{m\times n}$，一切满足方程组

$$\boldsymbol{AXA}=\boldsymbol{A} \tag{1-9}$$

的矩阵 $\boldsymbol{X}$ 称为矩阵 $\boldsymbol{A}$ 的广义逆，记为 $\boldsymbol{A}^{-}$.

定理 1.3 设 $\boldsymbol{A}$ 为 $m\times n$ 矩阵，$\mathrm{rk}(\boldsymbol{A})=r$. 若

$$\boldsymbol{A}=\boldsymbol{P}\begin{bmatrix}\boldsymbol{I}_r & \boldsymbol{O}\\ \boldsymbol{O} & \boldsymbol{O}\end{bmatrix}\boldsymbol{Q},$$

这里 $\boldsymbol{P}$ 和 $\boldsymbol{Q}$ 分别为 $m\times m$，$n\times n$ 的可逆阵，则

$$\boldsymbol{A}^{-}=\boldsymbol{Q}^{-1}\begin{bmatrix}\boldsymbol{I}_r & \boldsymbol{B}\\ \boldsymbol{C} & \boldsymbol{D}\end{bmatrix}\boldsymbol{P}^{-1},$$

这里 $\boldsymbol{B}$，$\boldsymbol{C}$ 和 $\boldsymbol{D}$ 为适当阶数的任意矩阵.

证明 设 $\boldsymbol{X}$ 为 $\boldsymbol{A}$ 的广义逆，则有

$$\boldsymbol{AXA}=\boldsymbol{A}\Leftrightarrow\boldsymbol{P}\begin{bmatrix}\boldsymbol{I}_r & \boldsymbol{O}\\ \boldsymbol{O} & \boldsymbol{O}\end{bmatrix}\boldsymbol{QXP}\begin{bmatrix}\boldsymbol{I}_r & \boldsymbol{O}\\ \boldsymbol{O} & \boldsymbol{O}\end{bmatrix}\boldsymbol{Q}=\boldsymbol{P}\begin{bmatrix}\boldsymbol{I}_r & \boldsymbol{O}\\ \boldsymbol{O} & \boldsymbol{O}\end{bmatrix}\boldsymbol{Q},$$

$$\Leftrightarrow\begin{bmatrix}\boldsymbol{I}_r & \boldsymbol{O}\\ \boldsymbol{O} & \boldsymbol{O}\end{bmatrix}\boldsymbol{QXP}\begin{bmatrix}\boldsymbol{I}_r & \boldsymbol{O}\\ \boldsymbol{O} & \boldsymbol{O}\end{bmatrix}=\begin{bmatrix}\boldsymbol{I}_r & \boldsymbol{O}\\ \boldsymbol{O} & \boldsymbol{O}\end{bmatrix}.$$

若记

$$\boldsymbol{QXP}=\begin{bmatrix}\boldsymbol{B}_{11} & \boldsymbol{B}_{12}\\ \boldsymbol{B}_{21} & \boldsymbol{B}_{22}\end{bmatrix},$$

则上式

$$\Leftrightarrow\begin{bmatrix}\boldsymbol{B}_{11} & \boldsymbol{O}\\ \boldsymbol{O} & \boldsymbol{O}\end{bmatrix}=\begin{bmatrix}\boldsymbol{I}_r & \boldsymbol{O}\\ \boldsymbol{O} & \boldsymbol{O}\end{bmatrix}\Leftrightarrow\boldsymbol{B}_{11}=\boldsymbol{I}_r,$$

于是

$$AXA = A \Leftrightarrow X = Q^{-1}\begin{bmatrix} I_r & B_{12} \\ B_{21} & B_{22} \end{bmatrix} P^{-1},$$

其中 B_{12},B_{21} 和 B_{22} 任意,证毕.

推论 1.2 (1) 对任意矩阵 A,A^- 总是存在的.

(2) A^- 唯一$\Leftrightarrow A$ 为可逆方阵.此时 $A^- = A^{-1}$.

(3) $\mathrm{rk}(A^-) \geqslant \mathrm{rk}(A) = \mathrm{rk}(A^-A) = \mathrm{rk}(AA^-)$.

(4) 若 $\mathcal{M}(B) \subset \mathcal{M}(A)$, $\mathcal{M}(C) \subset \mathcal{M}(A^{\mathrm{T}})$,则 $C^{\mathrm{T}}A^-B$ 与 A^- 的选择无关.

证明 (1)~(3)可由定理 1.3 及广义逆的定义得到.对于(4),由条件 $\mathcal{M}(B) \subset \mathcal{M}(A)$, $\mathcal{M}(C) \subset \mathcal{M}(A^{\mathrm{T}})$,这意味着,存在矩阵 T_1, T_2 使得 $B = AT_1$, $C = A^{\mathrm{T}}T_2$,这样 $C^{\mathrm{T}}A^-B = T_2^{\mathrm{T}}AA^-AT_1 = T_2^{\mathrm{T}}AT_1$, 证毕.

推论 1.3 对任意矩阵 A,

(1) $A(A^{\mathrm{T}}A)^-A^{\mathrm{T}}$ 与广义逆$(A^{\mathrm{T}}A)^-$ 的选择无关.

(2) $A(A^{\mathrm{T}}A)^-A^{\mathrm{T}}A = A$, $A^{\mathrm{T}}A(A^{\mathrm{T}}A)^-A^{\mathrm{T}} = A^{\mathrm{T}}$.

证明 (1) 由定理 1.1 知 $\mathcal{M}(A^{\mathrm{T}}) = \mathcal{M}(A^{\mathrm{T}}A)$,故存在矩阵 B,使得 $A^{\mathrm{T}} = A^{\mathrm{T}}AB$. 于是,

$$A(A^{\mathrm{T}}A)^-A^{\mathrm{T}} = B^{\mathrm{T}}A^{\mathrm{T}}A(A^{\mathrm{T}}A)^-A^{\mathrm{T}}AB = B^{\mathrm{T}}A^{\mathrm{T}}AB$$

与$(A^{\mathrm{T}}A)^-$无关.

(2) 记 $F = A(A^{\mathrm{T}}A)^-A^{\mathrm{T}}A - A$, 利用广义逆的定义,可以验证: $F^{\mathrm{T}}F = O$.于是 $F = O$. 第 1 式得证.同法可证第 2 式.

对于相容线性方程组

$$Ax = b, \tag{1-10}$$

式中 A 是 $m \times n$ 矩阵,其秩 $\mathrm{rk}(A) = r \leqslant \min(m, n)$, 则有下面的定理.

定理 1.4 设 $Ax = b$ 为一相容方程组,则

(1) 对任意广义逆 A^-, $x = A^-b$ 必为解.

(2) 齐次方程组 $Ax = 0$ 的通解为 $x = (I - A^-A)z$, 这里 z 为任意的向量, A^- 为任意固定的一个广义逆.

(3) $Ax = b$ 的通解为

$$x = A^-b + (I - A^-A)z, \tag{1-11}$$

式中 A^- 为任意固定的广义逆,z 为任意向量.

证明 (1) 由相容性假设知,存在 x_0,使 $Ax_0 = b$.故对任意 A^-, $A(A^-b) =$

$AA^{-}Ax_0 = Ax_0 = b$，即 $A^{-}b$ 为解.

(2) 设 $Ax_0 = 0$，那么

$$x_0 = A^{-}Ax_0 + (I - A^{-}A)x_0, \tag{1-12}$$

即任意解都取 $(I - A^{-}A)z$ 的形式.反过来，对任意的 z，因 $A(I - A^{-}A)z = (A - AA^{-}A)z = 0$，故 $(I - A^{-}A)z$ 必为解.

(3) 任意取定一个广义逆 A^{-}，由(1)知 $x_1 = A^{-}b$ 为方程组 $Ax = b$ 的一个特解.由(2)知 $x_2 = (I - A^{-}A)z$ 为齐次方程组 $Ax = 0$ 的通解.由非齐次线性方程组的解结构定理知，$x_1 + x_2$ 为 $Ax = b$ 的通解，定理证毕.

定理 1.5 设 $Ax = b$ 为相容线性方程组，且 $b \neq 0$. 那么，当 A^{-} 取遍 A 的所有广义逆时，$x = A^{-}b$ 构成了该方程组的全部解.

证明 首先要证明对每一个 A^{-}，$x = A^{-}b$ 为 $Ax = b$ 的解，这已在定理 1.4 中证明过了.其次，要证明对 $Ax = b$ 的任意解 x_0，必存在一个 A^{-}，使 $x_0 = A^{-}b$. 由式(1-11)知，存在 A 的一个广义逆矩阵 G 及 z_0，使得

$$x_0 = Gb + (I - GA)z_0,$$

因 $b \neq 0$，故总存在矩阵 U，使得 $z_0 = Ub$.例如，可取 $U = z_0(b^{T}b)^{-1}b^{T}$.于是

$$x_0 = Gb + (I - GA)Ub = (G + (I - GA)U)b \stackrel{\text{def}}{=} Hb,$$

其中 $H = G + (I - GA)U$. 易验证 H 为一个 A^{-}，定理证毕.

这个定理由 Urquart 于 1969 年提出.如果 A^{-} 不存在，自然考虑它的广义逆.对此，我们有如下结果.

定理 1.6 (分块矩阵的广义逆)

(1) 若 A_{11}^{-1} 存在，则

$$\begin{bmatrix} A_{11} & A_{12} \\ A_{21} & A_{22} \end{bmatrix}^{-} = \begin{bmatrix} A_{11}^{-1} + A_{11}^{-1}A_{12}A_{22.1}^{-}A_{21}A_{11}^{-1} & -A_{11}^{-1}A_{12}A_{22.1}^{-} \\ -A_{22.1}^{-}A_{21}A_{11}^{-1} & A_{22.1}^{-} \end{bmatrix}. \tag{1-13}$$

(2) 若 A_{22}^{-1} 存在，则

$$\begin{bmatrix} A_{11} & A_{12} \\ A_{21} & A_{22} \end{bmatrix}^{-} = \begin{bmatrix} A_{11.2}^{-} & -A_{11.2}^{-}A_{12}A_{22}^{-1} \\ -A_{22}^{-1}A_{21}A_{11.2}^{-} & A_{22}^{-1} + A_{22}^{-1}A_{21}A_{11.2}^{-}A_{12}A_{22}^{-1} \end{bmatrix}. \tag{1-14}$$

（3）若

$$\boldsymbol{A}=\begin{bmatrix}\boldsymbol{A}_{11} & \boldsymbol{A}_{12}\\ \boldsymbol{A}_{21} & \boldsymbol{A}_{22}\end{bmatrix}\geqslant \boldsymbol{O},$$

这里及以后，$\boldsymbol{A}\geqslant\boldsymbol{O}$ 表示矩阵 $\boldsymbol{A}$ 为非负定矩阵，则

$$\boldsymbol{A}^{-}=\begin{bmatrix}\boldsymbol{A}_{11}^{-}+\boldsymbol{A}_{11}^{-}\boldsymbol{A}_{12}\boldsymbol{A}_{22.1}^{-}\boldsymbol{A}_{21}\boldsymbol{A}_{11}^{-} & -\boldsymbol{A}_{11}^{-}\boldsymbol{A}_{12}\boldsymbol{A}_{22.1}^{-}\\ -\boldsymbol{A}_{22.1}^{-}\boldsymbol{A}_{21}\boldsymbol{A}_{11}^{-} & \boldsymbol{A}_{22.1}^{-}\end{bmatrix},\tag{1-15}$$

或

$$\boldsymbol{A}^{-}=\begin{bmatrix}\boldsymbol{A}_{11.2}^{-} & -\boldsymbol{A}_{11.2}^{-}\boldsymbol{A}_{12}\boldsymbol{A}_{22}^{-}\\ -\boldsymbol{A}_{22}^{-1}\boldsymbol{A}_{21}\boldsymbol{A}_{11.2}^{-} & \boldsymbol{A}_{22}^{-}+\boldsymbol{A}_{22}^{-}\boldsymbol{A}_{21}\boldsymbol{A}_{11.2}^{-}\boldsymbol{A}_{12}\boldsymbol{A}_{22}^{-}\end{bmatrix},\tag{1-16}$$

式中

$$\boldsymbol{A}_{22.1}=\boldsymbol{A}_{22}-\boldsymbol{A}_{21}\boldsymbol{A}_{11}^{-}\boldsymbol{A}_{12},\ \boldsymbol{A}_{11.2}=\boldsymbol{A}_{11}-\boldsymbol{A}_{12}\boldsymbol{A}_{22}^{-}\boldsymbol{A}_{21}.$$

证明 这里我们只证明(1)和(3)，(2)的证明与(1)类似.

先证明(1). 当 $\boldsymbol{A}_{11}^{-1}$ 存在时，式(1-5)仍然成立. 于是根据事实：如果 $\boldsymbol{B}=\boldsymbol{PCQ}$，且 $\boldsymbol{P}$ 和 $\boldsymbol{Q}$ 可逆，则 $\boldsymbol{B}^{-}=\boldsymbol{Q}^{-1}\boldsymbol{C}^{-}\boldsymbol{P}^{-1}$（证明作为习题），有

$$\begin{bmatrix}\boldsymbol{A}_{11} & \boldsymbol{A}_{12}\\ \boldsymbol{A}_{21} & \boldsymbol{A}_{22}\end{bmatrix}^{-}=\begin{bmatrix}\boldsymbol{I} & -\boldsymbol{A}_{11}^{-1}\boldsymbol{A}_{12}\\ \boldsymbol{O} & \boldsymbol{I}\end{bmatrix}\begin{bmatrix}\boldsymbol{A}_{11} & \boldsymbol{O}\\ \boldsymbol{O} & \boldsymbol{A}_{22.1}\end{bmatrix}^{-}\begin{bmatrix}\boldsymbol{I} & \boldsymbol{O}\\ -\boldsymbol{A}_{21}\boldsymbol{A}_{11}^{-1} & \boldsymbol{I}\end{bmatrix}$$

$$=\begin{bmatrix}\boldsymbol{I} & -\boldsymbol{A}_{11}^{-1}\boldsymbol{A}_{12}\\ \boldsymbol{O} & \boldsymbol{I}\end{bmatrix}\begin{bmatrix}\boldsymbol{A}_{11}^{-1} & \boldsymbol{O}\\ \boldsymbol{O} & \boldsymbol{A}_{22.1}^{-}\end{bmatrix}\begin{bmatrix}\boldsymbol{I} & \boldsymbol{O}\\ -\boldsymbol{A}_{21}\boldsymbol{A}_{11}^{-1} & \boldsymbol{I}\end{bmatrix},$$

这里我们利用了下列事实，即

$$\begin{bmatrix}\boldsymbol{A}_{11}^{-1} & \boldsymbol{O}\\ \boldsymbol{O} & \boldsymbol{A}_{22.1}^{-}\end{bmatrix}$$

是准对角阵

$$\begin{bmatrix}\boldsymbol{A}_{11} & \boldsymbol{O}\\ \boldsymbol{O} & \boldsymbol{A}_{22.1}\end{bmatrix}$$

的广义逆.把上面 3 个矩阵乘开来,即得所证.

再证(3).因 $\boldsymbol{A} \geqslant \boldsymbol{O}$, 故存在矩阵 $\boldsymbol{B} = (\boldsymbol{B}_1 \vdots \boldsymbol{B}_2)$, 使得

$$\boldsymbol{A} = \boldsymbol{B}^{\mathrm{T}}\boldsymbol{B} = \begin{bmatrix} \boldsymbol{B}_1^{\mathrm{T}}\boldsymbol{B}_1 & \boldsymbol{B}_1^{\mathrm{T}}\boldsymbol{B}_2 \\ \boldsymbol{B}_2^{\mathrm{T}}\boldsymbol{B}_1 & \boldsymbol{B}_2^{\mathrm{T}}\boldsymbol{B}_2 \end{bmatrix} = \begin{bmatrix} \boldsymbol{A}_{11} & \boldsymbol{A}_{12} \\ \boldsymbol{A}_{21} & \boldsymbol{A}_{22} \end{bmatrix},$$

由推论 1.3 中的(2),有

$$\boldsymbol{A}_{21}\boldsymbol{A}_{11}^{-}\boldsymbol{A}_{11} = \boldsymbol{B}_2^{\mathrm{T}}\boldsymbol{B}_1(\boldsymbol{B}_1^{\mathrm{T}}\boldsymbol{B}_1)^{-}\boldsymbol{B}_1^{\mathrm{T}}\boldsymbol{B}_1 = \boldsymbol{B}_2^{\mathrm{T}}\boldsymbol{B}_1 = \boldsymbol{A}_{21}, \tag{1-17}$$

$$\boldsymbol{A}_{11}\boldsymbol{A}_{11}^{-}\boldsymbol{A}_{12} = \boldsymbol{B}_1^{\mathrm{T}}\boldsymbol{B}_1(\boldsymbol{B}_1^{\mathrm{T}}\boldsymbol{B}_1)^{-}\boldsymbol{B}_1^{\mathrm{T}}\boldsymbol{B}_2 = \boldsymbol{B}_1^{\mathrm{T}}\boldsymbol{B}_2 = \boldsymbol{A}_{12}. \tag{1-18}$$

于是,与式(1-5)相类似,有

$$\begin{bmatrix} \boldsymbol{I} & \boldsymbol{O} \\ -\boldsymbol{A}_{21}\boldsymbol{A}_{11}^{-} & \boldsymbol{I} \end{bmatrix} \begin{bmatrix} \boldsymbol{A}_{11} & \boldsymbol{A}_{12} \\ \boldsymbol{A}_{21} & \boldsymbol{A}_{22} \end{bmatrix} \begin{bmatrix} \boldsymbol{I} & -\boldsymbol{A}_{11}^{1}\boldsymbol{A}_{12} \\ \boldsymbol{O} & \boldsymbol{I} \end{bmatrix} = \begin{bmatrix} \boldsymbol{A}_{11} & \boldsymbol{O} \\ \boldsymbol{O} & \boldsymbol{A}_{22.1} \end{bmatrix}, \tag{1-19}$$

依此事实,并用与前面完全相同的方法,可得

$$\begin{bmatrix} \boldsymbol{A}_{11} & \boldsymbol{A}_{12} \\ \boldsymbol{A}_{21} & \boldsymbol{A}_{22} \end{bmatrix}^{-} = \begin{bmatrix} \boldsymbol{I} & -\boldsymbol{A}_{11}^{-}\boldsymbol{A}_{12} \\ \boldsymbol{O} & \boldsymbol{I} \end{bmatrix} \begin{bmatrix} \boldsymbol{A}_{11}^{-} & \boldsymbol{O} \\ \boldsymbol{O} & \boldsymbol{A}_{22.1}^{-} \end{bmatrix} \begin{bmatrix} \boldsymbol{I} & \boldsymbol{O} \\ -\boldsymbol{A}_{21}\boldsymbol{A}_{11}^{-} & \boldsymbol{I} \end{bmatrix},$$

将此 3 个矩阵相乘,即得所证.用类似方法可证第 2 种表达式,定理证毕.

从定理证明过程可以看出,我们所求到的广义逆只是 $\boldsymbol{A}^{-}$ 的一部分.因此,定理中的 $\boldsymbol{A}^{-}$ 表达式(1-13)~式(1-16),应理解为右端是 $\boldsymbol{A}$ 的广义逆.这一点并不影响我们后面的应用.因为在线性模型估计理论中,我们所关心的量都与 $\boldsymbol{A}^{-}$ 的选择无关.

定理 1.6 中的条件 $\boldsymbol{A}_{11}^{-1}$ 或 $\boldsymbol{A}_{22}^{-1}$ 存在或 $\boldsymbol{A} \geqslant \boldsymbol{O}$ 还可以进一步减弱,具体见下面的引理.

推论 1.4 对矩阵

$$\boldsymbol{A} = \begin{bmatrix} \boldsymbol{A}_{11} & \boldsymbol{A}_{12} \\ \boldsymbol{A}_{21} & \boldsymbol{A}_{22} \end{bmatrix} \geqslant \boldsymbol{O},$$

若 $\mathcal{M}(\boldsymbol{A}_{12}) \subset \mathcal{M}(\boldsymbol{A}_{11})$, $\mathcal{M}(\boldsymbol{A}_{21}^{\mathrm{T}}) \subset \mathcal{M}(\boldsymbol{A}_{11}^{\mathrm{T}})$,则式(1-15)和式(1-16)成立.

证明 由 $\mathcal{M}(\boldsymbol{A}_{12}) \subset \mathcal{M}(\boldsymbol{A}_{11})$ 和 $\mathcal{M}(\boldsymbol{A}_{21}^{\mathrm{T}}) \subset \mathcal{M}(\boldsymbol{A}_{11}^{\mathrm{T}})$,替代式(1-17)和式(1-18)的推导,可推出 $\boldsymbol{A}_{11}\boldsymbol{A}_{11}^{-}\boldsymbol{A}_{12} = \boldsymbol{A}_{12}$ 和 $\boldsymbol{A}_{21}\boldsymbol{A}_{11}^{-}\boldsymbol{A}_{11} = \boldsymbol{A}_{21}$,于是,式(1-19)成

立.因此,式(1-15)和式(1-16)也成立.

在无穷多个 $\boldsymbol{A}^-$ 中,有一个 $\boldsymbol{A}^-$ 占有特殊的地位,它就是 Moore-Penrose 广义逆矩阵.

定义 1.2 对任意一个矩阵 $\boldsymbol{A}$,若 $\boldsymbol{X}$ 满足如下 4 个条件:

$$\boldsymbol{AXA}=\boldsymbol{A},\ \boldsymbol{XAX}=\boldsymbol{X},\ (\boldsymbol{AX})^{\mathrm{T}}=\boldsymbol{AX},\ (\boldsymbol{XA})^{\mathrm{T}}=\boldsymbol{XA}, \tag{1-20}$$

则称矩阵 $\boldsymbol{X}$ 为 $\boldsymbol{A}$ 的 Moore-Penrose 广义逆,记为 $\boldsymbol{A}^+$.1955 年,Penrose 证明了上述条件的广义逆具有唯一性,有时称式(1-20)为 Penrose 方程.

引理 1.4 (奇异值分解)设矩阵 $\boldsymbol{A}_{m\times n}$ 的秩为 r,记为 $\mathrm{rk}(\boldsymbol{A})=r$,则存在两个正交矩阵 $\boldsymbol{P}_{m\times m}$, $\boldsymbol{Q}_{n\times n}$,使

$$\boldsymbol{A}=\boldsymbol{P}\begin{bmatrix}\boldsymbol{\Lambda}_r & \boldsymbol{O}\\ \boldsymbol{O} & \boldsymbol{O}\end{bmatrix}\boldsymbol{Q}^{\mathrm{T}}, \tag{1-21}$$

式中 $\boldsymbol{\Lambda}_r=\mathrm{diag}(\lambda_1,\ \lambda_2,\ \cdots,\ \lambda_r)$, $\lambda_i>0$, $i=1,\ 2,\ \cdots,\ r$. $\lambda_1^2,\ \lambda_2^2,\ \cdots,\ \lambda_r^2$ 为 $\boldsymbol{A}^{\mathrm{T}}\boldsymbol{A}$ 的非零特征根.

证明 因为 $\boldsymbol{A}^{\mathrm{T}}\boldsymbol{A}$ 为对称阵,故存在正交矩阵 $\boldsymbol{Q}_{n\times n}$,使得

$$\boldsymbol{Q}^{\mathrm{T}}\boldsymbol{A}^{\mathrm{T}}\boldsymbol{AQ}=\begin{bmatrix}\boldsymbol{\Lambda}_r^2 & \boldsymbol{O}\\ \boldsymbol{O} & \boldsymbol{O}\end{bmatrix}.$$

记 $\boldsymbol{B}=\boldsymbol{AQ}$, 上式即为

$$\boldsymbol{B}^{\mathrm{T}}\boldsymbol{B}=\begin{bmatrix}\boldsymbol{\Lambda}_r^2 & \boldsymbol{O}\\ \boldsymbol{O} & \boldsymbol{O}\end{bmatrix},$$

这说明 $\boldsymbol{B}$ 的列向量互相正交,且前 r 个列向量长度分别为 $\lambda_1,\ \lambda_2,\ \cdots,\ \lambda_r$,后 $n-r$ 个列向量为零向量.于是,存在一正交矩阵 $\boldsymbol{P}_{m\times m}$,使得

$$\boldsymbol{B}=\boldsymbol{P}\begin{bmatrix}\boldsymbol{\Lambda}_r & \boldsymbol{O}\\ \boldsymbol{O} & \boldsymbol{O}\end{bmatrix},$$

再由 $\boldsymbol{B}=\boldsymbol{AQ}$, 即得结论式(1-21),引理证毕.

通常称 $\lambda_1,\ \lambda_2,\ \cdots,\ \lambda_r$ 为 $\boldsymbol{A}$ 的奇异值.通过这个引理,可以构造性地给出 $\boldsymbol{A}^+$.

引理 1.5 (1) 设 $\boldsymbol{A}$ 有分解式(1-18),则

$$A^{+}=Q\begin{bmatrix}A_r^{-1} & O\\ O & O\end{bmatrix}P^{T}. \tag{1-22}$$

(2) 对任何矩阵 A, A^{+}唯一.

证明 (1) 直接验证式(1-22)右端满足式(1-20).

(2) 设 X 和 Y 都是A^{+},由式(1-20)的4个条件知

$$X=XAX=X(AX)^{T}=XX^{T}A^{T}=XX^{T}(AYA)^{T}=X(AX)^{T}(AY)^{T}=(XAX)AY$$
$$=XAY=(XA)^{T}YAY=A^{T}X^{T}A^{T}Y^{T}Y=A^{T}Y^{T}Y=(YA)^{T}Y=YAY=Y.$$

因为A^{+}是一个特殊的A^{-},因此,它具有A^{-}的全部性质,并且在相容线性方程组$Ax=b$的解集中,$x_0=A+b$为长度最小者.对Moore-Penrose广义逆感兴趣的读者可以参考其他相关书籍[1-3].

1.4 幂等阵和正交投影阵

由于幂等阵和χ^2分布有很密切的关系,因此幂等阵在线性模型乃至数理统计的其他一些分支中都有一定的应用.在线性模型理论中的幂等阵主要又以正交投影阵的形式出现.鉴于此,本小节简单介绍幂等阵和正交投影阵的一些主要性质.

定义 1.3 设 A 为 $n\times n$ 的矩阵.若 A 满足 $A^2=A$,则称 A 为幂等阵(idempotent matrix).

定理 1.7 若 A 为$n\times n$的幂等阵,则

(1) A 的特征根只能为0或1.

(2) $\mathrm{tr}(A)=\mathrm{rk}(A)$.

定理 1.8 设P为$n\times n$的对称幂等阵,$\mathrm{rk}(P)=r$,则一定存在秩为r的列满秩矩阵$A_{n\times r}$,使得

$$P=A(A^{T}A)^{-1}A^{T}.$$

定理1.7和定理1.8的证明留给读者作为习题.下面讨论正交投影阵.

设$x\in\mathbf{R}^n$,S是$\mathbf{R}^n$的一个子空间,将x分解为

$$x=y+z, \tag{1-23}$$

式中$y\in S$, $z\in S^{\perp}$.此时,称y为x在S上的正交投影.若P为$n\times n$阵,使得对任意$x\in\mathbf{R}^n$,式(1-23)中的y可表示为$y=Px$,则称P为向子空间S的正交

投影.

定理 1.9 设 $\boldsymbol{A}$ 为任意 $n\times m$ 矩阵,记 $\boldsymbol{P}_A$ 为向 $\mathcal{M}(\boldsymbol{A})$ 的正交投影阵.则

$$\boldsymbol{P}_A=\boldsymbol{A}(\boldsymbol{A}^{\mathrm{T}}\boldsymbol{A})^{-}\boldsymbol{A}^{\mathrm{T}}.$$

证明 记 $\boldsymbol{B}$ 为一矩阵,使得 $\mathcal{M}(\boldsymbol{B})=\mathcal{M}(\boldsymbol{A})^{\perp}$,则对任意 $\boldsymbol{x}\in\mathbf{R}^n$,有分解 $\boldsymbol{x}=\boldsymbol{A\alpha}+\boldsymbol{B\beta}$,这里 $\boldsymbol{\alpha}$, $\boldsymbol{\beta}$ 为适当维数的列向量.依定义,$\boldsymbol{P}_A\boldsymbol{x}=\boldsymbol{P}_A\boldsymbol{A\alpha}+\boldsymbol{P}_A\boldsymbol{B\beta}=\boldsymbol{A\alpha}$,对一切 $\boldsymbol{\alpha}$, $\boldsymbol{\beta}$,都成立,故正交投影阵 $\boldsymbol{P}_A$ 满足矩阵方程组

$$\begin{cases}\boldsymbol{P}_A\boldsymbol{A}=\boldsymbol{A},\\ \boldsymbol{P}_A\boldsymbol{B}=\boldsymbol{0},\end{cases}\tag{1-24}$$

由式(1-24)第 2 个方程推得,$\mathcal{M}(\boldsymbol{P}_A^{\mathrm{T}})\subset\mathcal{M}(\boldsymbol{B})^{\perp}=\mathcal{M}(\boldsymbol{A})$.于是,存在矩阵 $\boldsymbol{U}$,$\boldsymbol{P}_A^{\mathrm{T}}=\boldsymbol{AU}$.代入式(1-24)第一个方程,得 $\boldsymbol{U}^{\mathrm{T}}\boldsymbol{A}^{\mathrm{T}}\boldsymbol{A}=\boldsymbol{A}$.此方程组是相容的,由定理 1.5 得 $\boldsymbol{U}=(\boldsymbol{A}^{\mathrm{T}}\boldsymbol{A})^{-}\boldsymbol{A}^{\mathrm{T}}$.于是

$$\boldsymbol{P}_A=\boldsymbol{U}^{\mathrm{T}}\boldsymbol{A}^{\mathrm{T}}=\boldsymbol{A}((\boldsymbol{A}^{\mathrm{T}}\boldsymbol{A})^{-})^{\mathrm{T}}\boldsymbol{A}^{\mathrm{T}}=\boldsymbol{A}(\boldsymbol{A}^{\mathrm{T}}\boldsymbol{A})^{-}\boldsymbol{A}^{\mathrm{T}},$$

这里应用了推论 1.3 的(1)及 $((\boldsymbol{A}^{\mathrm{T}}\boldsymbol{A})^{-})^{\mathrm{T}}$ 仍为一个 $(\boldsymbol{A}^{\mathrm{T}}\boldsymbol{A})^{-}$,定理证毕.

定理 1.10 $\boldsymbol{P}$ 为正交投影阵$\Leftrightarrow\boldsymbol{P}$ 为对称幂等阵.

定理 1.11 n 阶方阵 $\boldsymbol{P}$ 为正交投影阵$\Leftrightarrow$对任意 $\boldsymbol{x}\in\mathbf{R}^n$,

$$\|\boldsymbol{x}-\boldsymbol{Px}\|=\inf_{\boldsymbol{u}}\|\boldsymbol{x}-\boldsymbol{u}\|,\ \boldsymbol{u}\in\mathcal{M}(\boldsymbol{P}).\tag{1-25}$$

证明 必要性:任取 $\boldsymbol{u}\in\mathcal{M}(\boldsymbol{P})$, $\boldsymbol{v}\in\mathcal{M}(\boldsymbol{P})^{\perp}$,记 $\boldsymbol{y}=\boldsymbol{u}+\boldsymbol{v}$,则 $\boldsymbol{u}=\boldsymbol{Py}$.

$$\begin{aligned}\|\boldsymbol{x}-\boldsymbol{u}\|^2&=\|\boldsymbol{x}-\boldsymbol{Py}\|^2=\|(\boldsymbol{x}-\boldsymbol{Px})+\boldsymbol{P}(\boldsymbol{x}-\boldsymbol{y})\|^2\\&=\|\boldsymbol{x}-\boldsymbol{Px}\|^2+\|\boldsymbol{P}(\boldsymbol{x}-\boldsymbol{y})\|^2+2\boldsymbol{x}^{\mathrm{T}}(\boldsymbol{I}-\boldsymbol{P})\boldsymbol{P}(\boldsymbol{x}-\boldsymbol{y})\\&=\|\boldsymbol{x}-\boldsymbol{Px}\|^2+\|\boldsymbol{P}(\boldsymbol{x}-\boldsymbol{y})\|^2\\&\geqslant\|\boldsymbol{x}-\boldsymbol{Px}\|^2,\end{aligned}\tag{1-26}$$

等号成立$\Leftrightarrow\boldsymbol{Px}=\boldsymbol{Py}$,即 $\boldsymbol{u}=\boldsymbol{Px}$,必要性得证.

充分性:若式(1-25)成立,首先证明,对一切 $\boldsymbol{x}$, $\boldsymbol{y}$ 成立,

$$\boldsymbol{x}^{\mathrm{T}}(\boldsymbol{I}-\boldsymbol{P})^{\mathrm{T}}\boldsymbol{P}(\boldsymbol{x}-\boldsymbol{y})=0,$$

用反证法.假设存在 $\boldsymbol{x}_0$ 和 $\boldsymbol{y}_0$,使得

$$\boldsymbol{x}_0^{\mathrm{T}}(\boldsymbol{I}-\boldsymbol{P})^{\mathrm{T}}\boldsymbol{P}(\boldsymbol{x}_0-\boldsymbol{y}_0)=c\neq0,$$

可以假定 $c<0$.因为若 $c>0$,则取满足 $\boldsymbol{x}_0-\boldsymbol{y}_1=-(\boldsymbol{x}_0-\boldsymbol{y}_0)$ 的 $\boldsymbol{y}_1$ 代替 $\boldsymbol{y}_0$,便化为 $c<0$ 的情形.取 $\boldsymbol{y}$ 满足 $\boldsymbol{x}_0-\boldsymbol{y}=\varepsilon(\boldsymbol{x}_0-\boldsymbol{y}_0)$,并记 $\boldsymbol{u}=\boldsymbol{Py}$,则

$$
\begin{aligned}
\| \boldsymbol{x}_0 - \boldsymbol{u} \|^2 &= \| \boldsymbol{x}_0 - \boldsymbol{P}\boldsymbol{y} \|^2 \\
&= \| \boldsymbol{x}_0 - \boldsymbol{P}\boldsymbol{x}_0 \|^2 + \| \boldsymbol{P}(\boldsymbol{x}_0 - \boldsymbol{y}) \|^2 + 2\boldsymbol{x}_0^{\mathrm{T}}(\boldsymbol{I} - \boldsymbol{P})\boldsymbol{P}(\boldsymbol{x}_0 - \boldsymbol{y}) \\
&= \| \boldsymbol{x}_0 - \boldsymbol{P}\boldsymbol{x}_0 \|^2 + \varepsilon^2 \| \boldsymbol{P}(\boldsymbol{x}_0 - \boldsymbol{y}_0) \|^2 + 2\varepsilon\boldsymbol{x}_0^{\mathrm{T}}(\boldsymbol{I} - \boldsymbol{P})\boldsymbol{P}(\boldsymbol{x}_0 - \boldsymbol{y}_0) \\
&= \| \boldsymbol{x}_0 - \boldsymbol{P}\boldsymbol{x}_0 \|^2 + \varepsilon^2 \| \boldsymbol{P}(\boldsymbol{x}_0 - \boldsymbol{y}_0) \|^2 + 2\varepsilon c,
\end{aligned}
$$

因 $c<0$,故取 $\varepsilon>0$ 充分小,可使上式后两项小于零.于是

$$
\| \boldsymbol{x}_0 - \boldsymbol{u} \|^2 < \| \boldsymbol{x}_0 - \boldsymbol{P}\boldsymbol{x}_0 \|^2,
$$

这与式(1-25)矛盾,这就证明了式(1-26).因式(1-26)对一切 $\boldsymbol{x}$ 和 $\boldsymbol{y}$ 成立,故 $\mathcal{M}(\boldsymbol{P})$ 与 $\mathcal{M}(\boldsymbol{I}-\boldsymbol{P})$ 正交.据此易推知,$\mathrm{rk}(\boldsymbol{P})+\mathrm{rk}(\boldsymbol{I}-\boldsymbol{P})=n$.所以,对任意 $\boldsymbol{x}\in\mathbf{R}^n$,有分解式

$$
\boldsymbol{x} = \boldsymbol{P}\boldsymbol{x} + (\boldsymbol{I} - \boldsymbol{P})\boldsymbol{x},\ \boldsymbol{P}\boldsymbol{x} \in \mathcal{M}(\boldsymbol{P}),\ (\boldsymbol{I} - \boldsymbol{P})\boldsymbol{x} \in \mathcal{M}(\boldsymbol{P})^{\perp},
$$

依定义,$\boldsymbol{P}$ 为向 $\mathcal{M}(\boldsymbol{P})$ 的正交投影阵,定理证毕.

在一定条件下,正交投影阵的和、差、积仍为正交投影阵,这些结果在后面的第 11、12 章中将要用到,现概括如下.

定理 1.12 设 $\boldsymbol{P}_1$ 和 $\boldsymbol{P}_2$ 为两个正交投影阵,则

(1) $\boldsymbol{P}=\boldsymbol{P}_1+\boldsymbol{P}_2$ 为正交投影阵 $\Leftrightarrow \boldsymbol{P}_1\boldsymbol{P}_2=\boldsymbol{P}_2\boldsymbol{P}_1=\boldsymbol{O}$;

(2) 当 $\boldsymbol{P}_1\boldsymbol{P}_2=\boldsymbol{P}_2\boldsymbol{P}_1=\boldsymbol{O}$ 时,$\boldsymbol{P}=\boldsymbol{P}_1+\boldsymbol{P}_2$ 为向 $\mathcal{M}(\boldsymbol{P}_1)\oplus\mathcal{M}(\boldsymbol{P}_2)$ 上的正交投影.

证明 (1)的充分性易证,现证必要性.

假设 $\boldsymbol{P}=\boldsymbol{P}_1+\boldsymbol{P}_2$ 是一个正交投影阵,则根据定理 1.10 有 $\boldsymbol{P}^2=\boldsymbol{P}$.于是

$$
\boldsymbol{P}_1\boldsymbol{P}_2 + \boldsymbol{P}_2\boldsymbol{P}_1 = \boldsymbol{O}, \tag{1-27}
$$

用 $\boldsymbol{P}_1$ 分别左乘和右乘式(1-27)得到

$$
\boldsymbol{P}_1\boldsymbol{P}_2 + \boldsymbol{P}_1\boldsymbol{P}_2\boldsymbol{P}_1 = \boldsymbol{O}, \tag{1-28}
$$

$$
\boldsymbol{P}_2\boldsymbol{P}_1 + \boldsymbol{P}_1\boldsymbol{P}_2\boldsymbol{P}_1 = \boldsymbol{O}, \tag{1-29}
$$

把上面两式相加,并利用式(1-27),得到

$$
\boldsymbol{P}_1\boldsymbol{P}_2\boldsymbol{P}_1 = \boldsymbol{O}, \tag{1-30}
$$

再由式(1-28)和式(1-29),便得到 $\boldsymbol{P}_1\boldsymbol{P}_2=\boldsymbol{P}_2\boldsymbol{P}_1=\boldsymbol{O}$.

(2)只需证明

$$
\mathcal{M}(\boldsymbol{P}) = \mathcal{M}(\boldsymbol{P}_1) \oplus \mathcal{M}(\boldsymbol{P}_2)
$$

对任意 $\boldsymbol{y}\in\mathcal{M}(\boldsymbol{P})$,存在 $\boldsymbol{x}\in\mathbf{R}^n$,使得 $\boldsymbol{y}=\boldsymbol{P}\boldsymbol{x}$,于是

$$\boldsymbol{y}=\boldsymbol{P}\boldsymbol{x}=\boldsymbol{P}_1\boldsymbol{x}+\boldsymbol{P}_2\boldsymbol{x}=\boldsymbol{y}_1+\boldsymbol{y}_2,$$

这里 $\boldsymbol{y}_i=\boldsymbol{P}_i\boldsymbol{x}\in\mathcal{M}(\boldsymbol{P}_i)$，$i=1,2$，且从 $\boldsymbol{P}_1\boldsymbol{P}_2=\boldsymbol{O}$ 可推知 $\boldsymbol{y}_1\perp\boldsymbol{y}_2$，定理证毕.

应用定理 1.12 可得到如下针对分块矩阵的非常重要的投影阵定理.

定理 1.13 （二次投影定理）分块矩阵 $\boldsymbol{A}=(\boldsymbol{A}_1\vdots\boldsymbol{A}_2)$，则

$$\boldsymbol{P}_{\boldsymbol{A}}=\boldsymbol{P}_{\boldsymbol{A}_1}+\boldsymbol{Q}_{\boldsymbol{A}_1}\boldsymbol{A}_2(\boldsymbol{A}_2^{\mathrm{T}}\boldsymbol{Q}_{\boldsymbol{A}_1}\boldsymbol{A}_2)^{-}\boldsymbol{A}_2^{\mathrm{T}}\boldsymbol{Q}_{\boldsymbol{A}_1},\tag{1-31}$$

这里 $\boldsymbol{Q}_{A_1}=\boldsymbol{I}-\boldsymbol{P}_{A_1}$.

定理 1.14 下面 3 个命题等价：

(1) $\boldsymbol{P}_1-\boldsymbol{P}_2$ 为正交投影阵.

(2) $\boldsymbol{P}_1\boldsymbol{P}_2=\boldsymbol{P}_2\boldsymbol{P}_1=\boldsymbol{P}_2$.

(3) $\mathcal{M}(\boldsymbol{P}_2)\subset\mathcal{M}(\boldsymbol{P}_1)$.

在此条件下，$\boldsymbol{P}_1-\boldsymbol{P}_2$ 为向 $\mathcal{M}(\boldsymbol{P}_1)\cap\mathcal{M}(\boldsymbol{P}_2)^{\perp}$ 上的正交投影.

定理 1.15 设 $\boldsymbol{P}_1$ 和 $\boldsymbol{P}_2$ 为两个正交投影阵，则

(1) $\boldsymbol{P}=\boldsymbol{P}_1\boldsymbol{P}_2$ 也为正交投影阵 $\Leftrightarrow\boldsymbol{P}_1\boldsymbol{P}_2=\boldsymbol{P}_2\boldsymbol{P}_1$.

(2) 当 $\boldsymbol{P}_1\boldsymbol{P}_2=\boldsymbol{P}_2\boldsymbol{P}_1$ 时，$\boldsymbol{P}=\boldsymbol{P}_1\boldsymbol{P}_2$ 为向 $\mathcal{M}(\boldsymbol{P}_1)\cap\mathcal{M}(\boldsymbol{P}_2)$ 上的正交投影阵.

定理 1.10、1.14 和 1.15 的证明留给读者作为习题.

1.5 矩阵的特殊运算

1.5.1 Kronecker 乘积与向量化运算

定义 1.4 设 $\boldsymbol{A}=(a_{ij})$ 和 $\boldsymbol{B}=(b_{ij})$ 分别为 $m\times n$，$p\times q$ 的矩阵，定义矩阵 $\boldsymbol{C}=(a_{ij}\boldsymbol{B})$.这是一个 $mp\times nq$ 的矩阵，称为 $\boldsymbol{A}$ 和 $\boldsymbol{B}$ 的 Kronecker 乘积，记为 $\boldsymbol{C}=\boldsymbol{A}\otimes\boldsymbol{B}$，即

$$\boldsymbol{A}\otimes\boldsymbol{B}=\begin{bmatrix}a_{11}\boldsymbol{B} & a_{12}\boldsymbol{B} & \cdots & a_{1n}\boldsymbol{B}\\ a_{21}\boldsymbol{B} & a_{22}\boldsymbol{B} & \cdots & a_{2n}\boldsymbol{B}\\ \vdots & \vdots & \vdots & \vdots\\ a_{m1}\boldsymbol{B} & a_{m2}\boldsymbol{B} & \cdots & a_{mn}\boldsymbol{B}\end{bmatrix},\tag{1-32}$$

这种乘积具有下列性质：

(1) $\boldsymbol{O}\otimes\boldsymbol{A}=\boldsymbol{A}\otimes\boldsymbol{O}=\boldsymbol{O}$.

(2) $(\boldsymbol{A}_1+\boldsymbol{A}_2)\otimes\boldsymbol{B}=(\boldsymbol{A}_1\otimes\boldsymbol{B})+(\boldsymbol{A}_2\otimes\boldsymbol{B})$，$\boldsymbol{A}\otimes(\boldsymbol{B}_1+\boldsymbol{B}_2)=(\boldsymbol{A}\otimes\boldsymbol{B}_1)+$

$(\boldsymbol{A}\otimes\boldsymbol{B}_2)$.

(3) $(\alpha\boldsymbol{A})\otimes(\beta\boldsymbol{B})=\alpha\beta(\boldsymbol{A}\otimes\boldsymbol{B})$.

(4) $(\boldsymbol{A}_1\otimes\boldsymbol{B}_1)(\boldsymbol{A}_2\otimes\boldsymbol{B}_2)=(\boldsymbol{A}_1\boldsymbol{A}_2)\otimes(\boldsymbol{B}_1\boldsymbol{B}_2)$.

(5) $(\boldsymbol{A}\otimes\boldsymbol{B})^{\mathrm{T}}=\boldsymbol{A}^{\mathrm{T}}\otimes\boldsymbol{B}^{\mathrm{T}}$.

(6) $(\boldsymbol{A}\otimes\boldsymbol{B})^{-}=\boldsymbol{A}^{-}\otimes\boldsymbol{B}^{-}$,这里 $\boldsymbol{A}^{-}\otimes\boldsymbol{B}^{-}$ 应理解为 $\boldsymbol{A}\otimes\boldsymbol{B}$ 的广义逆,但不必是全部广义逆.特别$(\boldsymbol{A}\otimes\boldsymbol{B})^{+}=\boldsymbol{A}^{+}\otimes\boldsymbol{B}^{+}$.当 $\boldsymbol{A}$, $\boldsymbol{B}$ 都可逆时,有$(\boldsymbol{A}\otimes\boldsymbol{B})^{-1}=\boldsymbol{A}^{-1}\otimes\boldsymbol{B}^{-1}$.

定理 1.16 设 $\boldsymbol{A}$, $\boldsymbol{B}$ 分别为 $n\times n$, $m\times m$ 的方阵,$\lambda_1, \lambda_2, \cdots, \lambda_n$ 和 $\mu_1, \mu_2, \cdots, \mu_m$ 分别为 $\boldsymbol{A}$, $\boldsymbol{B}$ 的特征值,则

(1) $\lambda_i\mu_j (i=1, 2, \cdots, n; j=1, 2, \cdots, m)$ 为 $\boldsymbol{A}\otimes\boldsymbol{B}$ 的特征值,且 $|\boldsymbol{A}\otimes\boldsymbol{B}|=|\boldsymbol{A}|^m|\boldsymbol{B}|^n$.

(2) $\mathrm{tr}(\boldsymbol{A}\otimes\boldsymbol{B})=\mathrm{tr}(\boldsymbol{A})\mathrm{tr}(\boldsymbol{B})$.

(3) $\mathrm{rk}(\boldsymbol{A}\otimes\boldsymbol{B})=\mathrm{rk}(\boldsymbol{A})\mathrm{rk}(\boldsymbol{B})$.

(4) 若 $\boldsymbol{A}\geqslant\boldsymbol{O}$, $\boldsymbol{B}\geqslant\boldsymbol{O}$,则 $\boldsymbol{A}\otimes\boldsymbol{B}\geqslant\boldsymbol{O}$.

1.5.2 矩阵的拉直运算

定义 1.5 设 $\boldsymbol{A}_{m\times n}=(\boldsymbol{a}_1, \boldsymbol{a}_2, \cdots, \boldsymbol{a}_n)$,定义 $mn\times 1$ 的向量

$$\mathrm{vec}(\boldsymbol{A})=\begin{bmatrix}\boldsymbol{a}_1\\ \boldsymbol{a}_2\\ \vdots\\ \boldsymbol{a}_n\end{bmatrix},$$

这是把矩阵 $\boldsymbol{A}$ 按列向量依次排成的向量,往往称这个程序为矩阵的拉直运算,也称为矩阵向量化.

拉直运算具有下列性质:

定理 1.17 (1) $\mathrm{vec}(\boldsymbol{A}+\boldsymbol{B})=\mathrm{vec}(\boldsymbol{A})+\mathrm{vec}(\boldsymbol{B})$;

(2) $\mathrm{vec}(\alpha\boldsymbol{A})=\alpha\,\mathrm{vec}(\boldsymbol{A})$,这里 α 为实数;

(3) $\mathrm{tr}(\boldsymbol{AB})=(\mathrm{vec}(\boldsymbol{A}^{\mathrm{T}}))^{\mathrm{T}}\mathrm{vec}(\boldsymbol{B})$;

(4) $\mathrm{tr}(\boldsymbol{A})=\mathrm{tr}(\boldsymbol{AI})=\mathrm{tr}(\boldsymbol{IA})=(\mathrm{vec}(\boldsymbol{I}_n))^{\mathrm{T}}\mathrm{vec}(\boldsymbol{A})$;

(5) 设 $\boldsymbol{a}$ 和 $\boldsymbol{b}$ 分别为 $n\times 1$, $m\times 1$ 向量,则 $\mathrm{vec}(\boldsymbol{ab}^{\mathrm{T}})=\boldsymbol{b}\otimes\boldsymbol{a}$;

(6) $\mathrm{vec}(\boldsymbol{ABC})=(\boldsymbol{C}^{\mathrm{T}}\otimes\boldsymbol{A})\mathrm{vec}(\boldsymbol{B})$;

(7) 设 $\boldsymbol{X}_{m\times n}=(\boldsymbol{X}_1, \boldsymbol{X}_2, \cdots, \boldsymbol{X}_n)$ 为随机矩阵,这里 $\boldsymbol{X}_i$, $i=1, 2, \cdots, n$ 表

示矩阵 $\boldsymbol{X}_{m\times n}$ 的第 i 个列向量，且

$$\operatorname{cov}(\boldsymbol{X}_i, \boldsymbol{X}_j) = \boldsymbol{E}(\boldsymbol{X}_i - \boldsymbol{E}(\boldsymbol{X}_i))(\boldsymbol{X}_j - \boldsymbol{E}(\boldsymbol{X}_j))^{\mathrm{T}} = v_{ij}\boldsymbol{\Sigma}.$$

记 $\boldsymbol{V} = (v_{ij})_{n\times n}$，则

$$\operatorname{cov}(\operatorname{vec}(\boldsymbol{X})) = \boldsymbol{V} \otimes \boldsymbol{\Sigma},$$

$$\operatorname{cov}(\operatorname{vec}(\boldsymbol{X}^{\mathrm{T}})) = \boldsymbol{\Sigma} \otimes \boldsymbol{V},$$

$$\operatorname{cov}(\operatorname{vec}(\boldsymbol{TX})) = \boldsymbol{V} \otimes (\boldsymbol{T\Sigma T}^{\mathrm{T}}),$$

这里 $\boldsymbol{T}$ 为非随机矩阵.

定理 1.16 和定理 1.17 的证明留给读者作为习题.

1.5.3 矩阵微商

假设 $\boldsymbol{X}$ 为 $n\times m$ 矩阵，$y=f(\boldsymbol{X})$ 为 $\boldsymbol{X}$ 的一个实值函数，矩阵

$$\frac{\partial y}{\partial \boldsymbol{X}} = \begin{bmatrix} \dfrac{\partial y}{\partial x_{11}} & \dfrac{\partial y}{\partial x_{12}} & \cdots & \dfrac{\partial y}{\partial x_{1m}} \\ \dfrac{\partial y}{\partial x_{21}} & \dfrac{\partial y}{\partial x_{22}} & \cdots & \dfrac{\partial y}{\partial x_{2m}} \\ \cdots & \cdots & \cdots & \cdots \\ \dfrac{\partial y}{\partial x_{n1}} & \dfrac{\partial y}{\partial x_{n2}} & \cdots & \dfrac{\partial y}{\partial x_{nm}} \end{bmatrix}$$

称为 y 对 $\boldsymbol{X}$ 的微商.

没有特殊说明，以下都假定矩阵 $\boldsymbol{X}$ 中的 mn 个变量 x_{ij}，$i=1, 2, \cdots, n$；$j=1, 2, \cdots, m$ 都是独立自变量.

定理 1.18 设 $\boldsymbol{A}(t)$ 为关于标量 t 的一个函数矩阵，可逆且对称.则

(1) $\dfrac{\partial}{\partial t}\ln|\boldsymbol{A}(t)| = \operatorname{tr}\left(\boldsymbol{A}^{-1}(t)\dfrac{\partial \boldsymbol{A}(t)}{\partial t}\right)$.

(2) $\dfrac{\partial \boldsymbol{A}^{-1}(t)}{\partial t} = -\boldsymbol{A}^{-1}(t)\dfrac{\partial \boldsymbol{A}(t)}{\partial t}\boldsymbol{A}^{-1}(t)$.

证明 (1) 注意到

$$\frac{\partial}{\partial t}\ln|\boldsymbol{A}(t)| = |\boldsymbol{A}(t)|^{-1}\frac{\partial|\boldsymbol{A}(t)|}{\partial t} = \frac{1}{|\boldsymbol{A}(t)|}\sum\sum_{i\leqslant j}\frac{\partial|\boldsymbol{A}(t)|}{\partial a_{ij}}\frac{\partial a_{ij}}{\partial t},$$

由于 $\boldsymbol{A}(t)$对称可推得

$$\frac{\partial \mid \boldsymbol{A}(t) \mid}{\partial a_{ij}}=\begin{cases}2A_{ij}, & i \neq j, \\ A_{ii}, & i=j,\end{cases}$$

这里 A_{ij} 为 a_{ij} 的代数余子式.因此,有

$$\begin{aligned}\frac{\partial}{\partial t}\ln \mid \boldsymbol{A}(t) \mid &=\frac{1}{\mid \boldsymbol{A}(t) \mid} \sum_{i} \sum_{j} A_{ij} \frac{\partial a_{ij}}{\partial t} \\ &=\sum_{i} \sum_{j} \frac{A_{ij}}{\mid \boldsymbol{A}(t) \mid} \frac{\partial a_{ij}}{\partial t} \\ &=\sum_{i} \sum_{j} a^{ij} \frac{\partial a_{ij}}{\partial t} \\ &=\operatorname{tr}\left(\boldsymbol{A}^{-1}(t) \frac{\partial \boldsymbol{A}(t)}{\partial t}\right),\end{aligned}$$

其中 $\boldsymbol{A}^{-1}(t)=[a^{ij}]$, (1)得证.

(2) 由于 $\boldsymbol{A}(t)\boldsymbol{A}^{-1}(t)=\boldsymbol{I}$, 故有

$$\frac{\partial \boldsymbol{A}(t)}{\partial t} \boldsymbol{A}^{-1}(t)+\boldsymbol{A}(t) \frac{\partial \boldsymbol{A}(t)}{\partial t}=0,$$

因此

$$\frac{\partial \boldsymbol{A}^{-1}(t)}{\partial t}=-\boldsymbol{A}^{-1}(t) \frac{\partial \boldsymbol{A}^{-1}(t)}{\partial t} \boldsymbol{A}^{-1}(t),$$

定理证毕.

1.6 均值向量与协方差阵

设 $\boldsymbol{X}=(X_1, X_2, \cdots, X_n)^{\mathrm{T}}$ 为 $n \times 1$ 随机向量,称

$$E(\boldsymbol{X})=[E(X_1), E(X_2), \cdots, E(X_n)]^{\mathrm{T}}$$

为 $\boldsymbol{X}$ 的均值向量.

定理 1.19 设 $\boldsymbol{A}$ 为 $m \times n$ 非随机矩阵, $\boldsymbol{X}$ 和 $\boldsymbol{b}$ 分别为 $n \times 1$ 和 $m \times 1$ 随机向量,记 $\boldsymbol{Y}=\boldsymbol{A}\boldsymbol{X}+\boldsymbol{b}$, 则

$$E(\boldsymbol{Y})=\boldsymbol{A} E(\boldsymbol{X})+E(\boldsymbol{b}).$$

证明 设 $\boldsymbol{A}=a_{ij}$，$\boldsymbol{b}=(b_1, b_2, \cdots, b_m)^{\mathrm{T}}$，$\boldsymbol{Y}=(Y_1, Y_2, \cdots, Y_m)^{\mathrm{T}}$，于是

$$Y_i=\sum_{j=1}^{n} a_{ij} X_j+b_i, \ i=1, 2, \cdots, m,$$

求均值，得

$$E(Y_i)=E\left(\sum_{j=1}^{n} a_{ij} X_j+b_i\right)=\sum_{j=1}^{n} a_{ij} E(X_j)+E(b_i), \ i=1, 2, \cdots, m,$$

定理得证.

n 维随机向量 $\boldsymbol{X}$ 的协方差矩阵定义为

$$\operatorname{cov}(\boldsymbol{X})=E[(\boldsymbol{X}-E(\boldsymbol{X}))(\boldsymbol{X}-E(\boldsymbol{X}))^{\mathrm{T}}],$$

这是一个 $n \times n$ 对称矩阵，它的 (i, j) 元为 $\operatorname{cov}(X_i, X_j)=E[(X_i-E(X_i))(X_j-E(X_j))]$，特别当 $i=j$ 时，就是 X_i 的方差 $\operatorname{var}(X_i)$，所以 $\boldsymbol{X}$ 的协方差阵的对角元为 X 分量的方差，而非对角元为相应分量的协方差.若对某个 i 和 j，$\operatorname{cov}(X_i, X_j)=0$，则称 X_i 与 X_j 是不相关的.

推论 1.5 $\operatorname{tr}[\operatorname{cov}(\boldsymbol{X})]=\sum_{i=1}^{n} \operatorname{var}(X_i)$，这里 $\operatorname{tr}(\boldsymbol{A})$ 表示方阵 $\boldsymbol{A}$ 的迹，即对角元之和.

定理 1.20 设 $\boldsymbol{X}$ 为任意 $n \times 1$ 随机向量，则它的协方差矩阵是半正定的对称阵.

证明 对称性是显然的，下面证明它是半正定的.事实上，对任意 $n \times 1$ 非随机向量 $\boldsymbol{c}$，考虑随机变量 $Y=\boldsymbol{c}^{\mathrm{T}} \boldsymbol{X}$ 的方差.根据定义，我们有

$$\begin{aligned}
\operatorname{var}(Y)=\operatorname{var}(\boldsymbol{c}^{\mathrm{T}} \boldsymbol{X}) & =E[(\boldsymbol{c}^{\mathrm{T}} \boldsymbol{X}-E(\boldsymbol{c})^{\mathrm{T}} \boldsymbol{X})^2] \\
& =E[(\boldsymbol{c}^{\mathrm{T}} \boldsymbol{X}-E(\boldsymbol{c})^{\mathrm{T}} \boldsymbol{X})(\boldsymbol{c}^{\mathrm{T}} \boldsymbol{X}-E(\boldsymbol{c})^{\mathrm{T}} \boldsymbol{X})] \\
& =\boldsymbol{c}^{\mathrm{T}} E[(\boldsymbol{X}-E(\boldsymbol{X}))(\boldsymbol{X}-E(\boldsymbol{X}))^{\mathrm{T}}] \boldsymbol{c} \\
& =\boldsymbol{c}^{\mathrm{T}} \operatorname{cov}(\boldsymbol{X}) \boldsymbol{c},
\end{aligned}$$

因为左端总是非负的，于是对一切 $\boldsymbol{c}$，右端也是非负的.根据定义，这说明矩阵 $\operatorname{cov}(\boldsymbol{X})$ 是半正定的，定理证毕.

定理 1.21 设 $\boldsymbol{A}$ 为 $m \times n$ 阵，$\boldsymbol{X}$ 为 $n \times 1$ 随机向量，$\boldsymbol{Y}=\boldsymbol{A X}$，则

$$\operatorname{cov}(\boldsymbol{Y})=\boldsymbol{A} \operatorname{cov}(\boldsymbol{X}) \boldsymbol{A}^{\mathrm{T}}.$$

证明 依协方差阵的定义，有

$$\begin{aligned}\operatorname{cov}(\boldsymbol{Y}) &= E[(\boldsymbol{Y}-E(\boldsymbol{Y}))(\boldsymbol{Y}-E(\boldsymbol{Y}))^{\mathrm{T}}] \\ &= E[(\boldsymbol{AX}-E(\boldsymbol{AX}))(\boldsymbol{AX}-E(\boldsymbol{AX}))^{\mathrm{T}}] \\ &= \boldsymbol{A}E[(\boldsymbol{X}-E(\boldsymbol{X}))(\boldsymbol{X}-E(\boldsymbol{X}))^{\mathrm{T}}]\boldsymbol{A}^{\mathrm{T}} \\ &= \boldsymbol{A}\operatorname{cov}(\boldsymbol{X})\boldsymbol{A}^{\mathrm{T}},\end{aligned}$$

定理证毕.

设 $\boldsymbol{X}$ 和 $\boldsymbol{Y}$ 分别是 $n\times 1$, $m\times 1$ 维随机向量, $\boldsymbol{X}$ 与 $\boldsymbol{Y}$ 的协方差矩阵定义为

$$\operatorname{cov}(\boldsymbol{X},\boldsymbol{Y}) = E[(\boldsymbol{X}-E(\boldsymbol{X}))(\boldsymbol{Y}-E(\boldsymbol{Y}))^{\mathrm{T}}].$$

定理 1.22 设 $\boldsymbol{X}$ 和 $\boldsymbol{Y}$ 分别是 $n\times 1$, $m\times 1$ 维随机向量, $\boldsymbol{A}$ 与 $\boldsymbol{B}$ 分别为 $p\times n$ 和 $q\times m$ 非随机矩阵,则

$$\operatorname{cov}(\boldsymbol{AX},\boldsymbol{BY}) = \boldsymbol{A}\operatorname{cov}(\boldsymbol{X},\boldsymbol{Y})\boldsymbol{B}^{\mathrm{T}}.$$

证明

$$\begin{aligned}\operatorname{cov}(\boldsymbol{AX},\boldsymbol{BY}) &= E[(\boldsymbol{AX}-E(\boldsymbol{AX}))(\boldsymbol{BY}-E(\boldsymbol{BY}))^{\mathrm{T}}] \\ &= \boldsymbol{A}E[(\boldsymbol{X}-E(\boldsymbol{X}))(\boldsymbol{Y}-E(\boldsymbol{Y}))^{\mathrm{T}}]\boldsymbol{B}^{\mathrm{T}} \\ &= \boldsymbol{A}\operatorname{cov}(\boldsymbol{X},\boldsymbol{Y})\boldsymbol{B}^{\mathrm{T}},\end{aligned}$$

定理证毕.

1.7 随机向量的二次型

设 $\boldsymbol{X}=(X_1, X_2, \cdots, X_n)^{\mathrm{T}}$ 为 $n\times 1$ 随机向量, $\boldsymbol{A}$ 为 $n\times n$ 对称阵,则称随机变量

$$\boldsymbol{X}^{\mathrm{T}}\boldsymbol{AX} = \sum_{i=1}^{n}\sum_{j=1}^{n} a_{ij}X_iX_j$$

为 $\boldsymbol{X}$ 的二次型.本节只要求 $\operatorname{cov}(\boldsymbol{X})$ 存在.

定理 1.23 设 $E(\boldsymbol{X})=\boldsymbol{\mu}$, $\operatorname{cov}(\boldsymbol{X})=\boldsymbol{\Sigma}$, 则

$$E(\boldsymbol{X}^{\mathrm{T}}\boldsymbol{AX}) = \boldsymbol{\mu}^{\mathrm{T}}\boldsymbol{A\mu} + \operatorname{tr}(\boldsymbol{A\Sigma}). \tag{1-33}$$

证明 因为

$$\begin{aligned}\boldsymbol{X}^{\mathrm{T}}\boldsymbol{AX} &= (\boldsymbol{X}-\boldsymbol{\mu}+\boldsymbol{\mu})^{\mathrm{T}}\boldsymbol{A}(\boldsymbol{X}-\boldsymbol{\mu}+\boldsymbol{\mu}) \\ &= (\boldsymbol{X}-\boldsymbol{\mu})^{\mathrm{T}}\boldsymbol{A}(\boldsymbol{X}-\boldsymbol{\mu}) + \boldsymbol{\mu}^{\mathrm{T}}\boldsymbol{A}(\boldsymbol{X}-\boldsymbol{\mu}) + \\ &\quad (\boldsymbol{X}-\boldsymbol{\mu})^{\mathrm{T}}\boldsymbol{A\mu} + \boldsymbol{\mu}^{\mathrm{T}}\boldsymbol{A\mu},\end{aligned} \tag{1-34}$$

利用定理 1.19，有

$$E[\boldsymbol{\mu}^{\mathrm{T}}\boldsymbol{A}(\boldsymbol{X}-\boldsymbol{\mu})]=E(\boldsymbol{\mu}^{\mathrm{T}}\boldsymbol{AX})-\boldsymbol{\mu}^{\mathrm{T}}\boldsymbol{A\mu}=\boldsymbol{\mu}^{\mathrm{T}}\boldsymbol{A}E(\boldsymbol{X})-\boldsymbol{\mu}^{\mathrm{T}}\boldsymbol{A\mu}=0,$$

于是式(1－34)中第 2、3 项的均值都等于零.为了证明式(1－33)，只需证明

$$E[(\boldsymbol{X}-\boldsymbol{\mu})^{\mathrm{T}}\boldsymbol{A}(\boldsymbol{X}-\boldsymbol{\mu})]=\mathrm{tr}(\boldsymbol{A\Sigma}),$$

注意到

$$E[(\boldsymbol{X}-\boldsymbol{\mu})^{\mathrm{T}}\boldsymbol{A}(\boldsymbol{X}-\boldsymbol{\mu})]=E[\mathrm{tr}(\boldsymbol{X}-\boldsymbol{\mu})^{\mathrm{T}}\boldsymbol{A}(\boldsymbol{X}-\boldsymbol{\mu})],$$

利用矩阵迹的性质 $\mathrm{tr}(\boldsymbol{AB})=\mathrm{tr}(\boldsymbol{BA})$（见本章习题），并交换求均值和求迹的次序，上式变为

$$\begin{aligned}E[(\boldsymbol{X}-\boldsymbol{\mu})^{\mathrm{T}}\boldsymbol{A}(\boldsymbol{X}-\boldsymbol{\mu})]&=E[\mathrm{tr}(\boldsymbol{A}(\boldsymbol{X}-\boldsymbol{\mu})(\boldsymbol{X}-\boldsymbol{\mu})^{\mathrm{T}})]\\&=\mathrm{tr}E[\boldsymbol{A}(\boldsymbol{X}-\boldsymbol{\mu})(\boldsymbol{X}-\boldsymbol{\mu})^{\mathrm{T}}]\\&=\mathrm{tr}[\boldsymbol{A}E((\boldsymbol{X}-\boldsymbol{\mu})(\boldsymbol{X}-\boldsymbol{\mu})^{\mathrm{T}})]\\&=\mathrm{tr}(\boldsymbol{A\Sigma}),\end{aligned}$$

定理证毕.

推论 1.6 在定理 1.23 的假设条件下，

(1) 若 $\boldsymbol{\mu}=\boldsymbol{0}$，则

$$E(\boldsymbol{X}^{\mathrm{T}}\boldsymbol{AX})=\mathrm{tr}(\boldsymbol{A\Sigma}).$$

(2) 若 $\boldsymbol{\Sigma}=\sigma^2\boldsymbol{I}$，则

$$E(\boldsymbol{X}^{\mathrm{T}}\boldsymbol{AX})=\boldsymbol{\mu}^{\mathrm{T}}\boldsymbol{A\mu}+\sigma^2\sum_{i=1}^{n}a_{ii}=\boldsymbol{\mu}^{\mathrm{T}}\boldsymbol{A\mu}+\sigma^2\mathrm{tr}(\boldsymbol{A}).$$

(3) 若 $\boldsymbol{\mu}=\boldsymbol{0}$，$\boldsymbol{\Sigma}=\boldsymbol{I}$，则

$$E(\boldsymbol{X}^{\mathrm{T}}\boldsymbol{AX})=\mathrm{tr}(\boldsymbol{A}).$$

例 1.1 假设一维总体的均值为 μ，方差为 σ^2. X_1，X_2，…，X_n 为从总体中抽取的随机样本，试求样本方差

$$S^2=\frac{1}{n-1}\sum_{i=1}^{n}(X_i-\bar{X})^2,$$

的均值，这里 $\bar{X}=\frac{1}{n}\sum_{i=1}^{n}X_i$.

解 记 $\boldsymbol{Q}=(n-1)\boldsymbol{S}^2$，$\boldsymbol{X}=(X_1,X_2,\cdots,X_n)^{\mathrm{T}}$. 我们首先把 $\boldsymbol{Q}$ 当作 $\boldsymbol{X}$ 的一个二次型.用 $\mathbf{1}_n=(1,1,\cdots,1)^{\mathrm{T}}$ 表示所有元素为 1 的 n 维向量，则 $E(\boldsymbol{X})=$

$\mu\mathbf{1}_n$, $\mathrm{cov}(\boldsymbol{X})=\sigma^2\boldsymbol{I}_n$.另外

$$\bar{\boldsymbol{X}}=\frac{1}{n}\mathbf{1}^{\mathrm{T}}\boldsymbol{X},$$

$$\boldsymbol{X}-\bar{\boldsymbol{X}}\mathbf{1}=\boldsymbol{X}-\frac{1}{n}\mathbf{1}\mathbf{1}^{\mathrm{T}}\boldsymbol{X}=(I_n-\frac{1}{n}\mathbf{1}\mathbf{1}^{\mathrm{T}})\boldsymbol{X}=\boldsymbol{C}\boldsymbol{X},$$

其中 $\boldsymbol{C}=\boldsymbol{I}_n-\frac{1}{n}\mathbf{1}\mathbf{1}^{\mathrm{T}}$，这是一个幂等对称阵，即 $\boldsymbol{C}^2=\boldsymbol{C}$, $\boldsymbol{C}^{\mathrm{T}}=\boldsymbol{C}$. 于是

$$\begin{aligned}\boldsymbol{Q}&=\sum_{i=1}^{n}(\boldsymbol{X}_i-\bar{\boldsymbol{X}})^2=(\boldsymbol{X}-\bar{\boldsymbol{X}}\mathbf{1})^{\mathrm{T}}(\boldsymbol{X}-\bar{\boldsymbol{X}}\mathbf{1})\\&=(\boldsymbol{C}\boldsymbol{X})^{\mathrm{T}}\boldsymbol{C}\boldsymbol{X}=\boldsymbol{X}^{\mathrm{T}}\boldsymbol{C}\boldsymbol{X},\end{aligned}\tag{1-35}$$

应用定理 1.23，得

$$E(\boldsymbol{Q})=(E(\boldsymbol{X}))^{\mathrm{T}}\boldsymbol{C}(E(\boldsymbol{X}))+\sigma^2\mathrm{tr}(\boldsymbol{C})=\mu^2\mathbf{1}^{\mathrm{T}}\boldsymbol{C}\mathbf{1}+\sigma^2\mathrm{tr}(\boldsymbol{C}),$$

容易验证

$$\boldsymbol{C}\mathbf{1}=\mathbf{0},\ \mathrm{tr}(\boldsymbol{C})=n-1,$$

故有

$$E(\boldsymbol{Q})=\sigma^2(n-1),$$

因而

$$E(\boldsymbol{S}^2)=\sigma^2,$$

这就获得了所要的结论.

1.8 正态随机向量

定义 1.6 设 n 维随机向量 $\boldsymbol{X}=(X_1, X_2, \cdots, X_n)^{\mathrm{T}}$ 具有密度函数

$$f(\boldsymbol{x})=\frac{1}{(2\pi)^{\frac{n}{2}}(\det\boldsymbol{\Sigma})^{\frac{1}{2}}}\exp\left\{-\frac{1}{2}(\boldsymbol{x}-\boldsymbol{\mu})^{\mathrm{T}}\boldsymbol{\Sigma}^{-1}(\boldsymbol{x}-\boldsymbol{\mu})\right\},\tag{1-36}$$

其中 $\boldsymbol{x}=(x_1, x_2, \cdots, x_n)^{\mathrm{T}}$, $-\infty<x_i<+\infty$, $i=1, 2, \cdots, n$, $\boldsymbol{\mu}=(\mu_1, \mu_2, \cdots, \mu_n)^{\mathrm{T}}$，$\boldsymbol{\Sigma}$ 是正定矩阵，则称 $\boldsymbol{X}$ 为 n 维正态随机向量，记为 $\boldsymbol{N}_n(\boldsymbol{\mu}, \boldsymbol{\Sigma})$，也简记为 $\boldsymbol{N}(\boldsymbol{\mu}, \boldsymbol{\Sigma})$，这里 $\boldsymbol{\mu}$ 和 $\boldsymbol{\Sigma}$ 分别为分布参数.

定义

$$\boldsymbol{Y}=\boldsymbol{\Sigma}^{-\frac{1}{2}}(\boldsymbol{X}-\boldsymbol{\mu}),$$

故 $\boldsymbol{X}=\boldsymbol{\Sigma}^{\frac{1}{2}}\boldsymbol{Y}+\boldsymbol{\mu}$，于是 $\boldsymbol{Y}$ 的密度函数为

$$g(\boldsymbol{y})=f(\boldsymbol{\Sigma}^{\frac{1}{2}}\boldsymbol{y}+\boldsymbol{\mu})\mid J\mid,$$

其中 J 为变换的 Jacobi 行列式，

$$J=\begin{vmatrix}\dfrac{\partial x_1}{\partial y_1} & \cdots & \dfrac{\partial x_1}{\partial y_n}\\ \vdots & & \vdots\\ \dfrac{\partial x_n}{\partial y_1} & \cdots & \dfrac{\partial x_n}{\partial y_n}\end{vmatrix}=\det(\boldsymbol{\Sigma})^{\frac{1}{2}}=(\det\boldsymbol{\Sigma})^{\frac{1}{2}}.$$

从式(1-36)得到 $\boldsymbol{Y}$ 的密度函数

$$g(\boldsymbol{y})=\frac{1}{(2\pi)^{\frac{n}{2}}}\exp\left\{-\frac{1}{2}\boldsymbol{y}^{\mathrm{T}}\boldsymbol{y}\right\}=\prod_{i=1}^{n}\frac{1}{\sqrt{2\pi}}\exp\left(-\frac{y_i^2}{2}\right)=\prod_{i=1}^{n}f(y_i),$$

其中

$$f(y_i)=\frac{1}{\sqrt{2\pi}}\exp\left(-\frac{y_i^2}{2}\right)$$

是标准正态分布的密度函数.这表明 $\boldsymbol{Y}$ 的 n 个分量的联合密度等于每个分量的密度函数的乘积.于是，$\boldsymbol{Y}$ 的 n 个分量相互独立，且 $Y_i \sim N(0, 1)$，$i=1, 2, \cdots, n$.因而有

$$E(\boldsymbol{Y})=\boldsymbol{0},\ \operatorname{cov}(\boldsymbol{Y})=\boldsymbol{I},$$

利用关系式 $\boldsymbol{X}=\boldsymbol{\Sigma}^{\frac{1}{2}}\boldsymbol{Y}+\boldsymbol{\mu}$ 及定理 1.19 和定理 1.20，得

$$E(\boldsymbol{X})=\boldsymbol{\mu},\ \operatorname{cov}(\boldsymbol{X})=\boldsymbol{\Sigma}.$$

设式(1-36)的协方差阵具有如下分块对角矩阵形式：

$$\boldsymbol{\Sigma}=\begin{bmatrix}\boldsymbol{\Sigma}_{11} & \boldsymbol{O}\\ \boldsymbol{O} & \boldsymbol{\Sigma}_{22}\end{bmatrix},\tag{1-37}$$

式中 $\boldsymbol{\Sigma}_{11}$ 为 $m\times n$ 矩阵.相应地，将 $\boldsymbol{X}$ 和 $\boldsymbol{\mu}$ 也分块为

$$\boldsymbol{X}=\begin{bmatrix}\boldsymbol{X}_1\\ \boldsymbol{X}_2\end{bmatrix},\ \boldsymbol{\mu}=\begin{bmatrix}\boldsymbol{\mu}_1\\ \boldsymbol{\mu}_2\end{bmatrix}, \tag{1-38}$$

其中 $\boldsymbol{X}_1$ 和 $\boldsymbol{\mu}_1$ 皆为 $m\times 1$ 矩阵.则式(1-36)可分解为

$$f(\boldsymbol{x})=f_1(x_1)f_2(x_2), \tag{1-39}$$

其中

$$f_1(x_1)=\frac{1}{(2\pi)^{\frac{m}{2}}(\det\boldsymbol{\Sigma}_{11})^{\frac{1}{2}}}\exp\left\{-\frac{1}{2}(x_1-\mu_1)^{\mathrm{T}}\boldsymbol{\Sigma}_{11}^{-1}(x_1-\mu_1)\right\},$$

$$f_2(x_2)=\frac{1}{(2\pi)^{\frac{n-m}{2}}(\det\boldsymbol{\Sigma}_{22})^{\frac{1}{2}}}\exp\left\{-\frac{1}{2}(x_2-\mu_2)^{\mathrm{T}}\boldsymbol{\Sigma}_{22}^{-1}(x_2-\mu_2)\right\},$$

这表明 $\boldsymbol{X}_i\sim N(\boldsymbol{\mu}_i,\boldsymbol{\Sigma}_{ii})$, $i=1, 2$ 且相互独立.于是我们有如下定理.

定理 1.24 (a) 设 $\boldsymbol{X}\sim N(\boldsymbol{\mu},\boldsymbol{\Sigma})$,且 $\boldsymbol{X}$ 和 $\boldsymbol{\mu}$ 分别有分块形式式(1-38),而 $\boldsymbol{\Sigma}$ 具有形式式(1-37),则 $\boldsymbol{X}_i\sim N(\boldsymbol{\mu}_i,\boldsymbol{\Sigma}_{ii})$, $i=1, 2$ 且相互独立.

(b) 若 $\boldsymbol{\Sigma}=\sigma^2 I$,且记 $\boldsymbol{X}=(X_1, X_2, \cdots, X_n)^{\mathrm{T}}$, $\boldsymbol{\mu}=(\mu_1, \mu_2, \cdots, \mu_n)^{\mathrm{T}}$,则 $\boldsymbol{X}_i\sim N(\mu_i,\sigma^2)$, $i=1, 2, \cdots, n$,且相互独立.

该定理的结论(a)刻画了正态分布的一个重要性质.因为从式(1-37)知 $\mathrm{cov}(\boldsymbol{X}_1, \boldsymbol{X}_2)=\boldsymbol{\Sigma}_{12}=0$,所以 $\boldsymbol{X}_1$ 与 $\boldsymbol{X}_2$ 不相关;结论(b)说明从 $\boldsymbol{X}_1$ 和 $\boldsymbol{X}_2$ 不相关,可以推出 $\boldsymbol{X}_1$ 和 $\boldsymbol{X}_2$ 相互独立.反过来,我们知道,随机变量相互独立,一定是不相关的.所以对正态向量而言,相互独立与不相关是等价的.

例 1.2 二元正态分布的密度函数为

$$f(x_1, x_2)=\frac{1}{2\pi\sigma_1\sigma_2\sqrt{1-\rho^2}}\cdot\exp\left\{-\frac{1}{2(1-\rho^2)}\left[\frac{(x_1-\mu_1)^2}{\sigma_1^2}-2\rho\left(\frac{x_1-\mu_1}{\sigma_1}\right)\left(\frac{x_2-\mu_2}{\sigma_2}\right)+\frac{(x_2-\mu_2)^2}{\sigma_2^2}\right]\right\},$$

对应式(1-36)的形式的 $\boldsymbol{\mu}$ 和 $\boldsymbol{\Sigma}$ 分别为,

$$\boldsymbol{\mu}=\begin{bmatrix}\boldsymbol{\mu}_1\\ \boldsymbol{\mu}_2\end{bmatrix},\ \boldsymbol{\Sigma}=\begin{bmatrix}\sigma_1^2 & \rho\sigma_1\sigma_2\\ \rho\sigma_1\sigma_2 & \sigma_2^2\end{bmatrix}$$

ρ 表示相关系数,因为 $\det\boldsymbol{\Sigma}=(1-\rho^2)\sigma_1^2\sigma_2^2$,所以为了保证 $\boldsymbol{\Sigma}$ 可逆,要求 $\rho\leqslant 1$.

当 $\rho=0$ 时，$\boldsymbol{\Sigma}=\operatorname{diag}(\sigma_1^2,\ \sigma_2^2)$，根据定理 1.24 知，此时 X_1 与 X_2 相互独立，且 $X_i \sim N(\mu_i,\ \sigma_i^2)$. 当然，这个事实也可以从式(1-39)密度函数的分解形式得到证明.

定理 1.25 设 n 维随机向量 $\boldsymbol{X} \sim N(\boldsymbol{\mu},\ \boldsymbol{\Sigma})$，$\boldsymbol{A}$ 为 $n \times n$ 非随机可逆阵，$\boldsymbol{b}$ 为 $n \times 1$ 向量，记 $\boldsymbol{Y}=\boldsymbol{AX}+\boldsymbol{b}$，则

$$\boldsymbol{Y} \sim N(\boldsymbol{A\mu}+\boldsymbol{b},\ \boldsymbol{A\Sigma A}^{\mathrm{T}}).$$

证明 因为 $\boldsymbol{A}$ 可逆，于是 $\boldsymbol{X}=\boldsymbol{A}^{-1}(\boldsymbol{Y}-\boldsymbol{b})$，利用式(1-36)，$\boldsymbol{Y}$ 的密度函数为

$$g(\boldsymbol{y})=f(\boldsymbol{A}^{-1}(\boldsymbol{y}-\boldsymbol{b}))\mid J \mid,$$

其中 J 为变换的 Jacobi 行列式：

$$J=\begin{vmatrix} \dfrac{\partial x_1}{\partial y_1} & \cdots & \dfrac{\partial x_1}{\partial y_n} \\ \vdots & \vdots & \vdots \\ \dfrac{\partial x_n}{\partial y_1} & \cdots & \dfrac{\partial x_n}{\partial y_n} \end{vmatrix}=\det(\boldsymbol{A}^{-1}).$$

注意到

$$(\det\boldsymbol{\Sigma})^{\frac{1}{2}} \mid J \mid^{-1}=(\det\boldsymbol{\Sigma}(\det\boldsymbol{A})^2)^{\frac{1}{2}}=(\det(\boldsymbol{A\Sigma A}^{\mathrm{T}}))^{\frac{1}{2}}$$

$$\begin{aligned}&(\boldsymbol{A}^{-1}(\boldsymbol{y}-\boldsymbol{b})-\boldsymbol{\mu})^{\mathrm{T}}\boldsymbol{\Sigma}^{-1}(\boldsymbol{A}^{-1}(\boldsymbol{y}-\boldsymbol{b})-\boldsymbol{\mu})\\ =&(\boldsymbol{y}-(\boldsymbol{A\mu}+\boldsymbol{b}))^{\mathrm{T}}(\boldsymbol{A\Sigma A}^{\mathrm{T}})^{-1}(\boldsymbol{y}-(\boldsymbol{A\mu}+\boldsymbol{b})),\end{aligned}$$

于是

$$\begin{aligned} g(\boldsymbol{y}) &= \frac{1}{(2\pi)^{\frac{n}{2}}(\det\boldsymbol{\Sigma})^{\frac{1}{2}}}\exp\left\{-\frac{1}{2}(\boldsymbol{A}^{-1}(\boldsymbol{y}-\boldsymbol{b})-\boldsymbol{\mu})^{\mathrm{T}}\boldsymbol{\Sigma}^{-1}(\boldsymbol{A}^{-1}(\boldsymbol{y}-\boldsymbol{b})-\boldsymbol{\mu})\right\}\mid J \mid \\ &= \frac{1}{(2\pi)^{\frac{n}{2}}(\det\boldsymbol{A\Sigma A}^{\mathrm{T}})^{\frac{1}{2}}}\exp\left\{-\frac{1}{2}(\boldsymbol{y}-(\boldsymbol{A\mu}+\boldsymbol{b}))^{\mathrm{T}}(\boldsymbol{A\Sigma}^{-1}\boldsymbol{A}^{\mathrm{T}})^{-1}(\boldsymbol{y}-(\boldsymbol{A\mu}+\boldsymbol{b}))\right\}, \end{aligned}$$

这正是 $\boldsymbol{Y} \sim N(\boldsymbol{A\mu}+\boldsymbol{b},\ \boldsymbol{A\Sigma A}^{\mathrm{T}})$ 的分布密度，定理证毕.

在定理 1.25 中，若取 $\boldsymbol{A}=\boldsymbol{\Sigma}^{-\frac{1}{2}}$，注意到 $\boldsymbol{\Sigma}^{-1}$ 也是对称阵，因此

$$\boldsymbol{\Sigma}^{-\frac{1}{2}}\boldsymbol{\Sigma}(\boldsymbol{\Sigma}^{-\frac{1}{2}})^{\mathrm{T}}=\boldsymbol{\Sigma}^{-\frac{1}{2}}\boldsymbol{\Sigma}\boldsymbol{\Sigma}^{-\frac{1}{2}}=\boldsymbol{I},$$

于是得出以下推论：

推论 1.7 设 $\boldsymbol{X} \sim N(\boldsymbol{\mu},\ \boldsymbol{\Sigma})$，则 $\boldsymbol{Y}=\boldsymbol{\Sigma}^{-\frac{1}{2}}\boldsymbol{X} \sim N(\boldsymbol{\Sigma}^{-\frac{1}{2}}\boldsymbol{\mu},\ \boldsymbol{I})$.

推论 1.8 设 $\boldsymbol{X} \sim N_n(\boldsymbol{\mu}, \sigma^2\boldsymbol{I})$，$\boldsymbol{Q}$ 为 $n\times n$ 正交阵，则 $\boldsymbol{QX} \sim N_n(\boldsymbol{Q\mu}, \sigma^2\boldsymbol{I})$.

定理 1.26 设 $\boldsymbol{X} \sim N_n(\boldsymbol{\mu}, \boldsymbol{\Sigma})$，将 $\boldsymbol{X}, \boldsymbol{\mu}, \boldsymbol{\Sigma}$ 分块为

$$\boldsymbol{X}=\begin{bmatrix}\boldsymbol{X}_1\\ \boldsymbol{X}_2\end{bmatrix},\ \boldsymbol{\mu}=\begin{bmatrix}\boldsymbol{\mu}_1\\ \boldsymbol{\mu}_2\end{bmatrix},\ \boldsymbol{\Sigma}=\begin{bmatrix}\boldsymbol{\Sigma}_{11} & \boldsymbol{\Sigma}_{12}\\ \boldsymbol{\Sigma}_{21} & \boldsymbol{\Sigma}_{22}\end{bmatrix},$$

其中 $\boldsymbol{X}_1$ 和 $\boldsymbol{\mu}_1$ 为 $m\times 1$ 向量，而 $\boldsymbol{\Sigma}_{11}$ 为 $m\times m$ 矩阵，则 $\boldsymbol{X}_1 \sim N_m(\boldsymbol{\mu}_1, \boldsymbol{\Sigma}_{11})$.

证明 在定理 1.25 中，取

$$\boldsymbol{A}=\begin{bmatrix}\boldsymbol{I}_m & \boldsymbol{O}\\ -\boldsymbol{\Sigma}_{21}\boldsymbol{\Sigma}_{11}^{-1} & \boldsymbol{I}_{n-m}\end{bmatrix},\ \boldsymbol{b}=\boldsymbol{0},$$

则 $\boldsymbol{Y}=\boldsymbol{AX} \sim N_n(\boldsymbol{A\mu}, \boldsymbol{A\Sigma A}^{\mathrm{T}})$.

因为

$$\boldsymbol{A\Sigma A}^{\mathrm{T}}=\begin{bmatrix}\boldsymbol{\Sigma}_{11} & \boldsymbol{O}\\ \boldsymbol{O} & \boldsymbol{\Sigma}_{22.1}\end{bmatrix},$$

其中 $\boldsymbol{\Sigma}_{22.1}=\boldsymbol{\Sigma}_{22}-\boldsymbol{\Sigma}_{21}\boldsymbol{\Sigma}_{11}^{-1}\boldsymbol{\Sigma}_{12}$，于是

$$\boldsymbol{Y}=\begin{bmatrix}\boldsymbol{Y}_1\\ \boldsymbol{Y}_2\end{bmatrix}=\begin{bmatrix}\boldsymbol{X}_1\\ \boldsymbol{X}_2-\boldsymbol{\Sigma}_{21}\boldsymbol{\Sigma}_{11}^{-1}\boldsymbol{X}_1\end{bmatrix}\sim N\left[\begin{bmatrix}\boldsymbol{\mu}_1\\ \boldsymbol{\mu}_2-\boldsymbol{\Sigma}_{21}\boldsymbol{\Sigma}_{11}^{-1}\boldsymbol{\mu}_1\end{bmatrix},\begin{bmatrix}\boldsymbol{\Sigma}_{11} & \boldsymbol{O}\\ \boldsymbol{O} & \boldsymbol{\Sigma}_{22.1}\end{bmatrix}\right],$$

根据定理 1.24 知，$\boldsymbol{X}_1 \sim N_m(\boldsymbol{\mu}_1, \boldsymbol{\Sigma}_{11})$，定理证毕.

类似地，我们也可以证明 $\boldsymbol{X}_2 \sim N_m(\boldsymbol{\mu}_2, \boldsymbol{\Sigma}_{22})$.

定理 1.27 设 $\boldsymbol{X} \sim N_n(\boldsymbol{\mu}, \boldsymbol{\Sigma})$，$\boldsymbol{A}$ 为 $m\times n$ 矩阵，且秩为 $m(<n)$，则 $\boldsymbol{Y}=\boldsymbol{AX} \sim N_m(\boldsymbol{A\mu}, \boldsymbol{A\Sigma A}^{\mathrm{T}})$.

证明 因为 $\mathrm{rk}(\boldsymbol{A})=m$，故可将其扩充为 $n\times n$ 可逆阵

$$\boldsymbol{C}=\begin{bmatrix}\boldsymbol{A}\\ \boldsymbol{B}\end{bmatrix},$$

应用定理 1.25，

$$\boldsymbol{Z}=\boldsymbol{CX}=\begin{bmatrix}\boldsymbol{A}\\ \boldsymbol{B}\end{bmatrix}\boldsymbol{X}\sim N\left[\begin{bmatrix}\boldsymbol{A\mu}\\ \boldsymbol{B\mu}\end{bmatrix},\begin{bmatrix}\boldsymbol{A\Sigma A}^{\mathrm{T}} & \boldsymbol{A\Sigma B}^{\mathrm{T}}\\ \boldsymbol{B\Sigma A}^{\mathrm{T}} & \boldsymbol{B\Sigma B}^{\mathrm{T}}\end{bmatrix}\right],$$

再应用定理 1.26 知

$$\boldsymbol{Y}=\boldsymbol{A}\boldsymbol{X}\sim N_m(\boldsymbol{A}\boldsymbol{\mu},\ \boldsymbol{A}\boldsymbol{\Sigma}\boldsymbol{A}^{\mathrm{T}}),$$

定理证毕.

推论 1.9 设 $\boldsymbol{X}\sim N_n(\boldsymbol{\mu},\ \boldsymbol{\Sigma})$, $\boldsymbol{c}$ 为 $n\times 1$ 非零向量,则

$$\boldsymbol{c}^{\mathrm{T}}\boldsymbol{X}\sim N(\boldsymbol{c}^{\mathrm{T}}\boldsymbol{\mu},\ \boldsymbol{c}^{\mathrm{T}}\boldsymbol{\Sigma}\boldsymbol{c}).$$

例 1.3 设 X_1, X_2, $\cdots$, X_n 为从正态总体 $N(\mu,\ \sigma^2)$ 抽取的简单随机样本,则样本均值

$$\bar{X}=\frac{1}{n}\sum_{i=1}^{n}X_i\sim N\left(\boldsymbol{\mu},\ \frac{\sigma^2}{n}\right).$$

事实上,若记 $\boldsymbol{X}=(X_1,\ X_2,\ \cdots,\ X_n)^{\mathrm{T}}$, $\boldsymbol{c}=\left(\frac{1}{n},\ \frac{2}{n},\ \cdots,\ \frac{1}{n}\right)^{\mathrm{T}}$,则 $\bar{X}=\boldsymbol{c}^{\mathrm{T}}\boldsymbol{X}$. 依推论 1.9 知 $\bar{X}$ 服从正态分布.

推论 1.10 设 $\boldsymbol{X}\sim N_n(\boldsymbol{\mu},\ \boldsymbol{\Sigma})$, $\boldsymbol{\mu}=(\mu_1,\ \mu_2,\ \cdots,\ \mu_n)^{\mathrm{T}}$, $\boldsymbol{\Sigma}=(\sigma_{ij})$,则

$$X_i\sim N(\mu_i,\ \sigma_{ii}),\ i=1,\ 2,\ \cdots,\ n.$$

1.9 χ^2 分布

若 X_1, X_2, $\cdots$, X_n 相互独立,都服从正态分布 $N(0,\ 1)$,则 $X=X_1^2+X_2^2+\cdots+X_n^2$ 服从自由度为 n 的卡方分布,记为 $X\sim\chi_n^2$. 可以证明,χ_n^2 分布密度函数为

$$g(x)=\begin{cases}\dfrac{1}{\Gamma\left(\dfrac{n}{2}\right)2^{\frac{n}{2}}}\mathrm{e}^{-\frac{x}{2}}x^{\frac{n}{2}-1}, & x>0,\\ 0, & x\leqslant 0.\end{cases}$$

定理 1.28 设 $\boldsymbol{X}\sim N_n(\boldsymbol{0},\ \boldsymbol{\Sigma})$, $\boldsymbol{\Sigma}$ 为正定矩阵,则 $\boldsymbol{X}^{\mathrm{T}}\boldsymbol{\Sigma}^{-1}\boldsymbol{X}\sim\chi_n^2$.

证明 记 $\boldsymbol{Y}=\boldsymbol{\Sigma}^{-\frac{1}{2}}\boldsymbol{X}$. 依推论 1.7 知,$\boldsymbol{Y}\sim N(\boldsymbol{0},\ \boldsymbol{I})$. 但

$$\boldsymbol{X}^{\mathrm{T}}\boldsymbol{\Sigma}^{-1}\boldsymbol{X}=(\boldsymbol{\Sigma}^{-\frac{1}{2}}\boldsymbol{X})^{\mathrm{T}}\boldsymbol{\Sigma}^{-\frac{1}{2}}\boldsymbol{X}=\boldsymbol{Y}^{\mathrm{T}}\boldsymbol{Y},$$

依定义知 $\boldsymbol{X}^{\mathrm{T}}\boldsymbol{\Sigma}^{-1}\boldsymbol{X}\sim\chi_n^2$, 定理证毕.

定理 1.29 设 $X\sim\chi_n^2$,则 $E(X)=n$, $\mathrm{var}(X)=2n$.

证明 设 X_1, X_2, $\cdots$, X_n 相互独立,且 $X_i\sim N(0,\ 1)$, $i=1,\ 2,\ \cdots,\ n$. 令

$$X=X_1^2+X_2^2+\cdots+X_n^2,$$

于是

$$E(X)=\sum_{i=1}^{n}E(X_i^2), \tag{1-40}$$

$$\operatorname{var}(X)=\sum_{i=1}^{n}\operatorname{var}(X_i^2). \tag{1-41}$$

因为 $E(X_i)=0$，所以

$$E(X_i^2)=E(X_i^2)-(E(X_i))^2=\operatorname{var}(X_i)=1,$$

按定义直接计算可证明 $E(X_i^4)=3$，于是

$$\operatorname{var}(X_i^2)=E(X_i^4)-(E(X_i^2))^2=3-1=2,$$

代入式(1-40)和式(1-41)，定理得证.

定理 1.30 设 X_1 和 X_2 相互独立，且 $X_1\sim\chi_n^2$，$X_2\sim\chi_m^2$，则 $X_1+X_2\sim\chi_{n+m}^2$.

证明 依 χ^2 分布的定义，X_1 和 X_2 可分别写为

$$X_1=Y_1^2+Y_2^2+\cdots+Y_n^2,$$

$$X_2=Y_{n+1}^2+Y_{n+2}^2+\cdots+Y_{n+m}^2,$$

这里 $Y_1, Y_2, \cdots, Y_{n+m}$ 相互独立，且有分布 $N(0, 1)$.因而

$$X_1+X_2=Y_1^2+Y_2^2+\cdots+Y_{n+m}^2,$$

于是 X_1+X_2 表成了 $n+m$ 个相互独立的标准正态变量的平方和，于是 $X_1+X_2\sim\chi_{n+m}^2$. 定理证毕.

定理 1.31 设 $\boldsymbol{X}\sim N_n(\boldsymbol{0}, \boldsymbol{I}_n)$，$\boldsymbol{A}$ 为 $n\times n$ 对称阵，且 $\operatorname{rk}(\boldsymbol{A})=r$，则当 $\boldsymbol{A}$ 满足 $\boldsymbol{A}^2=\boldsymbol{A}$，即 $\boldsymbol{A}$ 为幂等矩阵时，二次型

$$\boldsymbol{X}^{\mathrm{T}}\boldsymbol{A}\boldsymbol{X}\sim\chi_r^2 \tag{1-42}$$

证明 因为 $\boldsymbol{A}$ 为幂等阵，所以 $\boldsymbol{A}$ 的特征值非零即 1.因而 $\boldsymbol{A}$ 的特征值中有 r 个为 1，$n-r$ 个为 0.再由 $\boldsymbol{A}$ 的对称性，知存在一个正交阵 $\boldsymbol{Q}$，使得

$$\boldsymbol{A}=\boldsymbol{Q}^{\mathrm{T}}\begin{bmatrix}\boldsymbol{I}_r & \boldsymbol{O}\\ \boldsymbol{O} & \boldsymbol{O}\end{bmatrix}\boldsymbol{Q},$$

令 $\boldsymbol{Y}=\boldsymbol{Q}\boldsymbol{X}$，则 $\boldsymbol{Y}\sim N(\boldsymbol{0}, \boldsymbol{I}_n)$.于是 $\boldsymbol{Y}=(Y_1, Y_2, \cdots, Y_n)^{\mathrm{T}}$ 的分量 $Y_i\sim N(0, 1)$，

且相互独立，而

$$\boldsymbol{X}^{\mathrm{T}}\boldsymbol{A}\boldsymbol{X}=\boldsymbol{X}^{\mathrm{T}}\boldsymbol{Q}^{\mathrm{T}}\begin{pmatrix}\boldsymbol{I}_r & \boldsymbol{O}\\ \boldsymbol{O} & \boldsymbol{O}\end{pmatrix}\boldsymbol{Q}\boldsymbol{X}=Y_1^2+Y_2^2+\cdots+Y_r^2,$$

这就证明了 $\boldsymbol{X}^{\mathrm{T}}\boldsymbol{A}\boldsymbol{X}\sim\chi_r^2$，定理证毕.

例 1.4 设 $X_1, X_2, \cdots, X_n$ 为取自正态分布 $N(\mu, \sigma^2)$ 的随机样本，根据例 1.1，我们知道样本方差

$$S^2=\frac{1}{n-1}\sum_{i=1}^{n}(X_i-\bar{X})^2$$

为 σ^2 的一个无偏估计.那么

$$(n-1)S^2/\sigma^2\sim\chi_{n-1}^2$$

解 记 $\boldsymbol{X}=(X_1, X_2, \cdots, X_n)$，则 $\boldsymbol{X}\sim N(\mu\boldsymbol{1}, \sigma^2\boldsymbol{I})$，其中 $\boldsymbol{1}=(1, 1, \cdots, 1)^{\mathrm{T}}$. 则

$$\boldsymbol{Y}=\frac{(\boldsymbol{X}-\mu\boldsymbol{1})}{\sigma}\sim N(0, \boldsymbol{I}_n).$$

记

$$\boldsymbol{C}=\boldsymbol{I}_n-\frac{1}{n}\boldsymbol{1}\boldsymbol{1}^{\mathrm{T}},$$

其中 $\boldsymbol{C}$ 是秩为 $n-1$ 的幂等阵，利用式(1-35)，可知

$$\frac{(n-1)S^2}{\sigma^2}=\frac{\boldsymbol{X}^{\mathrm{T}}\boldsymbol{C}\boldsymbol{X}}{\sigma^2}=\boldsymbol{Y}^{\mathrm{T}}\boldsymbol{C}\boldsymbol{Y},$$

再由定理 1.31 知，$\boldsymbol{Y}^{\mathrm{T}}\boldsymbol{C}\boldsymbol{Y}\sim\chi_{n-1}^2$，结论获证.

定理 1.32 设 $\boldsymbol{X}\sim N_n(\boldsymbol{0}, \boldsymbol{I}_n)$，$\boldsymbol{A}$ 为 $n\times n$ 对称阵，$\boldsymbol{B}$ 为 $m\times n$ 阵.若 $\boldsymbol{B}\boldsymbol{A}=\boldsymbol{0}$，则 $\boldsymbol{B}\boldsymbol{X}$ 与 $\boldsymbol{X}^{\mathrm{T}}\boldsymbol{A}\boldsymbol{X}$ 相互独立.

证明 因为 $\boldsymbol{A}$ 为对称阵，故存在正交阵 $\boldsymbol{Q}$，使得

$$\boldsymbol{A}=\boldsymbol{Q}\begin{bmatrix}\boldsymbol{\Lambda} & \boldsymbol{O}\\ \boldsymbol{O} & \boldsymbol{O}\end{bmatrix}\boldsymbol{Q}^{\mathrm{T}},$$

其中 $\boldsymbol{\Lambda}=\mathrm{diag}(\lambda_1, \lambda_2, \cdots, \lambda_r)$，$\lambda_i$，$i=1, 2, \cdots, r$，为 $\boldsymbol{A}$ 的非零特征根，且 $\mathrm{rk}(\boldsymbol{A})=r$.将 $\boldsymbol{Q}$ 分块为 $\boldsymbol{Q}=(\boldsymbol{Q}_1 \vdots \boldsymbol{Q}_2)$，其中 $\boldsymbol{Q}_1$ 为 $n\times r$ 阵，做变换

$$\boldsymbol{Y}=\begin{bmatrix}\boldsymbol{Y}_1\\ \boldsymbol{Y}_2\end{bmatrix}=\boldsymbol{Q}^{\mathrm{T}}\boldsymbol{X},$$

于是$\boldsymbol{Y}_i=\boldsymbol{Q}_i^{\mathrm{T}}\boldsymbol{X}$，$i=1$，2.依推论 1.8 有$\boldsymbol{Y}\sim N(\boldsymbol{0},\ \boldsymbol{I})$.所以,$\boldsymbol{Y}_1\sim N_r(\boldsymbol{0},\ \boldsymbol{I}_r)$，$\boldsymbol{Y}_2\sim N_{n-r}(\boldsymbol{0},\ \boldsymbol{I}_{n-r})$，且$\boldsymbol{Y}_1$与$\boldsymbol{Y}_2$相互独立.注意到

$$\boldsymbol{X}^{\mathrm{T}}\boldsymbol{A}\boldsymbol{X}=\boldsymbol{X}^{\mathrm{T}}\boldsymbol{Q}_1\boldsymbol{\Lambda}\boldsymbol{Q}_1^{\mathrm{T}}\boldsymbol{X}=\boldsymbol{Y}_1^{\mathrm{T}}\boldsymbol{\Lambda}\boldsymbol{Y}_1 \tag{1-43}$$

$$\boldsymbol{B}\boldsymbol{X}=\boldsymbol{B}\boldsymbol{Q}\boldsymbol{Y}=\boldsymbol{D}\boldsymbol{Y} \tag{1-44}$$

式中$\boldsymbol{D}=\boldsymbol{B}\boldsymbol{Q}$.因为$\boldsymbol{B}\boldsymbol{A}=\boldsymbol{0}$，于是

$$\boldsymbol{B}\boldsymbol{Q}\boldsymbol{Q}^{\mathrm{T}}\boldsymbol{A}\boldsymbol{Q}=\boldsymbol{D}\boldsymbol{Q}^{\mathrm{T}}\boldsymbol{A}\boldsymbol{Q}=\boldsymbol{D}\begin{bmatrix}\boldsymbol{\Lambda} & \boldsymbol{O}\\ \boldsymbol{O} & \boldsymbol{O}\end{bmatrix}=\boldsymbol{0},$$

将$\boldsymbol{D}$分块为$\boldsymbol{D}=(\boldsymbol{D}_1\ \vdots\ \boldsymbol{D}_2)$，其中$\boldsymbol{D}_1$为$m\times r$矩阵.由上式知$\boldsymbol{D}_1=\boldsymbol{O}$.代入式(1-44),知

$$\boldsymbol{B}\boldsymbol{X}=\boldsymbol{D}_2\boldsymbol{Y}_2 \tag{1-45}$$

由$\boldsymbol{Y}_1$和$\boldsymbol{Y}_2$的独立性,从式(1-43)和式(1-45)便可推出$\boldsymbol{X}^{\mathrm{T}}\boldsymbol{A}\boldsymbol{X}$与$\boldsymbol{B}\boldsymbol{X}$独立,定理证毕.

例 1.5 设X_1，X_2，…，X_n为取自正态分布$N(0,\ 1)$的随机样本,则样本均值$\bar{X}$与样本方差$S^2=\dfrac{1}{n-1}\sum_{i=1}^{n}(X_i-\bar{X})^2$相互独立.

解 首先

$$\bar{X}=\frac{1}{n}\boldsymbol{1}^{\mathrm{T}}\boldsymbol{X},$$

由例 1.1 的式(1-35)知

$$(n-1)S^2=\boldsymbol{X}^{\mathrm{T}}\boldsymbol{C}\boldsymbol{X},$$

其中

$$\boldsymbol{C}=\boldsymbol{I}_n-\frac{1}{n}\boldsymbol{1}\boldsymbol{1}^{\mathrm{T}},$$

容易验证$\boldsymbol{1}^{\mathrm{T}}\boldsymbol{C}=\boldsymbol{0}$,由定理 1.32 知$\bar{X}$与$S^2$独立.

定理 1.33 设$\boldsymbol{X}\sim N_n(\boldsymbol{0},\ \boldsymbol{I}_n)$，$\boldsymbol{A}$和$\boldsymbol{B}$皆为$n$阶对称阵,且$\boldsymbol{A}\boldsymbol{B}=\boldsymbol{O}$,则二次型$\boldsymbol{X}^{\mathrm{T}}\boldsymbol{A}\boldsymbol{X}$与$\boldsymbol{X}^{\mathrm{T}}\boldsymbol{B}\boldsymbol{X}$相互独立.

证明 因为 $\boldsymbol{AB}=\boldsymbol{O}$，结合 $\boldsymbol{A}$ 与 $\boldsymbol{B}$ 的对称性，容易推出 $\boldsymbol{BA}=\boldsymbol{O}$，于是 $\boldsymbol{AB}=\boldsymbol{BA}$，即 $\boldsymbol{A}$ 和 $\boldsymbol{B}$ 可交换，因而可用一个正交矩阵将这两个矩阵同时对角化[6,7]，即存在正交矩阵 $\boldsymbol{Q}$，使得

$$\boldsymbol{A}=\boldsymbol{Q}\boldsymbol{\Lambda}_1\boldsymbol{Q}^{\mathrm{T}},\ \boldsymbol{B}=\boldsymbol{Q}\boldsymbol{\Lambda}_2\boldsymbol{Q}^{\mathrm{T}},$$

其中 $\boldsymbol{\Lambda}_i=\mathrm{diag}(\lambda_1^{(i)},\ \lambda_2^{(i)},\ \cdots,\ \lambda_n^{(i)})$，$i=1,\ 2$.

由 $\boldsymbol{AB}=\boldsymbol{O}$，可推出 $\boldsymbol{\Lambda}_1\boldsymbol{\Lambda}_2=\boldsymbol{O}$，于是

$$\lambda_j^{(1)}\lambda_j^{(2)}=0,\ j=1,\ 2,\ \cdots,\ n, \tag{1-46}$$

令 $\boldsymbol{Y}=\boldsymbol{Q}^{\mathrm{T}}\boldsymbol{X}$，则 $\boldsymbol{Y}\sim N(\boldsymbol{0},\ \boldsymbol{I})$. 于是 $\boldsymbol{Y}$ 的所有分量都相互独立.另一方面

$$\boldsymbol{X}^{\mathrm{T}}\boldsymbol{AX}=\boldsymbol{Y}^{\mathrm{T}}\boldsymbol{\Lambda}_1\boldsymbol{Y},$$

$$\boldsymbol{X}^{\mathrm{T}}\boldsymbol{BX}=\boldsymbol{Y}^{\mathrm{T}}\boldsymbol{\Lambda}_2\boldsymbol{Y},$$

由式(1-46)知，$\boldsymbol{X}^{\mathrm{T}}\boldsymbol{AX}$ 与 $\boldsymbol{X}^{\mathrm{T}}\boldsymbol{BX}$ 依赖于 $\boldsymbol{Y}$ 的不同分量，因而相互独立，定理证毕.

习 题 1

1. 设 $\boldsymbol{A}$ 和 $\boldsymbol{B}$ 分别为 $n\times m$ 和 $m\times n$ 矩阵，验证

$$\mathrm{tr}(\boldsymbol{AB})=\mathrm{tr}(\boldsymbol{BA}).$$

2. 证明引理 1.1 中的式(1-3).

3. 验证引理 1.2 和引理 1.3.

4. 如果 $\boldsymbol{B}=\boldsymbol{PCQ}$，且 $\boldsymbol{P}$ 和 $\boldsymbol{Q}$ 可逆，验证 $\boldsymbol{B}^{-}=\boldsymbol{Q}^{-1}\boldsymbol{C}^{-}\boldsymbol{P}^{-1}$.

5. 证明定理 1.7.

6. 证明定理 1.8.

7. 证明定理 1.10.

8. 证明定理 1.14.

9. 证明定理 1.15.

10. 验证 $(\boldsymbol{A}_1\otimes\boldsymbol{B}_1)(\boldsymbol{A}_2\otimes\boldsymbol{B}_2)=(\boldsymbol{A}_1\boldsymbol{A}_2)\otimes(\boldsymbol{B}_1\boldsymbol{B}_2)$，这里假定各矩阵的阶数适合所需的乘法.

11. 证明定理 1.16.

12. 证明定理 1.17.

13. 设 $\boldsymbol{X}$ 是 $n \times p$ 随机矩阵，$\boldsymbol{A}$ 为 $p \times n$ 常数矩阵，证明

$$E[\operatorname{tr}(\boldsymbol{AX})] = \operatorname{tr}[E(\boldsymbol{AX})] = \operatorname{tr}[\boldsymbol{A}E(\boldsymbol{X})]$$

14. 设 $\boldsymbol{a}$，$\boldsymbol{x}$ 均为 $n \times 1$ 向量，$\boldsymbol{y} = \boldsymbol{a}^{\mathrm{T}}\boldsymbol{x}$，验证 $\dfrac{\partial \boldsymbol{y}}{\partial \boldsymbol{x}} = \boldsymbol{a}$.

15. 设 $\boldsymbol{A}_{n\times n}$ 对称，$\boldsymbol{x}_{n\times 1}$，$\boldsymbol{y} = \boldsymbol{x}^{\mathrm{T}}\boldsymbol{A}\boldsymbol{x}$，验证 $\dfrac{\partial \boldsymbol{y}}{\partial \boldsymbol{x}} = 2\boldsymbol{A}\boldsymbol{x}$.

16. 设 $X_1, X_2, \cdots, X_n$ 为随机变量，$Y_1 = X_1$，$Y_i = X_i - X_{i-1}$，$i = 2, 3, \cdots, n$. 记 $\boldsymbol{X} = (X_1, X_2, \cdots, X_n)^{\mathrm{T}}$，$\boldsymbol{Y} = (Y_1, Y_2, \cdots, Y_n)^{\mathrm{T}}$.

(1) 若 $\operatorname{cov}(\boldsymbol{X}) = \boldsymbol{I}$，其中 $\boldsymbol{I}$ 是 n 阶单位阵，求 $\operatorname{cov}(\boldsymbol{Y})$.

(2) 若 $\operatorname{cov}(\boldsymbol{Y}) = \boldsymbol{I}$，求 $\operatorname{cov}(\boldsymbol{X})$.

17. 设随机变量 $X_1, X_2, \cdots, X_n$ 相互独立，具有公共均值 θ 和方差 σ^2.

(1) 定义 $Y_i = X_i - X_{i+1}$，$i = 1, 2, \cdots, n-1$. 证明 Y_i 均值为 0，方差为 $2\sigma^2$.

(2) 定义 $Q = (X_1 - X_2)^2 + (X_2 - X_3)^2 + \cdots + (X_{n-1} - X_n)^2$，求 $E(Q)$.

18. 设随机向量 $\boldsymbol{X} = (X_1, X_2, \cdots, X_n)^{\mathrm{T}}$ 的密度函数为式(1-36)，且 $\boldsymbol{\Sigma} = \operatorname{diag}(\sigma_{11}, \sigma_{22}, \cdots, \sigma_{nn})$. 证明 $X_1, X_2, \cdots, X_n$ 相互独立，且 $\boldsymbol{X}_i \sim N(\mu_i, \sigma_{ii}^2)$，$i = 1, 2, \cdots, n$.

19. 设 $\boldsymbol{X} \sim N_p(\boldsymbol{\mu}_{\boldsymbol{X}}, \boldsymbol{\Sigma}_{\boldsymbol{X}})$，$\boldsymbol{Y} \sim N_p(\boldsymbol{\mu}_{\boldsymbol{Y}}, \boldsymbol{\Sigma}_{\boldsymbol{Y}})$ 相互独立.

(1) 证明

$$\begin{bmatrix} \boldsymbol{X} \\ \boldsymbol{Y} \end{bmatrix} \sim N_{2p}(\boldsymbol{\mu}, \boldsymbol{\Sigma}),$$

其中 $\boldsymbol{\mu} = \begin{bmatrix} \boldsymbol{\mu}_X \\ \boldsymbol{\mu}_Y \end{bmatrix}$，$\boldsymbol{\Sigma} = \begin{bmatrix} \boldsymbol{\Sigma}_X & \boldsymbol{O} \\ \boldsymbol{O} & \boldsymbol{\Sigma}_B \end{bmatrix}$.

(2) 设 a，b 为常数，证明

$$a\boldsymbol{X} + b\boldsymbol{Y} \sim N_p(a\boldsymbol{\mu}_{\boldsymbol{X}} + b\boldsymbol{\mu}_{\boldsymbol{Y}}, a^2\boldsymbol{\Sigma}_{\boldsymbol{X}} + b^2\boldsymbol{\Sigma}_{\boldsymbol{Y}}).$$

20. 设 $X_1, X_2, \cdots, X_n$ 相互独立，且均服从 $N(0, \sigma^2)$. 证明

$$\bar{X} = \frac{1}{n}\sum_{i=1}^{n} X_i \text{ 与} \sum_{i=1}^{n-1}(X_i - X_{i+1})^2$$

相互独立.

21. 设 $\boldsymbol{X} \sim N_n(\boldsymbol{0}, \boldsymbol{I})$. 令 $\boldsymbol{U} = \boldsymbol{AX}$，$\boldsymbol{V} = \boldsymbol{BX}$，$\boldsymbol{W} = \boldsymbol{CX}$，这里 $\boldsymbol{A}$，$\boldsymbol{B}$，$\boldsymbol{C}$ 皆为 $r \times n$ 矩阵，且秩都为 r，若 $\operatorname{cov}(\boldsymbol{U}, \boldsymbol{V}) = \operatorname{cov}(\boldsymbol{U}, \boldsymbol{W}) = \boldsymbol{O}$. 证明 $\boldsymbol{U}$ 与 $\boldsymbol{V} + \boldsymbol{W}$ 独立.

22. 若 $\boldsymbol{X}$ 和 $\boldsymbol{Y}$ 皆为 $n\times 1$ 随机向量，$\boldsymbol{A}$ 和 $\boldsymbol{B}$ 为 $m\times n$ 非随机矩阵.记 $\boldsymbol{Z}=\boldsymbol{AX}+\boldsymbol{BY}$.证明

$$\operatorname{cov}(\boldsymbol{Z})=\boldsymbol{A}\operatorname{cov}(\boldsymbol{X})\boldsymbol{A}^{\mathrm{T}}+\boldsymbol{B}\operatorname{cov}(\boldsymbol{Y})\boldsymbol{B}^{\mathrm{T}}+\boldsymbol{B}\operatorname{cov}(\boldsymbol{Y},\ \boldsymbol{X})\boldsymbol{A}^{\mathrm{T}}+\boldsymbol{A}\operatorname{cov}(\boldsymbol{X},\ \boldsymbol{Y})\boldsymbol{B}^{\mathrm{T}}.$$

23. 设 $\boldsymbol{X}=(X_1,\ X_2,\ X_3)^{\mathrm{T}}\sim N_3(\boldsymbol{\mu},\ \boldsymbol{\Sigma})$，其中

$$\boldsymbol{\mu}=(2,\ 1,\ 2)^{\mathrm{T}},\ \boldsymbol{\Sigma}=\begin{bmatrix}2 & 1 & 1\\ 1 & 3 & 0\\ 1 & 0 & 1\end{bmatrix},$$

求 $\boldsymbol{Y}_1=\boldsymbol{X}_1+\boldsymbol{X}_2+\boldsymbol{X}_3$ 与 $\boldsymbol{Y}_2=\boldsymbol{X}_1-\boldsymbol{X}_2$ 的联合分布.

24. 已知 $\boldsymbol{X}\sim N_n(\boldsymbol{\mu},\ \boldsymbol{I})$.

(1) 求 $\boldsymbol{Y}_1=\boldsymbol{\alpha}^{\mathrm{T}}\boldsymbol{X}$ 和 $\boldsymbol{Y}_2=\boldsymbol{\beta}^{\mathrm{T}}\boldsymbol{X}$ 的联合分布，其中 $\boldsymbol{\alpha}$，$\boldsymbol{\beta}$ 皆为 $n\times 1$ 非随机向量 ($\boldsymbol{\alpha}\neq k\boldsymbol{\beta}$).

(2) 若 $\boldsymbol{\alpha}^{\mathrm{T}}\boldsymbol{\beta}=0$，证明 $\boldsymbol{Y}_1$ 与 $\boldsymbol{Y}_2$ 独立.

25. 设 $\boldsymbol{X}\sim N_n(\boldsymbol{\mu},\ \boldsymbol{\Sigma})$，$\boldsymbol{A}$ 是 $n\times n$ 对称矩阵，证明当 $\boldsymbol{A\Sigma A}=\boldsymbol{A}$ 时，$(\boldsymbol{X}-\boldsymbol{\mu})^{\mathrm{T}}\boldsymbol{A}(\boldsymbol{X}-\boldsymbol{\mu})\sim\chi_r^2$，其中 r 为矩阵 $\boldsymbol{A}$ 的秩.

26. 若 $\boldsymbol{X}\sim N_n(\boldsymbol{\mu},\ \boldsymbol{\Sigma})$，试给出二次型 $(\boldsymbol{X}-\boldsymbol{\mu})^{\mathrm{T}}\boldsymbol{A}(\boldsymbol{X}-\boldsymbol{\mu})$ 与 $(\boldsymbol{X}-\boldsymbol{\mu})^{\mathrm{T}}\boldsymbol{B}(\boldsymbol{X}-\boldsymbol{\mu})$ 独立的条件.

27. 设随机变量 X_i，$i=1,\ 2,\ \cdots,\ n$ 相互独立，$E(X_i)=\mu_i$，$\operatorname{var}(X_i)=\sigma^2$，$m_r=E(X_i-\mu_i)^r$，$r=3,\ 4$. $\boldsymbol{A}=(a_{ij})_{n\times n}$ 为对称阵，记 $\boldsymbol{X}=(X_1,\ X_2,\ \cdots,\ X_n)^{\mathrm{T}}$，$\boldsymbol{\mu}=(\mu_1,\ \mu_2,\ \cdots,\ \mu_n)^{\mathrm{T}}$，试证明二次型的方差公式为

$$\operatorname{var}(\boldsymbol{X}^{\mathrm{T}}\boldsymbol{AX})=(m_4-3\sigma^4)\boldsymbol{a}^{\mathrm{T}}\boldsymbol{a}+2\sigma^4\operatorname{tr}(\boldsymbol{A}_2^2)+4\sigma^2\boldsymbol{\mu}^{\mathrm{T}}\boldsymbol{A}_2^2\boldsymbol{\mu}+4m_3\boldsymbol{\mu}^{\mathrm{T}}\boldsymbol{Aa},$$

其中 $\boldsymbol{a}=(a_{11},\ a_{22},\ \cdots,\ a_{nn})^{\mathrm{T}}$，即 $\boldsymbol{A}$ 的对角元组成的列向量.

28. 利用上题的结果证明

(1) 设 $\boldsymbol{X}\sim N_n(\boldsymbol{\mu},\ \boldsymbol{\Sigma})$，$\boldsymbol{A}_{n\times n}$ 对称，则 $\operatorname{var}(\boldsymbol{X}^{\mathrm{T}}\boldsymbol{AX})=2\operatorname{tr}(\boldsymbol{A\Sigma})^2+4\boldsymbol{\mu}^{\mathrm{T}}\boldsymbol{A\Sigma A\mu}$.

(2) 设 $\boldsymbol{X}\sim N_n(\boldsymbol{\mu},\ \sigma^2\boldsymbol{I})$，$\boldsymbol{A}_{n\times n}$ 对称，则 $\operatorname{var}(\boldsymbol{X}^{\mathrm{T}}\boldsymbol{AX})=2\sigma^4\operatorname{tr}(\boldsymbol{A}^2)+4\sigma^2\boldsymbol{\mu}^{\mathrm{T}}\boldsymbol{A}^2\boldsymbol{\mu}$.

2 多元线性回归模型

2.1 多元线性回归模型

在市场经济活动中，经常会遇到某一市场现象的发展和变化取决于几个影响因素的情况，也就是一个因变量和几个自变量有依存关系的情况，而且有时几个影响因素主次难以区分，或者有的因素虽属次要，但也不能略去其作用.例如，某一商品的销售量既与人口的增长变化有关，也与商品价格变化有关.又如，家庭消费支出，除了受家庭可支配收入的影响外，还受诸如家庭所有的财富、物价水平、金融机构存款利息等多种因素的影响.这时采用一元回归分析预测法进行预测是难以奏效的，需要建立多元线性回归模型（multivariable linear regression model），采用多元回归分析方法进行分析与预测.

2.1.1 模型设定

例 2.1 表 2－1 为一组广告数据（advertising data）[8]，第 2～5 列分别记录了 200 家公司的电视广告投入费用 x_1、无线广播广告投入费用 x_2 和报纸广告投入费用 x_3 及相应的销售收入 y，据此建立模型.

表 2－1 广告数据 （单位：千美金）

编号	电视广告	广播广告	报纸广告	销售收入
1	230.10	37.80	69.20	22.10
2	44.50	39.30	45.10	10.40
3	17.20	45.90	69.30	9.30
4	151.50	41.30	58.50	18.50
5	180.80	10.80	58.40	12.90
⋮	⋮	⋮	⋮	⋮
199	283.60	42.00	66.20	25.50
200	232.10	8.60	8.70	13.40

我们希望知道电视广告、无线广播广告和报纸广告投入费用对产品销售收入的影响.从数学上说,也就是希望建立如下三元函数关系式

$$y=f(x_1, x_2, x_3).$$

然而,三元函数 $f(x_1, x_2, x_3)$有无限种形式可供选择,具体选哪种形式,我们需要对数据进行必要的探索性分析(explore analysis).图 2-1 为 y 对 x_1,x_2和 x_3的矩阵散点图,图中第 1 行后面的 3 个子图表示,产品销售收入 y 与电视广告投入费用x_1呈现比较明显的近似信息共享,与无线广播广告投入费用 x_2 有一定的线性关系,而与报纸广告投入费用 x_3呈现星云状关系.因此我们可以用以下的线性模型来拟合 y 关于x_1、x_2和 x_3的关系,即

$$y=\beta_0+\beta_1x_1+\beta_2x_2+\beta_3x_3+e, \tag{2-1}$$

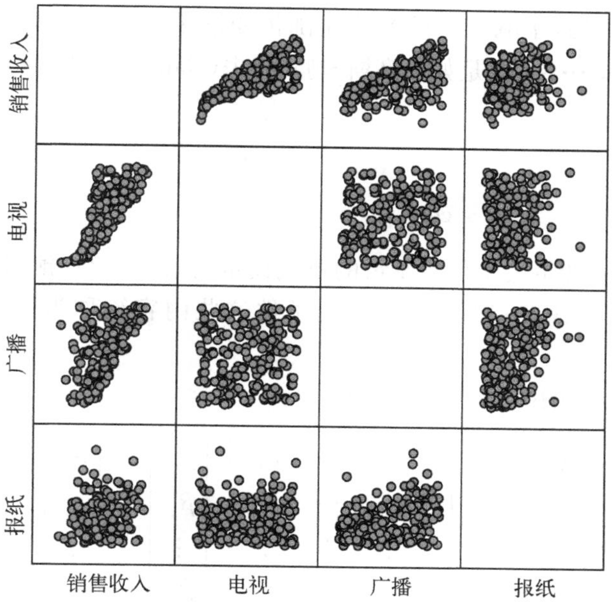

图 2-1 销售收入与电视、广播和报纸广告投入矩阵散点图

式中 e 是一个随机变量,代表建模误差.

一般情况下,假设影响因变量(dependent variable)Y 的自变量(independent variable)有 p 个:$X_1, X_2, \cdots, X_p$,并且设定它们之间的线性关系为

$$Y=\beta_0+\beta_1X_1+\beta_2X_2+\cdots+\beta_pX_p+e, \tag{2-2}$$

式中 e 是误差项,$\beta_0, \beta_1, \cdots, \beta_p$ 是待估计的未知参数.在线性统计模型理论中,

一般将因变量 Y 称为响应变量(response variable),自变量 $X_1, X_2, \cdots, X_p$ 称为预测变量(predictor variable)或控制变量(control variable).

现假设我们获得了响应变量 Y 和预测变量 $X_1, X_2, \cdots, X_p$ 的 n 组观测值 $(x_{i1}, x_{i2}, \cdots, x_{ip}, y_i)$, $i=1, 2, \cdots, n$,它们满足

$$y_i=\beta_0+\beta_1 x_{i1}+\beta_2 x_{i2}+\cdots+\beta_p x_{ip}+e_i, \tag{2-3}$$

为了对式(2-2)进行理论分析,我们必须对式中的变量进行一定的设定.首先,在本章的多元线性式(2-2)中,预测变量 $X_1, X_2, \cdots, X_p$ 假定为实变量,而不是随机变量.如果预测变量是随机变量,这个模型的理论分析具有一定的难度,我们将在第11章中加以初步介绍,而更复杂的线性模型可以参考格林计量经济学文献[9].另外误差项 e_i, $i=1, 2, \cdots, n$ 是随机变量,它是由试验或测量误差、模型建模误差等各种因素共同作用所产生的.在式(2-2)中,由于误差随机变量 e 是随机的,这导致了响应变量 Y 也是随机变量.在本节中,我们首先假定误差项 e_i, $i=1, 2, \cdots, n$ 满足如下高斯-马尔科夫(Gauss-Markov)假设,即

$$\begin{aligned} E(e_i)&=0, \\ \operatorname{var}(e_i)&=\sigma^2, \\ \operatorname{cov}(e_i, e_j)&=0, \ i\neq j. \end{aligned} \tag{2-4}$$

我们将响应变量关于预测变量的形式设定为式(2-2),预测变量为实变量及误差随机变量满足高斯-马尔科夫条件这些内容统称为模型设定(model specification).

现将式(2-3)用矩阵形式表示为

$$\begin{bmatrix} y_1 \\ y_2 \\ \vdots \\ y_n \end{bmatrix}=\begin{bmatrix} 1 & x_{11} & \cdots & x_{1p} \\ 1 & x_{21} & \cdots & x_{2p} \\ \vdots & \vdots & \vdots & \vdots \\ 1 & x_{n1} & \cdots & x_{np} \end{bmatrix}\begin{bmatrix} \beta_0 \\ \beta_1 \\ \vdots \\ \beta_p \end{bmatrix}+\begin{bmatrix} e_1 \\ e_2 \\ \vdots \\ e_n \end{bmatrix}, \tag{2-5}$$

将式(2-5)中的列向量或矩阵依次记为 $\boldsymbol{y}$, $\boldsymbol{X}$, $\boldsymbol{\beta}$ 和 $\boldsymbol{e}$,则式(2-5)矩阵形式又可写为

$$\boldsymbol{y}=\boldsymbol{X\beta}+\boldsymbol{e}, \tag{2-6}$$

式中 $\boldsymbol{y}$ 是 $n\times 1$ 响应变量观测向量;$\boldsymbol{X}$ 为 $n\times(p+1)$ 的已知矩阵并称为设计矩阵;$\boldsymbol{\beta}$ 为 $(p+1)\times 1$ 未知参数向量;$\boldsymbol{e}$ 为随机误差向量.相应地,Gauss-Markov 假设式(2-4)的矩阵形式为

$$E(\boldsymbol{e})=\mathbf{0},\ \operatorname{cov}(\boldsymbol{e})=\sigma^2\boldsymbol{I}_n,\tag{2-7}$$

将式(2-6)和式(2-7)合在一处，就得到最基本、最重要的线性回归模型

$$\boldsymbol{y}=\boldsymbol{X}\boldsymbol{\beta}+\boldsymbol{e},\ E(\boldsymbol{e})=\mathbf{0},\ \operatorname{cov}(\boldsymbol{e})=\sigma^2\boldsymbol{I}_n.\tag{2-8}$$

2.1.2 原始数据的中心化

记第 j 个回归自变量 x_j 的 n 次观测值的平均值为

$$\bar{x}_j=\frac{1}{n}\sum_{i=1}^{n}x_{ij},\ j=1,\ 2,\ \cdots,\ p,$$

这样，式(2-3)可改写为

$$y_i=\alpha+(x_{i1}-\bar{x}_1)\beta_1+\cdots+(x_{ip}-\bar{x}_p)\beta_p+e_i,\tag{2-9}$$

这里式(2-9)中的 α 与式(2-3)中的 β_0 有如下关系式

$$\alpha=\beta_0+\bar{x}_1\beta_1+\cdots+\bar{x}_p\beta_p.$$

在式(2-3)中，我们把每个回归自变量减去了它们的平均值，此过程称为“中心化”.若记

$$\boldsymbol{X}_c=\begin{bmatrix}x_{11}-\bar{x}_1 & x_{12}-\bar{x}_2 & \cdots & x_{1p}-\bar{x}_p\\ x_{21}-\bar{x}_1 & x_{22}-\bar{x}_2 & \cdots & x_{2p}-\bar{x}_p\\ \vdots & \vdots & \vdots & \vdots\\ x_{n1}-\bar{x}_1 & x_{n2}-\bar{x}_2 & \cdots & x_{np}-\bar{x}_p\end{bmatrix},$$

则式(2-3)可改写为如下矩阵形式

$$\boldsymbol{y}=\alpha\mathbf{1}_n+\boldsymbol{X}_c\boldsymbol{\beta}_c+\boldsymbol{e},\tag{2-10}$$

这里，$\mathbf{1}_n=(1,\ 1,\ \cdots,\ 1)^{\mathrm{T}}$ 表示所有分量都为 1 的 n 维行向量，$\boldsymbol{\beta}_c=(\beta_1,\ \beta_2,\ \cdots,\ \beta_p)^{\mathrm{T}}$. 容易验证，中心化设计矩阵 $\boldsymbol{X}_c$ 满足

$$\mathbf{1}^{\mathrm{T}}\boldsymbol{X}_c=\mathbf{0}.\tag{2-11}$$

2.1.3 原始数据的标准化

记

$$s_j^2=\sum_{i=1}^{n}(x_{ij}-\bar{x}_j)^2,\ j=1,\ 2,\ \cdots,\ p,\tag{2-12}$$

$$z_{ij}=\frac{x_{ij}-\bar{x}_j}{s_j}, \tag{2-13}$$

则式(2-3)经过标准化后的回归形式为

$$y_i=\alpha+\left(\frac{x_{i1}-\bar{x}_1}{s_1}\right)\beta_1+\cdots+\left(\frac{x_{ip}-\bar{x}_p}{s_p}\right)\beta_p+e_i, \tag{2-14}$$

这里的 α 当然不同于式(2-10)中的 α，但当我们使用标准化模型处理问题时，一般不太关注这个 α 与 β_0 的关系，把它看作模型的截距项就可以了.

记 $\boldsymbol{Z}_c=(z_{ij})_{n\times p}$ 为式(2-14)中 n 个自变量(不含常数项)所对应的中心化后的设计矩阵，这样回归式(2-3)可写为如下矩阵形式：

$$\boldsymbol{y}=\alpha\boldsymbol{1}_n+\boldsymbol{Z}_c\boldsymbol{\beta}_c+\boldsymbol{e}. \tag{2-15}$$

标准化设计阵 $\boldsymbol{Z}_c$ 具有如下性质：

(1) $\boldsymbol{1}^{\mathrm{T}}\boldsymbol{Z}_c=\boldsymbol{0}$. (2-16)

(2) $\boldsymbol{R}\overset{\mathrm{def}}{=}\boldsymbol{Z}_c^{\mathrm{T}}\boldsymbol{Z}_c=(r_{ij})$, (2-17)

$$r_{ij}=\frac{\sum_{k=1}^{n}(x_{ki}-\bar{x}_i)(x_{kj}-\bar{x}_j)}{s_is_j},\ i,\ j=1,\ 2,\ \cdots,\ p. \tag{2-18}$$

性质(1)由式(2-11)得到；性质(2)是中心化后再施行标准化的结果.如果将回归自变量看成随机变量，那么 $\boldsymbol{X}$ 的第 j 列可看成第 j 个自变量的 n 个随机样本观测值.这样 $\boldsymbol{R}=\boldsymbol{Z}_c^{\mathrm{T}}\boldsymbol{Z}_c$ 的第 $(i,\ j)$ 元正是回归自变量 x_i 与 x_j 的样本相关系数.因此 $\boldsymbol{R}$ 就是回归自变量的相关阵，且对一切 i，$r_{ii}=1$.实施标准化的好处在于，性质(1)用 $\boldsymbol{R}$ 可以分析回归自变量之间的相关关系；性质(2)在一些问题中，诸回归自变量所用的单位可能不相同，取值范围大小也不相同，经过标准化，消去了单位和取值范围的差异，这便于对回归系数估计值的统计分析.

2.2 模型参数的最小二乘估计

解决如何根据自变量和因变量的观测数据估计参数向量 $\boldsymbol{\beta}$ 这一问题的通常方法是高斯(Gauss)最小二乘法.其思想是，首先构造偏差向量函数

$$Q(\boldsymbol{\beta})=\|\boldsymbol{y}-\boldsymbol{X\beta}\|^2=(\boldsymbol{y}-\boldsymbol{X\beta})^{\mathrm{T}}(\boldsymbol{y}-\boldsymbol{X\beta}), \tag{2-19}$$

然后寻找$\boldsymbol{\beta}$使$Q(\boldsymbol{\beta})$达到最小。现将式(2-19)展开为

$$Q(\boldsymbol{\beta})=\boldsymbol{y}^{\mathrm{T}}\boldsymbol{y}-2\boldsymbol{y}^{\mathrm{T}}\boldsymbol{X}\boldsymbol{\beta}+\boldsymbol{\beta}^{\mathrm{T}}\boldsymbol{X}^{\mathrm{T}}\boldsymbol{X}\boldsymbol{\beta},$$

对$\boldsymbol{\beta}$求偏导数,并令其为零,利用第1章中习题14、15的结果得正则方程组

$$\boldsymbol{X}^{\mathrm{T}}\boldsymbol{X}\boldsymbol{\beta}=\boldsymbol{X}^{\mathrm{T}}\boldsymbol{y}. \tag{2-20}$$

因为向量$\boldsymbol{X}^{\mathrm{T}}\boldsymbol{y}\in\mathcal{M}(\boldsymbol{X}^{\mathrm{T}})=\mathcal{M}(\boldsymbol{X}^{\mathrm{T}}\boldsymbol{X})$,于是式(2-20)是相容的.根据定理1.5,正则方程(2-20)的解为

$$\hat{\boldsymbol{\beta}}=(\boldsymbol{X}^{\mathrm{T}}\boldsymbol{X})^{-}\boldsymbol{X}^{\mathrm{T}}\boldsymbol{y}, \tag{2-21}$$

这里$(\boldsymbol{X}^{\mathrm{T}}\boldsymbol{X})^{-}$是$\boldsymbol{X}^{\mathrm{T}}\boldsymbol{X}$的任意一个广义逆.

根据微积分的极值理论,$\hat{\boldsymbol{\beta}}$只是函数$Q(\boldsymbol{\beta})$的一个驻点.我们还需要证明,$\boldsymbol{\beta}$确实使$Q(\boldsymbol{\beta})$达到最小.事实上,对任意一个$\boldsymbol{\beta}$,有

$$\begin{aligned}Q(\boldsymbol{\beta})&=\|\boldsymbol{y}-\boldsymbol{X}\boldsymbol{\beta}\|^2=\|\boldsymbol{y}-\boldsymbol{X}\hat{\boldsymbol{\beta}}+\boldsymbol{X}(\hat{\boldsymbol{\beta}}-\boldsymbol{\beta})\|^2\\&=\|\boldsymbol{y}-\boldsymbol{X}\hat{\boldsymbol{\beta}}\|^2+(\hat{\boldsymbol{\beta}}-\boldsymbol{\beta})^{\mathrm{T}}\boldsymbol{X}^{\mathrm{T}}\boldsymbol{X}(\hat{\boldsymbol{\beta}}-\boldsymbol{\beta})+2(\hat{\boldsymbol{\beta}}-\boldsymbol{\beta})^{\mathrm{T}}\boldsymbol{X}^{\mathrm{T}}(\boldsymbol{y}-\boldsymbol{X}\hat{\boldsymbol{\beta}}),\end{aligned} \tag{2-22}$$

因为$\hat{\boldsymbol{\beta}}$满足式(2-20),于是$\boldsymbol{X}^{\mathrm{T}}(\boldsymbol{y}-\boldsymbol{X}\hat{\boldsymbol{\beta}})=\boldsymbol{0}$,因而式(2-22)第3项等于零.这就证明了对任意的$\boldsymbol{\beta}$,有

$$\|\boldsymbol{y}-\boldsymbol{X}\boldsymbol{\beta}\|^2=\|\boldsymbol{y}-\boldsymbol{X}\hat{\boldsymbol{\beta}}\|^2+(\hat{\boldsymbol{\beta}}-\boldsymbol{\beta})^{\mathrm{T}}\boldsymbol{X}^{\mathrm{T}}\boldsymbol{X}(\hat{\boldsymbol{\beta}}-\boldsymbol{\beta}),$$

又因为$\boldsymbol{X}^{\mathrm{T}}\boldsymbol{X}$是一个正定阵,故上式第2项总是非负的,于是

$$Q(\boldsymbol{\beta})=\|\boldsymbol{y}-\boldsymbol{X}\boldsymbol{\beta}\|^2\geqslant\|\boldsymbol{y}-\boldsymbol{X}\hat{\boldsymbol{\beta}}\|^2=Q(\hat{\boldsymbol{\beta}}), \tag{2-23}$$

这表明,$\hat{\boldsymbol{\beta}}$确使$Q(\boldsymbol{\beta})$达到最小.

现进一步证明,使$Q(\boldsymbol{\beta})$达到最小的必是$\hat{\boldsymbol{\beta}}$.事实上,式(2-23)等号成立,当且仅当

$$(\hat{\boldsymbol{\beta}}-\boldsymbol{\beta})^{\mathrm{T}}\boldsymbol{X}^{\mathrm{T}}\boldsymbol{X}(\hat{\boldsymbol{\beta}}-\boldsymbol{\beta})=\boldsymbol{0},$$

等价于

$$\boldsymbol{X}(\hat{\boldsymbol{\beta}}-\boldsymbol{\beta})=\boldsymbol{0}, \tag{2-24}$$

不难证明,式(2-24)又等价于

$$\boldsymbol{X}^{\mathrm{T}}\boldsymbol{X}\boldsymbol{\beta}=\boldsymbol{X}^{\mathrm{T}}\boldsymbol{X}\hat{\boldsymbol{\beta}}=\boldsymbol{X}^{\mathrm{T}}\boldsymbol{y},$$

这就证明,使$Q(\boldsymbol{\beta})$达到最小值的点必为正则方程的解$\hat{\boldsymbol{\beta}}=(\boldsymbol{X}^{\mathrm{T}}\boldsymbol{X})^{-}\boldsymbol{X}^{\mathrm{T}}\boldsymbol{y}$.

若$\mathrm{rk}(\boldsymbol{X})=p+1$,则$\boldsymbol{X}^{\mathrm{T}}\boldsymbol{X}$可逆,此时式(2-20)有唯一解

$$\hat{\boldsymbol{\beta}}=(\boldsymbol{X}^{\mathrm{T}}\boldsymbol{X})^{-1}\boldsymbol{X}^{\mathrm{T}}\boldsymbol{y}, \tag{2-25}$$

此时称 $\hat{\boldsymbol{\beta}}$ 为 $\boldsymbol{\beta}$ 的最小二乘估计(least squares estimate, LS 估计).若 $\mathrm{rk}(\boldsymbol{X})<p+1$,则 $\boldsymbol{X}^{\mathrm{T}}\boldsymbol{X}$ 不可逆,此时的解不唯一.

记 $\hat{\boldsymbol{\beta}}=(\hat{\beta}_0, \hat{\beta}_1, \cdots, \hat{\beta}_p)^{\mathrm{T}}$, 代入回归方程式(2-2),并去掉误差项,得

$$\hat{y}=\hat{\beta}_0+\hat{\beta}_1x_1+\cdots+\hat{\beta}_px_p, \tag{2-26}$$

此式称为经验线性回归方程,简称经验方程(empirical equation).而相应于观测 $\boldsymbol{X}$ 的 $\boldsymbol{y}$ 的预测向量记为$\hat{\boldsymbol{y}}=\boldsymbol{X}\hat{\boldsymbol{\beta}}$.

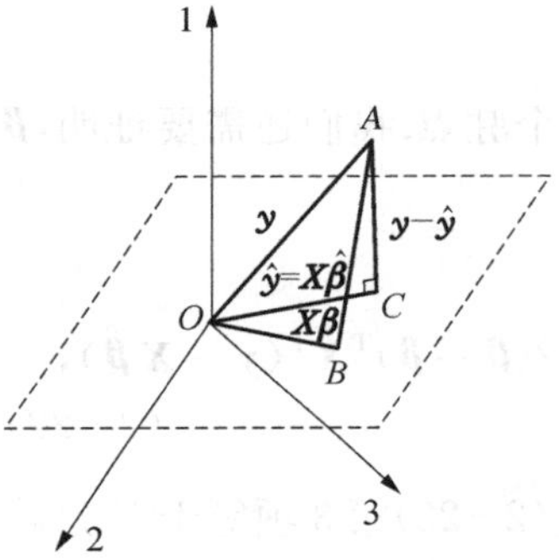

图 2-2　最小二乘估计的几何解释

如图 2-2 所示,我们可以将观测向量 $\boldsymbol{y}=(y_1, y_2, \cdots, y_n)$ 想象成从原点到点 A 的向量,也就是说,$y_1, y_2, \cdots, y_n$形成了 n 维样本空间的坐标.图 2-2 中的样本空间是三维的.设计矩阵 $\boldsymbol{X}$ 由 $p+1$ 个 n 维列向量构成.每个列在样本空间中定义了一个从原点出发的向量.这 $p+1$ 个向量形成了一个 $p+1$ 维的子空间,称为估计空间(estimation space).图 2-2 是 $p=1$ 时的估计空间.在这个子空间中,我们可以通过 $\mathbf{1}, \boldsymbol{x}_1, \cdots, \boldsymbol{x}_p$ 的线性组合表示空间中的任意一点.这样,估计空间中的任意点的形式为 $\boldsymbol{X\beta}$.设向量 $\boldsymbol{X\beta}$ 确定了图 2-2 中的点 B,那么从 B 到 A 的平方距离就是式(2-19)中的偏差平方和.最小二乘估计就是要在估计空间中找到最接近 A 的点.显然,A 在估计空间上的投影点C 与 A 的距离最近.这个 C 点的坐标就是$\hat{\boldsymbol{y}}=\boldsymbol{X}\hat{\boldsymbol{\beta}}$.因为 $\boldsymbol{y}-\hat{\boldsymbol{y}}=\boldsymbol{y}-\boldsymbol{X}\hat{\boldsymbol{\beta}}$垂直于估计空间,所以就有 $\boldsymbol{X}^{\mathrm{T}}(\boldsymbol{y}-\boldsymbol{X}\hat{\boldsymbol{\beta}})=\mathbf{0}$,从而得到正则方程,即式(2-20).

注意到由式(2-23)可得 $\hat{\boldsymbol{y}}=\boldsymbol{X}(\boldsymbol{X}^{\mathrm{T}}\boldsymbol{X})^{-1}\boldsymbol{X}^{\mathrm{T}}\boldsymbol{y}$. 由定理 1.9 中投影矩阵的记号,$\boldsymbol{P}_{\boldsymbol{X}}=\boldsymbol{X}(\boldsymbol{X}^{\mathrm{T}}\boldsymbol{X})^{-1}\boldsymbol{X}^{\mathrm{T}}$,则$\hat{\boldsymbol{y}}=\boldsymbol{P}_{\boldsymbol{X}}\boldsymbol{y}$,这意味着$\hat{\boldsymbol{y}}$是将 $\boldsymbol{y}$ 向由 $\boldsymbol{X}$ 列向量形成的子空间的投影,也有文献上记 $\boldsymbol{H}=\boldsymbol{X}(\boldsymbol{X}^{\mathrm{T}}\boldsymbol{X})^{-1}\boldsymbol{X}^{\mathrm{T}}$,此时由于$\hat{\boldsymbol{y}}=\boldsymbol{H}\boldsymbol{y}$, $\boldsymbol{y}$ 的估计值好似给 $\boldsymbol{y}$ 戴了顶帽子,因此称 $\boldsymbol{H}$ 为帽子矩阵.

例 2.2　在例 2.1 中,应用 SPSS 软件计算得

$$\beta_0=2.939, \ \beta_1=0.046, \ \beta_2=0.189, \ \beta_3=-0.001,$$

相应的经验线性回归方程为

$$y=2.939+0.046x_1+0.189x_2-0.001x_3.$$

对于中心化模型式(2-10),正则方程变形为

$$\begin{bmatrix} n & \mathbf{0}^{\mathrm{T}} \\ \mathbf{0} & \boldsymbol{X}_c^{\mathrm{T}}\boldsymbol{X}_c \end{bmatrix} \begin{bmatrix} \alpha \\ \boldsymbol{\beta}_c \end{bmatrix} = \begin{bmatrix} \mathbf{1}^{\mathrm{T}}\boldsymbol{y} \\ \boldsymbol{X}_c^{\mathrm{T}}\boldsymbol{y} \end{bmatrix},$$

相应的最小二乘估计为

$$\hat{\alpha} = \bar{\boldsymbol{y}}, \tag{2-27}$$

$$\hat{\boldsymbol{\beta}}_c = (\boldsymbol{X}_c^{\mathrm{T}}\boldsymbol{X}_c)^{-1}\boldsymbol{X}_c^{\mathrm{T}}\boldsymbol{y}. \tag{2-28}$$

对于标准化回归模型式(2-15),当求得了模型参数的最小二乘估计

$$\hat{\alpha},\ \hat{\beta}_1,\ \cdots,\ \hat{\beta}_p$$

之后,对应于式(2-14)的经验回归方程为

$$\begin{aligned} \hat{y} &= \hat{\alpha} + \left(\frac{X_1 - \bar{x}_1}{s_1}\right)\hat{\beta}_1 + \cdots + \left(\frac{X_p - \bar{x}_p}{s_p}\right)\hat{\beta}_p \\ &= \hat{\alpha} + \sum_{i=1}^{p} \hat{\beta}_i \boldsymbol{Z}_i. \end{aligned} \tag{2-29}$$

例 2.3 在例 2.1 中,应用 SPSS 软件就 Y 关于所有独立变量标准化后进行回归所得

$$\beta_0 = 0,\ \beta_1 = 0.753,\ \beta_2 = 0.536,\ \beta_3 = -0.004,$$

相应于式(2-29)的经验线性回归方程为

$$y = 0.753z_1 + 0.536z_2 - 0.004z_3,$$

可以看到,标准化模型的回归系数 $|\beta_i| \leqslant 1(i = 1, 2, 3)$,它们表示的是自变量和因变量的相关性.

例 2.4 试用式(2-23)直接求解本科阶段所考虑的一元线性回归模型参数估计问题.

解 假定 y 和 x 的 n 组观测数据 $(x_i, y_i)(i = 1, 2, \cdots, n)$ 满足

$$y_i = \beta_0 + \beta_1 x_i + e_i,\ i = 1, 2, \cdots, n, \tag{2-30}$$

误差项 e_i, $i = 1, 2, \cdots, n$ 满足如下 Gauss-Markov 假设,即式(2-4).此时,设计矩阵为

$$\boldsymbol{X} = \begin{bmatrix} 1 & x_1 \\ 1 & x_2 \\ \vdots & \vdots \\ 1 & x_n \end{bmatrix},$$

相应的正则方程(2-23)为

$$\hat{\boldsymbol{\beta}}=(\boldsymbol{X}^{\mathrm{T}}\boldsymbol{X})^{-1}\boldsymbol{X}^{\mathrm{T}}\boldsymbol{y}=\begin{bmatrix} n & \sum_{i=1}^{n}x_i \\ \sum_{i=1}^{n}x_i & \sum_{i=1}^{n}x_i^2 \end{bmatrix}^{-1}\begin{bmatrix} 1 & 1 & \cdots & 1 \\ x_1 & x_2 & \cdots & x_n \end{bmatrix}\begin{bmatrix} y_1 \\ y_2 \\ \vdots \\ y_n \end{bmatrix},$$

即

$$\hat{\beta}_1=\frac{\sum_{i=1}^{n}x_iy_i-\frac{1}{n}\sum_{i=1}^{n}x_i\sum_{i=1}^{n}y_i}{\sum_{i=1}^{n}x_i^2-\frac{1}{n}\left(\sum_{i=1}^{n}x_i\right)^2},$$

$$\hat{\beta}_0=\frac{1}{n}\sum_{i=1}^{n}y_i-\hat{\beta}_1\frac{1}{n}\sum_{i=1}^{n}x_i.$$

记样本平均值 $\bar{x}=\frac{1}{n}\sum_{i=1}^{n}x_i$ 和 $\bar{y}=\frac{1}{n}\sum_{i=1}^{n}y_i$，上式可写为

$$\hat{\beta}_1=\frac{\sum_{i=1}^{n}x_iy_i-n\bar{x}\,\bar{y}}{\sum_{i=1}^{n}x_i^2-n\bar{x}^2}=\frac{S_{XY}}{S_{XX}}, \tag{2-31}$$

$$\hat{\beta}_0=\bar{y}-\hat{\beta}_1\bar{x}, \tag{2-32}$$

将式(2-31)和式(2-32)代入式(2-30)中，去掉误差项，即得一元经验线性回归方程

$$\hat{y}=\hat{\beta}_0+\hat{\beta}_1x.$$

2.3 最小二乘估计的性质

2.3.1 设计矩阵列满秩情形

定理 2.1 对于线性回归模型式(1-8)，最小二乘估计 $\hat{\boldsymbol{\beta}}=(\boldsymbol{X}^{\mathrm{T}}\boldsymbol{X})^{-1}\boldsymbol{X}^{\mathrm{T}}\boldsymbol{y}$ 具有下列性质：

(1) $E(\hat{\boldsymbol{\beta}})=\boldsymbol{\beta}$. (2-33)

(2) $\operatorname{cov}(\hat{\boldsymbol{\beta}})=\sigma^2(\boldsymbol{X}^{\mathrm{T}}\boldsymbol{X})^{-1}$. (2-34)

证明 (1) 因为 $E(\boldsymbol{y})=\boldsymbol{X}\boldsymbol{\beta}$，于是

$$E(\hat{\boldsymbol{\beta}})=(\boldsymbol{X}^{\mathrm{T}}\boldsymbol{X})^{-1}\boldsymbol{X}^{\mathrm{T}}E(\boldsymbol{y})=(\boldsymbol{X}^{\mathrm{T}}\boldsymbol{X})^{-1}\boldsymbol{X}^{\mathrm{T}}\boldsymbol{X}\boldsymbol{\beta}=\boldsymbol{\beta}.$$

(2) 因为 $\operatorname{cov}(\boldsymbol{y})=\operatorname{cov}(\boldsymbol{e})=\sigma^2\boldsymbol{I}$. 利用定理 1.21 有

$$\begin{aligned}\operatorname{cov}(\hat{\boldsymbol{\beta}})&=\operatorname{cov}[(\boldsymbol{X}^{\mathrm{T}}\boldsymbol{X})^{-1}\boldsymbol{X}^{\mathrm{T}}\boldsymbol{y}]=(\boldsymbol{X}^{\mathrm{T}}\boldsymbol{X})^{-1}\boldsymbol{X}^{\mathrm{T}}\operatorname{cov}(\boldsymbol{y})\boldsymbol{X}(\boldsymbol{X}^{\mathrm{T}}\boldsymbol{X})^{-1}\\&=(\boldsymbol{X}^{\mathrm{T}}\boldsymbol{X})^{-1}\boldsymbol{X}^{\mathrm{T}}\sigma^2\boldsymbol{I}\boldsymbol{X}(\boldsymbol{X}^{\mathrm{T}}\boldsymbol{X})^{-1}=\sigma^2(\boldsymbol{X}^{\mathrm{T}}\boldsymbol{X})^{-1},\end{aligned}$$

定理证毕.

设 $\boldsymbol{c}$ 为 $(p+1)\times 1$ 常数向量，对于线性函数 $\boldsymbol{c}^{\mathrm{T}}\boldsymbol{\beta}$，我们称 $\boldsymbol{c}^{\mathrm{T}}\hat{\boldsymbol{\beta}}$ 为 $\boldsymbol{c}^{\mathrm{T}}\boldsymbol{\beta}$ 的最小二乘估计.从定理 1.19 和定理 1.21 及式(1-34)容易推出：

推论 2.1 (1) $E(\boldsymbol{c}^{\mathrm{T}}\hat{\boldsymbol{\beta}})=\boldsymbol{c}^{\mathrm{T}}\boldsymbol{\beta}$.

(2) $\operatorname{cov}(\boldsymbol{c}^{\mathrm{T}}\hat{\boldsymbol{\beta}})=\sigma^2\boldsymbol{c}^{\mathrm{T}}(\boldsymbol{X}^{\mathrm{T}}\boldsymbol{X})^{-1}\boldsymbol{c}$.

定理 2.2 (Gauss-Markov 定理)对于线性回归模型，即式(1-8)，在 $\boldsymbol{c}^{\mathrm{T}}\boldsymbol{\beta}$ 的所有线性无偏估计中，最小二乘估计(LS) $\boldsymbol{c}^{\mathrm{T}}\hat{\boldsymbol{\beta}}$ 是唯一具有最小方差的最佳线性无偏估计(best linear unbiased estimate, BLU 估计).

证明 设 $\boldsymbol{a}^{\mathrm{T}}\boldsymbol{y}$ 为 $\boldsymbol{c}^{\mathrm{T}}\boldsymbol{\beta}$ 的任意一个线性无偏估计，于是

$$\boldsymbol{c}^{\mathrm{T}}\boldsymbol{\beta}=E(\boldsymbol{a}^{\mathrm{T}}\boldsymbol{y})=\boldsymbol{a}^{\mathrm{T}}\boldsymbol{X}\boldsymbol{\beta},$$

此式对一切 $p\times 1$ 向量 $\boldsymbol{\beta}$ 都成立，因而必然有

$$\boldsymbol{a}^{\mathrm{T}}\boldsymbol{X}=\boldsymbol{c}^{\mathrm{T}}. \tag{2-35}$$

因为 $\operatorname{var}(\boldsymbol{a}^{\mathrm{T}}\boldsymbol{y})=\sigma^2\boldsymbol{a}^{\mathrm{T}}\boldsymbol{a}=\sigma^2\|\boldsymbol{a}\|^2$，对 $\|\boldsymbol{a}\|^2$ 做分解：

$$\begin{aligned}\|\boldsymbol{a}\|^2&=\|\boldsymbol{a}-\boldsymbol{X}(\boldsymbol{X}^{\mathrm{T}}\boldsymbol{X})^{-1}\boldsymbol{c}+\boldsymbol{X}(\boldsymbol{X}^{\mathrm{T}}\boldsymbol{X})^{-1}\boldsymbol{c}\|^2\\&=\|\boldsymbol{a}-\boldsymbol{X}(\boldsymbol{X}^{\mathrm{T}}\boldsymbol{X})^{-1}\boldsymbol{c}\|^2+\|\boldsymbol{X}(\boldsymbol{X}^{\mathrm{T}}\boldsymbol{X})^{-1}\boldsymbol{c}\|^2+\\&\quad 2\boldsymbol{c}^{\mathrm{T}}(\boldsymbol{X}^{\mathrm{T}}\boldsymbol{X})^{-1}\boldsymbol{X}^{\mathrm{T}}(\boldsymbol{a}-\boldsymbol{X}(\boldsymbol{X}^{\mathrm{T}}\boldsymbol{X})^{-1}\boldsymbol{c}).\end{aligned} \tag{2-36}$$

记式(2-36)中第 2 项为 Δ_1，利用推论 2.1 的性质(2)得

$$\sigma^2\Delta_1=\sigma^2\boldsymbol{c}^{\mathrm{T}}(\boldsymbol{X}^{\mathrm{T}}\boldsymbol{X})^{-1}\boldsymbol{X}^{\mathrm{T}}\boldsymbol{X}(\boldsymbol{X}^{\mathrm{T}}\boldsymbol{X})^{-1}\boldsymbol{c}=\sigma^2\boldsymbol{c}^{\mathrm{T}}(\boldsymbol{X}^{\mathrm{T}}\boldsymbol{X})^{-1}\boldsymbol{c}=\operatorname{var}(\boldsymbol{c}^{\mathrm{T}}\hat{\boldsymbol{\beta}}),$$

再记式(2-36)中第 3 项为 Δ_2，利用式(2-33)有

$$\begin{aligned}\Delta_2&=2\boldsymbol{a}^{\mathrm{T}}\boldsymbol{X}(\boldsymbol{X}^{\mathrm{T}}\boldsymbol{X})^{-1}\boldsymbol{X}^{\mathrm{T}}[\boldsymbol{a}-\boldsymbol{X}(\boldsymbol{X}^{\mathrm{T}}\boldsymbol{X})^{-1}\boldsymbol{X}^{\mathrm{T}}\boldsymbol{a}]\\&=2\boldsymbol{a}^{\mathrm{T}}[\boldsymbol{X}(\boldsymbol{X}^{\mathrm{T}}\boldsymbol{X})^{-1}\boldsymbol{X}^{\mathrm{T}}\boldsymbol{a}-\boldsymbol{X}(\boldsymbol{X}^{\mathrm{T}}\boldsymbol{X})^{-1}\boldsymbol{X}^{\mathrm{T}}\boldsymbol{X}(\boldsymbol{X}^{\mathrm{T}}\boldsymbol{X})^{-1}\boldsymbol{X}^{\mathrm{T}}\boldsymbol{a}]\\&=2\boldsymbol{a}^{\mathrm{T}}[\boldsymbol{X}(\boldsymbol{X}^{\mathrm{T}}\boldsymbol{X})^{-1}\boldsymbol{X}^{\mathrm{T}}\boldsymbol{a}-\boldsymbol{X}(\boldsymbol{X}^{\mathrm{T}}\boldsymbol{X})^{-1}\boldsymbol{X}^{\mathrm{T}}\boldsymbol{a}]=\boldsymbol{0},\end{aligned}$$

于是式(2-34)证明了,对 $\boldsymbol{c}^{\mathrm{T}}\boldsymbol{\beta}$ 的任意一个无偏估计 $\boldsymbol{a}^{\mathrm{T}}\boldsymbol{y}$,

$$\operatorname{var}(\boldsymbol{a}^{\mathrm{T}}\boldsymbol{y})=\operatorname{var}(\boldsymbol{c}^{\mathrm{T}}\hat{\boldsymbol{\beta}})+\sigma^2\|\boldsymbol{a}-\boldsymbol{X}(\boldsymbol{X}^{\mathrm{T}}\boldsymbol{X})^{-1}\boldsymbol{c}\|^2\geqslant\operatorname{var}(\boldsymbol{c}^{\mathrm{T}}\hat{\boldsymbol{\beta}}), \tag{2-37}$$

且等号成立,当且仅当

$$\|\boldsymbol{a}-\boldsymbol{X}(\boldsymbol{X}^{\mathrm{T}}\boldsymbol{X})^{-1}\boldsymbol{c}\|^2=0,$$

等价于

$$\boldsymbol{a}=\boldsymbol{X}(\boldsymbol{X}^{\mathrm{T}}\boldsymbol{X})^{-1}\boldsymbol{c},$$

于是式(2-37)等号成立,当且仅当 $\boldsymbol{a}^{\mathrm{T}}\boldsymbol{y}=\boldsymbol{c}^{\mathrm{T}}\hat{\boldsymbol{\beta}}$,这就证明了 $\boldsymbol{c}^{\mathrm{T}}\hat{\boldsymbol{\beta}}$是 $\boldsymbol{c}^{\mathrm{T}}\boldsymbol{\beta}$ 的唯一方差最小的线性无偏估计.

误差向量 $\boldsymbol{e}=\boldsymbol{y}-\boldsymbol{X}\boldsymbol{\beta}$ 是一不可观测的随机向量,一个自然的想法是用最小二乘估计$\hat{\boldsymbol{\beta}}$ 代替其中的 $\boldsymbol{\beta}$,构造如下的向量

$$\hat{\boldsymbol{e}}=\boldsymbol{y}-\boldsymbol{X}\hat{\boldsymbol{\beta}} \tag{2-38}$$

来作为误差向量的一个估计,$\hat{\boldsymbol{e}}$称为残差向量.若用 $\boldsymbol{x}_i^{\mathrm{T}}$表示设计矩阵$\boldsymbol{X}$ 的第 i行,则式(2-38)的分量形式为

$$\hat{e}_i=y_i-\boldsymbol{x}_i^{\mathrm{T}}\hat{\boldsymbol{\beta}},\ i=1,\ 2,\ \cdots,\ n, \tag{2-39}$$

称为第 i 次试验残差或观测残差.

自然地用

$$SS_{\mathrm{res}}\overset{\mathrm{def}}{=}\hat{\boldsymbol{e}}^{\mathrm{T}}\hat{\boldsymbol{e}}=\sum_{i=1}^{n}\hat{e}_i^2 \tag{2-40}$$

来衡量 σ^2的大小,这里的 SS_{res}称为残差平方和(residual sum of squares).

定理 2.3 (1) $SS_{\mathrm{res}}=\boldsymbol{y}^{\mathrm{T}}[\boldsymbol{I}-\boldsymbol{X}(\boldsymbol{X}^{\mathrm{T}}\boldsymbol{X})^{-1}\boldsymbol{X}^{\mathrm{T}}]\boldsymbol{y}$.

(2) $\hat{\sigma}^2=\dfrac{SS_{\mathrm{res}}}{n-p-1}$是 σ^2 的无偏估计,也称为 σ^2 的最小二乘估计.

证明 (1)
$$\begin{aligned}SS_{\mathrm{res}}&=\hat{\boldsymbol{e}}^{\mathrm{T}}\hat{\boldsymbol{e}}=(\boldsymbol{y}-\boldsymbol{X}\hat{\boldsymbol{\beta}})^{\mathrm{T}}(\boldsymbol{y}-\boldsymbol{X}\hat{\boldsymbol{\beta}})\\&=[(\boldsymbol{I}-\boldsymbol{X}(\boldsymbol{X}^{\mathrm{T}}\boldsymbol{X})^{-1}\boldsymbol{X}^{\mathrm{T}})\boldsymbol{y}]^{\mathrm{T}}[(\boldsymbol{I}-\boldsymbol{X}(\boldsymbol{X}^{\mathrm{T}}\boldsymbol{X})^{-1}\boldsymbol{X}^{\mathrm{T}})\boldsymbol{y}]\\&=\boldsymbol{y}^{\mathrm{T}}(\boldsymbol{I}-\boldsymbol{X}(\boldsymbol{X}^{\mathrm{T}}\boldsymbol{X})^{-1}\boldsymbol{X}^{\mathrm{T}})\boldsymbol{y},\end{aligned}$$

(2) 因为 $E(\boldsymbol{y})=\boldsymbol{X}\boldsymbol{\beta}$, $\operatorname{cov}(\boldsymbol{y})=\sigma^2\boldsymbol{I}$,由定理 1.23 得

$$\begin{aligned}E(SS_{\mathrm{res}})&=E[\boldsymbol{y}^{\mathrm{T}}(\boldsymbol{I}-\boldsymbol{X}(\boldsymbol{X}^{\mathrm{T}}\boldsymbol{X})^{-1}\boldsymbol{X}^{\mathrm{T}})\boldsymbol{y}]\\&=\boldsymbol{\beta}^{\mathrm{T}}\boldsymbol{X}^{\mathrm{T}}(\boldsymbol{I}-\boldsymbol{X}(\boldsymbol{X}^{\mathrm{T}}\boldsymbol{X})^{-1}\boldsymbol{X}^{\mathrm{T}})\boldsymbol{X}\boldsymbol{\beta}+\sigma^2\operatorname{tr}(\boldsymbol{I}-\boldsymbol{X}(\boldsymbol{X}^{\mathrm{T}}\boldsymbol{X})^{-1}\boldsymbol{X}^{\mathrm{T}})\\&=\sigma^2[n-\operatorname{tr}(\boldsymbol{X}(\boldsymbol{X}^{\mathrm{T}}\boldsymbol{X})^{-1}\boldsymbol{X}^{\mathrm{T}})],\end{aligned}$$

利用 $\mathrm{tr}(\boldsymbol{AB})=\mathrm{tr}(\boldsymbol{BA})$，可得

$$\mathrm{tr}[\boldsymbol{X}(\boldsymbol{X}^{\mathrm{T}}\boldsymbol{X})^{-1}\boldsymbol{X}^{\mathrm{T}}]=\mathrm{tr}[(\boldsymbol{X}^{\mathrm{T}}\boldsymbol{X})^{-1}\boldsymbol{X}^{\mathrm{T}}\boldsymbol{X}]=\mathrm{tr}(\boldsymbol{I}_{p+1})=p+1,$$

于是

$$E(SS_{\mathrm{res}})=\sigma^2(n-p-1),$$

定理证毕.

定理 2.3 的性质(1)也可以表达为

$$SS_{\mathrm{res}}=\boldsymbol{y}^{\mathrm{T}}\boldsymbol{y}-\hat{\boldsymbol{\beta}}^{\mathrm{T}}\boldsymbol{X}^{\mathrm{T}}\boldsymbol{y}, \tag{2-41}$$

一般地，记式(2－41)的第 1 项为 $SS_{\mathrm{tol}}=\boldsymbol{y}^{\mathrm{T}}\boldsymbol{y}$，称为总平方和.第 2 项记为 $SS_{\mathrm{reg}}=\hat{\boldsymbol{\beta}}^{\mathrm{T}}\boldsymbol{X}^{\mathrm{T}}\boldsymbol{y}$，称为回归平方和.这样式(2－39)又可写为

$$SS_{\mathrm{tol}}=SS_{\mathrm{reg}}+SS_{\mathrm{res}}, \tag{2-42}$$

即总平方和等于回归平方和与残差平方和之和.如果记 $\boldsymbol{N}=\boldsymbol{I}-\boldsymbol{P}_{\boldsymbol{X}}$，则式(2－42)又可写为

$$\boldsymbol{y}^{\mathrm{T}}\boldsymbol{y}=\boldsymbol{y}^{\mathrm{T}}\boldsymbol{P}_{\boldsymbol{X}}^{\mathrm{T}}\boldsymbol{P}_{\boldsymbol{X}}\boldsymbol{y}+\boldsymbol{y}^{\mathrm{T}}\boldsymbol{N}^{\mathrm{T}}\boldsymbol{N}\boldsymbol{y}=\hat{\boldsymbol{y}}^{\mathrm{T}}\hat{\boldsymbol{y}}+\hat{\boldsymbol{e}}^{\mathrm{T}}\hat{\boldsymbol{e}}, \tag{2-43}$$

这本质上就是 n 维样本空间上的勾股定理.

对于线性模型式(2－8)，如果进一步假设误差向量 $\boldsymbol{e}\sim \boldsymbol{N}(\boldsymbol{0}, \sigma^2\boldsymbol{I})$多元正态分布，则称相应的模型为正态线性模型，记为

$$\boldsymbol{y}=\boldsymbol{X\beta}+\boldsymbol{e},\ \boldsymbol{e}\sim N(\boldsymbol{0}, \sigma^2\boldsymbol{I}), \tag{2-44}$$

对这种模型我们可以获得如下更细致的结果.

定理 2.4 对于正态线性回归模型，即式(2－44)，有

(1) $\hat{\boldsymbol{\beta}}\sim N(\boldsymbol{\beta}, \sigma^2(\boldsymbol{X}^{\mathrm{T}}\boldsymbol{X})^{-1})$.

(2) $\dfrac{SS_{\mathrm{res}}}{\sigma^2}\sim\chi^2_{n-p-1}$.

(3) $\hat{\boldsymbol{\beta}}$与 SS_{res}相互独立.

证明 (1) 在定理的假设下，$\boldsymbol{y}\sim N(\boldsymbol{X\beta}, \sigma^2\boldsymbol{I})$.注意到$\hat{\boldsymbol{\beta}}=(\boldsymbol{X}^{\mathrm{T}}\boldsymbol{X})^{-1}\boldsymbol{X}^{\mathrm{T}}\boldsymbol{y}$ 是 $\boldsymbol{y}$ 的线性变换，利用定理 1.25，便证明了(1).

(2) 根据定义

$$SS_{\mathrm{res}}=\boldsymbol{y}^{\mathrm{T}}(\boldsymbol{I}-\boldsymbol{X}(\boldsymbol{X}^{\mathrm{T}}\boldsymbol{X})^{-1}\boldsymbol{X}^{\mathrm{T}})\boldsymbol{y}\overset{\mathrm{def}}{=}\boldsymbol{y}^{\mathrm{T}}\boldsymbol{N}\boldsymbol{y},$$

注意到 $\boldsymbol{NX}=\boldsymbol{O}$，于是

$$SS_{\text{res}}=(\boldsymbol{X\beta}+\boldsymbol{e})^{\mathrm{T}}\boldsymbol{N}(\boldsymbol{X\beta}+\boldsymbol{e})=\boldsymbol{e}^{\mathrm{T}}\boldsymbol{Ne},$$

又因为 $\boldsymbol{e}\sim N(\boldsymbol{0},\ \sigma^2\boldsymbol{I})$，$\boldsymbol{N}^2=\boldsymbol{N}$，即 $\boldsymbol{N}$ 是幂等矩阵，根据定理 1.31，我们只需证明 $\boldsymbol{N}$ 的秩为 $n-p-1$.因为 $\boldsymbol{N}$ 是幂等矩阵，根据定理 1.7，它的秩等于它的迹，于是

$$\begin{aligned}\mathrm{rk}(\boldsymbol{N})&=\mathrm{tr}[\boldsymbol{I}_n-\boldsymbol{X}(\boldsymbol{X}^{\mathrm{T}}\boldsymbol{X})^{-1}\boldsymbol{X}^{\mathrm{T}}]=n-\mathrm{tr}[\boldsymbol{X}(\boldsymbol{X}^{\mathrm{T}}\boldsymbol{X})^{-1}\boldsymbol{X}^{\mathrm{T}}]\\&=n-\mathrm{tr}[(\boldsymbol{X}^{\mathrm{T}}\boldsymbol{X})^{-1}\boldsymbol{X}^{\mathrm{T}}\boldsymbol{X}]=n-p-1,\end{aligned}$$

(2)得证.

(3) 因为 $\hat{\boldsymbol{\beta}}=(\boldsymbol{X}^{\mathrm{T}}\boldsymbol{X})^{-1}\boldsymbol{X}^{\mathrm{T}}(\boldsymbol{X\beta}+\boldsymbol{e})=\boldsymbol{\beta}+(\boldsymbol{X}^{\mathrm{T}}\boldsymbol{X})^{-1}\boldsymbol{X}^{\mathrm{T}}\boldsymbol{e}$，而 $SS_{\text{res}}=\boldsymbol{e}^{\mathrm{T}}\boldsymbol{Ne}$，注意到 $(\boldsymbol{X}^{\mathrm{T}}\boldsymbol{X})^{-1}\boldsymbol{X}^{\mathrm{T}}\boldsymbol{N}=\boldsymbol{O}$，由定理 1.32 便有 $(\boldsymbol{X}^{\mathrm{T}}\boldsymbol{X})^{-1}\boldsymbol{X}^{\mathrm{T}}\boldsymbol{e}$ 与 SS_{res} 相互独立.因为 $\hat{\boldsymbol{\beta}}$ 与 SS_{res} 相互独立，定理证毕.

在线性模型式(2-3)中，取 $\boldsymbol{c}=(0,\ \cdots,\ 0,\ 1,\ 0,\ \cdots,\ 0)^{\mathrm{T}}$，这里 1 是 $\boldsymbol{c}$ 的第 $i+1$ 个元素.则 $\boldsymbol{c}^{\mathrm{T}}\boldsymbol{\beta}=\beta_i$，即第 i 个回归自变量 X_i 的回归系数.记 $\hat{\boldsymbol{\beta}}=(\hat{\beta}_0,\ \hat{\beta}_1,\ \cdots,\ \hat{\beta}_p)^{\mathrm{T}}$，于是 $\boldsymbol{c}^{\mathrm{T}}\hat{\boldsymbol{\beta}}=\hat{\beta}_i$.再用 A_{ii} 表示矩阵 $\boldsymbol{A}$ 的第 $(i,\ i)$ 元素.从前面的几个定理和推论，容易得到如下结论.

推论 2.2 对于正态线性回归模型，即式(2-44)，有

(1) $\hat{\beta}_i\sim N(\beta_i,\ \sigma^2(\boldsymbol{X}^{\mathrm{T}}\boldsymbol{X})^{-1}_{i+1,\ i+1})$.

(2) 在 β_i，$i=0,\ 1,\ \cdots,\ p$ 的一切线性无偏估计中，$\hat{\beta}_i$，$i=0,\ 1,\ \cdots,\ p$ 是唯一方差最小者.

证明 结论(1)和(2)可以直接从定理 2.4 和定理 2.2 得出，证毕.

推论 2.3 对于中心化的线性回归模型，即式(2-10)，若 $\boldsymbol{e}\sim N(\boldsymbol{0},\ \sigma^2\boldsymbol{I})$，则

(1) $E(\hat{\boldsymbol{\alpha}})=\boldsymbol{\alpha}$，$E(\hat{\boldsymbol{\beta}}_c)=\boldsymbol{\beta}_c$，这里 $\hat{\boldsymbol{\alpha}}=\bar{\boldsymbol{y}}$，$\hat{\boldsymbol{\beta}}_c=(\boldsymbol{X}_c^{\mathrm{T}}\boldsymbol{X}_c)^{-1}\boldsymbol{X}_c^{\mathrm{T}}\boldsymbol{y}$.

(2) $\mathrm{cov}\begin{bmatrix}\hat{\boldsymbol{\alpha}}\\ \hat{\boldsymbol{\beta}}_c\end{bmatrix}=\sigma^2\begin{bmatrix}\dfrac{1}{n} & \boldsymbol{0}^{\mathrm{T}}\\ \boldsymbol{0} & (\boldsymbol{X}_c^{\mathrm{T}}\boldsymbol{X}_c)^{-1}\end{bmatrix}$.

(3) 若进一步假设 $\boldsymbol{e}\sim N(\boldsymbol{0},\ \sigma^2\boldsymbol{I})$，则

$$\hat{\boldsymbol{\alpha}}\sim N\left(\boldsymbol{\alpha},\ \frac{\sigma^2}{n}\right),$$

$$\hat{\boldsymbol{\beta}}_c\sim N(\boldsymbol{\beta}_c,\ \sigma^2(\boldsymbol{X}_c^{\mathrm{T}}\boldsymbol{X}_c)^{-1}),$$

且 $\hat{\boldsymbol{\alpha}}$ 与 $\hat{\boldsymbol{\beta}}_c$ 相互独立.

2.3.2 设计矩阵非列满秩情形*

当 $\mathrm{rk}(\boldsymbol{X}) < p+1$ 时，正规方程的解可以写为

$$\hat{\boldsymbol{\beta}} = (\boldsymbol{X}^{\mathrm{T}}\boldsymbol{X})^{-}\boldsymbol{X}^{\mathrm{T}}\boldsymbol{y}, \tag{2-45}$$

此时，$E(\hat{\boldsymbol{\beta}}) \neq \boldsymbol{\beta}$，即$\hat{\boldsymbol{\beta}}$不是$\boldsymbol{\beta}$的无偏估计.更进一步，此时根本不存在$\boldsymbol{\beta}$的线性无偏估计.事实上，若存在 $(p+1)\times n$ 矩阵$\boldsymbol{A}$，使得$\boldsymbol{A}\boldsymbol{y}$为$\boldsymbol{\beta}$的线性无偏估计，即要求 $E(\boldsymbol{A}\boldsymbol{y})=\boldsymbol{A}\boldsymbol{X}\boldsymbol{\beta}=\boldsymbol{\beta}$，对一切$\boldsymbol{\beta}$成立.必存在 $\boldsymbol{A}\boldsymbol{X}=\boldsymbol{I}_{p+1}$.但因 $\mathrm{rk}(\boldsymbol{A}\boldsymbol{X})\leqslant \mathrm{rk}(\boldsymbol{X})< p+1=\mathrm{rk}(\boldsymbol{I}_{p+1})$，这就与 $\boldsymbol{A}\boldsymbol{X}=\boldsymbol{I}_{p+1}$ 相矛盾.因此，这样的矩阵$\boldsymbol{A}$根本不存在.这表明当 $\mathrm{rk}(\boldsymbol{X})<p+1$ 时，$\boldsymbol{\beta}$没有线性无偏估计，此时称$\boldsymbol{\beta}$是不可估的.但退一步讲，我们可以考虑$\boldsymbol{\beta}$的线性组合$\boldsymbol{c}^{\mathrm{T}}\boldsymbol{\beta}$，这就导致了可估的定义.

定义 2.1 若存在 $n\times 1$ 向量$\boldsymbol{a}$，使得 $E(\boldsymbol{a}^{\mathrm{T}}\boldsymbol{y})=\boldsymbol{c}^{\mathrm{T}}\boldsymbol{\beta}$ 对一切$\boldsymbol{\beta}$成立，则称$\boldsymbol{c}^{\mathrm{T}}\boldsymbol{\beta}$是可估函数(estimable function).

定理 2.5 $\boldsymbol{c}^{\mathrm{T}}\boldsymbol{\beta}$ 是可估函数$\Leftrightarrow \boldsymbol{c}\in\mathcal{M}(\boldsymbol{X}^{\mathrm{T}})$.

证明 $\boldsymbol{c}^{\mathrm{T}}\boldsymbol{\beta}$ 是可估函数$\Leftrightarrow$存在 $\boldsymbol{a}_{n\times1}$ 使得 $E(\boldsymbol{a}^{\mathrm{T}}\boldsymbol{y})=\boldsymbol{c}^{\mathrm{T}}\boldsymbol{\beta}$，对一切$\boldsymbol{\beta}$成立$\Leftrightarrow \boldsymbol{a}^{\mathrm{T}}\boldsymbol{X}\boldsymbol{\beta}=\boldsymbol{c}^{\mathrm{T}}\boldsymbol{\beta}$，对一切$\boldsymbol{\beta}$成立$\Leftrightarrow \boldsymbol{c}=\boldsymbol{X}^{\mathrm{T}}\boldsymbol{a}$，证毕.

这个定理告诉我们，使$\boldsymbol{c}^{\mathrm{T}}\boldsymbol{\beta}$可估的全体 $(p+1)\times 1$ 向量$\boldsymbol{c}$构成子空间$\mathcal{M}(\boldsymbol{X}^{\mathrm{T}})$.于是，若 $\boldsymbol{c}_1$、$\boldsymbol{c}_2$ 为 $(p+1)\times1$ 向量，使 $\boldsymbol{c}_1^{\mathrm{T}}\boldsymbol{\beta}$ 和 $\boldsymbol{c}_2^{\mathrm{T}}\boldsymbol{\beta}$ 均可估.那么，对任意两个数 α_1，α_2，线性组合 $\alpha_1\boldsymbol{c}_1^{\mathrm{T}}\boldsymbol{\beta}+\alpha_2\boldsymbol{c}_2^{\mathrm{T}}\boldsymbol{\beta}$ 都是可估的.若 $\boldsymbol{c}_1$ 和 $\boldsymbol{c}_2$ 为线性无关，则称可估函数 $\boldsymbol{c}_1^{\mathrm{T}}\boldsymbol{\beta}$ 和 $\boldsymbol{c}_2^{\mathrm{T}}\boldsymbol{\beta}$ 是线性无关的.显然，对于一个线性模型，线性无关的可估函数组最多含有 $\mathrm{rk}(\boldsymbol{X})=r$ 个可估函数.另外，对于任意可估函数，$\boldsymbol{c}^{\mathrm{T}}\hat{\boldsymbol{\beta}}$与$(\boldsymbol{X}^{\mathrm{T}}\boldsymbol{X})^{-}$的选择无关，而是唯一的.事实上，由$\boldsymbol{c}^{\mathrm{T}}\boldsymbol{\beta}$的可估性，知存在向量 $\boldsymbol{a}_{n\times1}$，使得 $\boldsymbol{c}=\boldsymbol{X}^{\mathrm{T}}\boldsymbol{a}$，于是由推论 1.3 和引理 1.5 中的性质(2)得

$$\boldsymbol{c}^{\mathrm{T}}\hat{\boldsymbol{\beta}}=\boldsymbol{c}^{\mathrm{T}}(\boldsymbol{X}^{\mathrm{T}}\boldsymbol{X})^{-}\boldsymbol{X}^{\mathrm{T}}\boldsymbol{y}=\boldsymbol{a}^{\mathrm{T}}\boldsymbol{X}(\boldsymbol{X}^{\mathrm{T}}\boldsymbol{X})^{-}\boldsymbol{X}^{\mathrm{T}}\boldsymbol{y}=\boldsymbol{a}^{\mathrm{T}}\boldsymbol{X}(\boldsymbol{X}^{\mathrm{T}}\boldsymbol{X})^{+}\boldsymbol{X}^{\mathrm{T}}\boldsymbol{y},$$

故$\boldsymbol{c}^{\mathrm{T}}\hat{\boldsymbol{\beta}}$与$(\boldsymbol{X}^{\mathrm{T}}\boldsymbol{X})^{-}$的选择无关.此时还有，$E(\boldsymbol{c}^{\mathrm{T}}\hat{\boldsymbol{\beta}})=\boldsymbol{a}^{\mathrm{T}}\boldsymbol{X}(\boldsymbol{X}^{\mathrm{T}}\boldsymbol{X})^{-}\boldsymbol{X}^{\mathrm{T}}\boldsymbol{X}\boldsymbol{\beta}=\boldsymbol{a}^{\mathrm{T}}\boldsymbol{X}\boldsymbol{\beta}=\boldsymbol{c}^{\mathrm{T}}\boldsymbol{\beta}$，即$\boldsymbol{c}^{\mathrm{T}}\hat{\boldsymbol{\beta}}$为$\boldsymbol{c}^{\mathrm{T}}\boldsymbol{\beta}$的无偏估计.

定义 2.2 对可估函数$\boldsymbol{c}^{\mathrm{T}}\boldsymbol{\beta}$，称$\boldsymbol{c}^{\mathrm{T}}\hat{\boldsymbol{\beta}}$为$\boldsymbol{c}^{\mathrm{T}}\boldsymbol{\beta}$的 LS 估计.又$\boldsymbol{y}$的均值$\boldsymbol{X}\boldsymbol{\beta}$的估计为

$$\hat{\boldsymbol{y}}=\boldsymbol{X}\hat{\boldsymbol{\beta}}=\boldsymbol{X}(\boldsymbol{X}^{\mathrm{T}}\boldsymbol{X})^{-}\boldsymbol{X}^{\mathrm{T}}\boldsymbol{y}=\boldsymbol{P}_{\boldsymbol{X}}\boldsymbol{y}, \tag{2-46}$$

这里 $\boldsymbol{P}_{\boldsymbol{X}}=\boldsymbol{X}(\boldsymbol{X}^{\mathrm{T}}\boldsymbol{X})^{-}\boldsymbol{X}^{\mathrm{T}}$是向$\mathcal{M}(\boldsymbol{X})$上的正交投影阵.

对任意可估函数$\boldsymbol{c}^{\mathrm{T}}\boldsymbol{\beta}$，虽然它的 LS 估计$\boldsymbol{c}^{\mathrm{T}}\hat{\boldsymbol{\beta}}$是唯一的.但是它可能有很多个

线性无偏估计.事实上,若记 $\mathcal{M}(\boldsymbol{X})^{\perp}$ 为 $\mathcal{M}(\boldsymbol{X})$ 的正交补空间.设 $\boldsymbol{a}^{\mathrm{T}}\boldsymbol{y}$ 为 $\boldsymbol{c}^{\mathrm{T}}\boldsymbol{\beta}$ 的一个无偏估计,那么对任意 $\boldsymbol{b}\in\mathcal{M}(\boldsymbol{X})^{\perp}$,$(\boldsymbol{a}+\boldsymbol{b})^{\mathrm{T}}\boldsymbol{y}$ 也是 $\boldsymbol{c}^{\mathrm{T}}\boldsymbol{\beta}$ 的一个无偏估计.此因 $\boldsymbol{E}(\boldsymbol{a}+\boldsymbol{b})^{\mathrm{T}}\boldsymbol{y}=\boldsymbol{E}(\boldsymbol{a}^{\mathrm{T}}\boldsymbol{y})+\boldsymbol{E}(\boldsymbol{b}^{\mathrm{T}}\boldsymbol{y})=\boldsymbol{c}^{\mathrm{T}}\boldsymbol{\beta}+\boldsymbol{b}^{\mathrm{T}}\boldsymbol{X}^{\mathrm{T}}\boldsymbol{\beta}=\boldsymbol{c}^{\mathrm{T}}\boldsymbol{\beta}$.这样一来,对任意线性函数 $\boldsymbol{c}^{\mathrm{T}}\boldsymbol{\beta}$,它的线性无偏估计的个数有 3 种情况:① 一个也没有,这时它是不可估的;② 只有一个,这出现在 $\mathrm{rk}(\boldsymbol{X})=p+1$ 的情形,因为此时 $\mathcal{M}(\boldsymbol{X})^{\perp}=\{\boldsymbol{0}\}$;③ 有无穷多个.当 $\boldsymbol{c}^{\mathrm{T}}\boldsymbol{\beta}$ 可估时,在其线性无偏估计中,方差最小者称为 BLU 估计.

定理 2.6 (Gauss-Markov 定理)对任意的可估函数 $\boldsymbol{c}^{\mathrm{T}}\boldsymbol{\beta}$,LS 估计 $\boldsymbol{c}^{\mathrm{T}}\hat{\boldsymbol{\beta}}$ 为其唯一的 BLU 估计.

证明 前面已证 $\boldsymbol{c}^{\mathrm{T}}\hat{\boldsymbol{\beta}}$ 为 $\boldsymbol{c}^{\mathrm{T}}\boldsymbol{\beta}$ 的无偏估计,而线性性是显然的.现证 $\boldsymbol{c}^{\mathrm{T}}\hat{\boldsymbol{\beta}}$ 的方差最小.首先

$$\mathrm{var}(\boldsymbol{c}^{\mathrm{T}}\hat{\boldsymbol{\beta}})=\mathrm{var}[\boldsymbol{c}^{\mathrm{T}}(\boldsymbol{X}^{\mathrm{T}}\boldsymbol{X})^{-}\boldsymbol{X}^{\mathrm{T}}\boldsymbol{y}]=\sigma^2\boldsymbol{c}^{\mathrm{T}}(\boldsymbol{X}^{\mathrm{T}}\boldsymbol{X})^{-}\boldsymbol{X}^{\mathrm{T}}\boldsymbol{X}(\boldsymbol{X}^{\mathrm{T}}\boldsymbol{X})^{-}\boldsymbol{c},$$

由 $\boldsymbol{c}^{\mathrm{T}}\boldsymbol{\beta}$ 的可估性,知存在向量 $\boldsymbol{a}_{n\times1}$,使得 $\boldsymbol{c}=\boldsymbol{X}^{\mathrm{T}}\boldsymbol{a}$.于是,利用 $\boldsymbol{X}^{\mathrm{T}}\boldsymbol{X}(\boldsymbol{X}^{\mathrm{T}}\boldsymbol{X})^{-}\boldsymbol{X}^{\mathrm{T}}=\boldsymbol{X}^{\mathrm{T}}$,得到

$$\mathrm{var}(\boldsymbol{c}^{\mathrm{T}}\hat{\boldsymbol{\beta}})=\sigma^2\boldsymbol{c}^{\mathrm{T}}(\boldsymbol{X}^{\mathrm{T}}\boldsymbol{X})^{-}\boldsymbol{X}^{\mathrm{T}}\boldsymbol{X}(\boldsymbol{X}^{\mathrm{T}}\boldsymbol{X})^{-}\boldsymbol{X}^{\mathrm{T}}\boldsymbol{a}=\sigma^2\boldsymbol{c}^{\mathrm{T}}(\boldsymbol{X}^{\mathrm{T}}\boldsymbol{X})^{-}\boldsymbol{c}.$$

另一方面,设 $\boldsymbol{a}^{\mathrm{T}}\boldsymbol{y}$ 为 $\boldsymbol{c}^{\mathrm{T}}\boldsymbol{\beta}$ 的任意无偏估计,于是 $\boldsymbol{a}$ 满足:$\boldsymbol{X}^{\mathrm{T}}\boldsymbol{a}=\boldsymbol{c}$.这样

$$\begin{aligned}\mathrm{var}(\boldsymbol{a}^{\mathrm{T}}\boldsymbol{y})-\mathrm{var}(\boldsymbol{c}^{\mathrm{T}}\hat{\boldsymbol{\beta}})&=\sigma^2[\boldsymbol{a}^{\mathrm{T}}\boldsymbol{a}-\boldsymbol{c}^{\mathrm{T}}(\boldsymbol{X}^{\mathrm{T}}\boldsymbol{X})^{-}\boldsymbol{c}]\\&=\sigma^2(\boldsymbol{a}^{\mathrm{T}}-\boldsymbol{c}^{\mathrm{T}}(\boldsymbol{X}^{\mathrm{T}}\boldsymbol{X})^{-}\boldsymbol{X}^{\mathrm{T}})(\boldsymbol{a}-\boldsymbol{X}(\boldsymbol{X}^{\mathrm{T}}\boldsymbol{X})^{-}\boldsymbol{c})\\&=\sigma^2\|\boldsymbol{a}-\boldsymbol{X}(\boldsymbol{X}^{\mathrm{T}}\boldsymbol{X})^{-}\boldsymbol{c}\|^2\geqslant0,\end{aligned}$$

并且等号成立 $\Leftrightarrow\boldsymbol{a}^{\mathrm{T}}=\boldsymbol{c}^{\mathrm{T}}(\boldsymbol{X}^{\mathrm{T}}\boldsymbol{X})^{-}\boldsymbol{X}^{\mathrm{T}}\Leftrightarrow\boldsymbol{a}^{\mathrm{T}}\boldsymbol{y}=\boldsymbol{c}^{\mathrm{T}}\hat{\boldsymbol{\beta}}$,定理证毕.

这个重要的定理奠定了 LS 估计在线性模型参数估计理论中的地位.由于它所刻画的 LS 估计在线性无偏估计类中的最优性,使得人们长期以来把 LS 估计当作线性模型,即式(1-8)的唯一最好估计.但是到了 20 世纪 60 年代,许多研究表明,在一些情况下 LS 估计的性质并不很好.如果采用另外一个度量估计优劣的标准,LS 估计并不一定是最优的,这将在以后讨论.

推论 2.4 设 $\boldsymbol{\psi}=\boldsymbol{c}_i^{\mathrm{T}}\boldsymbol{\beta}$, $i=1, 2, \cdots, k$ 都是可估函数,α_i, $i=1, 2, \cdots, k$ 是实数,则 $\boldsymbol{\psi}=\sum_{i=1}^{k}\alpha_i\boldsymbol{\psi}_i$ 也是可估的,且 $\hat{\boldsymbol{\psi}}=\sum_{i=1}^{k}\alpha_i\hat{\boldsymbol{\psi}}_i=\sum_{i=1}^{k}\alpha_i\boldsymbol{c}^{\mathrm{T}}\hat{\boldsymbol{\beta}}$ 是 ψ 的 BLU 估计.

推论 2.5 设 $\boldsymbol{c}^{\mathrm{T}}\boldsymbol{\beta}$ 和 $\boldsymbol{d}^{\mathrm{T}}\boldsymbol{\beta}$ 是两个可估函数,则

$$\mathrm{var}(\boldsymbol{c}^{\mathrm{T}}\hat{\boldsymbol{\beta}})=\sigma^2\boldsymbol{c}^{\mathrm{T}}(\boldsymbol{X}^{\mathrm{T}}\boldsymbol{X})^{-}\boldsymbol{c},\tag{2-47}$$

$$\mathrm{cov}(\boldsymbol{c}^{\mathrm{T}}\hat{\boldsymbol{\beta}},\boldsymbol{d}^{\mathrm{T}}\hat{\boldsymbol{\beta}})=\sigma^2\boldsymbol{c}^{\mathrm{T}}(\boldsymbol{X}^{\mathrm{T}}\boldsymbol{X})^{-}\boldsymbol{d},\tag{2-48}$$

并且式(2-47)和式(2-48)与所含广义逆的选择无关.

对于列非满秩的情况,虽然$\hat{\boldsymbol{\beta}}$不是唯一的,但是根据推论1.3,残差向量 $\hat{\boldsymbol{e}}=(\boldsymbol{I}-\boldsymbol{P}_X)\boldsymbol{y}$ 的值却是唯一的.基于$\hat{\boldsymbol{e}}$ 可以构造

$$\hat{\sigma}^2=\frac{\hat{\boldsymbol{e}}^{\mathrm{T}}\hat{\boldsymbol{e}}}{n-r}=\frac{\|\boldsymbol{y}-\boldsymbol{X}\hat{\boldsymbol{\beta}}\|^2}{n-r},\ r=\mathrm{rk}(\boldsymbol{X}). \tag{2-49}$$

定理 2.7 $\hat{\sigma}^2$ 是 σ^2 的无偏估计.

证明 因 $\boldsymbol{I}-\boldsymbol{P}_X$为幂等阵,于是

$$\hat{\boldsymbol{e}}^{\mathrm{T}}\hat{\boldsymbol{e}}=\boldsymbol{y}^{\mathrm{T}}(\boldsymbol{I}-\boldsymbol{P}_X)\boldsymbol{y},$$

利用定理1.23

$$E(\hat{\boldsymbol{e}}^{\mathrm{T}}\hat{\boldsymbol{e}})=(\boldsymbol{X\beta})^{\mathrm{T}}(\boldsymbol{I}-\boldsymbol{P}_X)\boldsymbol{X\beta}+\mathrm{tr}(\boldsymbol{I}-\boldsymbol{P}_X)\mathrm{cov}(\boldsymbol{y})=\sigma^2\mathrm{tr}(\boldsymbol{I}-\boldsymbol{P}_X),$$

这里利用$(\boldsymbol{I}-\boldsymbol{P}_X)\boldsymbol{X}=\boldsymbol{O}$ 及定理1.7,得

$$E(\hat{\boldsymbol{e}}^{\mathrm{T}}\hat{\boldsymbol{e}})=\sigma^2[n-\mathrm{tr}(\boldsymbol{P}_X)]=\sigma^2[n-\mathrm{rk}(\boldsymbol{X})],$$

定理证毕.

定理 2.8 对正态线性模型,即式(2-44),设 $\boldsymbol{c}^{\mathrm{T}}\boldsymbol{\beta}$ 为任意可估函数,则

(1) LS 估计 $\boldsymbol{c}^{\mathrm{T}}\hat{\boldsymbol{\beta}}$是 $\boldsymbol{c}^{\mathrm{T}}\boldsymbol{\beta}$ 的极大似然估计(maximum likelihood estimate, ML 估计),且 $\boldsymbol{c}^{\mathrm{T}}\hat{\boldsymbol{\beta}}\sim N(\boldsymbol{c}^{\mathrm{T}}\boldsymbol{\beta},\ \sigma^2\boldsymbol{c}^{\mathrm{T}}(\boldsymbol{X}^{\mathrm{T}}\boldsymbol{X})^{-}\boldsymbol{c})$.

(2) $\dfrac{n-r}{n}\hat{\sigma}^2$ 为 σ^2 的 ML 估计,且$\dfrac{(n-r)\hat{\sigma}^2}{\sigma^2}\sim\chi^2_{n-r}$.

(3) $\boldsymbol{c}^{\mathrm{T}}\hat{\boldsymbol{\beta}}$ 与$\hat{\sigma}^2$ 相互独立,这里$\hat{\boldsymbol{\beta}}=(\boldsymbol{X}^{\mathrm{T}}\boldsymbol{X})^{-}\boldsymbol{X}^{\mathrm{T}}\boldsymbol{y}$, $r=\mathrm{rk}(\boldsymbol{X})$.

证明 (1) 记 $\boldsymbol{\mu}=\boldsymbol{X\beta}$,考虑 $\boldsymbol{\mu}$ 和σ^2的似然函数

$$L(\boldsymbol{\mu},\ \sigma^2)=\frac{1}{(2\pi)^{\frac{n}{2}}\sigma^n}\exp\left(-\frac{1}{2\sigma^2}\|\boldsymbol{y}-\boldsymbol{\mu}\|^2\right),$$

上式取对数并略去常数项,得

$$\ln L(\boldsymbol{\mu},\ \sigma^2)=-\frac{n}{2}\ln\sigma^2-\frac{1}{2\sigma^2}\|\boldsymbol{y}-\boldsymbol{\mu}\|^2,$$

对均值向量 $\boldsymbol{\mu}$ 的 LS 估计 $\hat{\boldsymbol{\mu}}=\boldsymbol{X}\hat{\boldsymbol{\beta}}$, 我们有

$$\|\boldsymbol{y}-\hat{\boldsymbol{\mu}}\|^2=\|\boldsymbol{y}-\boldsymbol{X}\hat{\boldsymbol{\beta}}\|^2=\min_{\boldsymbol{\beta}}\|\boldsymbol{y}-\boldsymbol{X\beta}\|^2=\min_{\boldsymbol{\mu}=\boldsymbol{X\beta}}\|\boldsymbol{y}-\boldsymbol{\mu}\|^2,$$

于是,对每一个固定的 σ^2,有

$$\ln L(\hat{\boldsymbol{\mu}}, \sigma^2) \geqslant \ln L(\boldsymbol{\mu}, \sigma^2),$$

而

$$\ln L(\hat{\boldsymbol{\mu}}, \sigma^2) = -\frac{n}{2}\ln \sigma^2 - \frac{1}{2\sigma^2}\| \boldsymbol{y} - \hat{\boldsymbol{\mu}} \|^2,$$

在 $\hat{\sigma}^2 = \frac{1}{n}\| \boldsymbol{y} - \hat{\boldsymbol{\mu}} \|^2$ 达到最大，于是$\hat{\boldsymbol{\mu}} = \boldsymbol{X}\hat{\boldsymbol{\beta}}$ 和$\hat{\sigma}^2$ 分别为 $\boldsymbol{\mu}$ 和σ^2 的 ML 估计.

对任意可估函数 $\boldsymbol{c}^{\mathrm{T}}\boldsymbol{\beta}$，存在 $\boldsymbol{\alpha} \in \mathbf{R}^n$，使得 $\boldsymbol{c} = \boldsymbol{X}^{\mathrm{T}}\boldsymbol{\alpha}$. 于是 $\boldsymbol{c}^{\mathrm{T}}\boldsymbol{\beta} = \boldsymbol{\alpha}^{\mathrm{T}}\boldsymbol{X}\boldsymbol{\beta} = \boldsymbol{\alpha}^{\mathrm{T}}\boldsymbol{\mu}$，由于 ML 估计的不变性，$\boldsymbol{c}^{\mathrm{T}}\boldsymbol{\beta}$ 的 ML 估计为 $\boldsymbol{\alpha}^{\mathrm{T}}\hat{\boldsymbol{\mu}}$，注意到 $\boldsymbol{c}^{\mathrm{T}}\hat{\boldsymbol{\beta}} = \boldsymbol{\alpha}^{\mathrm{T}}\boldsymbol{X}\hat{\boldsymbol{\beta}} = \boldsymbol{\alpha}^{\mathrm{T}}\hat{\boldsymbol{\mu}}$.这就证明 LS 估计 $\boldsymbol{c}^{\mathrm{T}}\hat{\boldsymbol{\beta}}$为 ML 估计. 又因 $\boldsymbol{c}^{\mathrm{T}}\hat{\boldsymbol{\beta}} = \boldsymbol{c}^{\mathrm{T}}(\boldsymbol{X}^{\mathrm{T}}\boldsymbol{X})^{-}\boldsymbol{X}^{\mathrm{T}}\boldsymbol{y}$ 为 $\boldsymbol{y}$ 的线性函数. 而 $\boldsymbol{y} \sim N_n(\boldsymbol{X}\boldsymbol{\beta}, \sigma^2\boldsymbol{I})$，依定理 1.25 知，$\boldsymbol{c}^{\mathrm{T}}\hat{\boldsymbol{\beta}} \sim N(\boldsymbol{c}^{\mathrm{T}}(\boldsymbol{X}^{\mathrm{T}}\boldsymbol{X})^{-}\boldsymbol{X}^{\mathrm{T}}\boldsymbol{X}\boldsymbol{\beta}, \sigma^2\boldsymbol{c}^{\mathrm{T}}(\boldsymbol{X}^{\mathrm{T}}\boldsymbol{X})^{-}\boldsymbol{c})$，但由 $\boldsymbol{c}^{\mathrm{T}}\boldsymbol{\beta}$ 的可估性，容易推出 $\boldsymbol{c}^{\mathrm{T}}(\boldsymbol{X}^{\mathrm{T}}\boldsymbol{X})^{-}\boldsymbol{X}^{\mathrm{T}}\boldsymbol{X} = \boldsymbol{c}^{\mathrm{T}}$，于是性质(1)得证.

(2)的第 1 条结论已证. 因为 $\boldsymbol{P_X}\boldsymbol{X} = \boldsymbol{X}$，所以

$$\frac{(n-r)\hat{\sigma}^2}{\sigma^2} = \frac{\hat{\boldsymbol{e}}^{\mathrm{T}}\hat{\boldsymbol{e}}}{\sigma^2} = \frac{\boldsymbol{y}^{\mathrm{T}}(\boldsymbol{I} - \boldsymbol{P_X})\boldsymbol{y}}{\sigma^2} = \frac{\boldsymbol{e}^{\mathrm{T}}(\boldsymbol{I} - \boldsymbol{P_X})\boldsymbol{e}}{\sigma^2} = \boldsymbol{z}^{\mathrm{T}}(\boldsymbol{I} - \boldsymbol{P_X})\boldsymbol{z},$$

其中 $\boldsymbol{z} = \boldsymbol{e}/\sigma \sim N_n(\boldsymbol{0}, \boldsymbol{I})$. 由 $\boldsymbol{I} - \boldsymbol{P_X}$ 的幂等性及 $\mathrm{rk}(\boldsymbol{I} - \boldsymbol{P_X}) = \mathrm{tr}(\boldsymbol{I} - \boldsymbol{P_X}) = n - \mathrm{tr}(\boldsymbol{P_X}) = n - \mathrm{rk}(\boldsymbol{X}) = n - r$，利用定理 1.31，即得$(n-r)\hat{\sigma}^2/\sigma^2 \sim \chi^2_{n-r}$.

为证 $\boldsymbol{c}^{\mathrm{T}}\hat{\boldsymbol{\beta}}$与$\hat{\sigma}^2$ 的独立性，只要注意到 $\boldsymbol{c}^{\mathrm{T}}\hat{\boldsymbol{\beta}}$与$\hat{\sigma}^2$ 分别为正态向量 $\boldsymbol{y}$ 的线性型和二次型，根据定理 1.32 和 $\boldsymbol{c}^{\mathrm{T}}(\boldsymbol{X}^{\mathrm{T}}\boldsymbol{X})^{-}\boldsymbol{X}^{\mathrm{T}}(\boldsymbol{I} - \boldsymbol{P_X}) = \boldsymbol{O}$，结论可直接推得，定理证毕.

从这个定理可以看出，对于可估函数 $\boldsymbol{c}^{\mathrm{T}}\boldsymbol{\beta}$，它的 LS 估计和 ML 估计是相同的. 但是，对于误差方差 σ^2，两者就不同了. 它们只差一个因子，很明显 ML 估计 $\hat{\sigma}^2$ 是有偏的，$E(\hat{\sigma}^2) = \frac{n-r}{n}\sigma^2 < \sigma^2$，即在平均意义上讲，ML 估计$\hat{\sigma}^2$ 偏小.

在前面的 Gauss-Markov 定理中，我们证明了可估函数 $\boldsymbol{c}^{\mathrm{T}}\boldsymbol{\beta}$ 的 LS 估计 $\boldsymbol{c}^{\mathrm{T}}\hat{\boldsymbol{\beta}}$ 在线性无偏估计类中是方差最小的. 然而对于正态线性模型，我们有下面更强的结果.

定理 2.9 对于正态线性模型，即式(2-44)，对任意可估函数 $\boldsymbol{c}^{\mathrm{T}}\boldsymbol{\beta}$，$\boldsymbol{c}^{\mathrm{T}}\hat{\boldsymbol{\beta}}$为其唯一的最小方差无偏估计(minimum variance unbiased estimate, MVU 估计).

这个定理表明，在误差服从正态分布的条件下，LS 估计 $\boldsymbol{c}^{\mathrm{T}}\hat{\boldsymbol{\beta}}$在所有的(线性和非线性的)无偏估计类中方差最小. 对该定理的证明感兴趣的读者可以查阅其他文献[3].

2.4 约束最小二乘估计与一般线性假设

2.4.1 约束最小二乘估计

在线性模型的假设检验及其他一些场合下，我们经常遇到带约束条件

$$\boldsymbol{A\beta}=\boldsymbol{b} \tag{2-50}$$

的最小二乘估计问题.记

$$\boldsymbol{A}=\begin{bmatrix}\boldsymbol{a}_1^{\mathrm{T}}\\ \vdots \\ \boldsymbol{a}_k^{\mathrm{T}}\end{bmatrix},\ \boldsymbol{b}=\begin{bmatrix}\boldsymbol{b}_1\\ \vdots \\ \boldsymbol{b}_k\end{bmatrix}, \tag{2-51}$$

则式(2-50)可以改写为

$$\boldsymbol{a}_i^{\mathrm{T}}\boldsymbol{\beta}=b_i,\ i=1,\ 2,\ \cdots,\ k. \tag{2-52}$$

定理 2.10 对于线性回归模型，即式(2-8)，设 $\boldsymbol{A}$ 为 $k\times(p+1)$ 的已知矩阵，$\mathrm{rk}(\boldsymbol{A})=k$，$\mathcal{M}(\boldsymbol{A}^{\mathrm{T}})\subset\mathcal{M}(\boldsymbol{X}^{\mathrm{T}})$，$\boldsymbol{b}$ 为 $k\times 1$ 已知向量，且式(2-50)是一个相容线性方程组.若记满足式(2-50)的约束最小二乘估计为 $\hat{\boldsymbol{\beta}}_c$，那么

(1)

$$\hat{\boldsymbol{\beta}}_c=\hat{\boldsymbol{\beta}}-(\boldsymbol{X}^{\mathrm{T}}\boldsymbol{X})^{-}\boldsymbol{A}^{\mathrm{T}}(\boldsymbol{A}(\boldsymbol{X}^{\mathrm{T}}\boldsymbol{X})^{-}\boldsymbol{A}^{\mathrm{T}})^{-1}(\boldsymbol{A}\hat{\boldsymbol{\beta}}-\boldsymbol{b}) \tag{2-53}$$

为在线性约束条件式(2-50)下的约束 LS 解，$\boldsymbol{A}\hat{\boldsymbol{\beta}}_c$ 为 $\boldsymbol{A\beta}$ 的约束 LS 估计，这里 $\hat{\boldsymbol{\beta}}=(\boldsymbol{X}^{\mathrm{T}}\boldsymbol{X})^{-}\boldsymbol{X}^{\mathrm{T}}\boldsymbol{y}$ 为无约束条件下的最小二乘估计.

(2) 若 $\mathrm{rk}(\boldsymbol{X})=p+1$，则

$$\hat{\boldsymbol{\beta}}_c=\hat{\boldsymbol{\beta}}-(\boldsymbol{X}^{\mathrm{T}}\boldsymbol{X})^{-1}\boldsymbol{A}^{\mathrm{T}}(\boldsymbol{A}(\boldsymbol{X}^{\mathrm{T}}\boldsymbol{X})^{-1}\boldsymbol{A}^{\mathrm{T}})^{-1}(\boldsymbol{A}\hat{\boldsymbol{\beta}}-\boldsymbol{b}) \tag{2-54}$$

为 $\boldsymbol{\beta}$ 的约束 LS 估计，这里 $\hat{\boldsymbol{\beta}}=(\boldsymbol{X}^{\mathrm{T}}\boldsymbol{X})^{-1}\boldsymbol{X}^{\mathrm{T}}\boldsymbol{y}$ 为无约束条件下的最小二乘估计.

证明 这里我们用 Lagrange 乘子法仅证明性质(1)，构造辅助函数

$$\begin{aligned}F(\boldsymbol{\beta},\ \boldsymbol{\lambda})&=\|\boldsymbol{y}-\boldsymbol{X\beta}\|^2+2\sum_{i=1}^{k}\lambda_i(\boldsymbol{a}_i^{\mathrm{T}}\boldsymbol{\beta}-b_i)\\&=\|\boldsymbol{y}-\boldsymbol{X\beta}\|^2+2\boldsymbol{\lambda}^{\mathrm{T}}(\boldsymbol{A\beta}-\boldsymbol{b})\\&=(\boldsymbol{y}-\boldsymbol{X\beta})^{\mathrm{T}}(\boldsymbol{y}-\boldsymbol{X\beta})+2\boldsymbol{\lambda}^{\mathrm{T}}(\boldsymbol{A\beta}-\boldsymbol{b}),\end{aligned}$$

其中 $\boldsymbol{\lambda}=(\lambda_1, \lambda_2, \cdots, \lambda_k)^{\mathrm{T}}$ 为 Lagrange 乘子.对函数 $F(\boldsymbol{\beta}, \boldsymbol{\lambda})$ 关于 $\beta_0, \beta_1, \cdots, \beta_p$ 求偏导数,整理并令它们等于零,得到

$$-\boldsymbol{X}^{\mathrm{T}}\boldsymbol{y}+\boldsymbol{X}^{\mathrm{T}}\boldsymbol{X}\boldsymbol{\beta}+\boldsymbol{A}^{\mathrm{T}}\boldsymbol{\lambda}=\boldsymbol{0}, \tag{2-55}$$

然后解式(2-55)和式(2-50)组成的联立方程组.

因为 $\mathcal{M}(\boldsymbol{A}^{\mathrm{T}})\subset\mathcal{M}(\boldsymbol{X}^{\mathrm{T}})$,所以式(2-55)关于$\hat{\boldsymbol{\lambda}}$是相容的.我们表示式(2-55)和式(2-50)的解为$\hat{\boldsymbol{\beta}}_c$和$\hat{\boldsymbol{\lambda}}_c$.用$(\boldsymbol{X}^{\mathrm{T}}\boldsymbol{X})^-$左乘式(2-55),整理后得

$$\hat{\boldsymbol{\beta}}_c=(\boldsymbol{X}^{\mathrm{T}}\boldsymbol{X})^-\boldsymbol{X}^{\mathrm{T}}\boldsymbol{y}-(\boldsymbol{X}^{\mathrm{T}}\boldsymbol{X})^-\boldsymbol{A}^{\mathrm{T}}\hat{\boldsymbol{\lambda}}_c=\hat{\boldsymbol{\beta}}-(\boldsymbol{X}^{\mathrm{T}}\boldsymbol{X})^-\boldsymbol{A}^{\mathrm{T}}\hat{\boldsymbol{\lambda}}_c, \tag{2-56}$$

代入式(2-50)得

$$\boldsymbol{b}=\boldsymbol{A}\hat{\boldsymbol{\beta}}_c=\boldsymbol{A}\hat{\boldsymbol{\beta}}-\boldsymbol{A}(\boldsymbol{X}^{\mathrm{T}}\boldsymbol{X})^-\boldsymbol{A}^{\mathrm{T}}\hat{\boldsymbol{\lambda}}_c,$$

等价于

$$\boldsymbol{A}(\boldsymbol{X}^{\mathrm{T}}\boldsymbol{X})^-\boldsymbol{A}^{\mathrm{T}}\hat{\boldsymbol{\lambda}}_c=(\boldsymbol{A}\hat{\boldsymbol{\beta}}-\boldsymbol{b}), \tag{2-57}$$

这是一个关于$\hat{\boldsymbol{\lambda}}_c$的线性方程组.因为 $\mathrm{rk}(\boldsymbol{A})=k$,及 $\mathcal{M}(\boldsymbol{A}^{\mathrm{T}})\subset\mathcal{M}(\boldsymbol{X}^{\mathrm{T}})$,于是 $\boldsymbol{A}(\boldsymbol{X}^{\mathrm{T}}\boldsymbol{X})^-\boldsymbol{A}^{\mathrm{T}}$ 与$(\boldsymbol{X}^{\mathrm{T}}\boldsymbol{X})^-$ 的选择无关,是 $k\times k$ 的可逆矩阵,故式(2-57)有唯一解

$$\hat{\boldsymbol{\lambda}}_c=(\boldsymbol{A}(\boldsymbol{X}^{\mathrm{T}}\boldsymbol{X})^-\boldsymbol{A}^{\mathrm{T}})^{-1}(\boldsymbol{A}\hat{\boldsymbol{\beta}}-\boldsymbol{b}), \tag{2-58}$$

将式(2-58)代入式(2-56)得到

$$\hat{\boldsymbol{\beta}}_c=\hat{\boldsymbol{\beta}}-(\boldsymbol{X}^{\mathrm{T}}\boldsymbol{X})^-\boldsymbol{A}^{\mathrm{T}}(\boldsymbol{A}(\boldsymbol{X}^{\mathrm{T}}\boldsymbol{X})^-\boldsymbol{A}^{\mathrm{T}})^{-1}(\boldsymbol{A}\hat{\boldsymbol{\beta}}-\boldsymbol{b}). \tag{2-59}$$

现在证明$\hat{\boldsymbol{\beta}}_c$确实是线性约束 $\boldsymbol{A}\boldsymbol{\beta}=\boldsymbol{b}$ 下 $\boldsymbol{\beta}$ 的最小二乘估计,为此只需证明以下两点:

(1) $\boldsymbol{A}\hat{\boldsymbol{\beta}}_c=\boldsymbol{b}$.

(2) 对一切满足 $\boldsymbol{A}\boldsymbol{\beta}=\boldsymbol{b}$ 的 $\boldsymbol{\beta}$,都有

$$\|\boldsymbol{y}-\boldsymbol{X}\boldsymbol{\beta}\|^2\geqslant\|\boldsymbol{y}-\boldsymbol{X}\hat{\boldsymbol{\beta}}_c\|^2.$$

根据式(2-59)容易验证结论(1).为了证明(2),我们将平方和 $\|\boldsymbol{y}-\boldsymbol{X}\boldsymbol{\beta}\|^2$ 作分解,

$$\begin{aligned}\|\boldsymbol{y}-\boldsymbol{X}\boldsymbol{\beta}\|^2&=\|\boldsymbol{y}-\boldsymbol{X}\hat{\boldsymbol{\beta}}\|^2+(\hat{\boldsymbol{\beta}}-\boldsymbol{\beta})^{\mathrm{T}}\boldsymbol{X}^{\mathrm{T}}\boldsymbol{X}(\hat{\boldsymbol{\beta}}-\boldsymbol{\beta})\\&=\|\boldsymbol{y}-\boldsymbol{X}\hat{\boldsymbol{\beta}}\|^2+(\hat{\boldsymbol{\beta}}-\hat{\boldsymbol{\beta}}_c+\hat{\boldsymbol{\beta}}_c-\boldsymbol{\beta})^{\mathrm{T}}\boldsymbol{X}^{\mathrm{T}}\boldsymbol{X}(\hat{\boldsymbol{\beta}}-\hat{\boldsymbol{\beta}}_c+\hat{\boldsymbol{\beta}}_c-\boldsymbol{\beta})\\&=\|\boldsymbol{y}-\boldsymbol{X}\hat{\boldsymbol{\beta}}\|^2+(\hat{\boldsymbol{\beta}}-\hat{\boldsymbol{\beta}}_c)^{\mathrm{T}}\boldsymbol{X}^{\mathrm{T}}\boldsymbol{X}(\hat{\boldsymbol{\beta}}-\hat{\boldsymbol{\beta}}_c)+(\hat{\boldsymbol{\beta}}_c-\boldsymbol{\beta})^{\mathrm{T}}\boldsymbol{X}^{\mathrm{T}}\boldsymbol{X}(\hat{\boldsymbol{\beta}}_c-\boldsymbol{\beta})\\&=\|\boldsymbol{y}-\boldsymbol{X}\hat{\boldsymbol{\beta}}\|^2+\|\boldsymbol{X}(\hat{\boldsymbol{\beta}}-\hat{\boldsymbol{\beta}}_c)\|^2+\|\boldsymbol{X}(\hat{\boldsymbol{\beta}}_c-\boldsymbol{\beta})\|^2,\end{aligned} \tag{2-60}$$

这里利用了式(2-54)和 $\mathcal{M}(\boldsymbol{A}^{\mathrm{T}})\subset\mathcal{M}(\boldsymbol{X}^{\mathrm{T}})$证明了下述的正交关系

$$(\hat{\boldsymbol{\beta}}-\hat{\boldsymbol{\beta}}_c)^{\mathrm{T}}\boldsymbol{X}^{\mathrm{T}}\boldsymbol{X}(\hat{\boldsymbol{\beta}}_c-\boldsymbol{\beta})=\hat{\boldsymbol{\lambda}}_c^{\mathrm{T}}\boldsymbol{A}(\hat{\boldsymbol{\beta}}_c-\boldsymbol{\beta})=\hat{\boldsymbol{\lambda}}_c^{\mathrm{T}}(\boldsymbol{A}\hat{\boldsymbol{\beta}}_c-\boldsymbol{A}\boldsymbol{\beta})=\hat{\boldsymbol{\lambda}}_c^{\mathrm{T}}(\boldsymbol{b}-\boldsymbol{b})=\boldsymbol{0}.$$

这个不等式对一切满足 $\boldsymbol{A\beta}=\boldsymbol{b}$ 的 $\boldsymbol{\beta}$ 都成立.式(2－60)表明,对一切满足 $\boldsymbol{A\beta}=\boldsymbol{b}$ 的 $\boldsymbol{\beta}$,总有

$$\|\boldsymbol{y}-\boldsymbol{X\beta}\|^2 \geqslant \|\boldsymbol{y}-\boldsymbol{X}\hat{\boldsymbol{\beta}}\|^2+\|\boldsymbol{X}(\hat{\boldsymbol{\beta}}-\hat{\boldsymbol{\beta}}_c)\|^2, \tag{2-61}$$

且等号成立当且仅当式(2－60)的第 3 项等于零,即 $\boldsymbol{X\beta}=\boldsymbol{X}\hat{\boldsymbol{\beta}}_c$.于是在式(2－61)的左边用$\hat{\boldsymbol{\beta}}_c$代替$\boldsymbol{\beta}$,等式成立,即

$$\|\boldsymbol{y}-\boldsymbol{X}\hat{\boldsymbol{\beta}}_c\|^2=\|\boldsymbol{y}-\boldsymbol{X}\hat{\boldsymbol{\beta}}\|^2+\|\boldsymbol{X}(\hat{\boldsymbol{\beta}}-\hat{\boldsymbol{\beta}}_c)\|^2. \tag{2-62}$$

综合式(2－61)和式(2－62),结论(2)得证.

例 2.5　在天文测量中,对天空中 3 个星位点构成的三角形 ABC 的 3 个内角 $\theta_1,\theta_2,\theta_3$进行测量,得到的测量值分别为 y_1,y_2,y_3,由于存在测量误差,所以需要对 $\theta_1,\theta_2,\theta_3$进行估计,我们利用线性模型表示有关的量

$$\begin{cases} y_1=\theta_1+e_i,\ i=1, \\ y_2=\theta_2+e_i,\ i=2, \\ y_3=\theta_3+e_i,\ i=3, \\ \theta_1+\theta_2+\theta_3=\pi, \end{cases} \tag{2-63}$$

其中 $e_i,\ i=1,2,3$ 表示测量误差.

式(2－63)是一个带有约束条件的线性模型,可将它写成矩阵形式

$$\begin{cases} \boldsymbol{y}=\boldsymbol{X\beta}+\boldsymbol{e}, \\ \boldsymbol{A\beta}=b, \end{cases} \tag{2-64}$$

其中 $\boldsymbol{y}=(y_1,y_2,y_3)^{\mathrm{T}}$, $\boldsymbol{\beta}=(\theta_1,\theta_2,\theta_3)^{\mathrm{T}}$, $\boldsymbol{X}=\boldsymbol{I}_3$, $\boldsymbol{I}_3$表示 3 阶单位阵,$\boldsymbol{A}=(1,1,1)$, $b=\pi$.利用定理 2.10 可得到的约束最小二乘估计为

$$\hat{\boldsymbol{\beta}}_c=\hat{\boldsymbol{\beta}}-(\boldsymbol{X}^{\mathrm{T}}\boldsymbol{X})^{-1}\boldsymbol{A}^{\mathrm{T}}(\boldsymbol{A}(\boldsymbol{X}^{\mathrm{T}}\boldsymbol{X})^{-1}\boldsymbol{A}^{\mathrm{T}})^{-1}(\boldsymbol{A}\hat{\boldsymbol{\beta}}-\boldsymbol{b}),$$

其中 $\hat{\boldsymbol{\beta}}=(\boldsymbol{X}^{\mathrm{T}}\boldsymbol{X})^{-1}\boldsymbol{X}^{\mathrm{T}}\boldsymbol{y}$, $\boldsymbol{y}$ 是$\boldsymbol{\beta}$ 无约束条件下的最小二乘估计,经计算可得

$$\hat{\boldsymbol{\beta}}_c=\begin{bmatrix} y_1 \\ y_2 \\ y_3 \end{bmatrix}-\frac{1}{3}\left[\sum_{i=1}^{3}y_i-\pi\right]\begin{bmatrix} 1 \\ 1 \\ 1 \end{bmatrix},$$

即 $\hat{\theta}_i=y_i-\dfrac{1}{3}(y_1+y_2+y_3-\pi),\ i=1,2,3$ 为 θ_i 的约束最小二乘估计.

定理 2.11　在定理 2.10 的条件下,在参数区域 $H:\boldsymbol{\beta}=\boldsymbol{b}$ 上,

$$\hat{\sigma}_c^2 = \frac{\| \boldsymbol{y} - \boldsymbol{X}\hat{\boldsymbol{\beta}}_c \|^2}{n - r + k} \tag{2-65}$$

是 σ^2 的无偏估计.

这个定理的证明作为习题供读者练习.

2.4.2 一般线性假设检验问题

本节讨论正态线性回归模型

$$\boldsymbol{y} = \boldsymbol{X\beta} + \boldsymbol{e},\ \boldsymbol{e} \sim N(\boldsymbol{0},\ \sigma^2 \boldsymbol{I}), \tag{2-66}$$

在一般线性假设

$$H: \boldsymbol{A\beta} = \boldsymbol{b} \tag{2-67}$$

下的检验问题.这里 $\boldsymbol{X}$ 为 $n \times (p+1)$ 设计阵,$\mathrm{rk}(\boldsymbol{X}) = r$. $\boldsymbol{A}$ 为 $m \times (p+1)$ 矩阵,$\mathrm{rk}(\boldsymbol{A}) = m$, $\boldsymbol{b}$ 为 $m \times 1$ 已知向量,且 $\mathcal{M}(\boldsymbol{A}^{\mathrm{T}}) \subset \mathcal{M}(\boldsymbol{X}^{\mathrm{T}})$.

对式(2-66)应用最小二乘法,对应的残差平方和为

$$SS_{\mathrm{res}} = (\boldsymbol{y} - \boldsymbol{X}\hat{\boldsymbol{\beta}})^{\mathrm{T}}(\boldsymbol{y} - \boldsymbol{X}\hat{\boldsymbol{\beta}}) = \boldsymbol{y}^{\mathrm{T}}(\boldsymbol{I} - \boldsymbol{X}(\boldsymbol{X}^{\mathrm{T}}\boldsymbol{X})^{-}\boldsymbol{X}^{\mathrm{T}})\boldsymbol{y}, \tag{2-68}$$

在约束条件式(2-67)下的最小二乘估计为

$$\hat{\boldsymbol{\beta}}_H = \hat{\boldsymbol{\beta}} - (\boldsymbol{X}^{\mathrm{T}}\boldsymbol{X})^{-1}\boldsymbol{A}^{\mathrm{T}}(\boldsymbol{A}(\boldsymbol{X}^{\mathrm{T}}\boldsymbol{X})^{-}\boldsymbol{A}^{\mathrm{T}})^{-1}(\boldsymbol{A}\hat{\boldsymbol{\beta}} - \boldsymbol{b}), \tag{2-69}$$

其相应的残差平方和为

$$SS_{\mathrm{res}}^{H} = (\boldsymbol{y} - \boldsymbol{X}\hat{\boldsymbol{\beta}}_H)^{\mathrm{T}}(\boldsymbol{y} - \boldsymbol{X}\hat{\boldsymbol{\beta}}_H). \tag{2-70}$$

显然,增加了约束条件式(2-67)后,模型参数 $\boldsymbol{\beta}$ 的变化范围缩小了,从而导致残差平方和变大,于是总有 $SS_{\mathrm{res}}^H \geqslant SS_{\mathrm{res}}$.如果真正的参数满足式(2-67),那么加上约束条件与不增加约束条件本质上应该是一样的.这时对无约束模型和有约束模型,数据拟合的程度也应该一样.因而刻画拟合程度的残差平方和之差 $SS_{\mathrm{res}}^H - SS_{\mathrm{res}}$ 也应该比较小.反之,若真正的参数不满足式(2-67),则 $SS_{\mathrm{res}}^H - SS_{\mathrm{res}}$ 倾向于比较大.因此,当 $SS_{\mathrm{res}}^H - SS_{\mathrm{res}}$ 比较大时,我们就拒绝假设式(2-67),不然就接受它.然而,$SS_{\mathrm{res}}^H - SS_{\mathrm{res}}$ 反映的仅仅是绝对差异,在统计学上往往将这个差异与某个比较标准进行比较,构造一种相对差异作为检验统计量.这里我们取比较标准为 SS_{res},于是用统计量 $(SS_{\mathrm{res}}^H - SS_{\mathrm{res}})/SS_{\mathrm{res}}$ 的大小来决定是接受还是拒绝假设式(2-67).

定理 2.12 对于正态线性回归模型式(2-66)

(1) $SS_{\text{res}}/\sigma^2 \sim \chi^2_{n-r}$.

(2) 若假设式(2-67)成立，则 $(SS^H_{\text{res}} - SS_{\text{res}})/\sigma^2 \sim \chi^2_m$.

(3) SS_{res} 与 $SS^H_{\text{res}} - SS_{\text{res}}$ 相互独立.

(4) 当假设式(2-67)成立时，

$$F_H = \frac{(SS^H_{\text{res}} - SS_{\text{res}})/m}{SS_{\text{res}}/(n-r)} \sim F_{m,\, n-r}. \tag{2-71}$$

证明 (1) 定理 2.8 已证.

(2) 根据式(2-62)，我们有

$$\| \boldsymbol{y} - \boldsymbol{X}\hat{\boldsymbol{\beta}}_H \|^2 = \| \boldsymbol{y} - \boldsymbol{X}\hat{\boldsymbol{\beta}} \|^2 + \| \boldsymbol{X}(\hat{\boldsymbol{\beta}} - \hat{\boldsymbol{\beta}}_H) \|^2,$$

也就是

$$SS^H_{\text{res}} = SS_{\text{res}} + (\hat{\boldsymbol{\beta}} - \hat{\boldsymbol{\beta}}_H)^{\mathrm{T}} \boldsymbol{X}^{\mathrm{T}} \boldsymbol{X} (\hat{\boldsymbol{\beta}} - \hat{\boldsymbol{\beta}}_H), \tag{2-72}$$

将式(2-69)代入式(2-72)，整理得

$$SS^H_{\text{res}} - SS_{\text{res}} = (\boldsymbol{A}\hat{\boldsymbol{\beta}} - \boldsymbol{b})^{\mathrm{T}} (\boldsymbol{A}(\boldsymbol{X}^{\mathrm{T}}\boldsymbol{X})^{-}\boldsymbol{A}^{\mathrm{T}})^{-1} (\boldsymbol{A}\hat{\boldsymbol{\beta}} - \boldsymbol{b}), \tag{2-73}$$

这里因为 $\mathrm{rk}(\boldsymbol{A}) = m$，$\mathcal{M}(\boldsymbol{A}^{\mathrm{T}}) \subset \mathcal{M}(\boldsymbol{X}^{\mathrm{T}})$，故 $\boldsymbol{A}(\boldsymbol{X}^{\mathrm{T}}\boldsymbol{X})^{-}\boldsymbol{A}^{\mathrm{T}}$ 与所含广义逆选择无关，于是我们可取一个可逆的广义逆.

由定理 1.27 知 $\boldsymbol{A}\hat{\boldsymbol{\beta}} \sim N(\boldsymbol{A\beta},\ \sigma^2\boldsymbol{A}(\boldsymbol{X}^{\mathrm{T}}\boldsymbol{X})^{-}\boldsymbol{A}^{\mathrm{T}})$，因此有

$$\boldsymbol{A}\hat{\boldsymbol{\beta}} - \boldsymbol{b} \sim N(\boldsymbol{A\beta} - \boldsymbol{b},\ \sigma^2\boldsymbol{A}(\boldsymbol{X}^{\mathrm{T}}\boldsymbol{X})^{-}\boldsymbol{A}^{\mathrm{T}}).$$

当假设式(2-67)成立时，

$$\boldsymbol{A}\hat{\boldsymbol{\beta}} - \boldsymbol{b} \sim N(\boldsymbol{0},\ \sigma^2\boldsymbol{A}(\boldsymbol{X}^{\mathrm{T}}\boldsymbol{X})^{-}\boldsymbol{A}^{\mathrm{T}}).$$

对式(2-70)应用定理 1.31，便证明了

$$(SS^H_{\text{res}} - SS_{\text{res}})/\sigma^2 \sim \chi^2_m.$$

(3) 因为

$$\boldsymbol{A}\hat{\boldsymbol{\beta}} - \boldsymbol{b} = \boldsymbol{A}(\boldsymbol{X}^{\mathrm{T}}\boldsymbol{X})^{-}\boldsymbol{X}^{\mathrm{T}}(\boldsymbol{X\beta} + \boldsymbol{e}) - \boldsymbol{b} = \boldsymbol{A}(\boldsymbol{X}^{\mathrm{T}}\boldsymbol{X})^{-}\boldsymbol{X}^{\mathrm{T}}\boldsymbol{e} + (\boldsymbol{A\beta} - \boldsymbol{b}),$$

代入式(2-73)得

$$\begin{aligned} SS^H_{\text{res}} - SS_{\text{res}} &= \boldsymbol{e}^{\mathrm{T}}\boldsymbol{X}(\boldsymbol{X}^{\mathrm{T}}\boldsymbol{X})^{-}\boldsymbol{A}^{\mathrm{T}}(\boldsymbol{A}(\boldsymbol{X}^{\mathrm{T}}\boldsymbol{X})^{-}\boldsymbol{A}^{\mathrm{T}})^{-1}\boldsymbol{A}(\boldsymbol{X}^{\mathrm{T}}\boldsymbol{X})^{-}\boldsymbol{X}^{\mathrm{T}}\boldsymbol{e} + \\ &\quad (\boldsymbol{A\beta} - \boldsymbol{b})^{\mathrm{T}}(\boldsymbol{A}(\boldsymbol{X}^{\mathrm{T}}\boldsymbol{X})^{-}\boldsymbol{A}^{\mathrm{T}})^{-1}\boldsymbol{A}(\boldsymbol{X}^{\mathrm{T}}\boldsymbol{X})^{-}\boldsymbol{X}^{\mathrm{T}}\boldsymbol{e} + \boldsymbol{\Delta} \\ &= \boldsymbol{e}^{\mathrm{T}}\boldsymbol{M}\boldsymbol{e} + \boldsymbol{c}^{\mathrm{T}}\boldsymbol{e} + \boldsymbol{\Delta}, \end{aligned} \tag{2-74}$$

式(2-74)中

$$\boldsymbol{M}=\boldsymbol{X}(\boldsymbol{X}^{\mathrm{T}}\boldsymbol{X})^{-}\boldsymbol{A}^{\mathrm{T}}(\boldsymbol{A}(\boldsymbol{X}^{\mathrm{T}}\boldsymbol{X})^{-}\boldsymbol{A}^{\mathrm{T}})^{-1}\boldsymbol{A}(\boldsymbol{X}^{\mathrm{T}}\boldsymbol{X})^{-}\boldsymbol{X}^{\mathrm{T}},$$

$$\boldsymbol{c}^{\mathrm{T}}=(\boldsymbol{A\beta}-\boldsymbol{b})^{\mathrm{T}}(\boldsymbol{A}(\boldsymbol{X}^{\mathrm{T}}\boldsymbol{X})^{-}\boldsymbol{A}^{\mathrm{T}})^{-1}\boldsymbol{A}(\boldsymbol{X}^{\mathrm{T}}\boldsymbol{X})^{-}\boldsymbol{X}^{\mathrm{T}},$$

$$\boldsymbol{\Delta}=(\boldsymbol{A\beta}-\boldsymbol{b})^{\mathrm{T}}(\boldsymbol{A}(\boldsymbol{X}^{\mathrm{T}}\boldsymbol{X})^{-}\boldsymbol{A}^{\mathrm{T}})^{-1}(\boldsymbol{A\beta}-\boldsymbol{b}).$$

这里 $\boldsymbol{\Delta}$ 是不包含误差向量 $\boldsymbol{e}$ 的非随机项.若记 $\boldsymbol{N}=\boldsymbol{I}-\boldsymbol{X}(\boldsymbol{X}^{\mathrm{T}}\boldsymbol{X})^{-}\boldsymbol{X}^{\mathrm{T}}$,注意到 $\boldsymbol{NX}=\boldsymbol{O}$,于是式(2-68)变形为

$$SS_{\mathrm{res}}=\boldsymbol{e}^{\mathrm{T}}\boldsymbol{Ne}.$$

因此,为了证明 $SS_{\mathrm{res}}^{H}-SS_{\mathrm{res}}$ 与 SS_{res} 相互独立,只需证明 $\boldsymbol{e}^{\mathrm{T}}\boldsymbol{Me}$ 和 $\boldsymbol{c}^{\mathrm{T}}\boldsymbol{e}$ 都跟 $\boldsymbol{e}^{\mathrm{T}}\boldsymbol{Ne}$ 独立.因为 $\boldsymbol{e}\sim N(\boldsymbol{0},\sigma^2\boldsymbol{I})$,根据定理1.32和定理1.33,只需证明 $\boldsymbol{NM}=\boldsymbol{O}$ 和 $\boldsymbol{c}^{\mathrm{T}}\boldsymbol{N}=\boldsymbol{0}$. 此两等式显然成立,定理证毕.

(4) 由性质(1)~(3)即可得证.

值得一提的是,式(2-71)中的 F_H 是在 $(SS_{\mathrm{res}}^{H}-SS_{\mathrm{res}})/SS_{\mathrm{res}}$ 的分子和分母中分别除以各自的卡方分布的自由度而得到的. $(SS_{\mathrm{res}}^{H}-SS_{\mathrm{res}})/m$ 和 SS_{res} 称为相应残差平方和的均方,以消除卡方分布自由度的影响.式(2-71) 给出了线性假设 $H:\boldsymbol{A\beta}=\boldsymbol{b}$ 的检验统计量.对给定的水平 α,记 $F_{m,n-r}(\alpha)$ 为相应的 F 分布的上侧 α 分位点,即

$$P(F_{m,n-r}\leqslant F_{m,n-r}(\alpha))=1-\alpha,$$

那么当 $F_H>F_{m,n-r}(\alpha)$ 时,我们拒绝线性假设 H,否则就接受 H.这个检验的水平为 α.

例 2.6 假设有一三元无截距正态线性模型

$$y=x_1\beta_1+x_2\beta_2+x_3\beta_3+e,$$

现获得5组观测数据,其对应的回归方程形式为

$$\begin{cases}8=2\beta_1+\beta_2+4\beta_3+e_1,\\10=-\beta_1+2\beta_2+\beta_3+e_2,\\9=\beta_1-3\beta_2+4\beta_3+e_3,\\6=2\beta_1+\beta_2+2\beta_3+e_4,\\12=\beta_1+4\beta_2+6\beta_3+e_5,\end{cases}$$

试检验假设, $H_0:\beta_1=\beta_2+4$.

解 此时,线性假设等价于

$$[1 \quad -1 \quad 0]\begin{bmatrix}\beta_1\\ \beta_2\\ \beta_3\end{bmatrix}=[4],$$

即 $\boldsymbol{A}=(1,-1,0)$，$n=5$，$p=3$，$m=1$. 计算

$$(\boldsymbol{X}^{\mathrm{T}}\boldsymbol{X})^{-1}=\begin{bmatrix}11 & 3 & 21\\ 3 & 31 & 20\\ 21 & 20 & 73\end{bmatrix}^{-1}=\begin{bmatrix}0.2145 & 0.0231 & -0.0680\\ 0.0231 & 0.0417 & -0.0181\\ -0.0680 & -0.0181 & 0.0382\end{bmatrix},$$

$$\boldsymbol{y}^{\mathrm{T}}\boldsymbol{y}=425,\ \boldsymbol{X}^{\mathrm{T}}\boldsymbol{y}=\begin{bmatrix}39\\ 55\\ 162\end{bmatrix},$$

$\boldsymbol{\beta}=(\beta_1,\beta_2,\beta_3)^{\mathrm{T}}$ 的最小二乘估计为

$$\hat{\boldsymbol{\beta}}=\begin{bmatrix}\hat{\beta}_1\\ \hat{\beta}_2\\ \hat{\beta}_3\end{bmatrix}=(\boldsymbol{X}^{\mathrm{T}}\boldsymbol{X})^{-1}\boldsymbol{X}^{\mathrm{T}}\boldsymbol{y}=\begin{bmatrix}-1.39\\ 0.27\\ 2.54\end{bmatrix},$$

利用式(2-41)，

$$SS_{\mathrm{res}}=\boldsymbol{y}^{\mathrm{T}}\boldsymbol{y}-\hat{\boldsymbol{\beta}}^{\mathrm{T}}\boldsymbol{X}^{\mathrm{T}}\boldsymbol{y}=52.1,$$

利用式(2-73)计算

$$SS_{\mathrm{res}}^{H}-SS_{\mathrm{res}}=[\hat{\beta}_1 \quad -\hat{\beta}_2 \quad -4]\left[(1 \quad -1 \quad 0)(\boldsymbol{X}^{\mathrm{T}}\boldsymbol{X})^{-1}\begin{bmatrix}1\\ -1\\ 0\end{bmatrix}\right]^{-1}\begin{bmatrix}\hat{\beta}_1\\ -\hat{\beta}_2\\ -4\end{bmatrix}$$

$$=\frac{(-1.39-0.27-4.0)^2}{0.2145+0.0417-2\times 0.0231}=152.2,$$

因此，$F_{1,1}$-检验统计量的值是 $152.2/(52.1/2)=5.8$. 而 $F_{1,1}(0.05)=161.448$，故接受假设.

计算 $SS_{\mathrm{res}}^{H}-SS_{\mathrm{res}}$ 的另一种方法是将假设 $H_0:\beta_1=\beta_2+4$ 代入原模型，得如下简约模型

$$y-4x_1=(x_1+x_2)\beta_2+x_3\beta_3+e,$$

记 $\tilde{y}=y-4x_1$，然后按照前面同样的方法计算得

$$\tilde{\boldsymbol{y}}^{\mathrm{T}}\tilde{\boldsymbol{y}}=289,\ \begin{bmatrix}\hat{\beta}_2^H\\ \hat{\beta}_3^H\end{bmatrix}=\begin{bmatrix}-0.23\\ 1.20\end{bmatrix},\ SS_{\text{res}}^H=204.3,$$

从而也可获得 $SS_{\text{res}}^H-SS_{\text{res}}=204.3-52.1=152.2.$

例 2.7 同一模型的检验,假设我们对因变量 y 和自变量 $x_1,x_2,\cdots,x_p$ 有两批观察数据.对第 1 批数据,有线性回归模型

$$y_i=\beta_0^{(1)}+\beta_1^{(1)}x_{i1}+\cdots+\beta_p^{(1)}x_{i,p}+e_i,\ i=1,\cdots,n_1,$$

对第 2 批数据,有线性回归模型

$$y_i=\beta_0^{(2)}+\beta_1^{(2)}x_{i1}+\cdots+\beta_p^{(2)}x_{i,p}+e_i,\ i=n_1+1,\cdots,n_1+n_2,$$

现检验:$\beta_i^{(1)}=\beta_i^{(2)},\ i=0,1,\cdots,p.$

解 为了导出所需的统计量,首先将上面两个模型写成矩阵形式

$$\boldsymbol{y}_1=\boldsymbol{X}_1\boldsymbol{\beta}_1+\boldsymbol{e}_1,\ \boldsymbol{e}_1\sim N(\boldsymbol{0},\sigma^2\boldsymbol{I}_{n_1}),$$
$$\boldsymbol{y}_2=\boldsymbol{X}_2\boldsymbol{\beta}_2+\boldsymbol{e}_2,\ \boldsymbol{e}_2\sim N(\boldsymbol{0},\sigma^2\boldsymbol{I}_{n_2}),$$

将以上两个模型合并,得

$$\begin{bmatrix}\boldsymbol{y}_1\\ \boldsymbol{y}_2\end{bmatrix}=\begin{bmatrix}\boldsymbol{X}_1 & \boldsymbol{O}\\ \boldsymbol{O} & \boldsymbol{X}_2\end{bmatrix}\begin{bmatrix}\boldsymbol{\beta}_1\\ \boldsymbol{\beta}_2\end{bmatrix}+\begin{bmatrix}\boldsymbol{e}_1\\ \boldsymbol{e}_2\end{bmatrix},\ \begin{bmatrix}\boldsymbol{e}_1\\ \boldsymbol{e}_2\end{bmatrix}\sim N(\boldsymbol{0},\sigma^2\boldsymbol{I}_{n_1+n_2}).\tag{2-75}$$

我们要检验的假设为

$$H:(\boldsymbol{I}_p\ \vdots\ -\boldsymbol{I}_p)\begin{bmatrix}\boldsymbol{\beta}_1\\ \boldsymbol{\beta}_2\end{bmatrix}=\boldsymbol{0},\tag{2-76}$$

$$\begin{bmatrix}\boldsymbol{\beta}_1\\ \boldsymbol{\beta}_2\end{bmatrix}=\begin{bmatrix}\boldsymbol{X}_1^{\mathrm{T}}\boldsymbol{X}_1 & \boldsymbol{O}\\ \boldsymbol{O} & \boldsymbol{X}_2^{\mathrm{T}}\boldsymbol{X}_2\end{bmatrix}^{-1}\begin{bmatrix}\boldsymbol{X}_1^{\mathrm{T}} & \boldsymbol{O}\\ \boldsymbol{O} & \boldsymbol{X}_2^{\mathrm{T}}\end{bmatrix}\begin{bmatrix}\boldsymbol{y}_1\\ \boldsymbol{y}_2\end{bmatrix}=\begin{bmatrix}(\boldsymbol{X}_1^{\mathrm{T}}\boldsymbol{X}_1)^{-1}\boldsymbol{X}_1^{\mathrm{T}}\boldsymbol{y}_1\\ (\boldsymbol{X}_2^{\mathrm{T}}\boldsymbol{X}_2)^{-1}\boldsymbol{X}_2^{\mathrm{T}}\boldsymbol{y}_2\end{bmatrix},$$

应用式(2-41),得残差平方和

$$SS_{\text{res}}=\boldsymbol{y}_1^{\mathrm{T}}\boldsymbol{y}_1+\boldsymbol{y}_2^{\mathrm{T}}\boldsymbol{y}_2-\hat{\boldsymbol{\beta}}_1^{\mathrm{T}}\boldsymbol{X}_1^{\mathrm{T}}\boldsymbol{y}_1-\hat{\boldsymbol{\beta}}_2^{\mathrm{T}}\boldsymbol{X}_2^{\mathrm{T}}\boldsymbol{y}_2.\tag{2-77}$$

当假设式(2-29)成立时,$\boldsymbol{\beta}_1=\boldsymbol{\beta}_2$,记它们的公共值为 $\boldsymbol{\beta}$,代入式(2-75),得到简约模型

$$\begin{bmatrix} \boldsymbol{y}_1 \\ \boldsymbol{y}_2 \end{bmatrix} = \begin{bmatrix} \boldsymbol{X}_1 \\ \boldsymbol{X}_2 \end{bmatrix} \boldsymbol{\beta} + e,$$

类似可以推得

$$\hat{\boldsymbol{\beta}}_H = (\boldsymbol{X}_1^{\mathrm{T}} \boldsymbol{X}_1 + \boldsymbol{X}_2^{\mathrm{T}} \boldsymbol{X}_2)^{-1} (\boldsymbol{X}_1^{\mathrm{T}} \boldsymbol{y}_1 + \boldsymbol{X}_2^{\mathrm{T}} \boldsymbol{y}_2),$$

对应的残差平方和

$$SS_{\text{res}}^H = \boldsymbol{y}_1^{\mathrm{T}} \boldsymbol{y}_1 + \boldsymbol{y}_2^{\mathrm{T}} \boldsymbol{y}_2 - \hat{\boldsymbol{\beta}}_H^{\mathrm{T}} (\boldsymbol{X}_1^{\mathrm{T}} \boldsymbol{y}_1 + \boldsymbol{X}_2^{\mathrm{T}} \boldsymbol{y}_2), \tag{2-78}$$

由获得的式(2－77)和式(2－78)得

$$\begin{aligned} SS_{\text{res}}^H - SS_{\text{res}} &= \hat{\boldsymbol{\beta}}_1^{\mathrm{T}} \boldsymbol{X}_1^{\mathrm{T}} \boldsymbol{y}_1 + \hat{\boldsymbol{\beta}}_2^{\mathrm{T}} \boldsymbol{X}_2^{\mathrm{T}} \boldsymbol{y}_2 - \hat{\boldsymbol{\beta}}_H^{\mathrm{T}} (\boldsymbol{X}_1^{\mathrm{T}} \boldsymbol{y}_1 + \boldsymbol{X}_2^{\mathrm{T}} \boldsymbol{y}_2) \\ &= (\hat{\boldsymbol{\beta}}_1 - \hat{\boldsymbol{\beta}}_H)^{\mathrm{T}} \boldsymbol{X}_1^{\mathrm{T}} \boldsymbol{y}_1 + (\hat{\boldsymbol{\beta}}_2 - \hat{\boldsymbol{\beta}}_H)^{\mathrm{T}} \boldsymbol{X}_2^{\mathrm{T}} \boldsymbol{y}_2, \end{aligned}$$

至此，所求的检验统计量为

$$F_H = \frac{(SS_{\text{res}}^H - SS_{\text{res}})/(p+1)}{SS_{\text{res}}/(n_1 + n_2 - 2(p+1))}.$$

据此我们可以对假设 $\boldsymbol{\beta}_1 = \boldsymbol{\beta}_2$ 做出检验.对给定的水平 α，若 $F > F_{p+1,\, n_1+n_2-2(p+1)}(\alpha)$，则拒绝原假设，即认为这两批数据不服从同一个线性模型.否则，我们认为它们服从同一个线性回归模型.

2.5 回归方程的显著性检验

2.5.1 回归方程的显著性检验

考虑正态回归模型

$$y_i = \beta_0 + x_{i1}\beta_1 + \cdots + x_{i,p}\beta_p + e_i,\ e_i \sim N(0, \sigma^2),\ i = 1, 2, \cdots, n \tag{2-79}$$

所谓回归方程的检验，就是检验假设

$$H: \beta_1 = \cdots = \beta_p = 0. \tag{2-80}$$

将假设式(2－80)代入模型式(2－81)，得简约模型

$$y_i = \beta_0 + e_i,\ i = 1, 2, \cdots, n, \tag{2-81}$$

β_0的最小二乘估计为$\beta_0^* = \bar{y}$，于是相应的残差平方和

$$SS_{\text{res}}^H = \boldsymbol{y}^{\mathrm{T}}\boldsymbol{y} - \beta_0^* \boldsymbol{1}^{\mathrm{T}}\boldsymbol{y} = \sum_{i=1}^{n}(y_i - \bar{y})^2, \tag{2-82}$$

这个特殊的残差平方和也称为总平方和(total sum of squares, SS_{T})，以区别前述的SS_{tol}.之所以称为总平方和，是因为简约模型式(2-81)不包含任何回归自变量，残差平方和SS_{res}^H完全反映了n个响应变量观测数据的变动平方和.

对于原来的模型式(2-79)，我们知道残差平方和

$$SS_{\text{res}} = \boldsymbol{y}^{\mathrm{T}}\boldsymbol{y} - \hat{\beta}^{\mathrm{T}}\boldsymbol{X}^{\mathrm{T}}\boldsymbol{y}$$

于是

$$SS_{\text{res}}^H - SS_{\text{res}} = \hat{\beta}^{\mathrm{T}}\boldsymbol{X}^{\mathrm{T}}\boldsymbol{y} - \beta_0^* \boldsymbol{1}^{\mathrm{T}}\boldsymbol{y} = \hat{\beta}_c^{\mathrm{T}}\boldsymbol{X}_c^{\mathrm{T}}\boldsymbol{y} (\geqslant 0), \tag{2-83}$$

它是由于在式(2-81)中引入回归自变量之后所引起的残差平方和的减少量，称为回归平方和(regression sum of squares, SS_{reg}).这样，有关系式

$$SS_{\mathrm{T}} = SS_{\text{reg}} + SS_{\text{res}}, \tag{2-84}$$

式中

$$SS_{\mathrm{T}} = \sum_{i=1}^{n}(y_i - \bar{y})^2, \tag{2-85}$$

$$SS_{\text{reg}} = \sum_{i=1}^{n}(\hat{y}_i - \bar{y})^2, \tag{2-86}$$

$$SS_{\text{res}} = \sum_{i=1}^{n}(y_i - \hat{y}_i)^2, \tag{2-87}$$

如果原假设式(2-80)成立，那么在模型式(2-79)中引入回归自变量与没有引入回归自变量的原简约模型式(2-81)的残差平方和本质上应是一样的.因而，刻画拟合程度的残差平方和之差$SS_{\text{res}}^H - SS_{\text{res}}$应该比较小.反过来，若真正的参数不满足式(2-80)，则$SS_{\text{res}}^H - SS_{\text{res}}$倾向于比较大.因而，当$SS_{\text{res}}^H - SS_{\text{res}}$比较大时，我们就拒绝原假设式(2-80)，不然就接受它.同定理2.12关于F_H的讨论，在考虑χ^2分布自由度影响后，构造检验统计量

$$F_R = \frac{SS_{\text{reg}}/p}{SS_{\text{res}}/(n-p-1)}. \tag{2-88}$$

根据定理2.12，当原假设式(2-80)成立时，$F_R \sim F_{p,\,n-p-1}$.对给定的置信水平α，当$F_R > F_{p,\,n-p-1}(\alpha)$时，我们拒绝原假设$H$，否则接受原假设$H$.

我们现在从方差分析的角度对检验统计量做一些解释.在关系式(2-84)中,回归平方和 SS_{reg} 反映了回归自变量对因变量变动平方和的贡献.残差平方和 SS_{res},它是误差的影响,这里误差包括试验的随机误差和模型误差,后者是指重要回归自变量的遗漏,模型的非线性等.因此,检验统计量式(2-88)是把回归平方和关于其卡方自由度的平均(简称均方)与试验误差平方和关于其卡方自由度的平均相比较,当这个比值比较大时,我们就拒绝原假设,并列成下面的方差分析表.

表 2-2　方差分析表

方差源	平方和	自由度	均　方	F 比	$P(F>F_R)$
回归	SS_{reg}	p	SS_{reg}/p	F_R	
误差	SS_{res}	$n-p-1$	$SS_{res}/(n-p-1)$		
总　计	SS_T	$n-1$			

需要强调的是,如果经过检验,接受原假设 H,这意思是说,和模型的各种误差比较起来,诸自变量对 y 的影响是不重要的.这里可能有两种情况:① 模型的各种误差太大,因而即使回归自变量对 y 有一定影响,但相比这较大的模型误差,也不算大.对这种情况,就要检查是否漏掉了重要自变量,或 y 对某些自变量有非线性相依关系.② 回归自变量对 y 的影响确实很小,此时就要放弃建立对诸自变量的线性回归.

2.5.2　判定系数

根据总平方和的分解关系式(2-84),可以定义回归分析中极其重要的指标

$$R^2=\frac{SS_{reg}}{SS_T}, \tag{2-89}$$

其中 SS_{reg} 是回归平方和,SS_T 是总平方和.R^2 称为判定系数(或测定系数、或复相关系数),它度量了回归自变量 x_1, x_2, …, x_p 对因变量 y 的拟合程度的好坏.显然 $0\leqslant R^2\leqslant 1$,它的值愈大,表明 y 与诸 x 有较大的相依关系.比如,$R^2=95\%$,这表明线性回归模型式(2-2)能够解释响应变量 y 总变异的 95%.

在一元回归模型中,

$$SS_T = \sum_{i=1}^{n}(y_i - \bar{y}_i)^2,$$

$$SS_{reg} = \hat{\beta}\sum_{i=1}^{n}(x_i - \bar{x})y_i = \frac{\left[\sum_{i=1}^{n} y_i(x_i - \bar{x})\right]^2}{\sum_{i=1}^{n}(x_i - \bar{x})^2} = \frac{\left[\sum_{i=1}^{n}(y_i - \bar{y})(x_i - \bar{x})\right]^2}{\sum_{i=1}^{n}(x_i - \bar{x})^2}.$$

因此在一元回归模型中，R^2就是因变量 y 与自变量 x 的样本相关系数的平方.

$$R^2 = \frac{\left[\sum_{i=1}^{n}(y_i - \bar{y})(x_i - \bar{x})\right]^2}{\sum_{i=1}^{n}(y_i - \bar{y})^2 \sum_{i=1}^{n}(x_i - \bar{x})^2},$$

因此，R^2的值愈大，表明回归方程与数据拟合得愈好.

判定系数 R^2 的另一种可供选择的备选量是调节判别系数(adjusted R^2)，其定义为

$$R_{adj}^2 = 1 - \frac{n-1}{n-(p+1)}(1-R^2) = 1 - \frac{SS_{res}/(n-(p+1))}{SS_T/(n-1)},$$

R^2 和 R_{adj}^2 有类似的解释.可是，不像 R^2，R_{adj}^2 考虑了样本容量 n 的大小与模型中参数个数 $p+1$ 的“调节”问题，它是以 $SS_{res}/(n-(p+1))$ 和 $SS_T/(n-1)$ 的比值作为评判标准.R_{adj}^2 总是小于 R^2，即 $R_{adj}^2 \leqslant R^2$，更为重要的是，R_{adj}^2 不能通过简单地越来越多地往模型中添加变量而“强制”其值为 1.因此，当选择一个模型恰当性度量时分析师偏好于更加保守的度量 R_{adj}^2.

例 2.8 在例 2.1 的广告数据例子中

表 2-3 方差分析表(ANOVA)

方差源	平方和	自由度	均　方	F 比	$P(F>F_R)$
回归	4 860.323	3	1 620.108	570.271	0.000
误差	556.825	196	2.841		
总　计	5 417.149	199			

表中的均方残差即为模型误差方差的估计，即 $\hat{\sigma}^2 = 2.841$. 由于 F 统计量的 P 值为 0.000，故可推知回归方程是显著的.

另外，判定系数 $R^2=0.897$，$R^2_{\text{adj}}=0.896$. 这表明例 2.2 中获得的经验线性回归方程能够解释销售总变异的 89.7%.

2.6 回归系数的显著性检验

回归方程的显著性检验是对线性回归方程的一个整体性检验.如果检验的结果是拒绝原假设，这意味着因变量 y 线性地依赖于自变量 x_1，x_2，…，x_p.但这并不排除 y 不依赖于其中某些自变量，即某些 β_i 可能等于零.于是，对固定的 i，$1\leqslant i\leqslant p$ 应进一步做如下检验

$$H_i:\beta_i=0. \tag{2-90}$$

对于正态线性模型，即式(2-44)，$\boldsymbol{\beta}$ 的最小二乘估计为 $\hat{\boldsymbol{\beta}}=(\boldsymbol{X}^{\mathrm{T}}\boldsymbol{X})^{-1}\boldsymbol{X}^{\mathrm{T}}\boldsymbol{y}$. 根据定理 2.4 知

$$\hat{\boldsymbol{\beta}}\sim N(\boldsymbol{\beta},\ \sigma^2(\boldsymbol{X}^{\mathrm{T}}\boldsymbol{X})^{-1}).$$

若记 $\boldsymbol{C}_{(p+1)\times(p+1)}=(c_{ij})=(\boldsymbol{X}^{\mathrm{T}}\boldsymbol{X})^{-1}$，则有

$$\hat{\beta}_i\sim N(\beta_i,\ \sigma^2c_{ii}), \tag{2-91}$$

于是当 H_i 成立时，

$$\frac{\hat{\beta}_i}{\sigma\sqrt{c_{ii}}}\sim N(0,\ 1),$$

因为根据定理 2.4 $SS_{\text{res}}/\sigma^2\sim\chi^2_{n-p-1}$，且与 $\hat{\beta}_i$ 相互独立，根据 t 分布的定义，可构造 t 统计量

$$t_i=\frac{\hat{\beta}_i}{\sqrt{c_{ii}}\ \hat{\sigma}}\sim t_{n-p-1}, \tag{2-92}$$

这里 $\hat{\sigma}^2=SS_{\text{res}}/(n-p-1)$，$t_{n-p-1}$ 表示自由度为 $n-p-1$ 的 t 分布.对给定的水平 α，当

$$|t_i|>t_{n-p-1}\left(\frac{\alpha}{2}\right)$$

时，拒绝原假设 H_i；否则，接受原假设 H_i.

表 2－4　回归系数的估计

模型系数	最小二乘估计	标准误差估计	t_i	$P(t_{n-p-1} > \| t_i \|)$
常数项	2.939	0.312	9.422	0.000
β_1	0.046	0.001	32.809	0.000
β_2	0.189	0.009	21.893	0.000
β_3	0.001	0.006	−0.177	0.860

例 2.9　表 2－4 是应用 SPSS 软件获得的例 2.1 中广告数据模型的系数估计删除第 3 个预测变量"报纸广告"，获得新的经验回归方程

$$\text{销售量} = 2.921 + 0.046\ \text{电视} + 0.188\ \text{广播}, \tag{2-93}$$

由这个经验回归方程所确定的二元回归平面如图 2－3 所示，

记 $\mathrm{sd}(\hat{\beta}_i)$ 为 β_i 的标准差，β_i 的 $1-\alpha$ 的置信区间为

$$\hat{\beta}_i \pm t_{\alpha/2}(n-p-1)\mathrm{sd}(\hat{\beta}_i),$$

这只是单个参数 β_i 的置信区间，所有回归参数的联合置信区间在第 9 章中加以讨论.

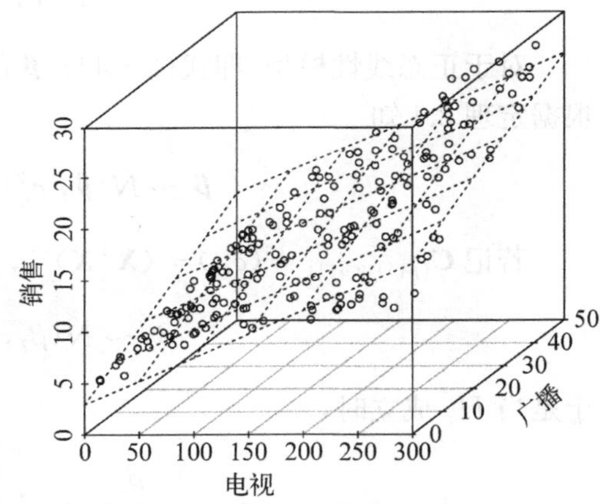

图 2－3　广告数据二元回归平面图

例 2.10　表 2－5 是应用 SPSS 软件获得的例 2.1 中广告数据模型的系数的区间估计.

表 2－5　回归系数的区间估计

模型系数	最小二乘估计	标准误差估计	t_i	P 值	95%置信区间
常数项	2.921	0.294	9.919	0.000	[2.340, 3.502]
β_1	0.046	0.001	32.809	0.000	[0.043, 0.048]
β_2	0.189	0.009	21.893	0.000	[0.172, 0.204]

2.7　因变量的预测

所谓预测，乃是对给定的回归自变量的值，预测对应的回归因变量所可能取

的值，这是回归分析最重要的应用之一.在线性回归模型中，回归自变量往往是一组社会经济条件、试验条件或生产条件的量化反映，由于一些社会经济条件短时期不可重复，或者试验、生产等方面的费用比较大或花费时间长等原因，致使我们不可能对自变量的所有取值都去测试其相应的因变量值.这样，一旦我们希望对一些感兴趣的自变量取值不用通过真正的试验，就能对相应的因变量的取值做出估计和分析时，利用获得的经验回归模型进行预测就常常显得十分必要了.

对于线性回归模型

$$y_i = \boldsymbol{x}_i^{\mathrm{T}}\boldsymbol{\beta} + e_i,\ i=1,\ 2,\ \cdots,\ n, \tag{2-94}$$

这里 $e_1,\ e_2,\ \cdots,\ e_n$ 满足 Gauss-Markov 假设，$\boldsymbol{\beta}=(\beta_0,\ \beta_1,\ \cdots,\ \beta_p)^{\mathrm{T}}$，$\boldsymbol{x}_i=(1,\ x_{i1},\ \cdots,\ x_{i,p})^{\mathrm{T}}$，$i=1,\ 2,\ \cdots,\ n$.假设我们要预测 $\boldsymbol{x}_0=(1,\ x_{01},\ \cdots,\ x_{0,p})^{\mathrm{T}}$ 所对应的因变量 y_0，并且 y_0 可表示为

$$y_0 = \boldsymbol{x}_0^{\mathrm{T}}\boldsymbol{\beta} + e_0 \tag{2-95}$$

的形式，这里 e_0 与 $e_1,\ \cdots,\ e_n$ 不相关.为预测 y_0，我们分别去预测均值部分 $\boldsymbol{x}_0^{\mathrm{T}}\boldsymbol{\beta}$ 和误差部分 e_0.一个自然的想法是用 $\boldsymbol{x}_0^{\mathrm{T}}\hat{\boldsymbol{\beta}}$ 去估计 $\boldsymbol{x}_0^{\mathrm{T}}\boldsymbol{\beta}$，其中 $\hat{\boldsymbol{\beta}}$ 表示 $\boldsymbol{\beta}$ 的最小二乘估计.误差是均值为零的随机变量，我们就用零作为预测值.于是 y_0 的预测值为 $\boldsymbol{x}_0^{\mathrm{T}}\hat{\boldsymbol{\beta}}$，记为 $\hat{y}_0$，即

$$\hat{y}_0 = \boldsymbol{x}_0^{\mathrm{T}}\hat{\boldsymbol{\beta}}, \tag{2-96}$$

$\hat{y}_0$ 称为 y_0 的点预测.

预测式(2-96)具有以下性质：

(1) $\hat{y}_0$ 是 y_0 的无偏预测.由于在预测问题中，被预测量是一个随机变量，因此这里“无偏”的含义是指预测量与被预测量具有相同的均值.因为 $E(\boldsymbol{x}_0^{\mathrm{T}}\hat{\boldsymbol{\beta}}) = \boldsymbol{x}_0^{\mathrm{T}}\boldsymbol{\beta}$，于是 $E(\hat{y}_0) = \boldsymbol{x}_0^{\mathrm{T}}\boldsymbol{\beta} = E(y_0)$，故性质得证.

(2) 在 y_0 的一切线性无偏预测中，$\hat{y}_0$ 具有最小方差.

这是 Gauss-Markov 定理 2.2 和定理 2.6 的直接结果.事实上假设 $\boldsymbol{a}^{\mathrm{T}}\boldsymbol{y}$ 是 y_0 的任意线性无偏预测，则 $E(\boldsymbol{a}^{\mathrm{T}}\boldsymbol{y}) = E(y_0) = \boldsymbol{x}_0^{\mathrm{T}}\boldsymbol{\beta}$，因此 $\boldsymbol{a}^{\mathrm{T}}\boldsymbol{y}$ 可以看作 $\boldsymbol{x}_0^{\mathrm{T}}\boldsymbol{\beta}$ 的一个线性无偏估计.而预测 $\hat{y}_0 = \boldsymbol{x}_0^{\mathrm{T}}\hat{\boldsymbol{\beta}}$ 也可以看作是 $\boldsymbol{x}_0^{\mathrm{T}}\boldsymbol{\beta}$ 的一个线性无偏估计.根据 Gauss-Markov 定理，总有

$$\mathrm{var}(\boldsymbol{a}^{\mathrm{T}}\boldsymbol{y}) \geqslant \mathrm{var}(\boldsymbol{x}_0^{\mathrm{T}}\boldsymbol{\beta}),$$

性质得证.

注意 虽然从形式上讲，y_0 的预测量 $\hat{y}_0 = \boldsymbol{x}_0^{\mathrm{T}}\hat{\boldsymbol{\beta}}$ 与参数函数 $\mu_0 = \boldsymbol{x}_0^{\mathrm{T}}\boldsymbol{\beta}$ 的最小

二乘估计$\hat{\mu}_0=\boldsymbol{x}_0^{\mathrm{T}}\hat{\boldsymbol{\beta}}$完全相同，但它们的实际意义是不同的.如果我们引进预测偏差$d_1=\hat{y}_0-y_0$和估计偏差$d_2=\hat{\mu}_0-\boldsymbol{x}_0^{\mathrm{T}}\boldsymbol{\beta}$并计算它们的方差，就可以清楚这一点.因为$e_0$与$e_1, e_2, \cdots, e_n$不相关，所以$y_0$与$\hat{\boldsymbol{\beta}}$也不相关.因而

$$\operatorname{var}(d_1)=\operatorname{var}(y_0)+\operatorname{var}(\hat{y}_0)=\sigma^2+\operatorname{var}(\boldsymbol{x}_0^{\mathrm{T}}\hat{\boldsymbol{\beta}})=\sigma^2+\sigma^2\boldsymbol{x}_0^{\mathrm{T}}(\boldsymbol{X}^{\mathrm{T}}\boldsymbol{X})^{-1}\boldsymbol{x}_0. \tag{2-97}$$

另一方面，

$$\operatorname{var}(d_2)=\operatorname{var}(\hat{\mu}_0-\boldsymbol{x}_0^{\mathrm{T}}\boldsymbol{\beta})=\operatorname{var}(\boldsymbol{x}_0^{\mathrm{T}}\hat{\boldsymbol{\beta}})=\sigma^2\boldsymbol{x}_0^{\mathrm{T}}(\boldsymbol{X}^{\mathrm{T}}\boldsymbol{X})^{-1}\boldsymbol{x}_0,$$

因此，总有$\operatorname{var}(d_1)>\operatorname{var}(d_2)$.这样的差别来源于被预测量$y_0$是随机变量，而被估计量$\boldsymbol{x}_0^{\mathrm{T}}\boldsymbol{\beta}$是非随机变量.

在实际应用中，人们更关心区间预测.所谓区间预测就是寻找一个区间，使得这个区间包含被预测量的概率达到预先给定的值.这里讨论的预测期间，需要假设$e_1, e_2, \cdots, e_n$以及e_0都服从正态分布$N(0, \sigma^2)$.这时预测偏差具有以下性质：

(1) $\hat{y}_0-y_0\sim N(0, \sigma^2(1+\boldsymbol{x}_0^{\mathrm{T}}(\boldsymbol{X}^{\mathrm{T}}\boldsymbol{X})^{-1}\boldsymbol{x}_0))$. (2-98)

(2) $\hat{y}_0-y_0$与$\hat{\sigma}^2$相互独立. (2-99)

事实上

$$\hat{y}_0-y_0=\boldsymbol{x}_0^{\mathrm{T}}\hat{\boldsymbol{\beta}}-y_0,$$

因为$\boldsymbol{x}_0^{\mathrm{T}}\hat{\boldsymbol{\beta}}$和$y_0$都服从正态分布，且$\boldsymbol{x}_0^{\mathrm{T}}\hat{\boldsymbol{\beta}}$只依赖于$y_1, y_2, \cdots, y_n$，它们都与$y_0$独立，因而$\boldsymbol{x}_0^{\mathrm{T}}\hat{\boldsymbol{\beta}}$与$y_0$独立，于是$\boldsymbol{x}_0^{\mathrm{T}}\hat{\boldsymbol{\beta}}$与$y_0$之差也服从正态分布.式(2-98)的剩余部分可由$\hat{y}_0$的预测无偏性和式(2-97)得出.

因为$\hat{\sigma}^2$只依赖于$y_1, y_2, \cdots, y_n$，所以它也与y_0独立.为了证明式(2-99)，我们只需证明$\hat{\sigma}^2$与$\hat{y}_0$独立.但是，注意到$\hat{y}_0=\boldsymbol{x}_0^{\mathrm{T}}\hat{\boldsymbol{\beta}}$，由定理2.4知$\hat{\sigma}^2$与$\hat{\boldsymbol{\beta}}$独立，于是$\hat{\sigma}^2$就与$\hat{y}_0$独立，从而式(2-99)得证.

由式(2-98)，我们有

$$\frac{\hat{y}_0-y_0}{\sigma\sqrt{1+\boldsymbol{x}_0^{\mathrm{T}}(\boldsymbol{X}^{\mathrm{T}}\boldsymbol{X})^{-1}\boldsymbol{x}_0}}\sim N(0, 1),$$

但是

$$\frac{(n-p-1)\hat{\sigma}^2}{\sigma^2}\sim\chi^2_{n-p-1},$$

于是

$$\frac{\hat{y}_0 - y_0}{\hat{\sigma}\sqrt{1+\boldsymbol{x}_0^{\mathrm{T}}(\boldsymbol{X}^{\mathrm{T}}\boldsymbol{X})^{-1}\boldsymbol{x}_0}} \sim t_{n-p-1},$$

因而对给定的 α，有

$$P\left[\frac{|\hat{y}_0 - y_0|}{\hat{\sigma}\sqrt{1+\boldsymbol{x}_0^{\mathrm{T}}(\boldsymbol{X}^{\mathrm{T}}\boldsymbol{X})^{-1}\boldsymbol{x}_0}} \leqslant t_{n-p-1}\left(\frac{\alpha}{2}\right)\right] = 1-\alpha,$$

由此可得 y_0 的概率为 $1-\alpha$ 的预测区间为

$$\left(\hat{y}_0 - t_{n-p-1}\left(\frac{\alpha}{2}\right)\hat{\sigma}\sqrt{1+\boldsymbol{x}_0^{\mathrm{T}}(\boldsymbol{X}^{\mathrm{T}}\boldsymbol{X})^{-1}\boldsymbol{x}_0},\ \hat{y}_0 + t_{n-p-1}\left(\frac{\alpha}{2}\right)\hat{\sigma}\sqrt{1+\boldsymbol{x}_0^{\mathrm{T}}(\boldsymbol{X}^{\mathrm{T}}\boldsymbol{X})^{-1}\boldsymbol{x}_0}\right), \tag{2-100}$$

而 μ_0 的置信水平为 $1-\alpha$ 的置信区间为

$$\left(\hat{\mu}_0 - t_{n-p-1}\left(\frac{\alpha}{2}\right)\hat{\sigma}\sqrt{\boldsymbol{x}_0^{\mathrm{T}}(\boldsymbol{X}^{\mathrm{T}}\boldsymbol{X})^{-1}\boldsymbol{x}_0},\ \hat{\mu}_0 + t_{n-p-1}\left(\frac{\alpha}{2}\right)\hat{\sigma}\sqrt{\boldsymbol{x}_0^{\mathrm{T}}(\boldsymbol{X}^{\mathrm{T}}\boldsymbol{X})^{-1}\boldsymbol{x}_0}\right). \tag{2-101}$$

比较式(2-100)和式(2-101)我们看到，$\boldsymbol{x}_0^{\mathrm{T}}\boldsymbol{\beta}$ 的预测期间的宽度严格大于它的置信区间的宽度.容易证明，区间的宽度随着自变量观测值向量 $\boldsymbol{x}_0$ 的长度 $\|x_0\|$ 的增加而增加.图 2-4 展示了一元线性回归模型预测期间和置信区间上下限随 x_0 变化的趋势.

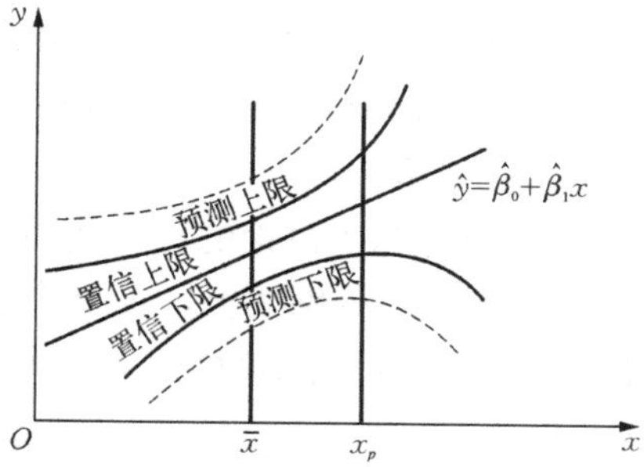

图 2-4　置信区间和预测区间示意图

例 2.11　例 2.9 中针对广告数据所建立的二元检验回归模型式(2-93)，目前的 SPSS 软件还不能直接对自变量观测值向量 $\boldsymbol{x}_0$ 做预测，需要手工做一些回归后的数据处理.这里我们应用 R 软件中的"predict"功能，对电视=70，广播=30 时做出的销售预测值为 11.763 76、置信区间为[8.430 92，15.096 61].应用 R 软件对 SPSS 软件的广告数据集(advertising.sav)进行线性回归、绘制回归平面及做预测的代码.

解　R 代码小贴士

```
>library(foreign)
>advertising←read.spss("advertising.sav",to.data.frame = TRUE)
>advertising
>library(scatterplot3d)
```

```
>attach(advertising)
>fit<-lm(Sales~TV + Radio)
>s3d<-scatterplot3d(TV,Radio,Sales,pch = 16,main = "广告数据二元回归平面图")
>s3d$plane3d(fit)
>new<-data.frame(TV = 70,Radio = 30)
>lm.pred<-predict(fit,new,interval = "prediction",level = 0.95)
>lm.pred
>detach(advertising)
```

习 题 2

1. 假设我们要求出 4 个物体的重量 μ_1, μ_2, μ_3 和 μ_4.一种方法是将每个物体称 k 次,譬如称 5 次,然后求平均.假定称量的误差的方差都为 σ^2.用 y_{ij} 表示第 i 个物体第 j 次称重时得到的重量, $i=1, 2, 3, 4$; $j=1, 2, \cdots, 5$.

(1) 试写出相应的线性模型.

(2) 求出 μ_i 的最小二乘估计 $\hat{\mu}_i$,这些估计正是每个物体 5 次称重的平均值.

(3) 计算 $\mathrm{var}(\hat{\mu}_i)$.

2. 对习题 1 讨论的称重问题,另一种称法是组合方法,其过程如下:在天平的两个秤盘上分别放上这 4 个物体中的几个物体,并在其中的一个秤盘上加上砝码使之达到平衡.这样便有一个线性回归模型

$$Y=\mu_1 X_1+\mu_2 X_2+\mu_3 X_3+\mu_4 X_4+e,$$

其中 Y 为使天平达到平衡所需要的砝码重量.我们约定,如果砝码放在左边秤盘上则 Y 应为负值. X_i 的值为 0, 1 或 -1. 0 表示在这次称重时,第 i 个物体没有被称;1 和 -1 分别表示该物体放在左边和右边秤盘上.回归系数 μ_i 就是第 i 个物体的重量,我们总共称了 4 次,其结果如表 2-6.

表 2-6 称 重 结 果

Y	X_1	X_2	X_3	X_4
20.2	1	1	1	1
8.0	1	−1	1	−1
9.7	1	1	−1	−1
1.9	1	−1	−1	1

（1）试用线性回归模型表示这些称重数据.

（2）验证设计矩阵 $\boldsymbol{X}$ 满足 $\boldsymbol{X}^{\mathrm{T}}\boldsymbol{X}=4\boldsymbol{I}_4$，并计算物体重量 μ_i 的最小二乘估计$\hat{\mu}_i$.

（3）假设模型误差的方差为 σ^2，证明 $\operatorname{var}(\hat{\mu}_i)=\sigma^2/4$.

（4）如果这些物体是用习题 1 的方法分别称重.μ_i 的估计要达到这样的精度 $\operatorname{var}(\hat{\mu}_i)=\sigma^2/4$，需要称多少次？

3. 设

$$\begin{cases} y_1=\theta+e_1, \\ y_2=2\theta-\varphi+e_2, \\ y_3=\theta+2\varphi+e_3, \end{cases}$$

其中 θ，φ 是未知参数. $E(e_i)=0$，$\operatorname{var}(e_i)=\sigma^2$，$i=1, 2, 3$，且 e_1，e_2，e_3 相互独立.

（1）求 θ，φ 的最小二乘估计$\hat{\theta}$，$\hat{\varphi}$.

（2）求 $\operatorname{cov}\begin{bmatrix}\hat{\theta}\\ \hat{\varphi}\end{bmatrix}$.

4. 设

$$\begin{cases} y_i=\theta+e_i, & i=1, 2, \cdots, m, \\ y_{m+i}=\theta+\varphi+e_{m+i}, & i=1, 2, \cdots, m, \\ y_{2m+i}=\theta-2\varphi+e_{2m+i}, & i=1, 2, \cdots, n, \end{cases}$$

其中 θ，φ 是未知参数，各 e_i 相互独立，且服从 $N(0, \sigma^2)$.

（1）写出设计矩阵 $\boldsymbol{X}$.

（2）求 θ，φ 的最小二乘估计$\hat{\theta}$和$\hat{\varphi}$.

（3）证明当 $m=2n$ 时，$\hat{\theta}$和$\hat{\varphi}$不相关.

5. 对于正态线性模型

$$\boldsymbol{y}=\boldsymbol{X\beta}+\boldsymbol{e},\ \boldsymbol{e}\sim N(\boldsymbol{0}, \sigma^2\boldsymbol{I}_n),$$

这里，假设 $\boldsymbol{X}$ 列满秩，证明 $\boldsymbol{\beta}$ 的最小二乘估计与极大似然估计是一致的.

6. 设 y_1，y_2，…，y_n是取自 $N(\theta, \sigma^2)$的独立同分布样本，求 θ 的最小方差线性无偏估计$\hat{\theta}$，并求 $\operatorname{var}(\hat{\theta})$.

7. 设 $\boldsymbol{y}=\boldsymbol{X\beta}+\boldsymbol{e}$，$E(\boldsymbol{e})=\boldsymbol{0}$，$\operatorname{cov}(\boldsymbol{e})=\sigma^2\boldsymbol{I}_n$，$\boldsymbol{X}$ 是$n\times p$ 设计矩阵，其秩为 p. 将 $\boldsymbol{X}$，$\boldsymbol{\beta}$ 分块成

$$\boldsymbol{X\beta}=[\boldsymbol{X}_1 \quad \boldsymbol{X}_2]\begin{bmatrix}\boldsymbol{\beta}_1\\ \boldsymbol{\beta}_2\end{bmatrix}.$$

(1) 证明 $\boldsymbol{\beta}_2$ 的最小二乘估计 $\hat{\boldsymbol{\beta}}_2$ 由下式给出

$$\hat{\boldsymbol{\beta}}_2=[\boldsymbol{X}_2^{\mathrm{T}}\boldsymbol{X}_2-\boldsymbol{X}_2^{\mathrm{T}}\boldsymbol{X}_1(\boldsymbol{X}_1^{\mathrm{T}}\boldsymbol{X}_1)^{-1}\boldsymbol{X}_1^{\mathrm{T}}\boldsymbol{X}_2]^{-1}[\boldsymbol{X}_2^{\mathrm{T}}\boldsymbol{y}-\boldsymbol{X}_2^{\mathrm{T}}\boldsymbol{X}_1(\boldsymbol{X}_1^{\mathrm{T}}\boldsymbol{X}_1)^{-1}\boldsymbol{X}_1^{\mathrm{T}}\boldsymbol{y}].$$

(2) 求 $\mathrm{cov}(\hat{\boldsymbol{\beta}}_2)$.

8. 对于线性回归模型，$\boldsymbol{y}=\boldsymbol{X\beta}+\boldsymbol{e}$，假设 $\boldsymbol{X}$ 的第 1 列的元全为 1，证明

(1) $\sum\limits_{i=1}^{n}(y_i-\hat{y}_i)=0$.

(2) $\sum\limits_{i=1}^{n}\hat{y}_i(y_i-\hat{y}_i)=0$,

其中 $\hat{y}_i$ 是拟合值向量 $\boldsymbol{y}=\boldsymbol{X}\hat{\boldsymbol{\beta}}$ 的第 i 个分量.

9. 设线性模型 $\boldsymbol{y}=\boldsymbol{X\beta}+\boldsymbol{e}$，$E(\boldsymbol{e})=\boldsymbol{0}$，$\mathrm{cov}(\boldsymbol{e})=\sigma^2\boldsymbol{V}$.若要 $\boldsymbol{Y}^{\mathrm{T}}\boldsymbol{AY}$ 为 σ^2 的无偏估计($\boldsymbol{A}$ 是非随机矩阵)，$\boldsymbol{A}$ 应满足什么条件？

10. 设 $\boldsymbol{y}=\boldsymbol{\beta}+\boldsymbol{e}$，$E(\boldsymbol{e})=\boldsymbol{0}$，$\mathrm{cov}(\boldsymbol{e})=\sigma^2\boldsymbol{I}_n$. 直接用 Lagrange 乘子法证明：在约束条件 $\boldsymbol{A\beta}=\boldsymbol{0}$ 下，使 $\|\boldsymbol{y}-\boldsymbol{\beta}\|^2$ 达到极小的 $\boldsymbol{\beta}$ 值为 $\hat{\boldsymbol{\beta}}=(\boldsymbol{I}_n-\boldsymbol{A}^{\mathrm{T}}(\boldsymbol{AA}^{\mathrm{T}})^{-1}\boldsymbol{A})\boldsymbol{y}$(其中 $\boldsymbol{A}$ 是已知的 $q\times n$ 矩阵，其秩为 q).

11. 设 $y_i\sim N(i\theta,\ i^2\sigma^2)$，$i=1,\ 2,\ \cdots,\ n$，且相互独立，求 θ 的最小方差线性无偏估计 $\hat{\theta}$，并求 $\mathrm{var}(\hat{\theta})$.

12. 对于线性回归模型 $\boldsymbol{y}=\boldsymbol{X\beta}+\boldsymbol{e}$，$\boldsymbol{e}\sim N(\boldsymbol{0},\ \sigma^2\boldsymbol{I})$，假设 $\boldsymbol{X}$ 列满秩，如果真正的协方差阵 $\mathrm{cov}(\boldsymbol{e})=\sigma^2\boldsymbol{V}$.

(1) 证明此时最小二乘估计 $\hat{\boldsymbol{\beta}}=(\boldsymbol{X}^{\mathrm{T}}\boldsymbol{X})^{-1}\boldsymbol{X}^{\mathrm{T}}\boldsymbol{y}$ 仍然是 $\boldsymbol{\beta}$ 的一个无偏估计.

(2) 证明 $\mathrm{cov}(\hat{\boldsymbol{\beta}})=\sigma^2(\boldsymbol{X}^{\mathrm{T}}\boldsymbol{X})^{-1}\boldsymbol{X}^{\mathrm{T}}\boldsymbol{VX}(\boldsymbol{X}^{\mathrm{T}}\boldsymbol{X})^{-1}$.

(3) 记 $\hat{\sigma}^2=\boldsymbol{y}^{\mathrm{T}}(\boldsymbol{I}-\boldsymbol{X}(\boldsymbol{X}^{\mathrm{T}}\boldsymbol{X})^{-1}\boldsymbol{X}^{\mathrm{T}})\boldsymbol{y}/(n-p-1)$ 证明

$$E(\hat{\sigma}^2)=\frac{\sigma^2}{n-p-1}\mathrm{tr}[\boldsymbol{V}(\boldsymbol{I}-\boldsymbol{X}(\boldsymbol{X}^{\mathrm{T}}\boldsymbol{X})^{-1}\boldsymbol{X}^{\mathrm{T}})].$$

13. 对线性模型

$$\begin{cases}y_1=\beta_1+\beta_2+\beta_3+e_1,\\ y_2=\beta_1+\beta_2+\beta_3+e_2,\\ y_3=\beta_1+\beta_2+\beta_3+e_3,\end{cases}$$

证明 $\sum\limits_{i=1}^{3}c_i\beta_i$ 可估 $\Leftrightarrow c_1=c_2+c_3$.

14. 对于线性回归模型 $\boldsymbol{y}=\boldsymbol{X\beta}+\boldsymbol{e}$, $\boldsymbol{e}\sim N(\boldsymbol{0}, \sigma^2\boldsymbol{I})$,线性函数 $\beta_1-\beta_2$, $\beta_1-\beta_3$, …, $\beta_1-\beta_p$ 可估 ⇔ 对一切满足 $\sum_{i=1}^{p}c_i=0$ 的 c_1, c_2, …, c_p, $\sum_{i=1}^{p}c_i\beta_i$ 可估.

15. 设

$$\begin{cases} y_1=\beta_1+e_1, \\ y_2=2\beta_1-\beta_2+e_2, \\ y_3=\beta_1+2\beta_2+e_3, \end{cases}$$

这里 $\boldsymbol{e}=(e_1, e_2, e_3)^{\mathrm{T}}\sim N_3(\boldsymbol{0}, \sigma^2\boldsymbol{I})$. 利用定理 2.12 的性质(4)和式(2-73)导出检验 H_0 : $\beta_1=2\beta_2$ 的统计量.

16. 设

$$y_{1i}\sim N(\beta_{10}+\beta_{11}x_{1i}, \sigma^2), \ i=1, 2, \cdots, n,$$

$$y_{2i}\sim N(\beta_{20}+\beta_{21}x_{2i}, \sigma^2), \ i=1, 2, \cdots, m,$$

且相互独立,导出检验 H_0 : $\beta_{11}=\beta_{21}$ 的统计量.

17. 设 $y_i=\beta_0+\beta_1x_i+e_i$, $i=1, 2, \cdots, n$. e_i 相互独立且服从 $N(0, \sigma^2)$.对于假设 H_0 : $\beta_0=0$(也就是回归直线经过原点),导出检验统计量.

18. 对线性模型 $\boldsymbol{y}=\boldsymbol{X\beta}+\boldsymbol{e}$, $\boldsymbol{e}\sim N_n(\boldsymbol{0}, \sigma^2\boldsymbol{I}_n)$ 回归系数的显著性检验 H_i : $\beta_i=0$, $i=1, 2, \cdots, p-1$, 利用定理 2.12 的性质(4)和式(2-73)导出检验统计量.

19. 从空中对地面上一四边形的 4 个角 θ_1, θ_2, θ_3, θ_4 进行测量,得测量值分别为 Y_1, Y_2, Y_3, Y_4.

(1) 将此问题表示成线性模型的形式.

(2) 对于假设 H_0:四边形是平行四边形,试导出检验统计量.

20. 对于一元线性回归模型

$$y_i=\beta_0+\beta_1x_i+e_i, \ i=1, 2, \cdots, n,$$

$E(e_i)=0$, $\mathrm{var}(e_i)=\sigma^2$, e_i 互不相关.记 $\hat{\beta}_0$ 和 $\hat{\beta}_1$ 分别为 β_0 和 β_1 的最小二乘估计.

(1) 记 $\hat{y}_0=\hat{\beta}_0+\hat{\beta}_1x_0$ 为因变量 y 在 x_0 处值 y_0 的预测值, $\hat{y}_0-y_0$ 称为预测偏差,证明

$$\mathrm{var}(\hat{y}_0-y_0)=\sigma^2\left[1+\frac{1}{n}+\frac{(x_0-\bar{x})^2}{\sum_{i=1}^{n}(x_i-\bar{x})^2}\right].$$

(2) 记 $\mu_0=\beta_0+\beta_1x_0$ 为因变量 y 在 x_0 处取值 y_0 的均值,即 $E(y_0)=\mu_0$,用

$\hat{\mu}_0=\hat{\beta}_0+\hat{\beta}_1 x_0$ 估计 μ_0，证明

$$\operatorname{var}(\hat{\mu}_0)=\sigma^2\left[\frac{1}{n}+\frac{(x_0-\bar{x})^2}{\sum_{i=1}^{n}(x_i-\bar{x})^2}\right].$$

21. 假设回归直线通过原点，即一元线性回归模型为

$$y_i=\beta x_i+e_i,\ i=1,\ 2,\ \cdots,\ n,$$

$E(e_i)=0$，$\operatorname{var}(e_i)=\sigma^2$，$e_i$ 互不相关.

(1) 写出 β 和 σ^2 的最小二乘估计；

(2) 记因变量 Y 在 x_0 处的值 y_0 的预测值为 $\hat{y}_0=\hat{\beta}x_0$，求 $\operatorname{var}(\hat{y}_0-y_0)$；

(3) 记 $\mu_0=\beta x_0$，$\hat{\mu}_0=\hat{\beta}x_0$，求 $\operatorname{var}(\hat{\mu}_0)$.

22. 统计建模实验题：影响某国税收收入增长的主要因素可能有：① 从宏观经济看，经济整体增长是税收增长的基本源泉；② 社会经济的发展和社会保障等都对公共财政提出要求，公共财政的需求对当年的税收收入可能会有一定的影响；③ 物价水平，某国的税收结构以流转税为主，以现行价格计算的 GDP 和经营者的收入水平都与物价水平有关；④ 税收政策因素，现从某数据网站上收集了 2000～2016 年间的相关数据并整理成表 2－7.

表 2－7　2000～2016 年相关统计数据

t	y	X_1	X_2	X_3
2000	12 581.51	100 280.1	15 886.50	98.5
2001	15 301.38	110 863.1	18 902.58	99.2
2002	17 636.45	121 717.4	22 053.15	98.7
2003	20 017.31	137 422.0	24 649.95	99.9
2004	24 165.68	161 840.2	28 486.89	102.8
2005	28 778.54	187 318.9	33 930.28	100.8
2006	34 804.35	219 438.5	40 422.73	101.0
2007	45 621.97	270 232.3	49 781.35	103.8
2008	54 223.79	319 515.5	62 592.66	105.9
2009	59 521.59	349 081.4	76 299.93	98.8
2010	73 210.79	413 030.3	89 874.16	103.1
2011	89 738.39	489 300.6	109 247.79	104.9

续 表

t	y	X_1	X_2	X_3
2012	100 614.28	540 367.4	125 952.97	102.0
2013	110 530.70	595 244.4	140 212.10	101.4
2014	119 175.31	643 974.0	151 785.56	101.0
2015	124 922.20	689 052.1	175 877.77	100.1
2016	130 360.73	743 585.5	187 755.21	100.7

表 2－7 中：y_t、X_{1t}、X_{2t}和X_{3t}分别表示第t年各项税收收入(亿元)，某国生产总值 GDP(亿元)，财政支出(亿元)和商品零售价格指数(%).

(1) 试利用 SPSS 软件建立以下的线性模型，

$$y_t = \beta_0 + \beta_1 X_{1t} + \beta_2 X_{2t} + \beta_3 X_{3t} + e_t.$$

(2) 要求实验报告中画出矩阵散点图，给出参数的点估计、区间估计、t 检验值、判定系数和模型 F 检验的方差分析表.

(3) 保留模型中线性关系显著的预测变量确定最后的模型，并利用 R 软件中的"predict"语句预测 2017 年的税收收入.

(4) 对所建立的模型给出相应的经济解释.

(5) 你也可以不使用本书提供的案例，而从网络上收集你感兴趣的领域中的相关多元数据进行类似的线性模型建模实验.

23. (1) 假设你拟合了一个具有 10 个控制变量 X_1，X_2，…，X_{10}的线性模型，纵使模型中所有的参数$\beta_i (i=1, 2, \cdots, 10)$都等于零，如果你采用水平$\alpha = 0.05$的$t$检验逐个检验假设$H_i$：$\beta_i = 0$，你仍然有大约 40% 的可能性不正确地拒绝了原假设 H_1：$\beta_i = 0$，$i = 1, 2, \cdots, 10$ 中的一个至少一次.

(2) 利用(1)的结论说明对回归方程进行 F 检验的必要性.

3 检测模型设定的恰当性

3.1 残差与杠杆值

在第 2 章回归分析的研究中,至今为止我们做了以下主要的假设:

(1) 响应变量 y 和预测变量之间存在线性关系,至少是逼近线性关系.

(2) 误差项 e_i, $i=1, 2, \cdots, n$ 的均值为零.

(3) 误差项 e_i, $i=1, 2, \cdots, n$ 的方差是相同的,即方差齐性.

(4) 误差 e_i, $i=1, 2, \cdots, n$ 之间是不相关的.

(5) 误差 e_i, $i=1, 2, \cdots, n$ 都服从正态分布.

这里的假设(2)(3)和(4)即为 Gauss-Markov 假设的内容.假设(4)和(5)意味着误差是独立随机变量.假设(5)对假设检验和区间估计是必需的.在广告数据应用案例的实际操作中,我们实际上是首先应用"肉眼观察法"来判定数据散点在某一平面附近,从而在假定误差满足 Gauss-Markov 假设的条件下获得回归方程参数估计的.注意到数据散点在某一平面附近并不一定意味着误差满足 Gauss-Markov 假设式(2-4),也不能说明误差项服从正态分布.因此,当我们获得回归方程参数估计后,还需要反过来验证 Gauss-Markov 假设是否真正满足,如果必要的话还需要检验误差的正态性假设.检验这些假设是否满足称为模型恰当性检测,或称模型充分性检测(model adequacy checking)的内容.

在数据分析建模的实际工作中,我们应该对这些模型假设的有效性保持警惕,并且对那些初次受理的模型的假设有效性进行分析.各种模型的不恰当性,可能会导致潜在的严重后果.这些假设的完全违背可能会得到一个不稳定的模型,也就是说,不同的样本可能导致一个解释意义完全相反的不同模型.怎样用一量化的标准,而不是"想当然地"来考察一批实际数据是否满足以上 5 个假设是本节回归诊断要研究的第 1 个问题.由于这些假设都是关于误差项的,自然应该从分析误差序列入手.但是误差序列本身是不可观测的,一个自然的想法是对每一次观测,"人造"一个误差项,式(2-38)所引入的残差正好可以满足这一要求.

在式(2-38)中，注意到 $\boldsymbol{y}$ 的拟合值 $\hat{\boldsymbol{y}}=\boldsymbol{X}\hat{\boldsymbol{\beta}}=\boldsymbol{H}\boldsymbol{y}$，以及帽子矩阵 $\boldsymbol{H}=\boldsymbol{X}(\boldsymbol{X}^{\mathrm{T}}\boldsymbol{X})^{-1}\boldsymbol{X}^{\mathrm{T}}$是幂等对称阵，即 $\boldsymbol{H}^{\mathrm{T}}=\boldsymbol{H}$ 和 $\boldsymbol{H}^2=\boldsymbol{H}$.容易验证$(\boldsymbol{I}-\boldsymbol{H})\boldsymbol{X}=\boldsymbol{O}$，因此残差向量$\hat{\boldsymbol{e}}$又可表示为

$$\hat{\boldsymbol{e}}=\boldsymbol{y}-\hat{\boldsymbol{y}}=(\boldsymbol{I}-\boldsymbol{H})\boldsymbol{y}=(\boldsymbol{I}-\boldsymbol{H})\boldsymbol{e}. \tag{3-1}$$

残差向量实际上是对误差项的一个“估计量”，利用残差序列对模型恰当性以及对强影响点和异常点等内容所进行的检验与分析统称为残差分析.

定理 3.1 对于式(3-1)的残差向量，我们有

(1) $E(\hat{\boldsymbol{e}})=\boldsymbol{0}$, $\operatorname{cov}(\hat{\boldsymbol{e}})=\sigma^2(\boldsymbol{I}-\boldsymbol{H})$.

(2) 若进一步假设误差向量 $\boldsymbol{e}\sim N(\boldsymbol{0},\ \sigma^2\boldsymbol{I})$，则$\hat{\boldsymbol{e}}\sim N(\boldsymbol{0},\ \sigma^2(\boldsymbol{I}-\boldsymbol{H}))$.

(3) $\hat{\boldsymbol{e}}$ 与$\hat{\boldsymbol{y}}$ 独立，且有 $\operatorname{cov}(\hat{\boldsymbol{y}},\ \hat{\boldsymbol{e}})=\boldsymbol{O}$.

证明 (1) $E(\hat{\boldsymbol{e}})=\boldsymbol{0}$ 是定理 1.19 的直接结果.再利用定理 1.21，

$$\operatorname{cov}(\hat{\boldsymbol{e}})=(\boldsymbol{I}-\boldsymbol{H})\operatorname{cov}(\boldsymbol{e})(\boldsymbol{I}-\boldsymbol{H})^{\mathrm{T}}=\sigma^2(\boldsymbol{I}-\boldsymbol{H}).$$

(2) 因为 $\boldsymbol{e}\sim N(\boldsymbol{0},\ \sigma^2\boldsymbol{I})$，对式(3-1)应用定理 1.21，可得 $\hat{e}\sim N(\boldsymbol{0},\ \sigma^2(\boldsymbol{I}-\boldsymbol{H}))$.

(3) 注意到 $(\boldsymbol{I}-\boldsymbol{H})\boldsymbol{H}=\boldsymbol{O}$，及定理 1.22 得

$$\operatorname{cov}(\hat{\boldsymbol{y}},\ \hat{\boldsymbol{e}})=\operatorname{cov}(\boldsymbol{H}\boldsymbol{e},(\boldsymbol{I}-\boldsymbol{H})\boldsymbol{e})=\boldsymbol{O}.$$

定理 3.1 表明，如果模型的误差向量服从正态分布，那么残差向量仍然服从正态分布，但是此时残差向量不再满足方差齐性的要求.另外，不同残差之间不再是不相关的，其相关系数为

$$\rho(\hat{e}_i,\ \hat{e}_j)=\frac{-h_{ij}}{\sqrt{1-h_{ii}}\sqrt{1-h_{jj}}}\ (i\neq j). \tag{3-2}$$

记 $\boldsymbol{H}$ 的元素为h_{ij}，即$\boldsymbol{H}=(h_{ij})$，h_{ij} 通常称为杠杆值.对于最小二乘估计，杠杆值反映了模型拟合的情况.事实上，当 $\boldsymbol{e}\sim N(\boldsymbol{0},\ \sigma^2\boldsymbol{I})$ 时，由于 $\operatorname{var}(\hat{y})=\sigma^2\boldsymbol{H}$，因而 $\operatorname{var}(\hat{y}_i)=\sigma^2h_{ii}$.这说明，$h_{ii}$ 越小，则$\hat{y}_i=x_i^{\mathrm{T}}\hat{\boldsymbol{\beta}}$ 与平均偏差 $E(\hat{y}_i)=x_i^{\mathrm{T}}\boldsymbol{\beta}$ 越小，因而拟合越好.

另外，由定理 3.1 可知 $\operatorname{var}(\hat{e}_i)=(1-h_{ii})\sigma^2$，$\operatorname{cov}(\hat{e}_i,\ \hat{e}_j)=-h_{ij}\sigma^2(i\neq j)$.这说明，$h_{ij}$越小，则$\hat{e}_i$与$\hat{e}_j$之间的相关性越小，$h_{ii}$越小，则$\hat{e}_i$的方差越接近于$\sigma^2$；即杠杆值越小，残差序列的性态越接近独立同分布、零均值且方差为 σ^2的序列.

杠杆值 h_{ii}很大(即接近于 1)的点通常称为高杠杆值点，这些点的拟合往往会有问题，后面章节将会有进一步的介绍.

定理 3.2 杠杆值具有以下性质

(1) $\mathrm{var}(\hat{y}_i)=\sigma^2 h_{ii}$, $\mathrm{var}(\hat{e}_i)=(1-h_{ii})\sigma^2$, $\mathrm{cov}(\hat{e}_i, \hat{e}_j)=-h_{ij}\sigma^2(i\neq j)$.

(2) $h_{ij}=x_i^{\mathrm{T}}(\boldsymbol{X}^{\mathrm{T}}\boldsymbol{X})^{-1}x_j$，且有 $0\leqslant h_{ii}\leqslant 1$，其平均值为 $p+1/n$.

特别，若 $h_{ii}=0$ 或 $h_{ii}=1$，则必有一切 $h_{ik}=0$, $k\neq i$.

(3) $h_{ii}=\dfrac{1}{n}+(x_i-\bar{x})^{\mathrm{T}}(\boldsymbol{X}^{*\mathrm{T}}\boldsymbol{X}^*)^{-1}(x_i-\bar{x})$, $\boldsymbol{X}^*=((x_1-\bar{x}), (x_2-\bar{x}), \cdots, (x_n-\bar{x}))^{\mathrm{T}}$.

(4) $\hat{y}_i=\sum_{k=1}^{n}h_{ik}y_k$, $h_{ii}=\partial\hat{y}_i/\partial y_i$，其中 h_{ik} 与 y_k 无关.

性质(2)说明，杠杆值一般都比较小，因为通常 n 相对较大，而 p 相对较小，因而 h_{ii} 的平均值 p/n 通常都比较小.性质(3)说明，h_{ii} 表示 x_i 到数据中心点 $(\bar{X}, \bar{y})$ 的马氏距离(Mahalanobis distance).性质(4)从另外的角度说明了 h_{ii} 的意义，即杠杆值越小，则观测值的起伏变化对拟合值的影响越小；反之，若 h_{ii} 较大，则第 i 个观测值对拟合值的影响较大.

3.2 方差齐性与正态性检验

3.2.1 方差齐性检验

线性模型 Gauss-Markov 假设之一是模型误差的方差是相同的.

记 h_{ii} 为 $\boldsymbol{H}$ 的第 i 个对角元，则 $\mathrm{var}(\hat{e}_i)=\sigma^2(1-h_{ii})$. 可见一般情况下残差 $\hat{e}_i$ 的方差不相等，将其标准化为 $\hat{e}_i/(\sigma\sqrt{1-h_{ii}})$，再用 $\hat{\sigma}$ 代替 σ，得到所谓的学生化残差

$$r_i=\frac{\hat{e}_i}{\hat{\sigma}\sqrt{1-h_{ii}}},\ i=1, 2, \cdots, n, \tag{3-3}$$

这里 $\hat{\sigma}^2=SS_{\mathrm{res}}/(n-p-1)$. 即使在 $\boldsymbol{e}\sim N(\boldsymbol{0}, \sigma^2\boldsymbol{I})$ 的条件下，虽然 $\hat{e}_i\sim N(0, \sigma^2(1-h_{ii}))$, $\hat{\sigma}^2\sim\chi^2(n-p-1)$，但是二者并不独立，所以 r_i 并不服从通常的 t_{n-p-1} 分布.各次观测的 r_i 彼此也不独立.r_i 的分布仍然比较复杂，但近似地认为 $r_i\sim N(0, 1)$，其具体的分布形式和性质可以参考其他文献[10].这样应有

$$P(-2<r_i<2)=95.5\%,\ i=1, 2, \cdots, n.$$

于是，大约有 95.4%的 r_i 落在区间[-2, 2]中.另外，可以证明，拟合值向量 $\hat{\boldsymbol{y}}$ 与残差 $\hat{\boldsymbol{e}}$ 相互独立，因而与学生化残差 $r_1, r_2, \cdots, r_n$ 也独立.所以平面上的点

$(\hat{y}_i, r_i)$, $i=1, 2, \cdots, n$ 大致应落在宽度为 4 的水平带 $|r_i| \leqslant 2$ 区域内，且不呈现任何趋势.

在实际工作中，我们可以描绘残差关于预测拟合值图来检测几种典型的模型拟合的不恰当性.该图以响应变量拟合值 $\hat{y}_i$ 为 x 轴，以学生化残差 r_i 为 y 轴.如图 3-1 中的图(a)，如果模型的残差 r_i 比较均匀地分布在从 -2 到 2 的水平带宽内，则可以接受方差齐性假设.如果模型的残差 r_i 如图(b)和图(c)，则表明误差的方差不是常数.图(b)的向外开口的漏斗型，意味着方差是 y 的递增函数.当 y 表示在 0 与 1 之间的比例时，如二项分布随机变量，会出现如图(c)的双弓型残差图.图(d)的曲线型残差图往往表明非线性性，它意味着模型中需要添加其他的变量.比如，可能需要考虑添加某个变量的平方项，或者考虑对响应变量或预测变量进行变换.图(b)(c)和(d)都呈现某类趋势，可以认为模型误差不满足方差齐性条件.

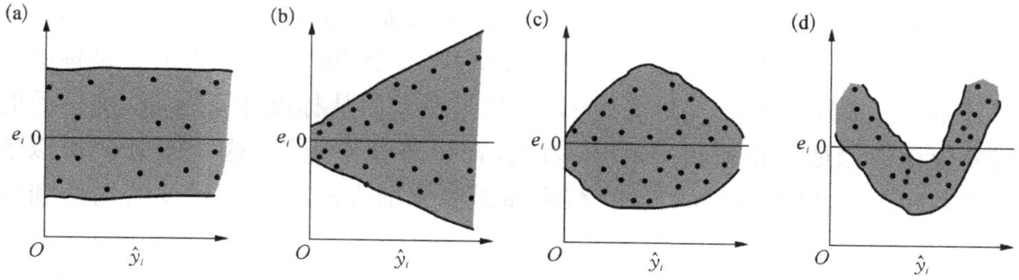

图 3-1 学生化残差图

例 2.1 中的广告数据线性模型所对应的残差图如图 3-2 所示.图中有 7 个点落在 y 轴 $[-2, 2]$ 之外，比例为 $7/200 < 0.05$，但这些溢出的散点都落在 -2 的下方.当 $\hat{y}_i < 19$ 时，散点在 -2 至 2 的宽带间分布基本均匀，当 $\hat{y}_i > 19$ 后，散点基本落在 x 轴上方.我们还是不拒绝例 2.2 所获模型的误差项满足 Gauss-Markov 假设这一设定.

3.2.2 检测正态性假设

实践表明，在本章第 3.1 节所提到的 5 条假设中，模型误差的正态性假设限制是最不强求的.正态假设的适当违背对联系于模型系数的假设检验的第一类型错误及置信区间的构造影响甚微.检验正态性假设最简单的方法是用统计软件画出残差的频率图.假如分布图形的偏度并不是很大，那么从对称性角度就有理由不拒绝正态性假设.此外,另一种方法(见图 3-2)是画出残差的关于正态分布的累积概率-累积概率图(P-P 图)或分位数-分位数图(Q-Q 图).

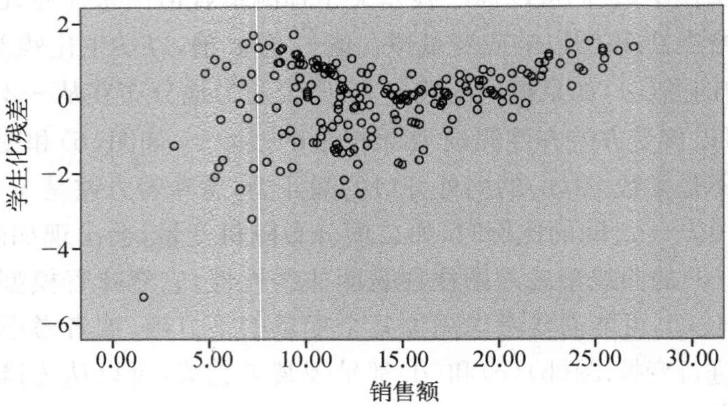

图 3-2 广告数据学生化残差图

标准化残差的 P-P 图是一个由小到大排序后的标准化残差关于所谓的正态得分的散点图.当样本容量为 n 时,排序后第 i 个残差的正态得分就是标准正态分布的 i/n 分位点,$i=1, 2, \cdots, n$.如果残差服从标准正态分布,排序后的残差应该近似地与正态得分相同.因此,在正态性假设下,这个图应该类似于一条截距为 0、斜率为 1 的直线(截距和斜率分别表示标准化残差的均值和标准差).

图 3-3 中的广告数据学生化残差频率图与 P-P 图表明残差弱为左偏.由于学生化残差 r_i 并不是不相关的随机变量,因此我们并不能要求 r_i, $i=1, 2, \cdots, n$ 形成的频率图和 P-P 图完全等同于从标准正态分布抽样所形成的频率图和 P-P 图.因此,我们并不拒绝模型误差服从正态分布的设定.

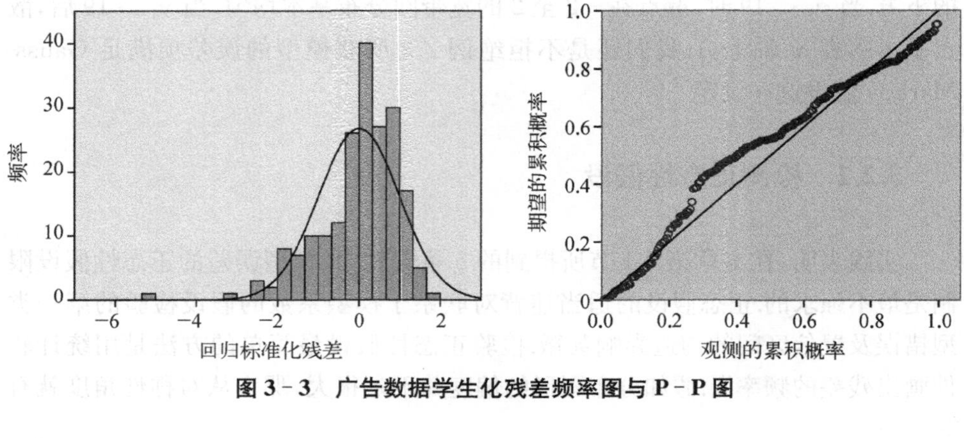

图 3-3 广告数据学生化残差频率图与 P-P 图

我们也可以通过 SPSS 软件中“分析”菜单的“描述统计”模块的 Q－Q 图功能绘制标准化残差的 Q－Q 图，或者计算联系于残差序列峰度和偏度的 JB 统计量，来对残差的正态性做进一步的检验.对这些内容感兴趣的读者还可以参考其他文献[11].

3.3 影响分析

在对一组数据拟合模型时，我们希望保证拟合结果不要过度取决于一个或几个观测点.如图 3－4(a)所示，有或没有点 A，回归直线都是一样的.而图(b)中的点 A 的作用就不一样了，有点 A 这个观测点所获得的回归直线，与没有点 A 这个观测点所获得的回归直线是不同的.这说明图(b)中的点 A 对回归直线有较大的影响，称为强影响点(influence point).

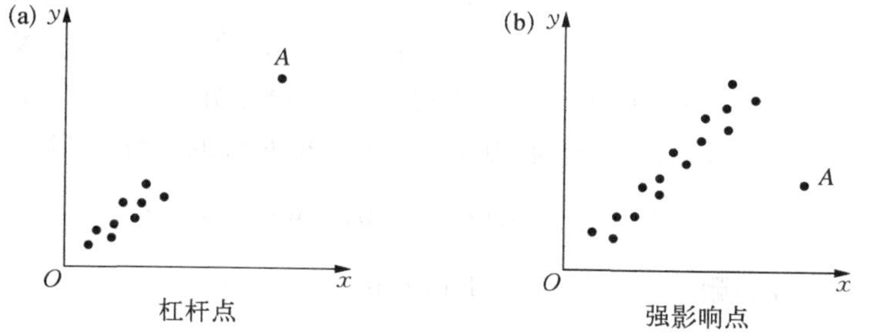

图 3－4　强影响点示意图

如果是多元变量的情况，靠画图判断强影响点几乎是不可行的.

由定理 3.2 中的性质(4)得，第 i 个观测的预测值 $\hat{y}_i$ 能够表示为 n 个观测值 $y_1, y_2, \cdots, y_n$ 的线性组合，即

$$\hat{y}_i = h_{i1}y_1 + h_{i2}y_2 + \cdots + h_{ii}y_i + \cdots + h_{in}y_n,\ i=1, 2, \cdots, n,\quad (3-4)$$

式中观测值的权重 $h_{i1}, h_{i2}, \cdots, h_{in}$ 是控制变量的函数.特别地，系数 h_{ii} 度量了观测值 y_i 对其预测值 $\hat{y}_i$ 的影响.这个值 h_{ii} 称为第 i 个观测(关于控制变量取值)的杠杆(leverage).这样，杠杆值能够用来辨识观测的影响程度——杠杆值越大，观测值 y 对其预测值的影响越大.

手指律(rule of thumb)

对多元回归模型，没有计算机的帮助去计算杠杆值是非常困难的.一个观测的杠杆值通常与所有 n 个观测的平均杠杆值 $\bar{h}$ 相比较，其中

$$\bar{h}=\frac{p+1}{n}, \tag{3-5}$$

一个好的手指律表现为，如果观测 y_i 的杠杆值 h_{ii} 大于 $\bar{h}$ 的两倍，即

$$h_{ii}>\frac{2(p+1)}{n}, \tag{3-6}$$

则认为该观测是有影响的.

刀切法(Jack knife)

删除型残差(deleted residual)记为 d_i，其定义为

$$d_i=y_i-\hat{y}_{(i),i} \tag{3-7}$$

删除型残差 d_i 度量了观测值 y_i 与预测值 $\hat{y}_{(i),i}$ 之间的差异，其中 $\hat{y}_{(i),i}$ 是用不包含第 i 个观测值的其余 $n-1$ 个观测值而获得的响应变量预测值.一个观测如果具有不同寻常大的删除型残差，则可以认为这个观测对模型有大的影响.

影响分析，即探测对估计或预测有异常大影响的数据.用 $\boldsymbol{y}_{(i)}$，$\boldsymbol{X}_{(i)}$ 和 $\boldsymbol{e}_{(i)}$ 分别表示从 $\boldsymbol{y}$，$\boldsymbol{X}$ 和 $\boldsymbol{e}$ 删除第 i 行后所得到的向量或矩阵.从线性回归模型式(2-8)中删除第 i 组数据后，剩余的 $n-1$ 组数据对应的线性回归模型为

$$\boldsymbol{y}_{(i)}=\boldsymbol{X}_{(i)}\boldsymbol{\beta}+\boldsymbol{e}_{(i)},\ E(\boldsymbol{e}_{(i)})=\boldsymbol{0},\ \mathrm{cov}(\boldsymbol{e}_{(i)})=\sigma^2\boldsymbol{I}_{n-1}, \tag{3-8}$$

式(3-8)称为数据删除模型(case-deletion model, CDM)，其最小二乘估计记为 $\hat{\boldsymbol{\beta}}_{(i)}$，则

$$\hat{\boldsymbol{\beta}}_{(i)}=(\boldsymbol{X}_{(i)}^{\mathrm{T}}\boldsymbol{X}_{(i)})^{-1}\boldsymbol{X}_{(i)}^{\mathrm{T}}\boldsymbol{y}. \tag{3-9}$$

显然，向量 $\hat{\boldsymbol{\beta}}-\hat{\boldsymbol{\beta}}_{(i)}$ 反映了第 i 组数据对回归系数估计的影响大小.

Cook 距离

Cook 文献[12,13]定义了如下统计量

$$D_i=\frac{(\hat{\boldsymbol{\beta}}-\hat{\boldsymbol{\beta}}_{(i)})^{\mathrm{T}}\boldsymbol{X}^{\mathrm{T}}\boldsymbol{X}(\hat{\boldsymbol{\beta}}-\hat{\boldsymbol{\beta}}_{(i)})}{(p+1)\hat{\sigma}^2} \tag{3-10}$$

来衡量第 i 组数据对回归系数估计的影响程度，该统计量称为 Cook 统计量(或 Cook 距离).

Cook 距离是当今统计推断中最重要的诊断统计量之一，它最初是基于参数置信域的统计意义提出来的.现说明如下，由定理 2.4 知

$$\hat{\boldsymbol{\beta}}\sim N(\boldsymbol{\beta},\sigma^2(\boldsymbol{X}^{\mathrm{T}}\boldsymbol{X})^{-1}),$$

利用定理 1.28 得

$$\frac{(\hat{\boldsymbol{\beta}}-\boldsymbol{\beta})^{\mathrm{T}}\boldsymbol{X}^{\mathrm{T}}\boldsymbol{X}(\hat{\boldsymbol{\beta}}-\boldsymbol{\beta})}{\sigma^2} \sim \chi^2_{p+1}.$$

另一方面，由定理 2.4 得

$$\frac{(n-p-1)\hat{\sigma}^2}{\sigma^2} \sim \chi^2_{n-p-1},$$

并且这两个 χ^2 变量相互独立.于是

$$\frac{(\hat{\boldsymbol{\beta}}-\boldsymbol{\beta})^{\mathrm{T}}\boldsymbol{X}^{\mathrm{T}}\boldsymbol{X}(\hat{\boldsymbol{\beta}}-\boldsymbol{\beta})}{(p+1)\hat{\sigma}^2} \sim F_{p+1,\, n-p-1},$$

这样，在线性模型 $\boldsymbol{y}=\boldsymbol{X\beta}+\boldsymbol{e}$ 下，我们获得了参数 $\boldsymbol{\beta}$ 的置信水平 $1-\alpha$ 的置信域

$$C(\boldsymbol{\beta})=\left\{\boldsymbol{\beta}:\frac{(\hat{\boldsymbol{\beta}}-\boldsymbol{\beta})^{\mathrm{T}}\boldsymbol{X}^{\mathrm{T}}\boldsymbol{X}(\hat{\boldsymbol{\beta}}-\boldsymbol{\beta})}{(p+1)\hat{\sigma}^2} \leqslant F_{1-\alpha}(p+1,\, n-p-1)\right\}.$$

$\hat{\boldsymbol{\beta}}_{(i)}$ 作为真参数 $\boldsymbol{\beta}$ 的一个估计，应落在以上置信椭球之内，即 $\hat{\boldsymbol{\beta}}_{(i)}$ 代入 $C(\boldsymbol{\beta})$ 中，其值（即是 D_i）应该比较小；若 D_i 很大，使 $\hat{\boldsymbol{\beta}}_{(i)}$ 落在椭球之外，则说明估计 $\hat{\boldsymbol{\beta}}_{(i)}$ 离真参数甚远，也离 $\hat{\boldsymbol{\beta}}$ 甚远，即 $\hat{\boldsymbol{\beta}}_{(i)}$ 与 $\hat{\boldsymbol{\beta}}$ 之间的差异很大.因此，从参数置信域观点来看，Cook 距离也是度量 $\hat{\boldsymbol{\beta}}_{(i)}$ 与 $\hat{\boldsymbol{\beta}}$ 之间差异的合适的统计量.

在进行具体的数据分析时，首先逐点分别计算出 Cook 距离 $D_1, D_2, \cdots, D_n$（可由统计软件完成），可通过列表或画图，找出一个或几个特别大的 D_i（也可能没有特别大的），则相应的数据点就是对参数 $\boldsymbol{\beta}$ 的估计影响特别大的点，因而可能为异常点或强影响点（至于这些数据点的具体处置，则要取决于给定数据集的实际背景情况）.

实际中我们常用下面的定理来简化它的计算.

定理 3.3

$$D_i=\frac{1}{p+1}\left(\frac{h_{ii}}{1-h_{ii}}\right)r_i^2,\ i=1,\, 2,\, \cdots,\, n, \tag{3-11}$$

式中 h_{ii} 是帽子矩阵 $\boldsymbol{H}=\boldsymbol{X}(\boldsymbol{X}^{\mathrm{T}}\boldsymbol{X})^{-1}\boldsymbol{X}^{\mathrm{T}}$ 的第 i 个对角元，r_i 是学生化残差.

证明 设 $\boldsymbol{A}$ 为可逆阵，$\boldsymbol{u}$ 和 $\boldsymbol{v}$ 均为 $n\times 1$ 向量.利用引理 1.2 的 Sherman-Morrison 公式

$$(\boldsymbol{A}-\boldsymbol{u}\boldsymbol{v}^{\mathrm{T}})^{-1}=\boldsymbol{A}^{-1}+\frac{\boldsymbol{A}^{-1}\boldsymbol{u}\boldsymbol{v}^{\mathrm{T}}\boldsymbol{A}^{-1}}{1-\boldsymbol{u}^{\mathrm{T}}\boldsymbol{A}^{-1}\boldsymbol{v}},$$

有

$$(\boldsymbol{X}_{(i)}^{\mathrm{T}}\boldsymbol{X}_{(i)})^{-1}=(\boldsymbol{X}^{\mathrm{T}}\boldsymbol{X}-\boldsymbol{x}_i\boldsymbol{x}_i^{\mathrm{T}})^{-1}=(\boldsymbol{X}^{\mathrm{T}}\boldsymbol{X})^{-1}+\frac{(\boldsymbol{X}^{\mathrm{T}}\boldsymbol{X})^{-1}\boldsymbol{x}_i\boldsymbol{x}_i^{\mathrm{T}}(\boldsymbol{X}^{\mathrm{T}}\boldsymbol{X})^{-1}}{1-h_{ii}},\tag{3-12}$$

这里 $\boldsymbol{x}_i^{\mathrm{T}}$ 为 $\boldsymbol{X}$ 的第 i 行.将式(3-12)两边右乘 $\boldsymbol{X}^{\mathrm{T}}\boldsymbol{y}$,并利用

$$\boldsymbol{X}^{\mathrm{T}}\boldsymbol{y}=\boldsymbol{X}_{(i)}^{\mathrm{T}}\boldsymbol{y}_{(i)}+\boldsymbol{y}_i\boldsymbol{x}_i$$

以及式(3-9),得到

$$\hat{\boldsymbol{\beta}}=\hat{\boldsymbol{\beta}}_{(i)}+\boldsymbol{y}_i(\boldsymbol{X}_{(i)}^{\mathrm{T}}\boldsymbol{X}_{(i)})^{-1}\boldsymbol{x}_i-\frac{(\boldsymbol{X}^{\mathrm{T}}\boldsymbol{X})^{-1}\boldsymbol{x}_i(\boldsymbol{x}_i^{\mathrm{T}}\hat{\boldsymbol{\beta}})}{1-h_{ii}},\tag{3-13}$$

将式(3-12)右乘 $\boldsymbol{x}_i$,可以得到如下关系式

$$(\boldsymbol{X}_{(i)}^{\mathrm{T}}\boldsymbol{X}_{(i)})^{-1}\boldsymbol{x}_i=\frac{1}{1-h_{ii}}(\boldsymbol{X}^{\mathrm{T}}\boldsymbol{X})^{-1}\boldsymbol{x}_i,$$

将其代入式(3-13),得到

$$\hat{\boldsymbol{\beta}}_{(i)}=\hat{\boldsymbol{\beta}}-\frac{\hat{e}_i}{1-h_{ii}}(\boldsymbol{X}^{\mathrm{T}}\boldsymbol{X})^{-1}\boldsymbol{x}_i,\tag{3-14}$$

再代入式(3-10),便证明了所要的结论,定理证毕.

由式(3-14)也可以看出,当 h_{ii} 越接近于1时,$\frac{1}{1-h_{ii}}$ 越大,即 $|\hat{\boldsymbol{\beta}}_{(i)}-\hat{\boldsymbol{\beta}}|$ 越大.

定理 3.4 如果 $\boldsymbol{e}\sim N(\boldsymbol{0},\sigma^2\boldsymbol{I})$,则 D_i 除以常数后服从 β 分布

$$D_i\sim C\cdot\beta\left(\frac{1}{2},\frac{n-p-2}{2}\right).\tag{3-15}$$

这个定理的证明,有兴趣的读者可以参考其他文献[14].

定理 3.5 在式(3-11)中,$h_{ii}/(1-h_{ii})$ 有很好的统计意义,它表示删除 (x_i, y_i) 前后拟合值方差的总改变量,即

$$\frac{h_{ii}}{1-h_{ii}}=\sigma^{-2}\left\{\sum_{j=1}^{n}\mathrm{var}[\boldsymbol{x}_j^{\mathrm{T}}\hat{\boldsymbol{\beta}}_{(i)}]-\sum_{j=1}^{n}\mathrm{var}[\boldsymbol{x}_j^{\mathrm{T}}\hat{\boldsymbol{\beta}}]\right\}.\tag{3-16}$$

证明 由定理 2.4 可得

$$\mathrm{var}(\hat{\boldsymbol{\beta}})=\sigma^2(\boldsymbol{X}^{\mathrm{T}}\boldsymbol{X})^{-1},$$

$$\mathrm{var}(\boldsymbol{x}_j^{\mathrm{T}}\hat{\boldsymbol{\beta}})=\sigma^2\boldsymbol{x}_j^{\mathrm{T}}(\boldsymbol{X}^{\mathrm{T}}\boldsymbol{X})^{-1}\boldsymbol{x}_j=\sigma^2h_{jj},$$

同理有，

$$\mathrm{var}(\hat{\boldsymbol{\beta}}_{(i)})=\sigma^2(\boldsymbol{X}_{(i)}^{\mathrm{T}}\boldsymbol{X}_{(i)})^{-1},$$

$$\mathrm{var}(\boldsymbol{x}_j^{\mathrm{T}}\hat{\boldsymbol{\beta}}_{(i)})=\sigma^2\boldsymbol{x}_j^{\mathrm{T}}(\boldsymbol{X}_{(i)}^{\mathrm{T}}\boldsymbol{X}_{(i)})^{-1}\boldsymbol{x}_j.$$

而根据式(3-12)可得

$$\boldsymbol{x}_j^{\mathrm{T}}(\boldsymbol{X}_{(i)}^{\mathrm{T}}\boldsymbol{X}_{(i)})^{-1}\boldsymbol{x}_j=\boldsymbol{x}_i^{\mathrm{T}}(\boldsymbol{X}^{\mathrm{T}}\boldsymbol{X})^{-1}\boldsymbol{x}_j+\boldsymbol{x}_j^{\mathrm{T}}\frac{(\boldsymbol{X}^{\mathrm{T}}\boldsymbol{X})^{-1}\boldsymbol{x}_i\boldsymbol{x}_i^{\mathrm{T}}(\boldsymbol{X}^{\mathrm{T}}\boldsymbol{X})^{-1}}{1-h_{ii}}\boldsymbol{x}_j=h_{jj}+\frac{h_{ij}^2}{1-h_{ii}},$$

因此，以上结果代入式(3-16)右端可得

$$\sigma^{-2}\left\{\sum_{j=1}^{n}\mathrm{var}[\boldsymbol{x}_j^{\mathrm{T}}\hat{\boldsymbol{\beta}}_i]-\sum_{j=1}^{n}\mathrm{var}[\boldsymbol{x}_j^{\mathrm{T}}\hat{\boldsymbol{\beta}}]\right\}=\sum_{j=1}^{n}\left[h_{jj}+\frac{h_{ij}^2}{1-h_{ii}}\right]-\sum_{j=1}^{n}h_{jj}$$

$$=\frac{1}{1-h_{ii}}\sum_{j=1}^{n}h_{ij}^2=\frac{h_{ii}}{1-h_{ii}},$$

定理证毕.

定理 3.5 中的 $h_{ii}/(1-h_{ii})$ 也称为第 i 点 (x_i, y_i) 的势.由 Cook 距离公式(2-11)知，这个势越大，则第 i 点对于拟合的影响就越大.在实际应用当中，我们特别注意 Cook 距离值大于 $4/n$ 的观测值(n 代表观察次数).

影响度量(DFBETAS)

Cook 距离度量是一种删除型诊断(deletion diagnostic). Belsley 等[15]引入了两个其他有用的删除型影响度量.第 1 种统计量定义为

$$\mathrm{DFBETAS}_{j,i}=\frac{\hat{\beta}_j-\hat{\beta}_{j(i)}}{\sqrt{\hat{\sigma}_{(i)}^2C_{jj}}},\tag{3-17}$$

这里 C_{jj} 表示矩阵 $(\boldsymbol{X}^{\mathrm{T}}\boldsymbol{X})^{-1}$ 的第 j 个对角元，$\hat{\beta}_{j(i)}$ 表示用剔除第 i 个观测值后的线性回归模型式(3-8)获得的第 j 个系数的估计.式(3-17)表明当第 i 个观测被剔除后，回归系数 $\hat{\beta}_j$ 以标准偏差为单位改变了多少.大的 $\mathrm{DFBETAS}_{j,i}$ 表明第 i 个观测对第 j 个回归系数有相当的影响.注意 $\mathrm{DFBETAS}_{j,i}$ 是一个 $n\times p$ 矩阵，它所传递的信息与 Cook 距离度量中的复合影响信息类似.

$\mathrm{DFBETAS}_{j,i}$ 的计算非常有趣.定义 $p\times n$ 矩阵

$$\boldsymbol{R}=(\boldsymbol{X}^{\mathrm{T}}\boldsymbol{X})^{-1}\boldsymbol{X}^{\mathrm{T}},$$

在 $\boldsymbol{R}$ 的第 j 行的 n 个元素产生样本 n 个观测值关于 $\hat{\beta}_j$ 所具有的杠杆.假如记 r_j^{T} 表示 $\boldsymbol{R}$ 的第 j 行，那么能够表明

$$\text{DFBETAS}_{j,i}=\frac{r_{j,i}}{\sqrt{r_j r_j}}\frac{\hat{e}_i}{\hat{\sigma}_{(i)}(1-h_{ii})}=\frac{r_{j,i}}{\sqrt{r_j r_j}}\frac{t_i}{\sqrt{1-h_{ii}}},\tag{3-18}$$

式中 t_i 是 $\boldsymbol{R}$ -学生化残差.注意到 $\text{DFBETAS}_{j,i}$ 度量杠杆($r_{j,i}/\sqrt{r_j r_j}$ 是第 i 个观测对 $\hat{\beta}_j$ 影响的一种度量)以及一个大残差的影响.Belsley 等[15]提出的判别准则是：假如 $|\text{DFBETAS}_{j,i}|>2/\sqrt{n}$，那么接受第 i 个观测为异常点的论断.

影响度量(DFFITS)

Belsley 等[15]建议的第 2 种辨识强影响点的统计量定义为

$$\text{DFFITS}_i=\frac{\hat{y}_i-\hat{y}_{(i)}}{\sqrt{\hat{\sigma}^2_{(i)}h_{ii}}},\tag{3-19}$$

这里 $\hat{y}_{(i)}=\boldsymbol{x}^{\mathrm{T}}_{(i)}\hat{\boldsymbol{\beta}}_{(i)}$. 这样，$\text{DFFITS}_i$ 是第 i 个观测被移除后，拟合值 $\hat{y}_i$ 变换的标准化偏差.

可以计算得

$$\text{DFFITS}_i=\left(\frac{h_{ii}}{1-h_{ii}}\right)^{1/2}\frac{\hat{e}_i}{\hat{\sigma}_{(i)}(1-h_{ii})^{1/2}}=\left(\frac{h_{ii}}{1-h_{ii}}\right)^{1/2}t_i,\tag{3-20}$$

其中 t_i 是 $\boldsymbol{R}$ -学生化残差.这样，DFFITS_i 是 $\boldsymbol{R}$ -学生统计量乘上第 i 个观测的杠杆值 $[h_{ii}/(1-h_{ii})]^{1/2}$.假如数据点是一个强影响点(见 3.4 节介绍)，那么 $\boldsymbol{R}$ -学生统计量的值是大的，而假如数据点有高的杠杆，h_{ii} 将逼近于 1.以上任何一种情况都会导致 DFFITS_i 变大.可是，如果 $h_{ii}\approx 0$，$\boldsymbol{R}$ -学生统计量的影响将缩小.类似地，一个结合了高杠杆点的接近于零值得 $\boldsymbol{R}$ -学生化残差能够产生一个小的 DFFITS_i 值.这样，DFFITS_i 受杠杆和预测误差的影响.Belsley 等建议的判别的准则是：假如 $|\text{DFFITS}_i|>2\sqrt{p/n}$，那么接受第 i 个观测为强影响点的论断.

例 3.1 在例 2.1 的广告数据集中，应用 SPSS 软件可以获得如表 3-1 所示的各个观测值所对应的 Cook、DFBETAS 和 DFFITS 值.我们看到，杠杆值第二大的是第 131 号点，为 0.021 78.

表 3-1 Cook、DFBETAS 和 DFFITS 值

观测号	Cook 值	杠杆值	DFFITS	DFB_{β_0}	DFB_{β_1}	DFB_{β_2}
1	0.004 06	0.009 03	0.021 97	−0.015 98	0.000 08	0.000 49
2	0.008 71	0.013 78	−0.037 24	−0.013 43	0.000 15	−0.000 77

续 表

观测号	Cook 值	杠杆值	DFFITS	DFB_{β_0}	DFB_{β_1}	DFB_{β_2}
⋮	⋮	⋮	⋮	⋮	⋮	⋮
6	0.123 72	0.029 65	−0.190 68	−0.029 67	0.000 55	−0.003 39
⋮	⋮	⋮	⋮	⋮	⋮	⋮
131	0.258 07	0.021 78	−0.242 11	−0.097 70	0.000 94	−0.003 66
⋮	⋮	⋮	⋮	⋮	⋮	⋮
199	0.008 91	0.019 67	0.043 18	−0.030 47	0.000 16	0.000 70
200	0.005 79	0.010 40	−0.027 50	−0.007 51	−0.000 11	0.000 63

第 131 号点 Cook 值最大：$D_{131}=0.258\ 07$. $F_{2,\ 198}(0.05)\approx 3.00$. 这样，从这个 Cook 值看，第 131 号点还不构成强影响点.另外，DFFITS=−0.242 11，注意到 $|\text{DFFITS}|=0.242\ 11>2\sqrt{\frac{2}{200}}=0.2$，故从 DFFITS 这个值看，第 131 号点为强影响点，而且只有这个点的 $|\text{DFFITS}|\geqslant 0.2$. 最后，总结 DFBETAS 值如表 3－2：

表 3－2　DFBETAS 值

	β_0	β_1	β_2
DFBETAS	−0.097 70	0.000 94	−0.003 66

它们的绝对值都小于 $\frac{2}{\sqrt{200}}\approx 0.141\ 4$. 这样，从 DFBETAS 值看，第 131 号点还不构成强影响点.

如果某个公司所对应的广告销售额数据出现强影响点，则首先试图理解为什么会这样以及该公司是否在某些方面与众不同？接着再深入考察数据，和那些熟悉该公司此项事务的有关人员去讨论.即使该公司并无特殊之处，也只有当 Cook 距离大于取舍点 3 倍以上时，才可以去掉该公司，利用减少后的数据集开发另一个模型.然后，再比较这两个模型，以便更好地理解那个公司产生的影响.

3.4 异常点检验

在统计学中，异常点(outlier)是泛指在一组数据中，与它们的主体不是来自同一分布的那些少数点.几何直观上,异常点的"异常之处"就是它们远离数据组的主体.这里用残差 $\hat{e}_i$ 或 r_i 来度量第 i 组数据的"远离"程度.如果它的残差 $\hat{e}_i$ 或 r_i 相对很大,那么称这组数据为异常点.

3.4.1 响应变量的异常值

对应于标准化残差较大的观察点,其响应变量的值是异常值,因为它们在 Y 方向上远离拟合方程(如在简单回归中,样本点到拟合直线的铅直距离比较大).因为标准化残差近似服从均值为 0 标准差为 1 的正态分布,标准化残差与均值(为 0)的距离大于 2 倍或 3 倍的标准差(为 1)时,即标准化残差的绝对值大于 2 或 3 时,对应的观察点称为异常点.对含有异常点的数据拟合的模型是不合理的.可以用正规的检验方法识别异常点,或者通过适当的残差图识别.

3.4.2 预测变量中的异常值

预测变量($\boldsymbol{X}$ -空间)中也可能出现异常值,它们同样会影响回归结果.前面提到的杠杆值 h_{ii} 可用来度量 $\boldsymbol{X}$ -空间中的异常程度.由定理 3.2(3)中 h_{ii} 的公式可以看出,多元回归中预测变量的值离 $\bar{\boldsymbol{x}}$ 越远,其 h_{ii} 值越大.因此,h_{ii} 可用来度量 $\boldsymbol{X}$ -空间中观测的异常程度,h_{ii} 值大的观测值就是 $\boldsymbol{X}$ -空间中的异常观测(与预测空间中其他点相比).为了与响应变量异常的观测(具有较大的标准化残差)相区别,则称在 $\boldsymbol{X}$ -空间中异常的观测为高杠杆点.

这样,我们需要构造统计量来检验残差 $\hat{e}_i$ 或 r_i 在什么情况下才算"相对很大".Ferguson[16] 提出的基于均值漂移模型的回归诊断方法是解决这一问题的基本方法.假如第 j 组数据($\boldsymbol{x}_j^{\mathrm{T}}$, y_j)是一个异常点,那么它的残差就很大.发生这种情况的原因是均值 E_{yj} 发生了非随机漂移 η : $E(y_j)=\boldsymbol{x}_j^{\mathrm{T}}\boldsymbol{\beta}+\eta$. 这样,就有一个新的模型

$$\begin{cases} y_i=\boldsymbol{x}_i^{\mathrm{T}}\boldsymbol{\beta}+e_i, \ i\neq j, \\ y_j=\boldsymbol{x}_j^{\mathrm{T}}\boldsymbol{\beta}+\eta+e_j, \ e_i\sim N(0, \sigma^2), \end{cases} \tag{3-21}$$

记 $\boldsymbol{d}_j=(0, \cdots, 0, 1, 0, \cdots, 0)^{\mathrm{T}}$,式(3-21)的矩阵形式为

$$\boldsymbol{y}=\boldsymbol{X\beta}+\boldsymbol{d}_j\eta+\boldsymbol{e}, \ \boldsymbol{e}\sim N(\boldsymbol{0}, \sigma^2\boldsymbol{I}), \tag{3-22}$$

式(3-21)和式(3-22)称为均值漂移模型(mean-shift outlier model, MSOM).要判定($\boldsymbol{x}_j^{\mathrm{T}}$, y_j)不是异常点,等价于检验假设 H : $\eta=0$.

定理 3.6 对均值漂移线性回归模型，即式(3-22)，β 和 η 的最小二乘估计分别为

$$\boldsymbol{\beta}^* = \hat{\beta}_{(j)},\ \eta^* = \frac{1}{1-h_{jj}}\hat{e}_j. \tag{3-23}$$

证明 显然 $\boldsymbol{d}_j^{\mathrm{T}}\boldsymbol{y}=y_j$，$\boldsymbol{d}_j^{\mathrm{T}}\boldsymbol{d}_j=1$.记 $\boldsymbol{X}=(\boldsymbol{x}_1, \boldsymbol{x}_2, \cdots, \boldsymbol{x}_n)^{\mathrm{T}}$，则 $\boldsymbol{X}^{\mathrm{T}}\boldsymbol{d}_j=\boldsymbol{x}_j$. 于是根据定义

$$\begin{bmatrix}\boldsymbol{\beta}^* \\ \eta^*\end{bmatrix} = \left[\begin{bmatrix}\boldsymbol{X}^{\mathrm{T}} \\ \boldsymbol{d}_j^{\mathrm{T}}\end{bmatrix}(\boldsymbol{X} \quad \boldsymbol{d}_j)\right]^{-1}\begin{bmatrix}\boldsymbol{X}^{\mathrm{T}} \\ \boldsymbol{d}_j^{\mathrm{T}}\end{bmatrix}\boldsymbol{y} = \begin{bmatrix}\boldsymbol{X}^{\mathrm{T}}\boldsymbol{X} & \boldsymbol{x}_j \\ \boldsymbol{x}_j^{\mathrm{T}} & \boldsymbol{1}\end{bmatrix}\begin{bmatrix}\boldsymbol{X}^{\mathrm{T}}\boldsymbol{y} \\ y_j\end{bmatrix},$$

根据分块矩阵的逆矩阵公式，以及 $h_{jj}=\boldsymbol{x}_j^{\mathrm{T}}(\boldsymbol{X}^{\mathrm{T}}\boldsymbol{X})^{-1}\boldsymbol{x}_j$，

$$\begin{aligned}
\begin{bmatrix}\boldsymbol{\beta}^* \\ \eta^*\end{bmatrix} &= \begin{bmatrix}(\boldsymbol{X}^{\mathrm{T}}\boldsymbol{X})^{-1}+\frac{1}{1-h_{jj}}(\boldsymbol{X}^{\mathrm{T}}\boldsymbol{X})^{-1}\boldsymbol{x}_j\boldsymbol{x}_j^{\mathrm{T}}(\boldsymbol{X}^{\mathrm{T}}\boldsymbol{X})^{-1} & -\frac{1}{1-h_{jj}}(\boldsymbol{X}^{\mathrm{T}}\boldsymbol{X})^{-1}\boldsymbol{x}_j \\ -\frac{1}{1-h_{jj}}\boldsymbol{x}_j^{\mathrm{T}}(\boldsymbol{X}^{\mathrm{T}}\boldsymbol{X})^{-1} & \frac{1}{1-h_{jj}}\end{bmatrix}\begin{bmatrix}\boldsymbol{X}^{\mathrm{T}}\boldsymbol{y} \\ y_j\end{bmatrix} \\
&= \begin{bmatrix}\hat{\boldsymbol{\beta}}+\frac{1}{1-h_{jj}}(\boldsymbol{X}^{\mathrm{T}}\boldsymbol{X})^{-1}\boldsymbol{x}_j\boldsymbol{x}_j^{\mathrm{T}}\hat{\boldsymbol{\beta}}-\frac{1}{1-h_{jj}}(\boldsymbol{X}^{\mathrm{T}}\boldsymbol{X})^{-1}\boldsymbol{x}_j y_j \\ -\frac{1}{1-h_{jj}}\boldsymbol{x}_j^{\mathrm{T}}\hat{\boldsymbol{\beta}}+\frac{1}{1-h_{jj}}y_j\end{bmatrix} \\
&= \begin{bmatrix}\hat{\boldsymbol{\beta}}-\frac{1}{1-h_{jj}}(\boldsymbol{X}^{\mathrm{T}}\boldsymbol{X})^{-1}\boldsymbol{x}_j\hat{e}_j \\ \frac{1}{1-h_{jj}}\hat{e}_j\end{bmatrix},
\end{aligned}$$

再根据式(3-14)，知命题成立.

定理 3.7 对式(3-22)，如果假设 $H: \eta=0$ 成立，则

$$F_j = \frac{(n-p-2)r_j^2}{n-p-1-r_j^2} \sim F_{1, n-p-2}. \tag{3-24}$$

证明 在约束条件 $\eta=0$ 下，式(3-22)就化为式(2-8)，于是 SS_{res}^H 为式(2-8)无约束情形的残差平方和，即

$$SS_{\mathrm{res}}^H = \boldsymbol{y}^{\mathrm{T}}\boldsymbol{y}-\hat{\boldsymbol{\beta}}^{\mathrm{T}}\boldsymbol{X}^{\mathrm{T}}\boldsymbol{y}.$$

而式(3-22)的无约束残差平方和

$$SS_{res}=\boldsymbol{y}^{T}\boldsymbol{y}-\boldsymbol{\beta}^{*T}\boldsymbol{X}^{T}\boldsymbol{y}-\eta^{*}\boldsymbol{d}_{j}^{T}\boldsymbol{y}, \tag{3-25}$$

利用定理 3.6 得

$$SS_{res}^{H}-SS_{res}=(\boldsymbol{\beta}^{*}-\hat{\boldsymbol{\beta}})^{T}\boldsymbol{X}^{T}\boldsymbol{y}+\eta^{*}\boldsymbol{d}_{j}^{T}\boldsymbol{y}=-\frac{1}{1-h_{jj}}\hat{e}_{j}\boldsymbol{x}_{j}^{T}\hat{\boldsymbol{\beta}}+\frac{\hat{e}_{j}y_{j}}{1-h_{jj}}=\frac{\hat{e}_{j}^{2}}{1-h_{jj}}, \tag{3-26}$$

式中 $\hat{e}_{j}=y_{j}-\boldsymbol{x}_{j}^{T}\hat{\boldsymbol{\beta}}$ 为第 i 组数据的残差.

利用 $\boldsymbol{\beta}^{*}$ 和 η^{*} 的具体表达式将式(3-25)进一步化简为

$$SS_{res}=\boldsymbol{y}^{T}\boldsymbol{y}-\hat{\boldsymbol{\beta}}^{T}\boldsymbol{X}^{T}\boldsymbol{y}+\frac{\hat{e}_{j}\hat{y}_{j}}{1-h_{jj}}-\frac{\hat{e}_{j}y_{j}}{1-h_{jj}}=(n-p-1)\hat{\sigma}^{2}-\frac{\hat{e}_{j}^{2}}{1-h_{jj}},$$

其中 $\hat{\sigma}^{2}=\frac{\|\boldsymbol{y}-\boldsymbol{X}\hat{\boldsymbol{\beta}}\|^{2}}{n-p-1}$. 根据定理 3.6,所求的检验统计量

$$F=\frac{SS_{res}^{H}-SS_{res}}{SS_{res}/(n-p-2)}=\frac{\dfrac{\hat{e}_{j}^{2}}{1-h_{jj}}}{\dfrac{(n-p-1)\hat{\sigma}^{2}}{n-p-2}-\dfrac{\hat{e}_{j}^{2}}{(n-p-2)(1-h_{jj})}}=\frac{(n-p-2)r_{j}^{2}}{n-p-1+r_{j}^{2}},$$

其中

$$r_{j}=\frac{\hat{e}_{j}}{\hat{\sigma}\sqrt{1-h_{jj}}},$$

为学生化残差,定理证毕.

据此,我们得到如下异常点检验方法为,对给定的显著性水平 $\alpha(0<\alpha<1)$,若

$$F_{j}=\frac{(n-p-2)r_{j}^{2}}{n-p-1-r_{j}^{2}}>F_{1,n-p-2}(\alpha),$$

则判定第 j 组数据$(\boldsymbol{x}_{j}^{T}, y_{j})$是一个异常点.

显然,根据 t 分布和 F 分布的关系,也可用 t 检验法完成上面的检验.若定义

$$t_{j}=F_{j}^{1/2}=\left[\frac{(n-p-2)r_{j}^{2}}{n-p-1-r_{j}^{2}}\right]^{1/2}\sim t_{n-p-2},$$

则对给定的显著性水平 α,当

$$|t_j| > t_{1,\,n-p-2}\left(\frac{\alpha}{2}\right)$$

时，我们拒绝假设 $H: \eta=0$. 即判定第 j 组数据($\boldsymbol{x}_j^{\mathrm{T}}$, y_j)是一个异常点.

第 3.3 节中介绍的强影响点和本节介绍的异常点这两个概念有重叠之处.强影响点不一定是异常点，异常点也不一定是强影响点，如图 3-4 的(a)所示.但确实存在有些点，既是强影响点又是异常点，如例 3.2 中图 3-5 所示.

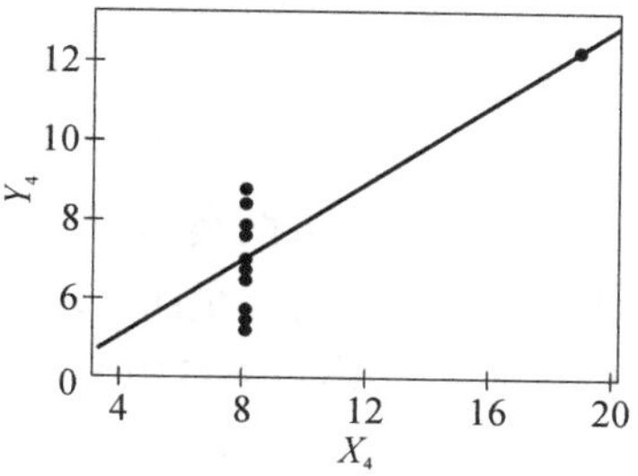

图 3-5 既是异常点又是强影响点的例子

例 3.2 在例 2.1 的广告数据集中，利用 SPSS 软件运行的结果发现第 6 号和第 131 号观测值是异常点.由例 3.1 知，第 131 号观测值在 DFFITS 指标下可以看成是强影响点(见表 3-3).

表 3-3

观测号	标准残差	y 值	预测值 $\hat{y}$	残差
6	−3.159	7.20	12.512 1	−5.312 08
131	−5.232	1.60	10.397 7	−8.797 70

和强影响点一样，如果某个公司所对应的广告销售额数据出现异常点，则首先试图理解为什么会这样以及该公司是否在某些方面与众不同？接着再深入考察数据，和那些熟悉该公司此项事务的有关人员去讨论.即使该公司并无特殊之处，去掉该公司后，利用减少后的数据集开发另一个模型.

3.5 检测误差相关性

误差项的相关性暗示着这样的可能性：现在所建立的模型还没有将数据中所包含的全部信息表达出来，当观测数据具有自然的顺序时(例如按时间顺序出现)，这种误差间的相关性就称为自相关.

产生自相关的原因可能是多方面的.在时间上或空间上，相邻数据的残差趋向于相似.经济数据中相邻数据的残差具有正相关性.大的正误差紧接着的也是正误差，大的负误差也会紧跟着负误差.从相邻地块获得的农业数据会趋向于具有相关的残差，这是因为它们会受到共同的外部环境的影响.

有时候，当回归方程的右边有一个变量被忽略时，也会出现自相关现象.如果被忽略的变量加入到回归方程以后，先前出现的自相关现象就会自然消除.自相关现象对数据分析会有若干方面的影响，现总结如下：

(1) 回归系数的最小二乘估计是无偏的，但是不再具有最小方差.

(2) σ^2 和回归系数的标准误差会被严重低估；也就是说，由数据估得的标准差会比它的实际值大大地缩小，从而给出一个假想的精确估计.

(3) 置信区间和通常采用的各种显著性检验的讨论，严格地说来不再是可信的.

我们将区分两类不同的自相关现象.第1类自相关现象只是一种表象，它是由于忽略了某个自变量而出现的现象，一旦这个变量加入方程中，这种自相关现象就自然消失了.第2类自相关可称为纯自相关.纯自相关的校正方法涉及数据的变换.

Durbin-Watson 统计量(1950)[17]、统计量(1951)[18]是回归分析中著名的自相关检验的关键统计量.该检验的基本假设为相邻的误差项是相关的，它们满足下面的关系

$$e_t = \rho e_{t-1} + \varepsilon_t,\ |\rho| < 1, \tag{3-27}$$

其中 ρ 是 e_t 与 e_{t-1} 之间的相关系数，ε_t 是独立正态随机变量序列，期望均为 0，方差为常数.在这种模型假定之下，误差称为具有一阶自回归结构或一阶自相关.在许多情况下，误差 e_t 可能具有更加复杂的相关性结构.由式(3-27)给出的一阶相依性结构，通常是作为实际误差结构的一个简单近似.

Durbin-Watson 统计量定义为

$$d = \frac{\sum_{t=2}^{n}(\hat{e}_t - \hat{e}_{t-1})^2}{\sum_{t=1}^{n}\hat{e}_t^2}, \tag{3-28}$$

其中$\hat{e}_t$是第 t 个普通最小二乘(OLS)残差.统计量 d 用于下述假设检验问题

$$\text{原假设 } H_0: \rho = 0\text{，备择假设 } H_1: \rho > 0, \tag{3-29}$$

注意 在式(3-27)中，当 $\rho = 0$ 时，误差 e_t 是互不相关的.

由于式(3-27)中的参数 ρ 是未知的，我们用下面的$\hat{\rho}$估计 ρ，

$$\hat{\rho} = \frac{\sum_{t=1}^{n}\hat{e}_t\hat{e}_{t-1}}{\sum_{t=1}^{n}\hat{e}_t^2}, \tag{3-30}$$

估计量$\hat{\rho}$与 d 之间有下列近似关系

$$d \approx 2(1-\hat{\rho}), \tag{3-31}$$

由于 $-1<\hat{\rho}<1$，因此 d 的取值范围为 $0<d<4$. 由于$\hat{\rho}$是 ρ 的估计，当 $\rho=0$ 时，d 接近于 2；当 $\rho=1$ 时，d 接近于 0；由此看出，d 的值愈接近 2，误差结构中，相互独立性的证据就愈充分.这样，d 偏离 2 的程度成为模型具有自相关性的证据.

为了检验式(3-29)，我们需要求出 d 统计量的分布.但是 d 的分布依赖于设计阵 $\boldsymbol{X}$，因此我们不仅无法得到 d 的精确分布，就是渐近分布也很难求得.在给定的显著性水平下，Durbin 和 Watson 给出了 d 的上界 d_U和下界 d_L(读者可在网上自行查询)，按如下方法做出决策：

(1) $0<d<d_L$，则拒绝 $H_0: \rho=0$，而认为正相关 $\rho>0$ 是显著的.

(2) $d_L \leqslant d \leqslant d_U$，则无法做出结论.

(3) $d_U<d<4-d_U$，则不拒绝 $H_0: \rho=0$.

(4) $4-d_U \leqslant d \leqslant 4-d_L$，则无法做出结论.

(5) $4-d_L<d<4$，则拒绝 $H_0: \rho=0$，而认为负相关 $\rho<0$ 是显著的.

我们可以通过图 3-6 来形象地说明 D-W 检验的否定域.

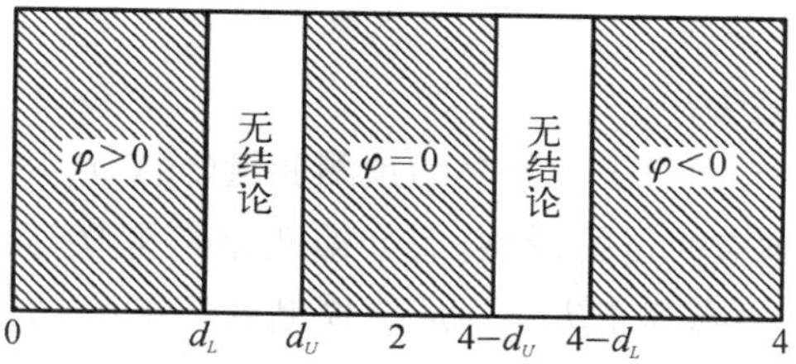

图 3-6　D-W 检验否定域示意图

例 3.3　在例 2.1 的广告数据集中，Durbin-Watson 值为 2.081，这说明接受模型误差项之间是不相关的原假设.

3.6 模型拟合缺失检验

模型拟合缺失检验，也称失拟检验(lack-of-fit test in models)是一种用来判断回归模型是否可以接受的检验.我们知道，判断模型好坏主要通过残差分析，而残差是由两部分组成的：一部分是随机的，即使模型拟合得再好，它也消除不了，称为随机误差或纯误差；另一部分与模型有关，模型合适，这部分的值就小，模型不合适，这部分的值就大，称为失拟误差.失拟检验就是以失拟误差对纯误差的相对大小来作判断的：倘若失拟误差显著地大于纯误差，那么就放弃模型；如并不显著地大于纯误差，那么就可以接受该模型.如果设定的函数形式真实地反映了那些感兴趣变量的关系，相应的估计或推断过程将是可靠并有效的；如果回归模型的设定是错误的，那么统计推断可能是误导的、甚至是灾难性的.因此，评估回归函数参数形式的充分性将是回归建模不可缺少的部分.较深层次的失拟检验方法需要利用重复观测数据，这导致这套方法在试验性学科领域，特别是在工业实际应用及试验设计方面应用较多，而在经济学领域由于重复观测数据不易获得，导致这套理论的应用似乎不多见.对失拟检验有兴趣的读者可以参考其他文献[19-24]的内容，简单介绍应用偏回归残差进行模型拟合缺失检测的方法，该方法比较适合于金融经济领域.

当模型的预测变量个数多于 1 个时，可以考虑用偏回归残差（partial regression residuals）侦测模型拟合缺失.对于模型中的第 j 个预测变量，x_j，其相应的偏残差计算如下

$$\hat{\varepsilon}^* = y - (\hat{\beta}_0 + \hat{\beta}_1 x_1 + \hat{\beta}_2 x_2 + \cdots + \hat{\beta}_{j-1} x_{j-1} + \hat{\beta}_{j+1} x_{j+1} + \cdots + \hat{\beta}_p x_p) \tag{3-32}$$

$$= \hat{\varepsilon} + \hat{\beta}_j x_j \tag{3-33}$$

式中 $\hat{\varepsilon}$ 是通常的回归残差.

偏回归残差（pres）度量了在其余的预测变量（$x_1, x_2, \cdots, x_{j-1}, x_{j+1}, \cdots, x_p$）被移除后 x_j 对响应变量的影响，假如偏残差 $\hat{\varepsilon}^*$ 是关于 x_j 在一直线上的回归，导致的最小二乘斜率等于 $\hat{\beta}_j$——从全模型获得的 β 估计.所以，当描绘偏残差关于 x_j 的散点图时，散点应该在斜率为 $\hat{\beta}_j$ 的直线附近.如果散点过于不寻常地偏离这条直线，那就意味着对预测变量 x_j 拟合缺失.

图 3－7 描绘了偏残差关于预测变量电视和广播的散点图，由此图看出，可以接受销售额关于电视和广播广告投入额呈线性关系的模型假设.

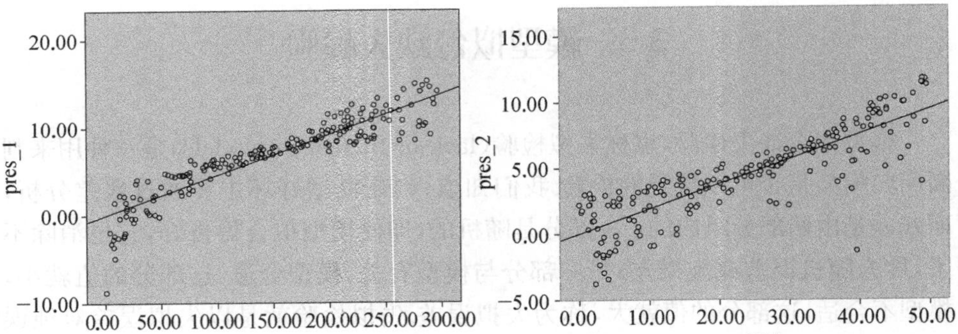

图 3－7　偏残差关于预测变量的散点图

习 题 3

1. 证明定理 3.2.(提示：① 利用 $\mathrm{tr}(\boldsymbol{H})=\sum_{i=1}^{n}h_{ii}$ 证明 $\sum_{i=1}^{n}h_{ii}=p+1$，利用 $\boldsymbol{H}^2=\boldsymbol{H}$ 可以证明 $0\leqslant h_{ii}\leqslant 1$；② 利用分块矩阵的求逆公式展开关系式 $h_{ii}=\boldsymbol{x}_i^{\mathrm{T}}(\boldsymbol{X}^{\mathrm{T}}\boldsymbol{X})^{-1}\boldsymbol{x}_i$，并注意到 $\boldsymbol{x}_i$ 的第一个分量为 1.)

2. 在数据删除线性回归模型式(3－8)中，删除第 i 个数据点前后拟合值之间有如下关系：

$$\hat{y}_i=h_{ii}y_i+(1-h_{ii})\,\hat{y}_{(i)}$$

3. 在数据删除线性回归模型式(3－8)中，如果 $\boldsymbol{e}\sim N(\boldsymbol{0},\ \sigma^2\boldsymbol{I})$，试证明

(1) $SS_{\mathrm{res},\ (i)}\sim\sigma^2\chi^2(n-p-2)$，$\dfrac{\hat{e}_i^2}{1-h_{ii}}\sim\sigma^2\chi^2(1)$.

(2) $SS_{\mathrm{res},\ (i)}$ 与 $\dfrac{\hat{e}_i^2}{1-h_{ii}}$ 独立.

(3) $\dfrac{SS_{\mathrm{res},\ (i)}}{SS_{\mathrm{res}}}\sim\beta\left(\dfrac{n-p-2}{2},\ \dfrac{1}{2}\right)$，$b_i=\dfrac{1}{n-p-1}r_i^2\sim\beta\left(\dfrac{1}{2},\ \dfrac{n-p-2}{2}\right)$.

4. 试证明关系式(3－18)和式(3－20).

5. 在第 2 章习题 22 中，继续完成统计建模实验报告的以下内容：

(1) 方差齐性检验，正态性检验，误差相关性的 DW 检验.

(2) 强影响点分析，异常点分析.

(3) 模型失拟检测.

(4) 你也可以不使用本书提供的案例，而从网络上收集你感兴趣领域的相关多元数据完成以上检验实验.

6. 美国海军试图建立一些方程来估计操作某些海军设备所需的人力，表 3－4 给出了 BOQ 设备的数据.这些设备取自 25 个使用 BOQ 设备的点.其中各变量的意义如下：x_1 为每天平均占有率；x_2 为每月平均执勤人数；x_3 为每周服务台工作时间(小时数)；x_4 为一般使用面积(平方英尺)；x_5 为建筑物侧厅的数目；x_6 为操作余地；x_7 为房间数；y 为每月所需人力(人数—小时).

表 3-4 BOQ 数据

No.	x_1	x_2	x_3	x_4	x_5	x_6	x_7	y
1	2.00	4.00	4.00	1.26	1	6	6	180.23
2	3.00	1.58	40.00	1.25	1	5	5	182.61
3	16.60	23.78	40.00	1.00	1	13	13	164.38
4	7.00	2.37	168.00	1.00	1	7	8	284.55
5	5.30	1.67	42.50	7.79	3	25	25	199.92
6	16.50	8.25	168.00	1.12	2	19	19	267.38
7	25.89	3.00	40.00	0.00	3	36	36	990.09
8	44.42	159.75	168.00	0.60	18	48	48	1 103.2
9	39.63	50.86	40.00	27.37	10	77	77	944.21
10	31.92	40.08	168.00	5.52	6	47	47	931.84
11	97.33	255.08	168.00	19.00	6	165	130	2 268.1
12	56.63	373.42	168.00	6.03	4	36	37	1 489.5
13	96.67	206.67	168.00	17.86	14	120	120	1 891.7
14	54.58	207.08	168.00	7.77	6	66	66	1 387.8
15	113.88	981.00	168.00	24.48	6	166	179	3 559.9
16	149.58	233.83	168.00	31.07	14	185	202	3 115.3
17	134.32	145.82	168.00	25.99	12	192	192	2 227.8
18	188.74	937.00	168.00	45.44	26	237	237	4 804.2
19	110.24	410.00	168.00	20.05	12	115	115	2 628.3
20	96.83	677.33	168.00	20.31	10	302	210	1 880.8
21	102.33	288.83	168.00	21.01	14	131	131	3 036.6
22	274.92	695.25	168.00	46.63	58	363	363	5 540.0
23	811.08	714.33	168.00	22.76	17	242	242	3 534.5
24	384.50	1 473.66	168.00	7.36	24	540	453	8 266.8
25	95.00	368.00	168.00	30.26	9	292	196	1 845.9

试建立 y 关于 x_1，x_2，…，x_7 的多元线性回归模型，并评判数据中的异常点和强影响点以及方差是否齐性.

4 校正模型设定的不恰当性——数据变换与加权最小二乘法

4.1 方差稳定化变换与线性化变换

数据出现方差非齐性的原因很多,其中有一种情形可以通过方差稳定化变换达到方差齐性,即方差 $\mathrm{var}(y_i)=\sigma_i^2$ 与均值 $E(y_i)=\mu_i$ 有密切关系,可以表示为一个初等函数: $\sigma_i=\phi(\mu_i)$. 以下引理为方差稳定化变换的基础.

引理 4.1 设 $\mathrm{var}(y)=\sigma^2$, $E(y)=\mu$,且有关系 $\sigma=\phi(\mu)>0$. 若 $z=h(\cdot)$ 为可微函数且满足以下关系式

$$z=h(y)=\sigma_0\int\frac{1}{\phi(y)}\mathrm{d}y, \tag{4-1}$$

则 $z=h(y)$ 和 $\tilde{z}=kz+b$ 的方差都近似为常数 σ_0,其中 k,b 是与 σ, μ 无关的常数.

证明 $z=h(y)$ 的一阶展开可表示为

$$z=h(y)=h(\mu)+h'(\mu)(y-\mu)+o(1),$$

则 $\mathrm{var}(z)\approx[h'(\mu)]^2\mathrm{var}(y)=[h'(\mu)]^2\phi^2(\mu)$.若 $[h'(\mu)]^2\phi^2(\mu)=\sigma_0^2$ 为常数,则必有 $h'(\mu)=\dfrac{1}{\phi(\mu)}\sigma_0$, 即 $h(\mu)=\sigma_0\displaystyle\int\frac{1}{\phi(\mu)}\mathrm{d}\mu$. 因此式(4-1)成立. 而 $\mathrm{var}(\tilde{z})=k^2\mathrm{var}(z)\approx k^2\sigma_0^2$ 亦为常数.

根据式(4-1),我们可以得到以下常见的方差稳定化变换:

(1) 若 $\mathrm{var}(y_i)\propto E(y_i)$,则做平方根变换 $z_i=\sqrt{y_i}$,这种情况往往对应于 Poisson 型数据,因为这时 $\sigma=\phi(\mu)=k\sqrt{\mu}$,因此有

$$z=h(y)=\sigma_0\int\frac{1}{\phi(y)}\mathrm{d}y=\sigma_0\int\frac{1}{k\sqrt{y}}\mathrm{d}y=\frac{\sigma_0}{2k}\sqrt{y}+c. \tag{4-2}$$

(2) 若 $\mathrm{var}(y_i)\propto E(y_i)^2$,则做对数变换 $z_i=\log(y_i)$,因为这时 $\sigma=\phi(\mu)=$

$k\mu$，因此有

$$z = h(y) = \sigma_0 \int \frac{1}{\phi(y)} \mathrm{d}y = \sigma_0 \int \frac{1}{ky} \mathrm{d}y = \frac{\sigma_0}{k} \log y + c. \tag{4-3}$$

(3) 若 $\mathrm{var}(y_i) \propto E(y_i)^{-2}$，则做平方变换 $z_i = y_i^2$.

因为这时 $\sigma = \phi(\mu) = k\mu^{-1}$，因此有

$$z = h(y) = \sigma_0 \int \frac{1}{\phi(y)} \mathrm{d}y = \sigma_0 \int k^{-1} y \mathrm{d}y = \frac{\sigma_0}{2k} y^2 + c, \tag{4-4}$$

进一步的讨论可参见 Carroll 和 Ruppert(1989)[25]、韦博成等(2009)[14].

(4) 若 $\mathrm{var}(y_i) \propto E(y_i)[1 - E(y_i)]$，则做变换 $z_i = \arcsin(\sqrt{y_i})$，对应成功比率为 y_i 的二项分布数据，其中 $0 \leqslant y_i \leqslant 1$.

因为这时 $\sigma = \phi(\mu) = k\sqrt{\mu(1-\mu)}$，因此有

$$z = h(y) = \sigma_0 \int \frac{1}{\phi(y)} \mathrm{d}y = \sigma_0 \int \frac{1}{k\sqrt{y(1-y)}} \mathrm{d}y = \frac{\sigma_0}{k} \arcsin(\sqrt{y}) + c. \tag{4-5}$$

例 4.1 本例航空损害事故数据集取自 S. Chatterjee 和 A. S. Hadi (2012)[26]：表 4-1 给出了某一年从纽约出发的 9 条($n=9$)主要美国航线上发生的损害事故数 Y 及各航线的航班数占总航班数的比例 N，图 4-1 中图(a)是相应的散点图.用 f_i 和 y_i 分别表示该年第 i 条航线的航班总数和发生的损害事故数.于是，第 i 条航线的航班数占总航班数的比例 n_i 为

$$n_i = \frac{f_i}{\sum f_i},$$

如果各条航线是同样安全的，则损害事故数可用如下模型解释

$$y_i = \beta_0 + \beta_1 n_i + e_i, \tag{4-6}$$

其中 β_0 和 β_1 是常数，e_i 是随机误差.

表 4-1 各航线的损害事故数 Y 及相应的航班比例 N

行号	Y	N	行号	Y	N	行号	Y	N
1	11	0.095 0	4	19	0.207 8	7	3	0.129 2
2	7	0.192 0	5	9	0.138 2	8	1	0.050 3
3	7	0.075 0	6	4	0.054 0	9	3	0.062 9

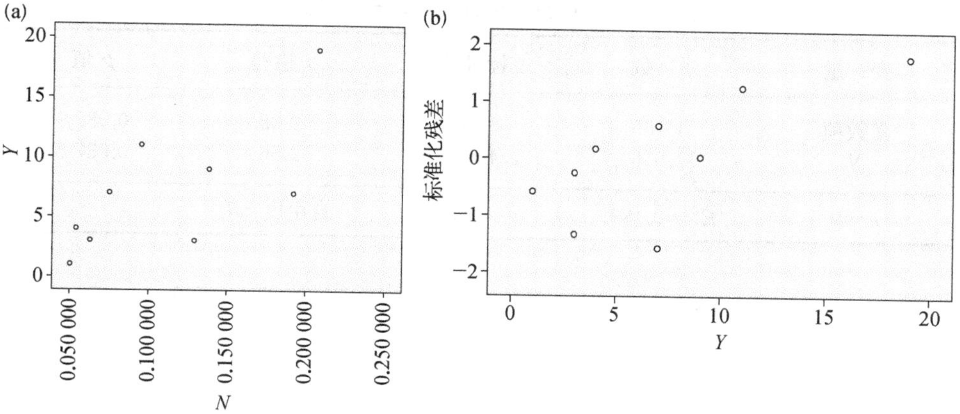

图 4-1　Y 关于 N 的散点图与标准化残差关于响应变量 Y 的散点图

表 4-2 给出了拟合式(4-6)的结果.图 4-1 中图(b)是关于 N 的残差图.从这个图看出残差随 N 的增大而增大,因此,似乎违背了方差齐性的假定.因为损害事故数可能是一个泊松分布,其方差与均值成比例.为保证方差齐性假定,我们做平方根变换.我们用 $Z=\sqrt{Y}$ 而不是 Y 进行下面的分析,$\sqrt{Y}$ 的方差近似为 0.25,并且比原始变量更近似服从正态分布.

表 4-2　回归系数估计(Y 关于 N 做回归)

变　量	系　数	标准差	t 检验	p 值
常数项	−0.14	3.14	−0.045	0.965 7
N	64.98	25.20	2.580	0.036 5
$n=9$	$R^2=0.487$	$\hat{\sigma}=4.201$	自由度=7	

因此,我们考虑拟合模型

$$z_i=\beta_0^t+\beta_1^t n_i+e_i,\ z_i=\sqrt{y_i}. \tag{4-7}$$

表 4-3 给出了拟合式(4-7)的结果.图 4-2 是式(4-7)标准化残差关于响应变量 $Z=\sqrt{Y}$ 的散点图,它在[−2, 2]分布比较均匀.这表明变换后的模型不再违背方差齐性假定.$Z=\sqrt{Y}$ 关于 N 的拟合方程的判定系数 0.48,还需要考虑其他的影响因素.

表 4-3　回归系数估计($\sqrt{Y}$关于 N 做回归)

变　量	系　数	标准差	t 检验	p 值
常数项	1.169	0.578	2.02	0.082 9
N	11.856	4.638	2.56	0.037 8
$n=9$	$R^2=0.483$	$\hat{\sigma}=0.773$	自由度=7	

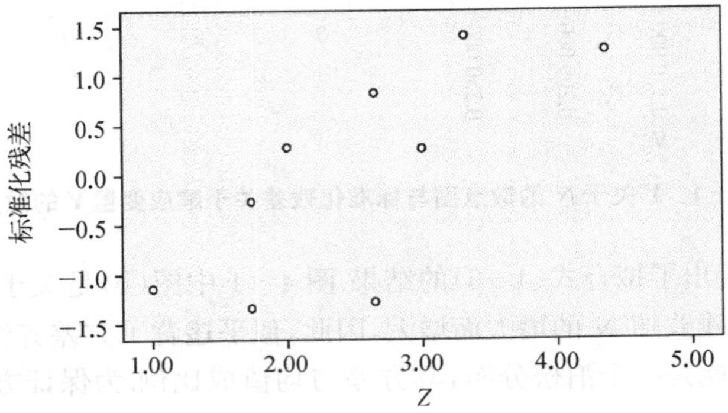

图 4-2　标准化残差关于响应变量$\sqrt{Y}$的散点图

4.2　治疗方案：Box-Cox 变换

在做线性回归的过程中，不可观测的误差可能会与预测变量相关，这给线性回归的最小二乘法估计系数的结果带来误差，为了解决这样的方差非齐性问题，考虑对相应的响应变量做 Box-Cox 变换，变换之后，可以一定程度上减小不可观测的误差和预测变量的相关性.也就是说，在实际使用数据分析的时候，想对数据做正态性假设，但是数据往往不是正态分布的.这个时候需要考虑 Box-Cox 变换.

Box-Cox 变换是对回归响应变量 Y 作如下变换

$$Y^{(\lambda)}=\begin{cases}\dfrac{Y^{\lambda}-1}{\lambda}, & \lambda\neq 0,\\ \ln Y, & \lambda=0,\end{cases} \tag{4-8}$$

这里 λ 是一个待定参数.对因变量 Y 的 n 个观测值 $y_1,\ y_2,\ \cdots,\ y_n$，应用上述变换，我们得到变换后的向量

$$\boldsymbol{y}^{(\lambda)}=(y_1^{(\lambda)},\ y_2^{(\lambda)},\ \cdots,\ y_n^{(\lambda)})^{\mathrm{T}}.$$

我们要确定变换参数 λ，使得 $\boldsymbol{y}^{(\lambda)}$ 满足

$$\boldsymbol{y}^{(\lambda)}=\boldsymbol{X\beta}+\boldsymbol{e},\ \boldsymbol{e}\sim N(\boldsymbol{0},\ \sigma^2\boldsymbol{I}),\tag{4-9}$$

这就是说，我们要求通过响应变量的变换，使得变换过的向量 $\boldsymbol{y}^{(\lambda)}$ 与回归自变量具有线性相依关系，误差也服从正态分布，误差各分量是等方差且相互独立.因此，Box-Cox 变换是通过参数 λ 的适当选择，达到对原来数据的"综合治理"，使其满足一个正态线性回归模型的所有假设.

通常我们用极大似然方法来确定 λ.因为 $\boldsymbol{y}^{(\lambda)}\sim N(\boldsymbol{X\beta},\ \sigma^2\boldsymbol{I})$，所以对固定的 $\boldsymbol{\lambda}$，$\boldsymbol{\beta}$ 和 σ^2 关于 $\boldsymbol{y}^{(\lambda)}$ 的似然函数为

$$L(\boldsymbol{\beta},\ \sigma^2)=\frac{1}{(\sqrt{2}\pi\sigma)^n}\exp\left\{-\frac{1}{2\sigma^2}(\boldsymbol{y}^{(\lambda)}-\boldsymbol{X\beta})^{\mathrm{T}}(\boldsymbol{y}^{(\lambda)}-\boldsymbol{X}\beta)\right\}J,\tag{4-10}$$

这里 J 为变换的 Jacobi 行列式 $J=\prod_{i=1}^{n}\left|\frac{\mathrm{d}y_i^{(\lambda)}}{\mathrm{d}y_i}\right|=\prod_{i=1}^{n}y_i^{\lambda-1}$ 因此，当 λ 固定时，J 是不依赖于参数 β 和 σ^2 的常数因子.$L(\beta,\ \sigma^2)$ 其余部分关于 β 和 σ^2 求导数，令其等于零，可以求得 β 和 σ^2 的极大似然估计

$$\hat{\beta}(\lambda)=(\boldsymbol{X}^{\mathrm{T}}\boldsymbol{X})^{-1}\boldsymbol{X}^{\mathrm{T}}\boldsymbol{y}^{(\lambda)},\tag{4-11}$$

$$\hat{\sigma}^2(\lambda)=\frac{1}{n}\boldsymbol{y}^{(\lambda)}(\boldsymbol{I}-\boldsymbol{X}(\boldsymbol{X}^{\mathrm{T}}\boldsymbol{X})^{-1}\boldsymbol{X}^{\mathrm{T}})\boldsymbol{y}^{(\lambda)}=\frac{1}{n}SS_{\mathrm{res}}(\lambda,\ \boldsymbol{y}^{(\lambda)}),$$

这里残差平方和

$$SS_{\mathrm{res}}(\lambda,\ \boldsymbol{y}^{(\lambda)})=\boldsymbol{y}^{(\lambda)\mathrm{T}}(\boldsymbol{I}-\boldsymbol{X}(\boldsymbol{X}^{\mathrm{T}}\boldsymbol{X})^{-1}\boldsymbol{X}^{\mathrm{T}})\boldsymbol{y}^{(\lambda)},$$

对应的似然函数最大值为

$$L_{\max}=L(\hat{\beta}(\lambda),\ \hat{\sigma}^2(\lambda))=(2\pi\boldsymbol{e})^{-\frac{n}{2}}J\left(\frac{SS_{\mathrm{res}}(\lambda,\ \boldsymbol{y}^{(\lambda)})}{n}\right)^{-\frac{n}{2}},\tag{4-12}$$

这是 λ 的一元函数，通过求它的最大值来确定 λ.对式(4-12)求对数，略去与 λ 无关的常数，得

$$\begin{aligned}\ln L_{\max}(\lambda)&=-\frac{n}{2}\ln SS_{\mathrm{res}}(\lambda,\ \boldsymbol{y}^{(\lambda)})+\ln J\\&=-\frac{n}{2}\ln\left[\frac{\boldsymbol{y}^{(\lambda)\mathrm{T}}}{J^{1/n}}(\boldsymbol{I}-\boldsymbol{X}(\boldsymbol{X}^{\mathrm{T}}\boldsymbol{X})^{-1}\boldsymbol{X}^{\mathrm{T}})\frac{\boldsymbol{y}^{(\lambda)}}{J^{1/n}}\right]\\&=-\frac{n}{2}\ln SS_{\mathrm{res}}(\lambda,\ \boldsymbol{z}^{(\lambda)}),\end{aligned}\tag{4-13}$$

其中

$$SS_{\text{res}}(\lambda, \boldsymbol{z}^{(\lambda)}) = \boldsymbol{z}^{(\lambda)\text{T}}(\boldsymbol{I} - \boldsymbol{X}(\boldsymbol{X}^{\text{T}}\boldsymbol{X})^{-1}\boldsymbol{X}^{\text{T}})\boldsymbol{z}^{(\lambda)}, \tag{4-14}$$

$$\boldsymbol{z}^{(\lambda)} = (z_1^{(\lambda)}, z_2^{(\lambda)}, \cdots, z_n^{(\lambda)})^{\text{T}},$$

$$z_i^{(\lambda)} = \begin{cases} \dfrac{y_i^{\lambda}}{(\prod\limits_{i=1}^{n} y_i)^{\frac{\lambda-1}{n}}}, & \lambda \neq 0, \\ (\ln y_i)(\prod\limits_{i=1}^{n} y_i)^{\frac{1}{n}}, & \lambda = 0, \end{cases} \tag{4-15}$$

最后选择 λ 使式(4-13)达到最大，也就是使式(4-14)达到最小.

Box-Cox 变换的具体步骤如下：

(1) 对给定的 λ，根据式(4-15)计算 $z_i^{(\lambda)}$.

(2) 利用式(4-14)计算残差平方和 $SS_{\text{res}}(\lambda, \boldsymbol{z}^{(\lambda)})$.

(3) 对一系列的 λ 值，重复上述步骤，得到相应的残差平方和 $SS_{\text{res}}(\lambda, \boldsymbol{z}^{(\lambda)})$ 的一串值.以 λ 为横轴，$SS_{\text{res}}(\lambda, \boldsymbol{z}^{(\lambda)})$ 为纵轴，做出相应的曲线.用直观方法，找出使 $SS_{\text{res}}(\lambda, \boldsymbol{z}^{(\lambda)})$ 达到最小值的点 $\hat{\lambda}$.

(4) 利用式(4-11)求出 $\hat{\boldsymbol{\beta}}(\lambda) = \boldsymbol{X}(\boldsymbol{X}^{\text{T}}\boldsymbol{X})^{-1}\boldsymbol{X}^{\text{T}}\boldsymbol{y}^{(\lambda)}$.

例 4.2 表 4-4 的数据来自 Douglas C. Montgomery(2001)[27]，记录了 1979 年 8 月 53 位居民客户的用电需求量(y)(kW)和能耗(x)(kW·h)数据.建立用电需求量峰值与总能耗的关系对于供电部门规划夏季满足居民最大用电需求具有重要意义.我们首先拟合一个 y 关于 x 的线性模型

$$\hat{y} = -0.831\,3 + 0.003\,68x,$$

此模型拟合后的残差散点图如图 4-3 中图(a)所示，呈现喇叭口张开状，说明误差存在异方差.

现根据式(4-8)对响应变量 y 做 Box-Cox 变换 $y^* = (y^{\lambda} - 1)/\lambda$，对于 λ 的各种不同取值所对应的残差平方和如表 4-5 所示，而更为细致的曲线图如图 4-3 中图(b)所示.取 $\lambda = 0.5$，拟合的经验回归方程为

$$\hat{y}^* = 0.582\,2 + 0.000\,952\,9x,$$

此模型拟合后的残差散点图如图 4-3 中图(c)所示，此散点图已无明显的趋势，说明误差不存在异方差.图 4-3 中图(d)为最后还原成的 y 关于 x 的指数曲线，拟合模型的其他各项指标都满足一般建模要求.

SPSS软件并没有配置Box-Cox变换的功能，我们这里是利用R软件的"MASS"包中的"Box-Cox"功能来完成的.以上过程在R软件上实施的相应代码整理在下面的"小贴士"中.

表4-4　53位居民客户用电需求量(y)与能耗(x)数据，1979年8月

客户号	x/(kW·h)	y/kW	客户号	x/(kW·h)	y/kW
1	679	0.79	**28**	1 748	4.88
2	292	0.44	**29**	1 381	3.48
3	1 012	0.56	**30**	1 428	7.58
4	493	0.79	**31**	1 255	2.63
5	582	2.70	**32**	1 777	4.99
6	1 156	3.64	**33**	370	0.59
7	997	4.73	**34**	2 316	8.19
8	2 189	9.50	**35**	1 130	4.79
9	1 097	5.34	**36**	463	0.51
10	2 078	6.85	**37**	770	1.74
11	1 818	5.84	**38**	724	4.10
12	1 700	5.21	**39**	808	3.94
13	747	3.25	**40**	790	0.96
14	2 030	4.43	**41**	783	3.29
15	1 643	3.16	**42**	406	0.44
16	414	0.50	**43**	1 242	3.24
17	354	0.17	**44**	658	2.14
18	1 276	1.88	**45**	1 746	5.71
19	745	0.77	**46**	468	0.64
20	435	1.39	**47**	1 114	1.90
21	540	0.56	**48**	413	0.51
22	874	1.56	**49**	1 787	8.33
23	1 543	5.28	**50**	3 560	14.94
24	1 029	0.64	**51**	1 495	5.11
25	710	4.00	**52**	2 221	3.85
26	1 434	0.31	**53**	1 526	3.93
27	8.37	4.20			

表 4-5 λ 各种取值下的残差平方和

λ	$SS_{Res}(\lambda)$	λ	$SS_{Res}(\lambda)$
−2	34 101.038 1	0.375	100.256 1
−1	986.042 3	0.5	96.949 5
−0.5	291.583 4	0.625	97.288 9
0	134.094 0	0.75	101.686 9
0.125	118.198 2	1	126.866 0
0.25	107.205 7	2	1 275.555 5

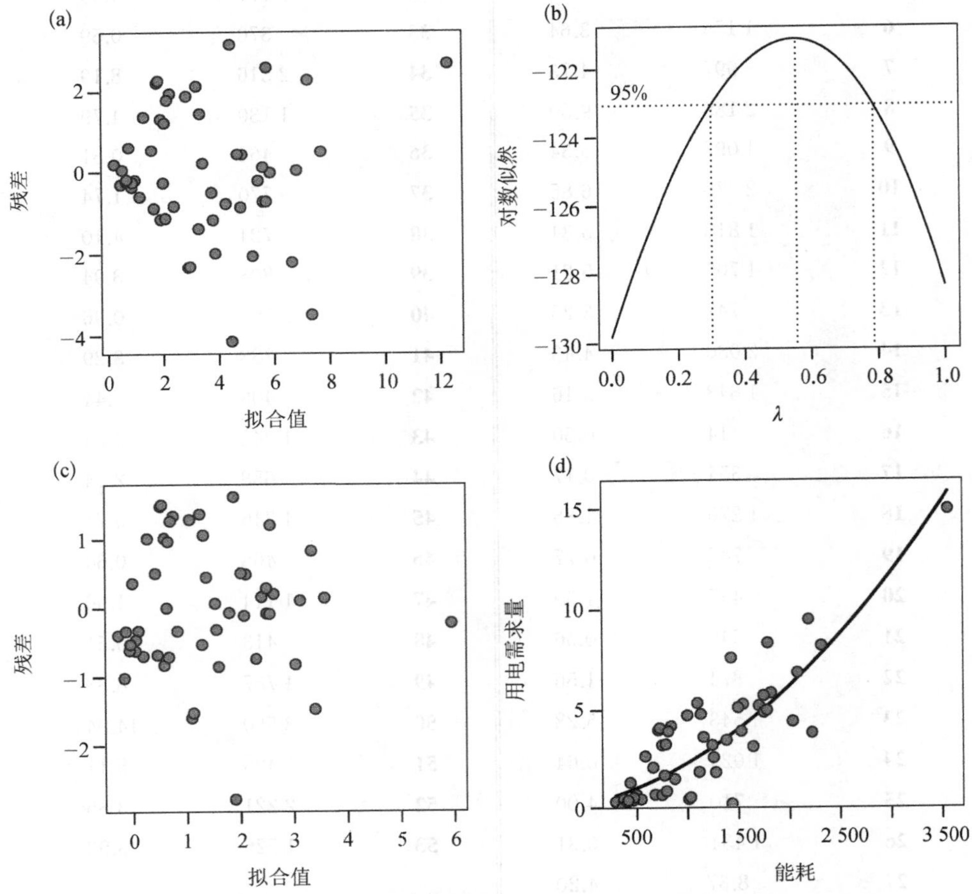

图 4-3 居民用电量数据 Box-Cox 变换参数选择

“居民客户用电需求量数据 Box - Cox 变换”R 代码小贴士

```
> library(foreign)
> electric<-read.spss("electric.sav",to.data.frame = TRUE)
> attach(electric)
> lm4.sol<-lm(demand~energy);summary(lm4.sol)
> library(MASS)
> op <- par(mfrow = c(2,2), mar = .4 + c(4,4,1,1), oma = c(0,0,2,0))
> plot(fitted(lm4.sol),resid(lm4.sol),cex = 1.2,pch = 21,col = "red",bg
  = "orange",xlab = "Fitted Value",ylab = "Residuals")
> boxcox(lm4.sol,lambda = seq(0,1,by = 0.1))
> lambda<-0.5
> Ylam<- (demand ^ lambda - 1)/lambda
> lm.lam<-lm(Ylam~energy)
> summary(lm.lam)
> plot(fitted(lm.lam),resid(lm.lam),cex = 1.2,pch = 21,col = "red", bg =
  "orange",xlab = "Fitted Value",ylab = "Residuals")
> beta0<-lm.lam $coefficients[1]
> beta1<-lm.lam $coefficients[2]
> curve((1 + lambda* (beta0 + beta1* x))^(1/lambda),from = min(energy),
  to = max(energy), col = "blue",lwd = 2,xlab = "Energy Usage", ylab =
  "Demand")
> points(energy,demand, pch = 21, cex = 1.2, col = "red", bg = "orange")
> mtext("Box - Cox Transformations", outer = TRUE, cex = 1.5)
> par(op)
> detach(electric)
```

4.3 对数变换

在 Box - Cox 变换中，当 $\lambda=0$ 时即为对数变换.对数变换是回归分析中使用最广泛的变换之一，它不是直接用原数据而是用数据的对数进行统计分析.当所分析变量的标准差相对于均值而言比较大时，这种变换特别有用.对数据作对数变换常常起到降低数据的波动性和减少不对称性的作用.这一变换也能有效消除异方差性.

例 4.3 表 4-6 中的软件开发项目数据取自 Katrina D. Maxwell(2002)[28]，它描述了某家银行中大型机环境中运行的 34 个 COBOL 应用程序.其中，大多数程序除了 COBOL 之外还使用了其他语言.表 4-7 定义了各变量的含义.

表 4-6 软件项目数据

id	effort	size	app	Telon use	t13	t14
2	7 871	647	TransPro	No	4	3
3	845	130	TransPro	No	4	3
5	21 272	1 056	CustServ	No	3	1
6	4 224	383	TransPro	No	5	3
8	7 320	209	TransPro	No	4	1
9	9 125	366	TransPro	No	3	1
15	2 565	249	InfServ	No	2	3
16	4 047	371	TransPro	No	3	2
17	1 520	211	TransPro	No	3	2
18	25 910	1 849	TransPro	Yes	3	2
19	37 286	2 482	TransPro	Yes	3	1
21	11 039	292	TransPro	No	4	1
25	10 447	567	TransPro	Yes	2	1
26	5 100	467	TransPro	Yes	2	2
27	63 694	3 368	TransPro	No	4	1
30	1 745	185	InfServ	No	4	3
31	1 798	387	CustServ	No	3	2
32	2 957	430	MIS	No	3	3
33	963	204	TransPro	No	3	2
34	1 233	71	TransPro	No	2	3
38	3 850	548	CustServ	No	4	2
40	5 787	302	MIS	No	2	3
43	5 578	227	TransPro	No	2	2
44	1 060	59	TransPro	No	3	2
45	5 279	299	InfServ	Yes	3	1
46	8 117	422	CustServ	No	3	1
50	1 755	193	TransPro	No	2	3
51	5 931	1 526	InfServ	Yes	4	2
53	3 600	509	TransPro	No	4	1

续　表

id	effort	size	app	Telon use	t13	t14
54	4 557	583	MIS	No	5	2
55	8 752	315	CustServ	No	3	2
56	3 440	138	CustServ	No	4	2
58	13 700	423	TransPro	No	4	1
61	4 620	204	InfServ	Yes	3	1

注：此表中变量定义见表 4 - 7.

表 4 - 7　变量的定义

变　量	全　　名	定　　义
id	identification number（标识号）	每一个项目的唯一标识号
effort	effort（投入工作量）	软件供应商从制定规范到交付软件期间所做的工作，度量单位是小时
size	application size（应用程序规模）	利用“经验法”测得的函数个数
app	application type（应用程序类型）	CustServ=customer service（客户服务） MIS=management information system（管理信息系统） TransPro=transaction processing（事物处理） InfServ=information/on-line service（信息/在线服务）
Telon use	Telon 使用情况	Telon 是一种自动生成代码的工具 No=未使用 Telon，Yes=已使用 Telon
t13	人员的应用程序知识	项目团队（供应商和顾客）拥有的应用领域知识： 1=非常低.团队拥有的平均应用程序经验少于 6 个月 2=低.平均应用程序经验 6～12 个月 3=标准.平均应用程序经验 1～3 年 4=高.供应商和顾客都有较好的应用程序经验，平均应用程序经验 3～6 年 5=非常高.供应商和顾客都很了解应用程序，平均应用程序经验多于 6 年
t14	人员的工具技能	项目启动时，项目团队（供应商和顾客）对开发工具和文档工具等的经验水平： 1=低.平均经验 1～12 个月 2=标准.平均经验 1～3 年 3=高.平均经验多于 3 年

我们首先描绘 effort 与 size 的散点图，如图 4－4 中图(a)所示，数据集中有几个项目的 effort 非常高或 size 非常大，它也包含了很多 effort 较低、size 较小的项目.这是软件开发项目数据库的典型现象.表 4－6 中，投入工作量 effort 的均值为 8 734.91，标准差为 12 355.46.标准差是均值的 1.41 倍.应用程序规模 size 的均值为 578.588 2，标准差为 711.758 39.标准差是均值的 1.23 倍.另外，图 4－5 中 effort 和 size 这两个变量的频率分布图表明，它们并不满足正态分布.为了接近正态分布，必须变换这些变量.

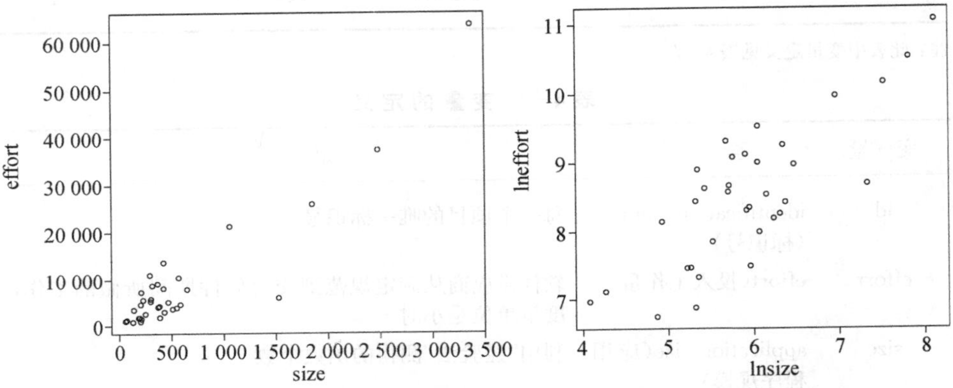

图 4－4　effort 关于 size 及 lneffort 关于 lnsize 散点图

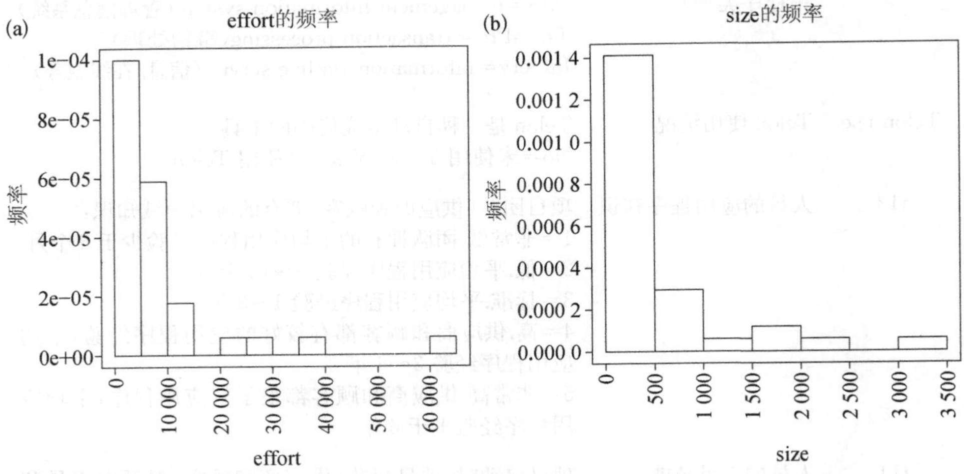

图 4－5　effort 和 size 频率图

如果我们拟合如下投入工作量与应用程序规模，人员的工具技能的回归方程

$$\text{effort} = \beta_0 + \beta_1 \text{size} + \beta_2 \text{t14} + e, \tag{4-16}$$

则相应的回归残差分析图如图 4-6 中图(a)所示.可以看到“平面上的点($\hat{y}_i$, r_i), $i=1, 2, \cdots, n$ 表现了明显的向$\hat{y}_i$轴正方向张开的趋势”(这里 $y=$effort).从而说明,如果我们采用式(4-16),它的误差项不满足 Gauss-Markov 假设.图 4-6 中图(b)的 Box-Cox 变换建议我们λ 可以取在[0.05, 0.6]范围内,对投入工作量(effort)取对数也有一定的可信度.于是我们试建立下面的回归方程,

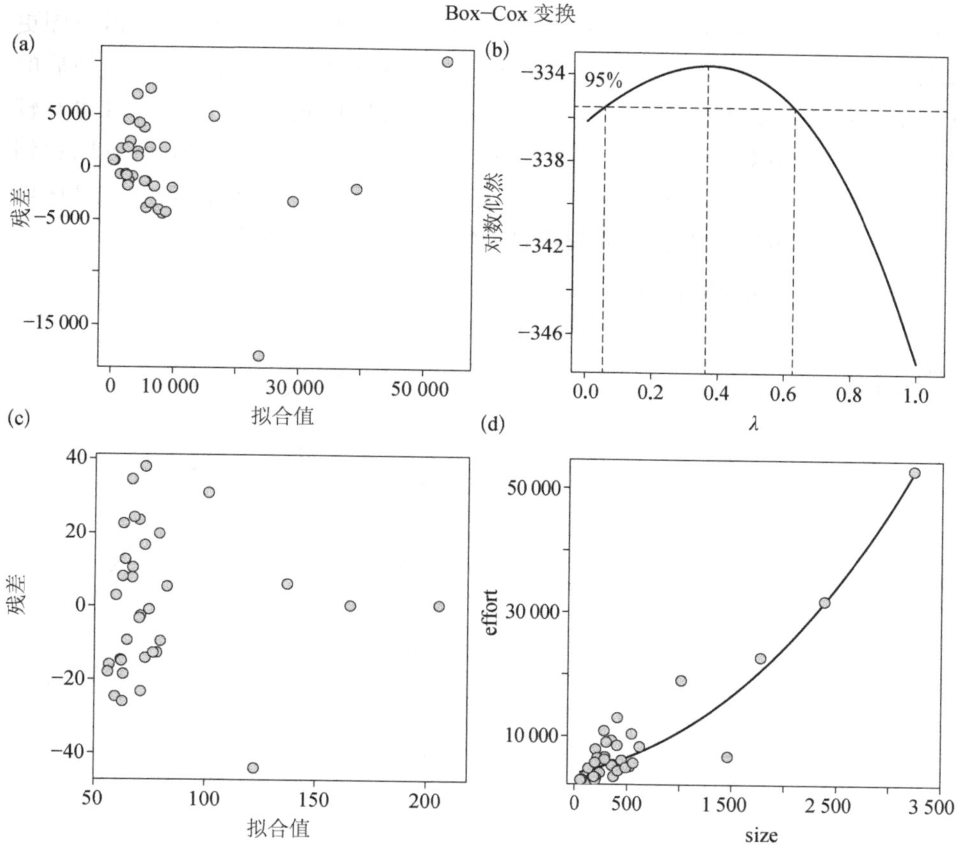

图 4-6　软件数据 lneffort 关于 size 回归的 Box-Cox 变换参数选择

$$\ln(\text{effort})=\beta_0+\beta_1\text{size}+\beta_2\text{t14}+e, \tag{4-17}$$

相应的回归残差分析图如图 4-6 中图(c)所示.这个残差图虽然没有表现出明显的向$\hat{y}_i$轴正向张开趋势(这里 $y=\ln(\text{effort})$),但是残差的范围大致在[−25, 40]内.这说明,如果我们采用式(4-17),它的误差项仍然不满足 Gauss-Markov 假设.

我们再试图拟合投入工作量与应用程序规模对数,人员的工具技能的回归方程

$$\text{effort} = \beta_0 + \beta_1 \ln(\text{size}) + \beta_2 \text{t14} + e. \tag{4-18}$$

图 4-7 中图(a)是式(4-18)对应的残差分析图.显然误差项仍然不满足 Gauss-Markov 假设.图 4-7 中图(b)的 Box-Cox 变换建议我们取 $\lambda=0$, 即对投入工作量取对数,建立如下方程

$$\ln(\text{effort}) = \beta_0 + \beta_1 \ln(\text{size}) + \beta_2 \text{t14} + e, \tag{4-19}$$

ln(effort)关于 ln(size)的散点图如图 4-4 中图(b)所示,可以看出,该散点图更加接近线性关系.图 4-8 是 ln(effort)和 ln(size)的频率图,可以看出,变换后的 effort 和 size 更接近于正态分布.图 4-9 是 t13 和 t14 的频率图,正态性也有较大改善.对应于式(4-19)的回归残差分析图如图 4-7 中图(c)所示.可以看到"平面上的点($\hat{y}_i$, r_i), $i=1, 2, \cdots, n$ 大致落在宽度为 4 的水平带$|r_i|\leqslant 2$ 区域内,且不呈现任何趋势".最后回归获得的经验线性回归方程为

$$\ln(\text{effort}) = 4.673 + 0.790\ln(\text{size}) - 0.437\text{t14}.$$

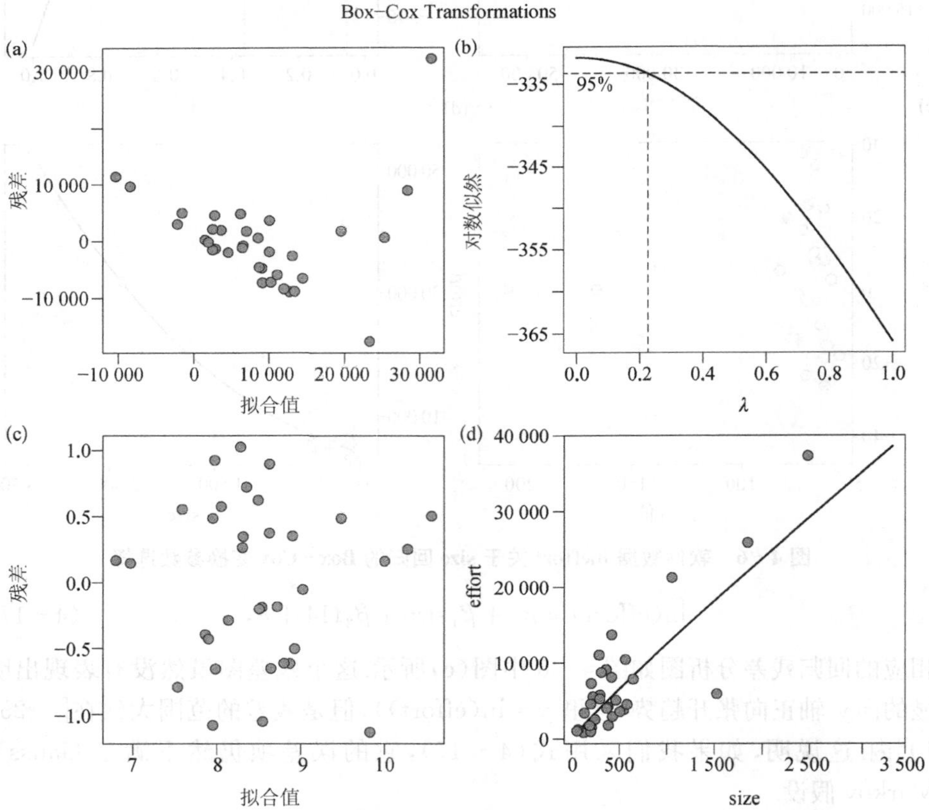

图 4-7 软件数据 lneffort 关于 lnsize 回归的 Box-Cox 变换参数选择

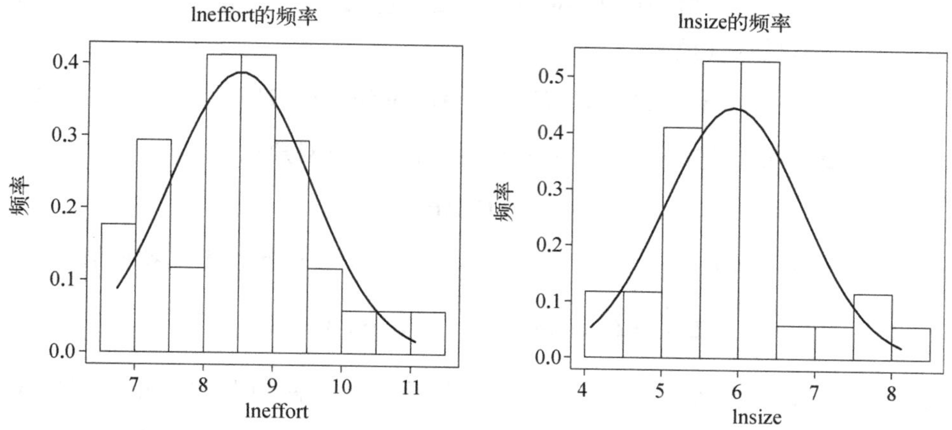

图 4-8 lneffort 和 lnsize 频率图

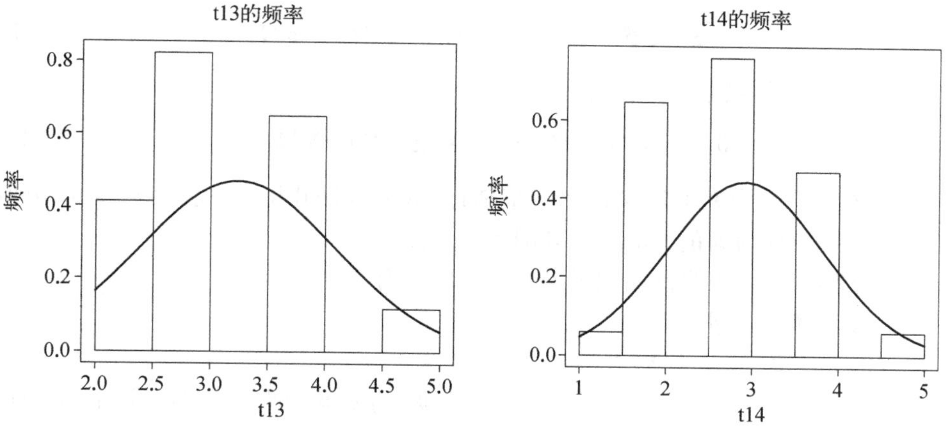

图 4-9 t13 和 t14 频率图

4.4 广义和加权最小二乘估计

4.4.1 广义最小二乘估计

在第 2 章所讨论的线性回归式(2-8)中，误差是等方差且不相关的，即 $\mathrm{cov}(\boldsymbol{e})=\sigma^2\boldsymbol{I}$. 但是在许多实际的数据建模中，残差分析表明，这些假设往往不适合.它们的误差方差可能不相等，也可能彼此相关.这时我们可以考虑误差向量的协方差阵具有更一般的形式 $\operatorname{cov}(e)=\sigma^2\boldsymbol{\Sigma}$，这里 $\boldsymbol{\Sigma}$ 是一个正定阵. 这引导我们讨论如下形式的线性模型

$$\boldsymbol{y}=\boldsymbol{X\beta}+e,\ E(e)=\boldsymbol{0},\ \operatorname{cov}(e)=\sigma^2\boldsymbol{\Sigma}. \tag{4-20}$$

由于这里 $\boldsymbol{\Sigma}$ 是正定阵，于是存在 $n\times n$ 正交阵 $\boldsymbol{P}$ 使其对角化

$$\boldsymbol{\Sigma}=\boldsymbol{P}^{\mathrm{T}}\Lambda\boldsymbol{P},$$

这里 $\boldsymbol{\Lambda}=\operatorname{diag}(\lambda_1,\ \lambda_2,\ \cdots,\ \lambda_n)$, $\lambda_i>0$, $i=1,\ 2,\ \cdots,\ n$ 是 $\boldsymbol{\Sigma}$ 的特征值. 记

$$\boldsymbol{\Sigma}^{-\frac{1}{2}}=\boldsymbol{P}^{\mathrm{T}}\operatorname{diag}(\lambda_1^{-\frac{1}{2}},\ \lambda_2^{-\frac{1}{2}},\ \cdots,\ \lambda_n^{-\frac{1}{2}})\boldsymbol{P}.$$

则 $(\boldsymbol{\Sigma}^{-\frac{1}{2}})^2=\boldsymbol{\Sigma}^{-1}$，称 $\boldsymbol{\Sigma}^{-\frac{1}{2}}$ 是 $\boldsymbol{\Sigma}^{-1}$ 的平方根阵.用 $\boldsymbol{\Sigma}^{-\frac{1}{2}}$ 左乘式(4-20)，记 $\boldsymbol{z}=\boldsymbol{\Sigma}^{-\frac{1}{2}}\boldsymbol{y}$，$\boldsymbol{U}=\boldsymbol{\Sigma}^{-\frac{1}{2}}\boldsymbol{X}$，$\boldsymbol{\varepsilon}=\boldsymbol{\Sigma}^{-\frac{1}{2}}\boldsymbol{e}$，因为 $\operatorname{cov}(\boldsymbol{\varepsilon})=\boldsymbol{\Sigma}^{-\frac{1}{2}}\sigma^2\boldsymbol{\Sigma}\boldsymbol{\Sigma}^{-\frac{1}{2}}=\sigma^2\boldsymbol{I}$，于是我们得到如下线性模型为

$$\boldsymbol{z}=\boldsymbol{U\beta}+\varepsilon,\ E(\boldsymbol{\varepsilon})=\boldsymbol{0},\ \operatorname{cov}(\boldsymbol{\varepsilon})=\sigma^2\boldsymbol{I}. \tag{4-21}$$

相应的 $\boldsymbol{\beta}$ 的最小二乘估计为

$$\boldsymbol{\beta}^*=(\boldsymbol{U}^{\mathrm{T}}\boldsymbol{U})^{-1}\boldsymbol{U}^{\mathrm{T}}\boldsymbol{z}=(\boldsymbol{X}^{\mathrm{T}}\boldsymbol{\Sigma}^{-1}\boldsymbol{X})^{-1}\boldsymbol{X}^{\mathrm{T}}\boldsymbol{\Sigma}^{-1}\boldsymbol{y}. \tag{4-22}$$

一般，$\boldsymbol{\beta}^*$ 称为 $\boldsymbol{\beta}$ 的广义最小二乘估计(generalized least squares estimates, GLSE)，也被称为 $\boldsymbol{\beta}$ 的 Gauss - Markov 估计.

定理 4.1 对于线性回归模型式(4-20)，有

(1) $E(\boldsymbol{\beta}^*)=\boldsymbol{\beta}$；

(2) $\operatorname{cov}(\boldsymbol{\beta}^*)=\sigma^2(\boldsymbol{X}^{\mathrm{T}}\boldsymbol{\Sigma}^{-1}\boldsymbol{X})^{-1}$；

(3) 对任意$(p+1)\times 1$ 已知向量 $\boldsymbol{c}$，$\boldsymbol{c}^{\mathrm{T}}\boldsymbol{\beta}^*$ 为 $\boldsymbol{c}^{\mathrm{T}}\boldsymbol{\beta}$ 的唯一最小方差无偏估计.

证明 (1)

$$E(\boldsymbol{\beta}^*)=E[(\boldsymbol{X}^{\mathrm{T}}\boldsymbol{\Sigma}^{-1}\boldsymbol{X})^{-1}\boldsymbol{X}^{\mathrm{T}}\boldsymbol{\Sigma}^{-1}\boldsymbol{y}]=(\boldsymbol{X}^{\mathrm{T}}\boldsymbol{\Sigma}^{-1}\boldsymbol{X})^{-1}\boldsymbol{X}^{\mathrm{T}}\boldsymbol{\Sigma}^{-1}\boldsymbol{X\beta}=\boldsymbol{\beta}$$

(2) 根据定理 1.21 有

$$\begin{aligned}\operatorname{cov}(\boldsymbol{\beta}^*)&=\operatorname{cov}[(\boldsymbol{X}^{\mathrm{T}}\boldsymbol{\Sigma}^{-1}\boldsymbol{X})^{-1}\boldsymbol{X}^{\mathrm{T}}\boldsymbol{\Sigma}^{-1}\boldsymbol{y}]\\&=\sigma^2(\boldsymbol{X}^{\mathrm{T}}\boldsymbol{\Sigma}^{-1}\boldsymbol{X})^{-1}\boldsymbol{X}^{\mathrm{T}}\boldsymbol{\Sigma}^{-1}\boldsymbol{\Sigma}\boldsymbol{\Sigma}^{-1}\boldsymbol{X}(\boldsymbol{X}^{\mathrm{T}}\boldsymbol{\Sigma}^{-1}\boldsymbol{X})^{-1}\\&=\sigma^2(\boldsymbol{X}^{\mathrm{T}}\boldsymbol{\Sigma}^{-1}\boldsymbol{X})^{-1}.\end{aligned}$$

(3) 设 $\boldsymbol{b}^{\mathrm{T}}\boldsymbol{y}$ 是 $\boldsymbol{c}^{\mathrm{T}}\boldsymbol{\beta}$ 的任意线性无偏估计，对于式(4-22)，我们有

$$\boldsymbol{c}^{\mathrm{T}}\boldsymbol{\beta}^*=\boldsymbol{c}^{\mathrm{T}}(\boldsymbol{U}^{\mathrm{T}}\boldsymbol{U})^{-1}\boldsymbol{U}^{\mathrm{T}}\boldsymbol{z},$$

$$\boldsymbol{b}^{\mathrm{T}}\boldsymbol{y}=\boldsymbol{b}^{\mathrm{T}}\boldsymbol{\Sigma}^{\frac{1}{2}}\boldsymbol{\Sigma}^{-\frac{1}{2}}\boldsymbol{y}=\boldsymbol{b}^{\mathrm{T}}\boldsymbol{\Sigma}^{\frac{1}{2}}\boldsymbol{z},$$

这就是说，对变换后的模型而言，$\boldsymbol{c}^{\mathrm{T}}\boldsymbol{\beta}^*$ 是 $\boldsymbol{c}^{\mathrm{T}}\boldsymbol{\beta}$ 的最小二乘估计，而 $\boldsymbol{b}^{\mathrm{T}}\boldsymbol{y}=\boldsymbol{b}^{\mathrm{T}}\boldsymbol{\Sigma}^{\frac{1}{2}}\boldsymbol{z}$ 是 $\boldsymbol{c}^{\mathrm{T}}\boldsymbol{\beta}$ 的一个无偏估计，由定理 2.2 知

$$\operatorname{var}(\boldsymbol{c}^{\mathrm{T}}\boldsymbol{\beta}^*)\leqslant\operatorname{var}(\boldsymbol{b}^{\mathrm{T}}\boldsymbol{\Sigma}^{\frac{1}{2}}\boldsymbol{z})=\operatorname{var}(\boldsymbol{b}^{\mathrm{T}}\boldsymbol{y}),$$

并且等号成立当且仅当 $\boldsymbol{c}^{\mathrm{T}}\boldsymbol{\beta}^*=\boldsymbol{b}^{\mathrm{T}}\boldsymbol{y}$.定理证毕.

定理 4.1 中(3)就是一般情况下的 Gauss - Markov 定理.它表明，在一般线性回归模型式(4 - 20)中，广义最小二乘估计 $\boldsymbol{\beta}^*$ 是最优的.但是，如果我们把 $\boldsymbol{\beta}^*$ 表达式中的 $\boldsymbol{\Sigma}$ 换成单位阵 $\boldsymbol{I}$，则得到 $\hat{\boldsymbol{\beta}}=(\boldsymbol{X}^{\mathrm{T}}\boldsymbol{X})^{-1}\boldsymbol{X}^{\mathrm{T}}\boldsymbol{y}$，称为简单最小二乘估计，又称为最小二乘估计.容易证明，对于模型式(4 - 20)，$E(\hat{\boldsymbol{\beta}})=\boldsymbol{\beta}$，即 $\hat{\boldsymbol{\beta}}$ 仍然是 $\boldsymbol{\beta}$ 的无偏估计.但这时对任意线性函数 $\boldsymbol{c}^{\mathrm{T}}\boldsymbol{\beta}$，$\boldsymbol{c}^{\mathrm{T}}\hat{\boldsymbol{\beta}}$ 只是 $\boldsymbol{c}^{\mathrm{T}}\boldsymbol{\beta}$ 的一个无偏估计，它未必是最优的.我们称 $\boldsymbol{c}^{\mathrm{T}}\boldsymbol{\beta}^*$ 和 $\boldsymbol{c}^{\mathrm{T}}\hat{\boldsymbol{\beta}}$ 分别为 $\boldsymbol{c}^{\mathrm{T}}\boldsymbol{\beta}$ 的广义最小二乘估计和(简单)最小二乘估计.根据定理 4.1 中(3)，对一切 $(p+1)\times 1$ 向量 $\boldsymbol{c}$ 有

$$\operatorname{var}(\boldsymbol{c}^{\mathrm{T}}\boldsymbol{\beta}^*)\leqslant\operatorname{var}(\boldsymbol{c}^{\mathrm{T}}\hat{\boldsymbol{\beta}}),$$

这就是说，对一般线性回归模型式(4 - 20)，广义最小二乘估计总是优于最小二乘估计.

在实际应用中，协方差矩阵 $\boldsymbol{\Sigma}$ 往往是未知的，需要由样本协方差矩阵进行估计.由于 $\boldsymbol{\Sigma}$ 是对称矩阵，其实际未知的协方差参数为 $\frac{n(n+1)}{2}$ 个，要用 n 个观测值去获得 $\frac{n(n+1)}{2}$ 个参数的精确估计是非常困难的和不现实的.因此实际中能够进行估计操作的是一些典型的简单模型.模型式(4 - 20)的最简单例子是响应变量的不同观测值具有不等方差的情况，这时

$$\operatorname{cov}(\boldsymbol{e})=\begin{bmatrix}\sigma_1^2 & & 0\\ & \sigma_2^2 & \\ & & \vdots & \\ 0 & & & \sigma_n^2\end{bmatrix},$$

这里可以有一些 σ_i^2 彼此相等.记 $\boldsymbol{x}_1^{\mathrm{T}}$，$\boldsymbol{x}_2^{\mathrm{T}}$，…，$\boldsymbol{x}_n^{\mathrm{T}}$ 分别为设计矩阵 $\boldsymbol{X}$ 的 n 个行向量，此时 $\boldsymbol{\beta}$ 的广义最小二乘估计

$$\boldsymbol{\beta}^*=\left[\sum_{i=1}^{n}\frac{\boldsymbol{x}_i\boldsymbol{x}_i^{\mathrm{T}}}{\sigma_i^2}\right]^{-1}\left[\sum_{i=1}^{n}\frac{y_i}{\sigma_i^2}\boldsymbol{x}_i\right].\tag{4 - 23}$$

从这个表达式可以看出，两个和式分别是 $\boldsymbol{x}_i\boldsymbol{x}_i^{\mathrm{T}}$ 和 $y_i\boldsymbol{x}_i$ 的“加权和”，而所用的“权”都是$\frac{1}{\sigma_i^2}$.因此常常把式(4-23)定义的 $\boldsymbol{\beta}^*$ 称为加权最小二乘估计.

上面讲的 σ_i^2 皆为已知的情况.在实际应用中，σ_i^2 往往是未知的，这时我们可以设法求得它们的估计$\hat{\sigma}_i^2$，然后在式(4-23)中用$\hat{\sigma}_i^2$代替 σ_i^2.对于一般线性回归模型，在实际应用中碰到的问题是确定协方差阵 $\boldsymbol{\Sigma}$ 的形式，但这往往是十分困难的.一般我们总是从假设 $\boldsymbol{\Sigma}=\boldsymbol{I}$ 入手，求出最简单最小二乘估计，然后通过残差分析，对误差方差提供一些信息.另外一种做法是，从问题本身的专业角度或其他方面，对误差向量提出一些特殊结构，这时误差协方差阵就具有特定形式.

例 4.4 若观测向量 $\boldsymbol{y}$ 由 n 个观测值构成的一个样本，这 n 个观测值分成 k 组，每一组的个体都有某种分类特质.第 $i(i=1, 2, \cdots, k)$ 组的第 j，$j=1, 2, \cdots, n_i$ 个个体的观测值记为 y_{ij}.这里个体的含义丰富.比如，我们有 k 台仪器，可以将每台仪器上生产出的产品(看作个体)作为一组进行指标测试.在经济指标分析中，我们可以将具有相同分类特质的指标(看作个体)分在同一组内.一般地，不妨设前 n_1 个是在第一组测得的某项指标，接下来的 n_2 个是从第二组测得的指标，依次类推，得模型为

$$y_{ij}=\boldsymbol{x}_{ij}^{\mathrm{T}}\boldsymbol{\beta}+e_{ij},\ i=1, 2, \cdots, k;\ j=1, 2, \cdots, n_i, \tag{4-24}$$

其中 y_{ij} 表示在第 i 组中测量的第 j 个个体的指标，x_{ij} 表示对应的个体上自变量的取值，e_{ij} 是对应的试验和测量误差.假设

$$\operatorname{var}(e_{ij})=\sigma_i^2,\ i=1, 2, \cdots, k;\ j=1, 2, \cdots, n_i.$$

$$\operatorname{cov}(e_{ij}, e_{i'j'})=0,\ i\neq i',\ j\neq j'.$$

若记 $\boldsymbol{e}=(e_{11}, \cdots, e_{1n_1}, e_{21}, \cdots, e_{2n_2}, \cdots, e_{k1}, \cdots, e_{kn_k})^{\mathrm{T}}$，则 $\boldsymbol{e}$ 的协方差阵具有形式

$$\operatorname{cov}(\boldsymbol{e})=\begin{bmatrix}\sigma_1^2 I_{n_1} & & 0 & \\ & \sigma_2^2 I_{n_2} & & \\ & & \vdots & \\ & 0 & & \sigma_k^2 I_{n_k}\end{bmatrix}.$$

若记

$$\boldsymbol{y}_i=(y_{i1},\ y_{i2},\ \cdots,\ y_{i,n_i})^{\mathrm{T}}, \tag{4-25}$$

$$\boldsymbol{X}_i=(x_{i1},\ x_{i2},\ \cdots,\ x_{i,n_i})^{\mathrm{T}},$$

$$\boldsymbol{e}_i=(e_{i1},\ e_{i2},\ \cdots,\ e_{i,n_i})^{\mathrm{T}}.$$

此时,模型具有如下形式

$$\boldsymbol{y}_i=\boldsymbol{X}_i\boldsymbol{\beta}+\boldsymbol{e}_i,\ E(\boldsymbol{e}_i)=\boldsymbol{0},\ \mathrm{cov}(\boldsymbol{e}_i)=\sigma_i^2\boldsymbol{I}_{n_i},$$

$$i=1,\ 2,\ \cdots,\ k. \tag{4-26}$$

从式(4-26)中,得到广义最小二乘估计的表达式为

$$\boldsymbol{\beta}^*=\left[\sum_{i=1}^{k}\frac{\boldsymbol{X}_i\boldsymbol{X}_i^{\mathrm{T}}}{\sigma_i^2}\right]^{-1}\left[\sum_{i=1}^{k}\frac{\boldsymbol{X}_i^{\mathrm{T}}\boldsymbol{y}_i}{\sigma_i^2}\right], \tag{4-27}$$

在实际中 σ_i^2 往往是未知的.我们可以对固定的 i,利用式(4-26)计算 σ_i^2 的无偏估计

$$\hat{\sigma}_i^2=\frac{\|\boldsymbol{y}_i-\boldsymbol{X}_i\hat{\boldsymbol{\beta}}_i\|^2}{n_i-p-1}, \tag{4-28}$$

这里 $\boldsymbol{\beta}_i=(\boldsymbol{X}_i^{\mathrm{T}}\boldsymbol{X}_i)^{-1}\boldsymbol{X}_i^{\mathrm{T}}\boldsymbol{y}_i$. 再将这些估计代入(4-27),便得到 $\boldsymbol{\beta}$ 的一个估计

$$\tilde{\boldsymbol{\beta}}=\left[\sum_{i=1}^{k}\frac{\boldsymbol{X}_i^{\mathrm{T}}\boldsymbol{X}_i}{\hat{\sigma}_i^2}\right]^{-1}\left[\sum_{i=1}^{k}\frac{\boldsymbol{X}_i^{\mathrm{T}}\boldsymbol{y}_i}{\hat{\sigma}_i^2}\right]. \tag{4-29}$$

称为 $\boldsymbol{\beta}$ 的两步估计或可行估计.

我们也可以用迭代法求得其他可行估计.首先将获得的 $\boldsymbol{\beta}$ 的估计式(4-29)代入式(4-28)中的$\hat{\boldsymbol{\beta}}_i$得到 σ_i^2 的新估计,然后将它们代入式(4-29)获得 $\boldsymbol{\beta}$ 的新估计.重复这个过程,直到相邻两次迭代求得的$\tilde{\boldsymbol{\beta}}$的估计相差不多时为止.一般情况下,这个迭代过程总是收敛的.

4.4.2 校正模型方差非齐性的加权最小二乘法

现在我们将一般线性模型式(4-20)的最简单形式具体写为

$$y_i=\beta_0+\beta_1x_{i1}+\cdots+\beta_px_{ip}+e_i,\ i=1,\ 2,\ \cdots,\ n, \tag{4-30}$$

这里 e_i, $i=1,\ 2,\ \cdots,\ n$ 是相互独立的均值为 0 的随机变量,但是 $\mathrm{var}(e_i)=\sigma_i^2$ 并不相同.所谓使用加权最小二乘法(weighted least squares, WLS)估计

式(4-27)中回归系数 β_0, β_1, …, β_p,是通过最小化下式得到的,

$$\sum_{i=1}^{n} w_i (y_i - \beta_0 - \beta_1 x_{i1} - \cdots - \beta_p x_{ip})^2,$$

其中 w_i 就是权值.当第 i 个观测的权值取为观测误差项方差 σ_i^2 的倒数,即 $w_i = \frac{1}{\sigma_i^2}$ 时,所获得的加权最小二乘估计就是式(4-30).此时的加权最小二乘法本质上是对 y_i 和 x_{ij} 构造数据变换 $\tilde{y}_i = y_i/\sigma_i$ 和 $\tilde{x}_{ik} = x_{ik}/\sigma_i$, $i=1, 2, \cdots, n$, $k=1, 2, \cdots, p$,将原有的方差非齐性的线性模型转换成方差齐性的模型再进行参数估计.因此,当我们最初建立的模型是形如式(4-30)的方差非齐性的线性模型时,可以考虑应用加权最小二乘法校正模型方差的非齐性.当我们使用这种加权最小二乘法作为方差稳定技术时,具有大的误差方差的观测将获得较小的权值,因此对分析的影响也就较小.

在实际中,σ_i^2 的精确值通常是未知的.幸运的是,在许多应用中,误差方差 σ_i^2 常常等比于一个或若干个预测变量值的平方.这些事实允许我们确定恰当的权值.比如说,假如我们知道误差方差 σ_i^2 的值与某个预测变量,比如 x_{i1} 值的平方成比例,例如 $\sigma_i^2 = kx_{i1}^2$,这里 $k>0$ 是某个未知的正常数.那么我们就可以考虑使用权值 $w_i = \frac{1}{kx_{i1}^2}$.幸运的是,此时可以证明 k 能够被忽略,这样权值可以取 $w_i = \frac{1}{x_{i1}^2}$.

假如 σ_i^2 和 x_{i1} 的关系事先不可获知,解决这一问题的一种方法是将所有的回归残差基于预测变量 x_1 划分成几个组,使每个组观测值的数量大致相同,然后在每一组中计算观测残差的方差.通过验证残差方差和 x_1 的几个不同的函数形式(诸如 x, x^2 和 $\sqrt{x}$)就可以披露恰当的权值以供使用.比如说,我们想根据第一个预测变量 x_1 的取值划分组群.理想的情况是,对于 x_1 的不同取值形成数据组.可是,除非 x_1 的每一个取值可以获得重复观测值,每组数据的方差残差并不能精确计算获得.所以,一般情况下我们总是根据“最近邻”方法重新分组数据.例如,可以根据 $2 \leqslant x_1 \leqslant 4$, $6 \leqslant x_1 \leqslant 7$,和 $10 \leqslant x_1 \leqslant 13$,将数据分成3个组,并且要能保证这3个组有大致相同的观测数据.记每一组的残差方差为 s_j^2,样本均值为 $\bar{x}_{1,j}$, $j=1, 2, 3$.接下来,计算 s_j^2,并与 $\bar{x}_{1,j}$ 的不同函数形式 $\bar{x}_{1,j}$, $\bar{x}_{1,j}^2$ 和 $\sqrt{\bar{x}_{1,j}}$ 进行比较,以寻求方差的近似形式.值得一提的是,在实际操作中,处理方差的近似形式是比较灵活的,读者可以根据具体情况加以创新性地解决,下面我

们就通过一个具体例子对加权最小二乘法的具体实施进行说明.

例 4.5 表 4-8 的数据来自某统计数据网,经整理出的 2014 年我国部分地区人均教育经费数据,其中 y 表示各个地区人均教育经费(元),x_1 表示居民人均可支配收入(元),x_2 表示每十万人中在受教育人数,jbh 表示按居民人均可支配收入进行的编号.

表 4-8 2014 年我国部分地区人均教育经费数据

地区名称	y	x_1	x_2	jbh
北　京	5 082.47	44 488.57	14 119	1
天　津	4 170.25	28 832.29	13 544	1
河　北	1 470.97	16 647.40	18 461	3
山　西	1 928.79	16 538.32	18 415	3
内蒙古	2 552.41	20 559.34	15 207	2
辽　宁	1 981.45	22 820.15	14 277	2
吉　林	1 945.20	17 520.39	13 930	2
黑龙江	1 638.09	17 404.39	12 597	2
上　海	4 077.58	45 965.83	11 719	1
江　苏	2 613.18	27 172.77	16 619	1
浙　江	2 919.35	32 657.57	17 688	1
安　徽	1 719.19	16 795.52	18 772	3
福　建	2 345.97	23 330.85	19 662	1
江　西	1 966.12	16 734.17	22 339	3
山　东	1 925.40	20 864.21	18 116	2
河　南	1 736.50	15 695.18	23 712	3
湖　北	1 697.82	18 283.23	16 078	2
湖　南	1 675.15	17 621.74	18 289	2
广　东	2 550.97	25 684.96	21 078	1
广　西	1 806.11	15 557.08	23 194	3
海　南	2 673.20	17 476.46	21 646	2
重　庆	2 333.66	18 351.90	20 039	2
四　川	1 782.37	15 749.01	18 267	3
贵　州	2 195.00	12 371.06	25 329	4
云　南	1 951.51	13 772.21	19 502	4

续 表

地区名称	y	x_1	x_2	jbh
西　藏	4 809.76	10 730.22	20 046	4
陕　西	2 411.04	15 836.75	19 760	3
甘　肃	1 999.86	12 184.71	19 116	4
青　海	3 390.89	14 373.98	19 548	4
宁　夏	2 564.90	15 906.78	22 045	3
新　疆	2 763.18	15 096.62	20 954	4

首先用数据拟合以下二元线性回归模型

$$y=\beta_0+\beta_1x_1+\beta_2x_2+e,$$

由此发现西藏地区的数据对应的 Cook 统计量明显过大，是一个离群点.因此，在正式的建模过程中，我们没有将这一数据放入建模分析中.表 4－9 中人均教育经费数据的 OLS 估计结果表明：① 所有预测变量都不显著，这明显不合实际；② 判定系数 $R^2=0.599$ 太小，不能满足建模的一般要求.图 4－10 是回归的标准化残差频率图和 P－P 图，表明残差不是正态分布.图 4－11 的标准化残差关于响应变量图呈现出漏斗喇叭状，说明观测数据存在异方差.这种异方差性经常出现在大规模调查数据的分析中.

表 4－9　人均教育经费数据 OLS 估计结果

模型系数	最小二乘估计	标准误差估计	t_i	$P(t_{n-p-1}>\|t_i\|)$
常数项	−16.882	903.428	−0.019	0.985
β_1	0.086	0.015	5.653	0.000
β_2	0.036	0.037	0.972	0.340
$R^2=0.599$	$R^2_{\text{adj}}=0.569$		$\hat{\sigma}=548.29$	

接着用这批数据来检测多元回归的异方差性并分析回归关系的地区经济特征的效应，目的是得到教育经费与各地区其他变量之间关系的最佳表示，基本假设虽然对于各地区来说，这些变量之间的关系在结构上是一样的，但是回归系数和误差的方差是各不相同的.由于不同的误差方差，造成了模型的异方差性.经过一些分析，将数据按人均可支配收入高低分成 4 类，如表 4－8 最后一列 jbh 所示，jbh＝1，2，3，4.

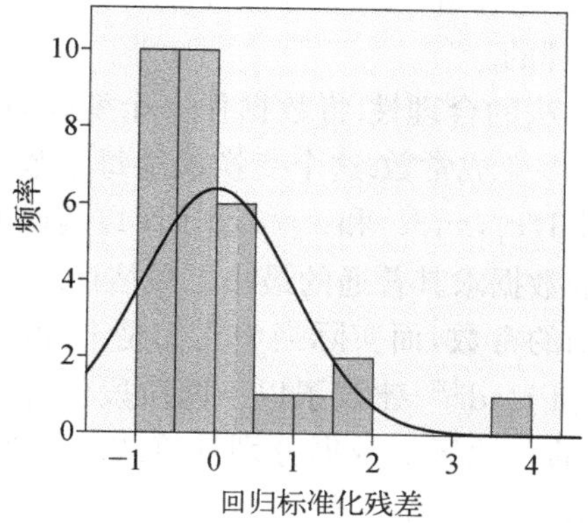

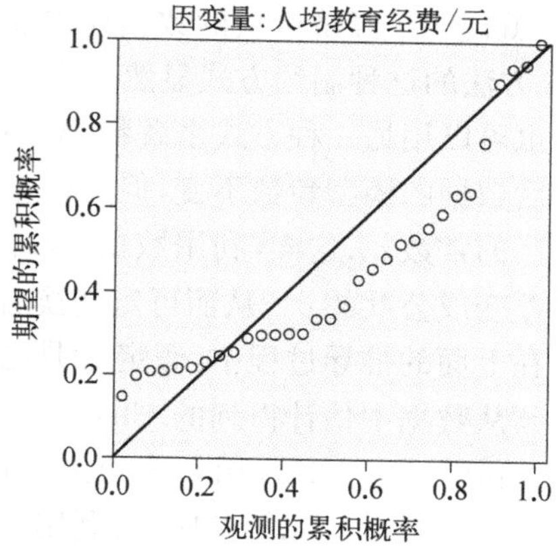

图 4-10　回归学生化残差频率图、P-P 图

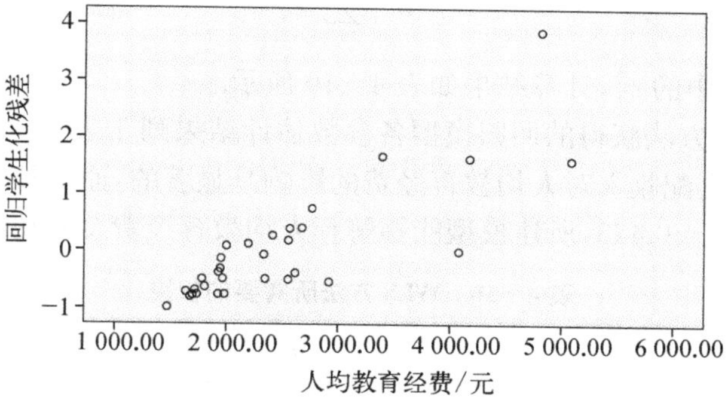

图 4-11　回归学生化残差-响应变量散点图

假定每个地区有一个误差方差，这些方差用$(c_1\sigma)^2$，$(c_2\sigma)^2$，$(c_3\sigma)^2$和$(c_4\sigma)^2$表示，其中σ是公共部分，c_i是各地区的系数.按照 WLS 方法，模型的回归系数应该由最小化下式得到

$$S_w^2 = S_1^2 + S_2^2 + S_3^2 + S_4^2, \tag{4-31}$$

其中

$$S_j^2 = \sum_{i=1}^{n_j} \frac{1}{c_j^2}(y_i - \beta_0 - \beta_1 x_{i1} - \beta_2 x_{i2})^2,\ j = 1,\ 2,\ 3,\ 4. \tag{4-32}$$

式(4-31)中S_1^2到S_4^2分别代表各个经济区块对方差S_w^2的贡献.显然，在计算S_j^2时，只是将第j个区块中的各地区的数据进行处理.第j个区块有n_j个地区.在式(4-32)中的系数$1/c_j$确定了各个观察数据在确定回归系数中的权数.c_j的值

愈大，就说明该经济区块的数据误差愈大，它在确定回归系数中的作用就愈小．WLS 方法的这种制约方式显然是非常合理的．

也可以用另一种方式来解释 WLS 方法的合理性．将数据作一个变换，使得变换后数据的模型参数不变，但是误差方差变成常数．这个变换就是每个数据除以适当的常数 c_j．这样，利用数据 Y/c_j 对 $1/c_j$，x_1/c_j 和 x_2/c_j 作回归，其误差项的方差变成公共的 σ^2，从而可对变换后的数据求其普通的最小二乘估计．

在上面的推导过程中，假定 c_j 是已知的常数，而实际当中它们是未知的，也是必须从数据中估计得到的．Chatterjee 和 Hadi[26] 建议了以下两阶段估计．第 1 阶段：利用式(4－26)，用每个经济区块的各地区的数据分别计算式(4－28)中的 $\hat{\sigma}_j^2$，$j=1, 2, 3, 4$．第 2 阶段：利用关系式 $\sigma_j=c_j\sigma$，有

$$\hat{c}_j^2=\frac{\hat{\sigma}_j^2}{n^{-1}\sum_{i=1}^{n}\hat{e}_i^2},$$

估计式(4－31)中的 c_j^2，计算结果如表 4－10 所示．

利用 WLS 方法获得的回归模型各参数估计结果列于表 4－11．这个结果表明：① 人均可支配收入对人均教育经费的影响是显著的，而受教育人数不显著；② 判定系数 $R^2=0.443$，所建模型能够解释人均教育经费总变动的 44.3%．

表 4－10　WLS 方法所需要的权重

区域 j	n_j	$\hat{\sigma}_j^2$	c_j^2
1	7	420 712.99	1.555
2	9	132 652.22	0.490
3	9	144 616.62	0.534
4	5	411 169.54	1.519

表 4－11　人均教育经费数据 WLS 估计结果

模型系数	最小二乘估计	标准误差估计	t_i	$P(t_{n-p-1}>\|t_i\|)$
常数项	964.225	444.701	2.168	.039
β_1	0.062	0.014	4.449	.000
β_2	0.013	0.014	0.901	.376
$R^2=0.443$	$R^2_{adj}=0.391$		$\hat{\sigma}=507.88$	

由图 4－12 和图 4－13 可以看出，回归标准化残差的正态性特别是方差齐性得到了较大改善，变换后的模型一般不考虑截距项．

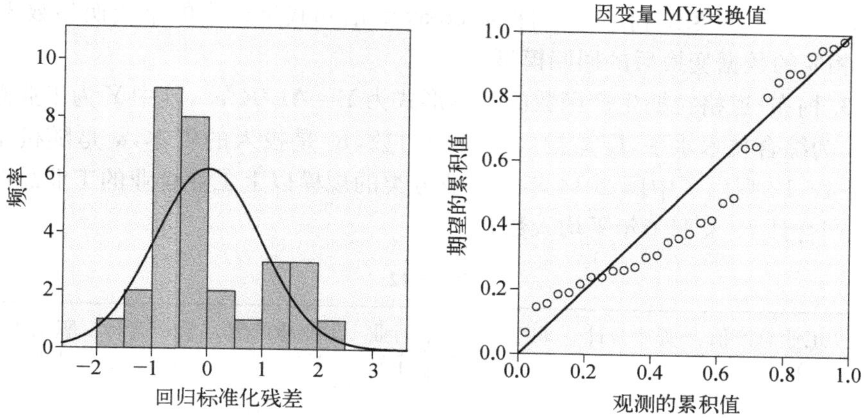

图 4－12　回归学生化残差频率图、$P-P$ 图

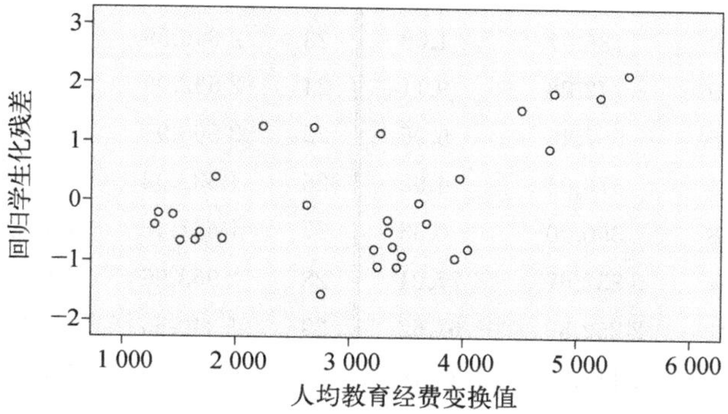

图 4－13　回归学生化残差-响应变量散点图

习　题　4

1. 对于一般线性回归模型式(4－20)，如果 $\boldsymbol{\Sigma}=\mathrm{diag}(\sigma_1^2,\ \sigma_2^2,\ \cdots,\ \sigma_n^2)$，试证明

$$\hat{\beta}_{\boldsymbol{\Sigma},\ (i)}=\hat{\beta}_{\boldsymbol{\Sigma}}-\frac{\sigma_i^{-2}(\boldsymbol{X}^{\mathrm{T}}\boldsymbol{\Sigma}^{-1}\boldsymbol{X})^{-1}\boldsymbol{x}_i\,\hat{e}_i}{1-(\boldsymbol{H}_{\boldsymbol{\Sigma}})_{ii}},$$

这里 $\boldsymbol{H}_{\boldsymbol{\Sigma}}=\boldsymbol{\Sigma}^{\frac{1}{2}}\boldsymbol{X}(\boldsymbol{X}^{\mathrm{T}}\boldsymbol{\Sigma}^{-1}\boldsymbol{X})^{-1}\boldsymbol{X}^{\mathrm{T}}\boldsymbol{\Sigma}^{\frac{1}{2}}$.

2. 在第 3 章习题 6 的 BOQ 数据中，由于方差齐性不够好，现考虑对因变量做 Box - Cox 变换.试利用 R 软件的"boxcox"语句找出适当的幂变换参数 λ,并建立相应的数据变换后的回归模型.

3. 柯布-道格拉斯生产函数的基本形式为 $Y=AL^{\alpha}K^{\beta}e^{u}$,其中 Y 为工业总产值,A 为综合技术水平,L 是投入的劳动力数,K 是投入的资本,u 是随机干扰项.表 4 - 12 列出了中国 2014 年按行业分类的规模以上工业企业的工业总产值 Y,资产合计 K 及职工年平均人数 L.

表 4 - 12

行业序号	工业总产值 Y/亿元	资产合计 K/亿元	职工年平均人数/万人	行业序号	工业总产值 Y/亿元	资产合计 K/亿元	职工年平均人数/万人
1	0.96	0.39	520.98	20	2 588.61	2 198.40	12.27
2	13.65	16.34	0.17	21	2 902.25	2 475.98	34.27
3	25.59	29.31	0.29	22	2 111.96	2 379.42	19.71
4	148.99	136.91	1.08	23	2 696.59	1 982.34	15.07
5	1 070.19	772.28	9.11	24	2 532.09	1 490.30	9.10
6	543.85	557.46	6.96	25	2 566.94	2 317.41	37.19
7	489.34	576.99	4.92	26	4 533.92	4 891.57	65.22
8	444.48	390.00	0.38	27	1 661.98	1 922.65	24.06
9	6 037.54	5 352.67	77.24	28	2 963.96	3 160.59	35.80
10	2 499.31	2 252.89	61.62	29	1 340.65	1 552.30	11.85
11	1 580.41	1 113.70	38.19	30	6 018.47	5 953.28	78.34
12	491.60	321.47	5.90	31	2 705.34	2 886.22	39.23
13	827.93	772.45	17.14	32	737.36	890.61	13.37
14	1 211.72	1 511.14	12.45	33	329.37	299.79	6.88
15	390.24	461.03	6.82	34	379.09	204.85	1.90
16	1 349.46	1 069.30	21.92	35	70.08	118.44	1.83
17	1 819.57	524.15	0.92	36	4 291.48	5 326.62	10.18
18	5 887.13	5 383.43	25.13	37	441.54	327.69	0.72
19	1 182.60	1 564.55	12.92	38	153.54	893.31	2.64

(1) 试利用 R 软件的"boxcox"语句检验以上数据是否适合对因变量做对数变换.

(2) 对柯布-道格拉斯生产函数进行对数变换后获得线性模型

$$\ln Y=\ln A+\alpha\ln L+\beta\ln K+\ln u,$$

利用上述资料,试就表中的数据建立以上对数变换线性模型.

(3) 说明柯布-道格拉斯生产函数模型能否比较满意地解释表中变量间的关系.

(4) 中国2014年规模以上工业企业总体呈现规模报酬不变状态吗?

4. 加权最小二乘法统计建模实验:美国交通部官员调查在州际公路建设投标中承包商是否存在串通投标的可能性.调查工作的一个方面涉及比较中标者(出低价者)对长度为 x 的新公路建设项目所出中标价 y.表4-13是由交通部提供的11条新公路建设的工程量,样本容量与投标人数量相同.

表 4-13

承包项目号	公路长度 x/英里	中标价 y/千美元	承包项目号	公路长度 x/英里	中标价 y/千美元
1	2.0	10.1	7	7.0	71.1
2	2.4	11.4	8	11.5	132.7
3	3.1	24.2	9	10.9	108.0
4	3.5	26.5	10	12.2	126.2
5	6.4	66.8	11	12.6	140.7
6	6.1	53.8			

(1) 使用最小二乘法拟合直线模型:$E(y)=\beta_0+\beta_1 x$.

(2) 计算回归残差并描绘残差关于 x 的散点图.你是否能够检测出异方差的证据.

(3) 使用第4.4节介绍的加权最小二乘法找出适合的稳定误差方差的近似权重.

(4) 使用(3)所确定的权重进行加权最小二乘法分析.

(5) 画出加权最小二乘法所获残差关于 x 的散点图以确定方差是否是齐性的.

5 共线性数据分析与处理

5.1 多重共线性

在解释多元回归模型的时候，我们总是隐含着这样的一个假设：各个预测变量之间是没有很强的依赖关系的.回归系数的实际意义总有这样的解释：当其他预测变量的值保持不变，某预测变量的值变动一个单位时，相应的响应变量的值就是这个预测变量的回归系数的值.这个解释并不具有很强的说服力，特别是当预测变量之间具有很强的线性关系时.理论上总可以这样讲：在回归方程中其他变量的值保持不变，让一个变量的值变动一个单位，看一看将会出现什么样的情况.然而，在实际获得的数据中，我们可能得不到这种操作的任何信息.在实际问题的研究过程中，让一个变量变动，其他变量保持不变，往往是不现实的.在这种情况下，对回归系数的这种边际解释就失去了意义.

线性回归主要讨论响应变量和预测变量之间的线性关系，而预测变量之间也存在线性关系的问题.当预测变量之间完全没有线性关系时，则称为正交，或不相关.多个自变量之间的线性相关关系有强弱之分.然而，当自变量之间具有很强的线性相关性时，就会使得回归分析的结果产生很多歧义.这种预测变量之间的强相关性，会使回归分析中出现病态现象.典型的症状是① 有时某些回归系数估计值的绝对值异常大，或回归系数估计值的符号与问题的实际意义相违背；② 在回归系数的估计中，数据的微小变动，会导致某个回归系数产生很大的变动；③ 回归系数的估计对预测变量的增删十分敏感.一旦回归系数估计产生很大的误差，将大大地影响预测的精度和所建立的回归模型的可靠性.预测变量之间所存在的这种很强的线性关系也称为数据的共线性问题，或多重共线性问题；④ 回归方程 F 检验显著，但每个预测变量的 t 检验不显著.

5.1.1 共线性产生的理论机理

为了弄清共线性产生的理论机理，让我们先介绍一个评价估计优劣的基本标准,即均方误差(mean squared errors, MSE).

设 $\boldsymbol{\theta}$ 为 $p\times1$ 未知参数向量,$\tilde{\boldsymbol{\theta}}$为 $\boldsymbol{\theta}$ 的一个估计.定义$\tilde{\boldsymbol{\theta}}$的均方误差为

$$\mathrm{MSE}(\tilde{\boldsymbol{\theta}})=E\|\tilde{\boldsymbol{\theta}}-\boldsymbol{\theta}\|^2=E(\tilde{\boldsymbol{\theta}}-\boldsymbol{\theta})^{\mathrm{T}}(\tilde{\boldsymbol{\theta}}-\boldsymbol{\theta}),$$

它本质上度量了一个参数的估计$\tilde{\boldsymbol{\theta}}$与真实值 $\boldsymbol{\theta}$ 之间距离平方的数学期望,因此一个好的估计应该有较小的均方误差.

定理 5.1

$$\mathrm{MSE}(\tilde{\boldsymbol{\theta}})=\mathrm{tr}[\mathrm{cov}(\tilde{\boldsymbol{\theta}})]+\|E(\tilde{\boldsymbol{\theta}})-\boldsymbol{\theta}\|^2, \tag{5-1}$$

这里 $\mathrm{tr}(A)$表示方阵 A 的迹,即 $\boldsymbol{A}$ 的对角元之和.

证明

$$\begin{aligned}\mathrm{MSE}(\tilde{\boldsymbol{\theta}})&=E(\tilde{\boldsymbol{\theta}}-\boldsymbol{\theta})^{\mathrm{T}}(\tilde{\boldsymbol{\theta}}-\boldsymbol{\theta})\\&=E[(\tilde{\boldsymbol{\theta}}-E(\tilde{\boldsymbol{\theta}}))+(E(\tilde{\boldsymbol{\theta}})-\boldsymbol{\theta})]^{\mathrm{T}}[(\tilde{\boldsymbol{\theta}}-E(\tilde{\boldsymbol{\theta}}))+(E(\tilde{\boldsymbol{\theta}})-\boldsymbol{\theta})]\\&=E(\tilde{\boldsymbol{\theta}}-E(\tilde{\boldsymbol{\theta}}))^{\mathrm{T}}(\tilde{\boldsymbol{\theta}}-E(\tilde{\boldsymbol{\theta}}))+(E(\tilde{\boldsymbol{\theta}})-\boldsymbol{\theta})^{\mathrm{T}}(E(\tilde{\boldsymbol{\theta}})-\boldsymbol{\theta})\\&\overset{\mathrm{def}}{=}\Delta_1+\Delta_2.\end{aligned}$$

因为对任意两个矩阵 $\boldsymbol{A}_{m\times n}$, $\boldsymbol{B}_{n\times m}$,有 $\mathrm{tr}(\boldsymbol{AB})=\mathrm{tr}(\boldsymbol{BA})$,于是上式第 1 项

$$\begin{aligned}\Delta_1&=E\mathrm{tr}(\tilde{\boldsymbol{\theta}}-E(\tilde{\boldsymbol{\theta}}))^{\mathrm{T}}(\tilde{\boldsymbol{\theta}}-E(\tilde{\boldsymbol{\theta}}))\\&=E\mathrm{tr}(\tilde{\boldsymbol{\theta}}-E(\tilde{\boldsymbol{\theta}}))(\tilde{\boldsymbol{\theta}}-E(\tilde{\boldsymbol{\theta}}))^{\mathrm{T}}\\&=\mathrm{tr}[E(\tilde{\boldsymbol{\theta}}-E(\tilde{\boldsymbol{\theta}}))(\tilde{\boldsymbol{\theta}}-E(\tilde{\boldsymbol{\theta}}))^{\mathrm{T}}]\\&=\mathrm{tr}[\mathrm{cov}(\tilde{\boldsymbol{\theta}})],\end{aligned}$$

而第 2 项 $\Delta_2=(E(\tilde{\boldsymbol{\theta}})-\boldsymbol{\theta})^{\mathrm{T}}(E(\tilde{\boldsymbol{\theta}})-\boldsymbol{\theta})=\|E(\tilde{\boldsymbol{\theta}})-\boldsymbol{\theta}\|^2$,定理证毕.

若记 $\tilde{\boldsymbol{\theta}}=(\tilde{\theta}_1, \tilde{\theta}_2, \cdots, \tilde{\theta}_p)^{\mathrm{T}}$,则

$$\Delta_1=\mathrm{tr}[\mathrm{cov}(\tilde{\boldsymbol{\theta}})]=\sum_{i=1}^{p}\mathrm{var}(\tilde{\theta}_i),$$

它是估计$\tilde{\boldsymbol{\theta}}$的各分量方差之和.而第 2 项

$$\Delta_2=\|E(\tilde{\boldsymbol{\theta}})-\boldsymbol{\theta}\|^2=\sum_{i=1}^{p}(E(\tilde{\theta}_i)-\theta_i)^2$$

它是估计$\tilde{\boldsymbol{\theta}}$的各分量的偏差 $E(\tilde{\theta}_i)-\theta_i$ 的平方和.这样,一个估计的均方误差就是由各分量的方差和偏差所决定.一个好的估计应该有较小的方差和偏差.

考虑中心化线性回归模型

$$\boldsymbol{y}=\alpha\boldsymbol{1}+\boldsymbol{X}_c\beta_c+e,\ E(\boldsymbol{e})=\boldsymbol{0},\ \mathrm{cov}(\boldsymbol{e})=\sigma^2\boldsymbol{I}. \tag{5-2}$$

这里 $\mathrm{rk}(\boldsymbol{X}_c)=p$，此时

$$\hat{\alpha}=\bar{y}=\frac{1}{n}\sum_{i=1}^{n}y_i,$$
$$\hat{\boldsymbol{\beta}}_c=(\boldsymbol{X}_c^{\mathrm{T}}\boldsymbol{X}_c)^{-1}\boldsymbol{X}_c^{\mathrm{T}}\boldsymbol{y}.$$

因为 $\Delta_2=0$，故

$$\mathrm{MSE}(\hat{\boldsymbol{\beta}}_c)=\Delta_1=\sigma^2\mathrm{tr}(\boldsymbol{X}_c^{\mathrm{T}}\boldsymbol{X}_c)^{-1}. \tag{5-3}$$

因为 $\boldsymbol{X}_c^{\mathrm{T}}\boldsymbol{X}_c$ 是对称正定阵，于是存在 $p\times p$ 正交阵 $\boldsymbol{\Phi}$ 将 $\boldsymbol{X}_c^{\mathrm{T}}\boldsymbol{X}_c$ 对角化，即

$$\boldsymbol{X}_c^{\mathrm{T}}\boldsymbol{X}_c=\boldsymbol{\Phi}\begin{bmatrix}\lambda_1 & 0 & \\ & \ddots & \\ 0 & & \lambda_p\end{bmatrix}\boldsymbol{\Phi}^{\mathrm{T}}, \tag{5-4}$$

这里 $\lambda_1\geqslant\lambda_2\geqslant\cdots\geqslant\lambda_p$ 为 $\boldsymbol{X}_c^{\mathrm{T}}\boldsymbol{X}_c$ 的特征值.记 $\boldsymbol{\Phi}=(\varphi_1,\varphi_2,\cdots,\varphi_p)$，则 φ_1，φ_2，…，φ_p 分别为对应于 λ_1，λ_2，…，λ_p 的标准正交化特征向量. 从式(5-4)得

$$(\boldsymbol{X}_c^{\mathrm{T}}\boldsymbol{X}_c)^{-1}=\boldsymbol{\Phi}\begin{bmatrix}\frac{1}{\lambda_1} & 0 & 0\\ \vdots & \ddots & \vdots\\ 0 & 0 & \frac{1}{\lambda_p}\end{bmatrix}\boldsymbol{\Phi}^{\mathrm{T}}, \tag{5-5}$$

由此可知 λ_1^{-1}，λ_2^{-1}，…，λ_p^{-1} 为 $(\boldsymbol{X}_c^{\mathrm{T}}\boldsymbol{X}_c)^{-1}$ 的特征值.再利用 $\mathrm{tr}(\boldsymbol{AB})=\mathrm{tr}(\boldsymbol{BA})$ 以及 $\boldsymbol{\Phi}^{\mathrm{T}}\boldsymbol{\Phi}=\boldsymbol{I}$，得到

$$\mathrm{tr}(\boldsymbol{X}_c^{\mathrm{T}}\boldsymbol{X}_c)^{-1}=\sum_{i=1}^{p}\frac{1}{\lambda_i},$$

代入式(5-3)，我们证明了

$$\mathrm{MSE}(\hat{\boldsymbol{\beta}}_c)=\sigma^2\sum_{i=1}^{p}\frac{1}{\lambda_i}, \tag{5-6}$$

由式(5-6)可以看出，如果 $\boldsymbol{X}_c^{\mathrm{T}}\boldsymbol{X}_c$ 至少有一个特征根非常小，即非常接近于零，那么 $\mathrm{MSE}(\hat{\boldsymbol{\beta}})$ 就会很大.从均方误差的标准来看，这时的最小二乘估计 $\hat{\boldsymbol{\beta}}_c$ 就不是一个好的估计.

另一方面

$$\begin{aligned}\mathrm{MSE}(\hat{\boldsymbol{\beta}}_c)&=\boldsymbol{E}(\hat{\boldsymbol{\beta}}_c-\boldsymbol{\beta}_c)^{\mathrm{T}}(\hat{\boldsymbol{\beta}}_c-\boldsymbol{\beta}_c)=\boldsymbol{E}(\hat{\boldsymbol{\beta}}_c^{\mathrm{T}}\hat{\boldsymbol{\beta}}_c-2\boldsymbol{\beta}_c^{\mathrm{T}}\hat{\boldsymbol{\beta}}_c+\boldsymbol{\beta}_c^{\mathrm{T}}\boldsymbol{\beta}_c)\\&=\boldsymbol{E}\|\hat{\boldsymbol{\beta}}_c\|^2-\boldsymbol{\beta}_c^{\mathrm{T}}\boldsymbol{\beta}_c,\end{aligned}$$

于是

$$\boldsymbol{E}\parallel \hat{\boldsymbol{\beta}}_c \parallel^2 = \parallel \boldsymbol{\beta}_c \parallel^2 + \mathrm{MSE}(\hat{\boldsymbol{\beta}}_c) = \parallel \boldsymbol{\beta}_c \parallel^2 + \sigma^2 \sum_{i=1}^{p} \frac{1}{\lambda_i}, \tag{5-7}$$

这就是说，当 $X_c^{\mathrm{T}}X_c$ 至少有一个特征值很小时，最小二乘估计 $\hat{\boldsymbol{\beta}}_c$ 不再是一个好的估计.

若记 $\boldsymbol{X}_c=(\boldsymbol{x}_1, \boldsymbol{x}_2, \cdots, \boldsymbol{x}_p)$，其中 $\boldsymbol{x}_i$ 为设计阵 $\boldsymbol{X}_c$ 的第 i 列.设 λ 为 $\boldsymbol{X}^{\mathrm{T}}\boldsymbol{X}$ 的一个特征值，$\boldsymbol{\varphi}=(c_1, c_2, \cdots, c_p)^{\mathrm{T}}$ 为其特征向量，其长度为 1，即 $\boldsymbol{\varphi}^{\mathrm{T}}\boldsymbol{\varphi}=1$.若 $\lambda\approx 0$，则

$$\boldsymbol{X}_c^{\mathrm{T}}\boldsymbol{X}_c\boldsymbol{\varphi}=\lambda\boldsymbol{\varphi}\approx\boldsymbol{0},$$

用 $\boldsymbol{\varphi}^{\mathrm{T}}$ 左乘上式，得

$$\boldsymbol{\varphi}^{\mathrm{T}}\boldsymbol{X}_c^{\mathrm{T}}\boldsymbol{X}_c\boldsymbol{\varphi}=\lambda\boldsymbol{\varphi}^{\mathrm{T}}\boldsymbol{\varphi}=\lambda\approx 0,$$

因为

$$\boldsymbol{\varphi}^{\mathrm{T}}\boldsymbol{X}_c^{\mathrm{T}}\boldsymbol{X}_c\boldsymbol{\varphi}=\parallel \boldsymbol{X}_c\boldsymbol{\varphi} \parallel^2=\lambda\approx 0,$$

于是有

$$\boldsymbol{X}_c\boldsymbol{\varphi}\approx\boldsymbol{0},$$

上式即为

$$c_1\boldsymbol{x}_1+c_2\boldsymbol{x}_2+\cdots+c_p\boldsymbol{x}_p\approx 0$$

即 $\boldsymbol{x}_1, \boldsymbol{x}_2, \cdots, \boldsymbol{x}_p$ 之间存在着近似线性关系.这种关系就是前面所说的自变量之间的共线性关系或多重共线性关系(multicollinearity).

这里需要强调 3 点：① 共线性问题不是一个模型设定错误，而是所获得的数据本身自带的缺陷，不能通过考察残差的办法去探测共线性问题；② 由于有模型的误设问题，我们不能在模型误设的基础上继续进行分析，只有在模型的设定比较正确时，才可以进一步讨论模型的共线性所带来的问题；③ 相关系数重在两两变量之间的比较关系，而多重共线性能体现出多个预测变量之间的关系，用相关系数往往并不能发现这种线性关系.弄清楚数据的共线性这种缺陷以及这种缺陷对数据分析造成的严重后果是十分重要的.当数据出现共线性问题时，我们必须十分谨慎地对待回归分析中得到的所有结论.

5.1.2 检测共线性的指标

1) 条件数

度量多重共线性性严重程度的一个重要指标是方阵 $\boldsymbol{X}_c^{\mathrm{T}}\boldsymbol{X}_c$ 的条件数，定

义为

$$k = \frac{\lambda_1}{\lambda_p},$$

也就是 $\boldsymbol{X}_c^{\mathrm{T}}\boldsymbol{X}_c$ 的最大特征值与最小特征值之比.一般若 $k<100$,则认为多重共线性性较小;若 $100 \leqslant k \leqslant 1\,000$,则认为中等程度的复共线性性;若 $k>1\,000$,则认为存在严重程度的共线性性.

2) 方差膨胀因子

记 R_j^2 表示以 X_j 作为响应变量,其余的预测变量作为自变量的回归模型中的多重相关系数的平方.

$$E(X_j) = \beta_0 + \beta_1 x_1 + \cdots + \beta_{j-1} x_{j-1} + \beta_{j+1} x_{j+1} + \cdots + \beta_p x_p, \tag{5-8}$$

则 X_j 的方差膨胀因子(variance inflation factors, VIF)定义为

$$\mathrm{VIF}_j = \frac{1}{1-R_j^2},\ j = 1,\ 2,\ \cdots,\ p. \tag{5-9}$$

其中 p 是全部预测变量的数目.

定理 5.2 记 $C = (\boldsymbol{X}^{\mathrm{T}}\boldsymbol{X})^{-1}$,则

若式(5-8)为标准化模型

$$C_{jj} = \frac{1}{1-R_j^2},\ j = 1,\ 2,\ \cdots,\ p. \tag{5-10}$$

显然,VIF_j 刻画了 X_j 与其余预测变量之间的线性关系.当 R_j^2 趋于 1 时,VIF_j 变得很大.当 VIF_j 超过 10,一般认为这是模型出现共线性现象的一个征兆.

当预测变量之间没有任何线性关系时(即各预测变量之间相互正交),R_j^2 为 0,VIF_j 为 1.当 VIF_j 逐渐离开 1,说明诸变量之间逐渐离开正交,正在走向共线性现象.

注意到 $\mathrm{var}(\hat{\boldsymbol{\beta}}_j) = C_{jj}\sigma^2 = (1-R_j^2)^{-1}\sigma^2$,$\mathrm{VIF}_j$ 的值也是两个方差的比值,一个是 X_j 的回归系数估计的方差,另一个是当 X_j 与其余变量线性不相关时回归系数估计的方差.这也是将这个回归方程的诊断量 VIF_j 称为方差膨胀因子的原因.

当 R_j^2 趋于 1,说明在预测变量之间出现了线性关系,相应于 $\hat{\boldsymbol{\beta}}_j$ 的 VIF 值趋于无穷.一般认为,当 VIF 的值超过 10 的时候,共线性现象会对估计造成不利影响.

3) 容差

一个与方差膨胀因子等价的统计量是所谓的容差(tolerance),其定义为

$$\mathrm{TOL}_j = \frac{1}{\mathrm{VIF}_j} = 1 - R_j^2, \ j = 1, 2, \cdots, p. \tag{5-11}$$

该指标小于 0.1,则可认为预测变量之间存在共线性性.

5.1.3 案例分析

例 5.1 表 5-1～表 5-3 分别列出了广告数据集中 3 个预测变量的容差与方差膨胀因子,相关系数矩阵和特征值条件数.容差与方差膨胀因子都在 1 附近,广播与报纸广告投入之间的相关系数比较小,电视与广播、电视与报纸广告投入之间的相关系数非常小,特征值条件数也都在合理的范围之内.这 3 类检测共线性的指标都表明,3 个预测变量之间不存在比较强的线性关系.

表 5-1 广告数据集容差与方差膨胀因子

	β_1	β_2	β_3
容差	0.995	0.873	0.873
VIF	1.005	1.145	1.145

表 5-2 广告数据集相关系数矩阵

	电 视	广 播	报 纸
电 视	1.000	−0.037	−0.040
广 播	−0.037	1.000	−0.352
报 纸	−0.040	−0.352	1.000

表 5-3 广告数据集条件指数

维 数	1	2	3	4
特征值	3.394	0.301	0.201	0.104
条件索引	1.00	3.359	4.114	5.706

例 5.2 表 5-4 列出了 1995～2010 年间上海市进口额(import)、国内生产总值(doprod)、库存总额(stock)和消费总额数据(consum).

表 5-4　上海市进口额数据

年　份	进口额/亿美元	国内生产总值/亿元	库存总额/亿元	消费总额/亿元
1995	225.30	2 499.43	1 528.21	1 150.35
1996	256.57	2 957.55	1 726.41	1 348.76
1997	252.32	3 438.79	1 874.05	1 600.83
1998	261.80	3 801.09	1 876.73	1 758.09
1999	318.63	4 188.73	1 965.43	1 959.12
2000	477.39	4 771.17	2 093.40	2 244.52
2001	524.81	5 210.12	2 156.65	2 476.20
2002	606.98	5 741.03	2 201.73	2 791.06
2003	888.95	6 694.23	2 512.05	3 217.59
2004	1 213.07	8 072.83	3 719.86	3 832.59
2005	1 382.48	9 247.66	4 032.85	4 480.34
2006	1 621.89	10 572.24	4 361.72	5 175.15
2007	1 924.29	12 494.01	5 320.30	6 170.38
2008	2 129.07	14 069.87	6 296.79	7 172.67
2009	1 903.61	15 046.45	6 524.65	7 868.64
2010	2 613.05	17 165.98	7 723.30	9 424.29

利用 SPSS 软件获得以下如表 5-5～表 5-6 所示的回归分析结果.

表 5-5　方差分析表(ANOVA)

方差源	平方和	自由度	均　方	F 比	$P(F>F_R)$
回　归	9 314 000.177	3	3 104 666.792	211.352	0.000
误　差	176 274.746	12	14 689.562		
总　计	9 490 275.124	15			

表 5-6　回归系数的估计

变 量 名	系数估计	标准误差	t_i	P 值
常数项	−429.474	104.971	−4.091	0.001
doprod	0.304	0.098	3.114	0.009
stock	0.141	0.142	0.994	0.340
consum	−0.363	0.203	−1.786	0.099
$n=16$	$R^2=0.981$	$R_{adj}^2=0.977$		

相应的经验回归方程为

$$\text{import} = -429.47359 + 0.30437\text{doprod} + 0.14079\text{stock} - 0.36289\text{consum} \tag{5-12}$$

标准化后的 $\boldsymbol{X}^{\mathrm{T}}\boldsymbol{X}$ 矩阵即相关系数矩阵如表 5－7 所示，该方程消费变量的系数为负值，明显与实际不符.

表 5－7　上海市进口额数据相关系数矩阵

相关系数	doprod	stock	consum
doprod	1.000 000 0	0.999 996 8	0.999 997 3
stock	0.999 996 8	1.000 000 0	0.999 988 2
consum	0.999 997 3	0.999 988 2	1.000 000 0

由表 5－7 可知，3 个预测变量之间的相关系数接近于 1.另外，3 个特征值分别为 $\lambda_1 = 2.999988e+00$，$\lambda_2 = 1.179957e-05$，$\lambda_3 = -5.613617e-17$，其中特征值 λ_3 非常小，相应的条件数为 $2.138601e+16 > 1000$.这一切都说明出现了严重的共线性性.3 个特征向量组成的矩阵为

$$\begin{bmatrix} -0.5773514 & 0.02190952 & 0.8162018 \\ -0.5773496 & -0.71780702 & -0.3891278 \\ -0.5773498 & 0.69589730 & -0.4270763 \end{bmatrix}$$

我们仅按照第 3 列特征向量写出 3 个预测变量之间的近似线性关系，

$$0.8162018\text{doprod} - 0.3891278\text{stock} - 0.4270763\text{consum} \approx 0.$$

5.2　岭　估　计

解决共线性情况下线性模型参数估计的一个重要方法是岭估计(ridge estimates)方法.由式(5－1)知，参数估计均方误差由估计方差 $\mathrm{tr}[\mathrm{cov}(\tilde{\boldsymbol{\theta}})]$ 和估计偏差 $\|\tilde{\boldsymbol{\theta}} - \boldsymbol{\theta}\|^2$ 组成.岭估计方法设计的主要思路是适当允许参数估计是有偏估计，但将偏差 $\|\tilde{\boldsymbol{\theta}} - \boldsymbol{\theta}\|^2$ 控制在可以接受的范围内，然后尽可能地降低估计的方差项 $\mathrm{tr}[\mathrm{cov}(\tilde{\boldsymbol{\theta}})]$.具体地，回归系数 β 的岭估计定义为

$$\hat{\boldsymbol{\beta}}(k) = (\boldsymbol{X}^{\mathrm{T}}\boldsymbol{X} + k\boldsymbol{I})^{-1}\boldsymbol{X}^{\mathrm{T}}\boldsymbol{y}, \tag{5-13}$$

这里 $k > 0$ 是可选参数，称为岭参数或偏参数.当 k 取不同的值时，我们得到不同

的岭估计，因此岭估计$\hat{\boldsymbol{\beta}}(k)$是一个估计类.

对一切$k\neq 0$和$\boldsymbol{\beta}\neq\mathbf{0}$

$$E[\hat{\beta}(k)]=(\boldsymbol{X}^{\mathrm{T}}\boldsymbol{X}+k\boldsymbol{I})^{-1}\boldsymbol{X}^{\mathrm{T}}E(\boldsymbol{y}),$$
$$=(\boldsymbol{X}^{\mathrm{T}}\boldsymbol{X}+k\boldsymbol{I})^{-1}\boldsymbol{X}^{\mathrm{T}}\boldsymbol{X}\boldsymbol{\beta}\neq\boldsymbol{\beta},$$

因此岭估计是有偏估计.

设$\lambda_1,\lambda_2,\cdots,\lambda_p$为$\boldsymbol{X}_c^{\mathrm{T}}\boldsymbol{X}_c$的特征根，$\boldsymbol{\varphi}_1,\boldsymbol{\varphi}_2,\cdots,\boldsymbol{\varphi}_p$为对应的标准正交化特征向量.记$\boldsymbol{\Phi}=(\boldsymbol{\varphi}_1,\boldsymbol{\varphi}_2,\cdots,\boldsymbol{\varphi}_p)$，则$\boldsymbol{\Phi}$为$p\times p$正交阵.再记$\boldsymbol{\Lambda}=\mathrm{diag}(\lambda_1,\lambda_2,\cdots,\lambda_p)$，于是$\boldsymbol{X}_c^{\mathrm{T}}\boldsymbol{X}_c=\boldsymbol{\Phi}\boldsymbol{\Lambda}\boldsymbol{\Phi}^{\mathrm{T}}$，则线性回归模型式(2-8)可改写为

$$\boldsymbol{y}=\alpha_0\mathbf{1}+\boldsymbol{Z}\boldsymbol{\alpha}+\boldsymbol{e},\ E(\boldsymbol{e})=\mathbf{0},\ \mathrm{cov}(\boldsymbol{e})=\sigma^2\boldsymbol{I},\tag{5-14}$$

这里常数项改记为α_0，$\boldsymbol{Z}=\boldsymbol{X}_c\boldsymbol{\Phi}$，$\boldsymbol{\alpha}=\boldsymbol{\Phi}^{\mathrm{T}}\boldsymbol{\beta}_c$.式(5-14)称为线性回归模型的典则形式，$\boldsymbol{\alpha}$称为典则回归系数.因为$\boldsymbol{X}_c$是中心化的，于是$\boldsymbol{Z}$也是中心化的.相应的$\alpha_0$和$\boldsymbol{\alpha}$的最小二乘估计为

$$\hat{\alpha}_0=\bar{y},$$
$$\hat{\boldsymbol{\alpha}}=(\boldsymbol{Z}^{\mathrm{T}}\boldsymbol{Z})^{-1}\boldsymbol{Z}^{\mathrm{T}}\boldsymbol{y},$$

注意到$\boldsymbol{Z}^{\mathrm{T}}\boldsymbol{Z}=\boldsymbol{\Phi}^{\mathrm{T}}\boldsymbol{X}_c^{\mathrm{T}}\boldsymbol{X}_c\boldsymbol{\Phi}=\boldsymbol{\Lambda}$，因而

$$\hat{\boldsymbol{\alpha}}=\boldsymbol{\Lambda}^{-1}\boldsymbol{Z}^{\mathrm{T}}\boldsymbol{y}.$$
$$\mathrm{cov}(\hat{\boldsymbol{\alpha}})=\sigma^2\boldsymbol{\Lambda}^{-1}\boldsymbol{Z}^{\mathrm{T}}\boldsymbol{Z}\boldsymbol{\Lambda}^{-1}=\sigma^2\boldsymbol{\Lambda}^{-1}.$$

易证

$$\hat{\boldsymbol{\alpha}}=\boldsymbol{\Phi}^{\mathrm{T}}\hat{\boldsymbol{\beta}}_c,\tag{5-15}$$

这里$\hat{\boldsymbol{\beta}}_c=(\boldsymbol{X}_c^{\mathrm{T}}\boldsymbol{X})_c^{-1}\boldsymbol{X}_c^{\mathrm{T}}\boldsymbol{y}$，根据关系式$\boldsymbol{\alpha}=\boldsymbol{\Phi}^{\mathrm{T}}\boldsymbol{\beta}_c$，按定义，典则回归系数的岭估计为

$$\hat{\alpha}(k)=\boldsymbol{\Phi}^{\mathrm{T}}\hat{\boldsymbol{\beta}}_c(k),\tag{5-16}$$

于是

$$\hat{\boldsymbol{\alpha}}(k)=\boldsymbol{\Phi}^{\mathrm{T}}(\boldsymbol{X}_c^{\mathrm{T}}\boldsymbol{X}_c+k\boldsymbol{I})^{-1}\boldsymbol{X}_c^{\mathrm{T}}\boldsymbol{y}=\boldsymbol{\Phi}^{\mathrm{T}}(\boldsymbol{\Phi}\boldsymbol{\Lambda}\boldsymbol{\Phi}^{\mathrm{T}}+k\boldsymbol{I})^{-1}\boldsymbol{\Phi}\boldsymbol{Z}^{\mathrm{T}}\boldsymbol{y}=(\boldsymbol{\Lambda}+k\boldsymbol{I})^{-1}\boldsymbol{Z}^{\mathrm{T}}\boldsymbol{y}.\tag{5-17}$$

由式(5-15)看出，典则回归系数$\boldsymbol{\alpha}$的最小二乘估计与原来参数$\boldsymbol{\beta}_c$的最小二乘估计之间差一个正交阵，因而有

$$\mathrm{MSE}(\hat{\boldsymbol{\alpha}})=\mathrm{MSE}(\hat{\boldsymbol{\beta}}_c).\tag{5-18}$$

从式(5-16),类似的结论对岭估计也成立,即

$$\mathrm{MSE}(\hat{\boldsymbol{\alpha}}(k))=\mathrm{MSE}(\hat{\boldsymbol{\beta}}_c(k)). \tag{5-19}$$

定理 5.3 存在 $k>0$,使得

$$\mathrm{MSE}(\hat{\boldsymbol{\beta}}_c(k))<\mathrm{MSE}(\hat{\boldsymbol{\beta}}_c), \tag{5-20}$$

即存在 $k>0$,使得在均方误差意义下,岭估计优于最小二乘估计.

证明 只需证明存在 $k>0$,使得

$$\mathrm{MSE}(\hat{\boldsymbol{\alpha}}(k))<\mathrm{MSE}(\hat{\boldsymbol{\alpha}}), \tag{5-21}$$

因为 $\mathbf{1}^{\mathrm{T}}\boldsymbol{Z}=\mathbf{0}$, 所以

$$E[\hat{\boldsymbol{\alpha}}(k)]=(\boldsymbol{\Lambda}+k\boldsymbol{I})^{-1}\boldsymbol{Z}^{\mathrm{T}}(\alpha_0\mathbf{1}+\boldsymbol{Z}\boldsymbol{\alpha})=(\boldsymbol{\Lambda}+k\boldsymbol{I})^{-1}\boldsymbol{Z}^{\mathrm{T}}\boldsymbol{Z}\boldsymbol{\alpha}=(\boldsymbol{\Lambda}+k\boldsymbol{I})^{-1}\boldsymbol{\Lambda}\boldsymbol{\alpha},$$

应用定理 1.21 有

$$\mathrm{cov}[\hat{\boldsymbol{\alpha}}(k)]=\sigma^2(\boldsymbol{\Lambda}+k\boldsymbol{I})^{-1}\boldsymbol{Z}^{\mathrm{T}}\boldsymbol{Z}(\boldsymbol{\Lambda}+k\boldsymbol{I})^{-1}=\sigma^2(\boldsymbol{\Lambda}+k\boldsymbol{I})^{-1}\boldsymbol{\Lambda}(\boldsymbol{\Lambda}+k\boldsymbol{I}).$$

再由定理 5.1,得

$$\begin{aligned}\mathrm{MSE}(\hat{\boldsymbol{\alpha}}(k))&=\mathrm{tr}[\mathrm{cov}\,\hat{\boldsymbol{\alpha}}(k)]+\|E[\hat{\boldsymbol{\alpha}}(k)-\boldsymbol{\alpha}]\|^2\\&=\sigma^2\sum_{i=1}^{p}\frac{\lambda_i}{(\lambda_i+k)^2}+k^2\sum_{i=1}^{p}\frac{\alpha_i^2}{(\lambda_i+k)^2}\\&=f_1(k)+f_2(k)\\&=f(k),\end{aligned} \tag{5-22}$$

这里 $f_1(k)$和 $f_2(k)$分别表示式(5-22)的第 1 项和第 2 项.对 k 求导数,得

$$f'_1(k)=-2\sigma^2\sum_{i=1}^{p}\frac{\lambda_i}{(\lambda_i+k)^3}, \tag{5-23}$$

$$f'_2(k)=2k\sum_{i=1}^{p}\frac{\lambda_i\alpha_i^2}{(\lambda_i+k)^3}, \tag{5-24}$$

因为

$$f'_1(0)=-2\sigma^2\sum_{i=1}^{p}\frac{1}{\lambda_i^2}<0,$$

$$f'_2(0)=0,$$

于是 $f'(0)<0$.但是 $f'_1(k)$和 $f'_2(k)$在 $k\geqslant 0$ 时都连续,所以,$f'(k)$在 $k\geqslant 0$ 时

也连续.因而当 $k>0$ 且充分小时,$f'(k)<0$.这就是说,$f(k)=\mathrm{MSE}(\hat{\boldsymbol{\alpha}}(k))$ 在 $k(>0)$ 充分小时,是 k 的单调减函数,因而存在 $k^*>0$,当 $k\in(0, k^*)$时,有 $f(k)<f(0)$. 但 $f(0)=\mathrm{MSE}(\hat{\boldsymbol{\alpha}})$. 证毕.

注意 对任意 $k>0$ 和 $\|\hat{\boldsymbol{\beta}}\|\neq 0$ 总有

$$\|\hat{\boldsymbol{\beta}}(k)\|=\|\hat{\boldsymbol{\alpha}}(k)\|=\|(\boldsymbol{\Lambda}+k\boldsymbol{I})^{-1}\boldsymbol{\Lambda}\hat{\boldsymbol{\alpha}}\|<\|\hat{\boldsymbol{\alpha}}\|=\|\hat{\boldsymbol{\beta}}\|,$$

所以也称为压缩估计.

在实际应用中,岭参数的选择是一个很重要的问题.但定理 5.3 只告诉我们使得$\hat{\boldsymbol{\beta}}(k)$优于$\hat{\boldsymbol{\beta}}$的 k 的存在性,并没有给出具体的算法.我们需要找到使 $\mathrm{MSE}(\hat{\boldsymbol{\beta}}(k))$达到最小值的 k^*.从式(5-23)和式(5-24)容易看出,这个最优值 k^* 应该在方程

$$f'(k)=2\sum_{i=1}^{p}\frac{\lambda_i(k\alpha_i^2-\sigma^2)}{(\lambda_i+k)^3}=0 \tag{5-25}$$

的根中去找,这个方程可以化成关于 k 的 4 次多项式.但是这个多项式方程的系数依赖于未知参数 α_i和 σ^2,因而不可能从求解式(5-25)获得最优值 k^*.因此统计学家们从别的途径提出了选择参数 k 的许多方法.从计算机模拟比较的结果看,在这些方法中没有一个方法能够一致地(即对于一切参数 β 和 σ^2)优于其他方法.下面介绍目前应用较多的两种方法.

1) Hoerl-Kennard 公式法

岭估计由 Hoerl 和 Kennard(1970)[29]年提出,他们选择的 k 值为

$$\hat{k}=\frac{\hat{\sigma}^2}{\max\limits_i \hat{\alpha}_i^2}, \tag{5-26}$$

试想,在式(5-25)中,如果 $k\alpha_i^2-\sigma^2<0$,对 $i=1, 2, \cdots, p$ 都成立,则 $f'(k)<0$. 于是取

$$k^*=\frac{\sigma^2}{\max\limits_i \alpha_i^2}, \tag{5-27}$$

当 $0<k<k^*$ 时,$f'(k)$总是小于 0,因而 $f(k)$总是 k 的单调下降函数,故有 $f(k^*)<f(0)$,即 $\mathrm{MSE}(\hat{\boldsymbol{\beta}}(k^*))<\mathrm{MSE}(\hat{\boldsymbol{\beta}})$. 在式(5-27)中,用最小二乘估计 $\hat{\alpha}_i$和$\hat{\sigma}^2$代替 α_i和 σ^2,便得到式(5-26).

2) 岭迹法

岭估计 $\hat{\boldsymbol{\beta}}(k)=(\boldsymbol{X}^{\mathrm{T}}\boldsymbol{X}+k\boldsymbol{I})^{-1}\boldsymbol{X}^{\mathrm{T}}\boldsymbol{y}$ 是随 k 值改变而变化.若记$\hat{\beta}_i(k)$为$\hat{\boldsymbol{\beta}}(k)$

的第 i 个分量，它是 k 的一元函数. 当 k 在 $[0, +\infty)$ 上变化时，$\hat{\boldsymbol{\beta}}(k)$ 的图形称为岭迹(ridge trace). 选择 k 的岭迹法是将 $\hat{\beta}_1(k)$, $\hat{\beta}_2(k)$, $\cdots$, $\hat{\beta}_p(k)$ 的岭迹画在同一个图上，根据岭迹的变化趋势选择 k 值，使得各个回归系数的岭估计大体上稳定，并且各个回归系数岭估计值的符号比较合理. 我们知道，最小二乘估计是使残差平方和达到最小的估计. k 愈大，岭估计与最小二乘估计偏离愈大. 因此，它对应的残差平方和也随着 k 的增加而增加. 当我们用岭迹法选择 k 值时，还应考虑使得残差平方和不要上升太多. 在实际处理上，上述几点原则有时可能会有些互相不一致，顾此失彼的情况也经常出现，这就要根据不同情况灵活处理.

例 5.3 表 5－8 给出了例 5.2 中上海市进口额数据的不同岭参数所对应不同的回归系数，图 5－1 为其岭迹图. 当 $k \geqslant 0.2$ 后，β_3 变为正值.

表 5－8 上海市进口额数据：不同岭参数对应不同的回归系数

k	β_1	β_2	β_3
0.0	0.304 37	0.140 78	−0.362 88
0.1	0.127 93	0.102 63	−0.009 43
0.2	0.098 89	0.106 96	0.039 89
0.3	0.086 52	0.110 82	0.058 98
0.4	0.079 58	0.113 56	0.068 98
0.5	0.075 10	0.115 50	0.075 06
0.6	0.071 95	0.116 92	0.079 11
0.7	0.069 60	0.117 97	0.081 98
0.8	0.067 77	0.118 77	0.084 09
0.9	0.066 30	0.119 37	0.085 70
1.0	0.065 09	0.119 84	0.086 95

老版的 SPSS 软件没有绘制岭迹图的功能，版本 22 开始配置了这一功能. 下面的小贴士为利用 R 软件中 MASS 软件包的“lm.ridge”绘制岭迹图进行岭回归的代码.

岭迹法 R 代码小贴士

```
> library(foreign)
> shanghaiimport< - read.spss("shanghaiimport.sav", to.data.frame =
  TRUE)
> shanghaiimport
> attach(shanghaiimport)
> plot(doprod, import)
```

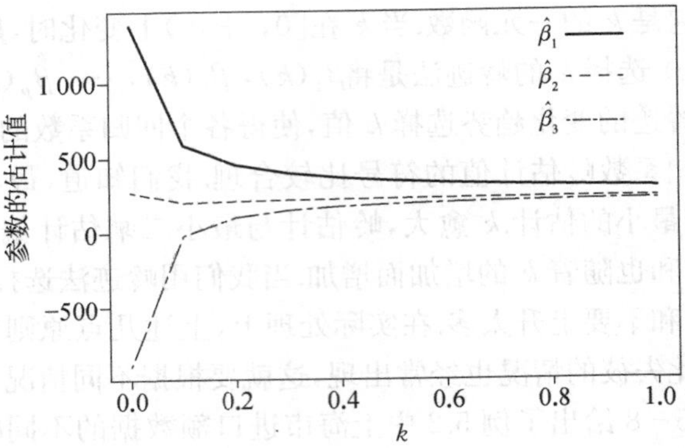

图 5-1　岭迹图

```
> lm.sol< -lm(import~doprod+stock+consum,data=shanghaiimport)
> summary(lm.sol)
> library(MASS)
> plot(lm.ridge(import~doprod+stock+consum,data=shanghaiimport,lambda
  =seq(0,1,0.1)))
> lm.ridge(import~doprod+stock+consum,data=shanghaiimport,lambda
  =seq(0,1,0.1))
> detach(shanghaiimport)
```

5.3 主成分估计

考虑一般线性回归模型

$$y=\alpha_0\mathbf{1}+\boldsymbol{X}_c\boldsymbol{\beta}_c+\boldsymbol{e},\ E(\boldsymbol{e})=\mathbf{0},\ \mathrm{cov}(\boldsymbol{e})=\sigma^2\boldsymbol{I},\tag{5-28}$$

记 $\lambda_1\geqslant\lambda_2\geqslant\cdots\geqslant\lambda_p$ 为 $\boldsymbol{X}_c^{\mathrm{T}}\boldsymbol{X}_c$ 的特征根，$\boldsymbol{\varphi}_1,\ \boldsymbol{\varphi}_2,\ \cdots,\ \boldsymbol{\varphi}_p$ 为对应的标准正交化特征向量，$\boldsymbol{\Phi}=(\boldsymbol{\varphi}_1,\ \boldsymbol{\varphi}_2,\ \cdots,\ \boldsymbol{\varphi}_p)$，这是一个 $p\times p$ 正交矩阵.再记 $\boldsymbol{Z}=\boldsymbol{X}_c\boldsymbol{\Phi}$，$\boldsymbol{\alpha}=\boldsymbol{\Phi}^{\mathrm{T}}\boldsymbol{\beta}$，则模型(5—28)可变形为

$$y=\alpha_0\mathbf{1}+\boldsymbol{Z\alpha}+\boldsymbol{e},\ E(\boldsymbol{e})=\mathbf{0},\ \mathrm{cov}(\boldsymbol{e})=\sigma^2\boldsymbol{I},\tag{5-29}$$

这是上节引进的线性回归模型的典则形式.称 $\boldsymbol{\alpha}$ 为典则参数.在式(5-29)中，新的设计矩阵 $\boldsymbol{Z}=(z_1,\ z_2,\ \cdots,\ z_p)=(\boldsymbol{X}_c\boldsymbol{\varphi}_1,\ \boldsymbol{X}_c\boldsymbol{\varphi}_2,\ \cdots,\ \boldsymbol{X}_c\boldsymbol{\varphi}_p)$，即

$$z_1=\boldsymbol{X}_c\boldsymbol{\varphi}_1,\ \cdots,\ z_p=\boldsymbol{X}_c\boldsymbol{\varphi}_p,\tag{5-30}$$

于是 $\boldsymbol{Z}$ 的第 i 列 $\boldsymbol{z}_i$ 是原来 p 个自变量的线性组合，其组合系数为 $\boldsymbol{X}_c^{\mathrm{T}}\boldsymbol{X}_c$ 的第 i 个特征根对应的特征向量 $\boldsymbol{\varphi}_i$. 因此，$\boldsymbol{Z}$ 的 p 个列就对应于 p 个以原来自变量的特殊线性组合(即以 $\boldsymbol{X}_c^{\mathrm{T}}\boldsymbol{X}_c$ 的特征向量为组合系数)构成的新变量. 在统计学上，称这些新的自变量为主成分. 排在第 1 列的新变量对应于的最大特征根，于是称为第一主成分，依次类推.

因为 $\boldsymbol{X}_c$ 是中心化的，于是 $\boldsymbol{1}^{\mathrm{T}}\boldsymbol{Z}=\boldsymbol{1}^{\mathrm{T}}\boldsymbol{X}_c\boldsymbol{\Phi}=\boldsymbol{0}$. 所以 $\boldsymbol{Z}$ 也是中心化的. 故

$$\bar{z}_j=\frac{1}{n}\sum_{i=1}^{n}z_{ij}=0,\ j=1,\ 2,\ \cdots,\ p. \tag{5-31}$$

由式(5-30)可得

$$\boldsymbol{z}_i^{\mathrm{T}}\boldsymbol{z}_i=\boldsymbol{\varphi}_i^{\mathrm{T}}\boldsymbol{X}_c^{\mathrm{T}}\boldsymbol{X}_c\boldsymbol{\varphi}_i=\lambda_i. \tag{5-32}$$

结合式(5-31)知

$$\sum_{i=1}^{n}(z_{ij}-\bar{z}_j)^2=\boldsymbol{z}_i^{\mathrm{T}}\boldsymbol{z}_i=\lambda_i,\ i=1,\ 2,\ \cdots,\ p. \tag{5-33}$$

于是 $\boldsymbol{X}_c^{\mathrm{T}}\boldsymbol{X}_c$ 的第 i 个特征根 λ_i 就度量了第 i 个主成分取值变动的大小. 如果 $\lambda_{r+1},\ \cdots,\ \lambda_p\approx 0$，这时后面的 $p-r$ 个主成分可以忽略.

具体地，$\boldsymbol{\Lambda}=\mathrm{diag}(\lambda_1,\ \lambda_2,\ \cdots,\ \lambda_p)$，对 $\boldsymbol{\Lambda}$，$\boldsymbol{\alpha}$，$\boldsymbol{Z}$ 和 $\boldsymbol{\Phi}$ 做分块，得

$$\boldsymbol{\Lambda}=\begin{bmatrix}\boldsymbol{\Lambda}_1 & \boldsymbol{O}\\ \boldsymbol{O} & \boldsymbol{\Lambda}_2\end{bmatrix},$$

其中 $\boldsymbol{\Lambda}_1$ 为 $r\times r$ 矩阵，

$$\boldsymbol{\alpha}=\begin{bmatrix}\boldsymbol{\alpha}_1\\ \boldsymbol{\alpha}_2\end{bmatrix},$$

其中 $\boldsymbol{\alpha}_1$ 为 $r\times 1$ 向量，

$$\boldsymbol{Z}=(\boldsymbol{Z}_1\ \vdots\ \boldsymbol{Z}_2),$$

其中 $\boldsymbol{Z}_1$ 为 $n\times r$ 矩阵，

$$\boldsymbol{\Phi}=(\boldsymbol{\Phi}_1\ \vdots\ \boldsymbol{\Phi}_2),$$

其中 $\boldsymbol{\Phi}_1$ 为 $p\times r$ 矩阵，代入式(5-29)并删除 $\boldsymbol{Z}_2\boldsymbol{\alpha}_2$ 项得到回归模型

$$\boldsymbol{y}=\alpha_0\boldsymbol{1}+\boldsymbol{Z}_1\boldsymbol{\alpha}_1+\boldsymbol{e},\ E(\boldsymbol{e})=\boldsymbol{0},\ \mathrm{cov}(\boldsymbol{e})=\sigma^2\boldsymbol{I}, \tag{5-34}$$

这个新的回归模型就是在删除了后面 $p-r$ 个对因变量影响较小的主成分后得到的.因此,事实上我们是利用主成分进行了一次回归自变量的选择.对式(5-34)应用最小二乘法,得到 α_0 和 $\boldsymbol{\alpha}_1$ 的最小二乘估计为

$$\hat{\alpha}_0=\bar{y}=\frac{1}{n}\sum_{i=1}^{n}y_i,$$

$$\hat{\boldsymbol{\alpha}}_1=(\boldsymbol{Z}_1^{\mathrm{T}}\boldsymbol{Z}_1)^{-1}\boldsymbol{Z}_1^{\mathrm{T}}\boldsymbol{y}=\boldsymbol{\Lambda}_1^{-1}\boldsymbol{Z}_1^{\mathrm{T}}\boldsymbol{y}.$$

前面从模型中剔除了后面 $p-r$ 个主成分,这相当于用 $\hat{\boldsymbol{\alpha}}_2=\boldsymbol{0}$ 去估计 $\boldsymbol{\alpha}_2$.利用关系 $\boldsymbol{\beta}=\boldsymbol{\Phi}\boldsymbol{\alpha}$,可以获得原来参数 β 的估计

$$\tilde{\boldsymbol{\beta}}=\boldsymbol{\Phi}\begin{bmatrix}\hat{\boldsymbol{\alpha}}_1\\ \hat{\boldsymbol{\alpha}}_2\end{bmatrix}=(\boldsymbol{\Phi}_1,\boldsymbol{\Phi}_2)\begin{bmatrix}\hat{\boldsymbol{\alpha}}_1\\ \boldsymbol{0}\end{bmatrix}=\boldsymbol{\Phi}_1\boldsymbol{\Lambda}_1^{-1}\boldsymbol{Z}_1^{\mathrm{T}}\boldsymbol{y}=\boldsymbol{\Phi}_1\boldsymbol{\Lambda}_1^{-1}\boldsymbol{\Phi}_1^{\mathrm{T}}\boldsymbol{X}_c^{\mathrm{T}}\boldsymbol{y},\tag{5-35}$$

这就是 $\boldsymbol{\beta}$ 的主成分估计.

同岭估计一样,主成分估计也是有偏估计.因为

$$\boldsymbol{E}(\tilde{\boldsymbol{\beta}})=(\boldsymbol{\Phi}_1\vdots\boldsymbol{\Phi}_2)\begin{bmatrix}\boldsymbol{\alpha}_1\\ \boldsymbol{0}\end{bmatrix}=\boldsymbol{\Phi}_1\boldsymbol{\alpha}_1,$$

它于 $\boldsymbol{\beta}=\boldsymbol{\Phi}\boldsymbol{\alpha}=\boldsymbol{\Phi}_1\boldsymbol{\alpha}_1+\boldsymbol{\Phi}_2\boldsymbol{\alpha}_2$ 并不相等.

定理 5.4 当设计阵存在多重共线性时,适当选择保留的主成分个数可致主成分估计比最小二乘估计有较小的均方误差,即

$$\mathrm{MSE}(\tilde{\boldsymbol{\beta}})<\mathrm{MSE}(\hat{\boldsymbol{\beta}}).$$

证明 假设 $\lambda_{r+1},\cdots,\lambda_p$ 很接近于 0,利用式(5-35)和定理 5.1,有

$$\begin{aligned}\mathrm{MSE}(\tilde{\boldsymbol{\beta}})&=\mathrm{MSE}\begin{bmatrix}\hat{\boldsymbol{\alpha}}_1\\ \boldsymbol{0}\end{bmatrix}=\mathrm{tr}\left[\mathrm{cov}\begin{bmatrix}\hat{\boldsymbol{\alpha}}_1\\ \boldsymbol{0}\end{bmatrix}\right]+\left\|E\begin{bmatrix}\hat{\boldsymbol{\alpha}}_1\\ \boldsymbol{0}\end{bmatrix}-\boldsymbol{\alpha}\right\|^2\\ &=\sigma^2\mathrm{tr}(\boldsymbol{\Lambda}_1^{-1})+\|\boldsymbol{\alpha}_2\|^2.\end{aligned}$$

因为

$$\mathrm{MSE}(\hat{\boldsymbol{\beta}})=\sigma^2\mathrm{tr}(\boldsymbol{\Lambda}^{-1}),$$

所以

$$\mathrm{MSE}(\tilde{\boldsymbol{\beta}})=\mathrm{MSE}(\hat{\boldsymbol{\beta}})+(\|\boldsymbol{\alpha}_2\|^2-\sigma^2\mathrm{tr}(\boldsymbol{\Lambda}_2^{-1})).$$

于是

$$\mathrm{MSE}(\tilde{\boldsymbol{\beta}}) < \mathrm{MSE}(\hat{\boldsymbol{\beta}}).$$

当且仅当

$$\| \boldsymbol{\alpha}_2 \|^2 < \sigma^2 \mathrm{tr}(\boldsymbol{\Lambda}_2^{-1}) = \sigma^2 \sum_{i=r+1}^{p} \frac{1}{\lambda_i}. \tag{5-36}$$

当后面的 $p-r$ 个特征值接近于 0 时，上式右边将很大，故不等式(5-36)成立，定理得证.

注意 因为 $\boldsymbol{\alpha}_2 = \boldsymbol{\Phi}_2^{\mathrm{T}}\boldsymbol{\beta}$，于是便回到原来参数，式(5-36)可变形为

$$\left[\left(\frac{\boldsymbol{\beta}}{\sigma}\right)\right]^{\mathrm{T}} \boldsymbol{\Phi}_2\boldsymbol{\Phi}_2^{\mathrm{T}} \left[\left(\frac{\boldsymbol{\beta}}{\sigma}\right)\right] \leqslant (\mathrm{tr}\boldsymbol{\Lambda}_2^{-1}), \tag{5-37}$$

这就是说，仅当 $\boldsymbol{\beta}$ 和 σ^2 满足式(5-37)时，主成分估计才能比最小二乘估计有较小的均方误差.式(5-37)表示参数空间中$\left(\text{视为}\frac{\boldsymbol{\beta}}{\sigma}\text{参数}\right)$一个中心在原点的椭球.于是从式(5-37)我们可以得到以下直观的结论：

(1) 对固定的参数 $\boldsymbol{\beta}$ 和 σ^2，当 $\boldsymbol{X}_c^{\mathrm{T}}\boldsymbol{X}_c$ 后面的 $p-r$ 个特征值很小时.主成分估计比最小二乘估计有较小的均方误差.

(2) 对给定的 $\boldsymbol{X}_c^{\mathrm{T}}\boldsymbol{X}_c$，也就是固定的 $\boldsymbol{\Lambda}_2$，对相对比较小的$\frac{\boldsymbol{\beta}}{\sigma}$，主成分估计比最小二乘估计有较小的均方误差.

在主成分估计应用中，一个重要的问题是如何选择主成分以及需要保留几个主成分个数.通常的方法是首先定义主成分累积贡献率为

$$\frac{\sum_{i=1}^{r}\lambda_i}{\sum_{i=1}^{p}\lambda_i},$$

然后给出预定值，比如 75%和 80%等，依次选择特征根相对比较大的那些主成分，使得选出的主成分累积贡献率达到预定值的要求.

需要说明的是，主成分作为原来变量的线性组合，是一种“人造变量”，一般并不具有任何实际意义，特别当回归自变量具有不同度量单位时更是如此.

例 5.4 现对例 5.2 中的上海市进口额数据进行主成分回归分析.

解 SPSS 软件上虽然能够做主成分回归分析，但是缺乏主成分还原成原预测变量的功能.这里我们参考相关资料[30]编写了如下“R 代码小贴士”，其中

“princomp”是主成分回归语句.表 5 - 9 是运行代码后获得的 3 个预测变量相关矩阵的特征值和特征向量.

表 5 - 9　上海市进口额数据相关矩阵的特征值和特征向量

	特征值		
standard deviation=$\sqrt{\lambda}$	1.728 909 9	0.093 239 217	0.046 660 067 2
proportion of variance	0.996 376 4	0.002 897 851	0.000 725 720 6
cumulative proportion	0.996 376 4	0.999 274 279	1.000 000 000 0

	特征向量 V_1	V_2	V_3
doprod	0.577	0.512	−0.636
stock	0.577	−0.807	−0.126
consum	0.578	0.294	0.761

由表可知,第一主成分已达到 99.6%,其表达式为

$$\boldsymbol{Z}_1 = 0.577\text{doprod}^* + 0.577\text{stock}^* + 0.578\text{consum}^*,$$

响应变量“import”关于第一主成分 Z_1 的回归结果如下:

```
call:
lm(formula = import ~ z1, data = shanghaiimport)
residuals:
            Min       1Q      Median     3Q       Max
          - 332.62  - 65.01  - 21.03    122.72   192.35
coefficients:
                 Estimate Std.Error tvalue Pr(> |t|)
  (Intercept)    1 037.51     34.89     29.74     4.70e - 14 ***
  z1             439.01       20.18     21.76     3.42e - 12 ***
signif. codes: 0 ‘ *** ’0.001 ‘ ** ’0.01 ‘ * ’0.05 ‘.’0.1 ‘’1
residual standard error: 139.5 on 14 degrees of freedom
multiple R - squared: 0.971 3, Adjusted R - squared: 0.969 2
F - statistic: 473.4 on 1 and 14 DF, p - value: 3.424e - 12
```

我们看到回归系数和回归方程均通过检验,而且效果显著,相应的回归方程为

$$\text{import} = 1\,073.51 + 439.01 z_1.$$

最后将标准化后的预测变量 doprod*，stock* 和 consum* 还原回 doprod，stock 和 consum，这样可写出响应变量与原变量之间的关系为

$$\text{import} = -257.177\,7 + 0.055\,6\text{doprod} + 0.130\,4\text{stock} + 0.102\,3\text{consum}.$$

主成分分析 R 代码小贴士

```
> library(foreign)
> shanghaiimport< - read.spss("shanghaiimport.sav", to.data.frame =
  TRUE)
> attach(shanghaiimport)
> shanghaiimport.pr< - princomp(~ doprod + stock + consum, data =
  shanghaiimport,cor = T)
> summary(shanghaiimport.pr,loadings = TRUE)
> pre< - predict(shanghaiimport.pr)
> shanghaiimport$z1< - pre[,1]
> lm.sol< - lm(import~z1,data = shanghaiimport)
> summary(lm.sol)
> beta< - coef(lm.sol)
> A< - loadings(shanghaiimport.pr);A
> x.bar< - shanghaiimport.pr$center;x.sd< - shanghaiimport.pr$scale;x.bar
> coef< - (beta[2]* A[,1])/x.sd; coef
> beta0< - beta[1] - sum(x.bar* coef)
> c(beta0,coef)
> detach(shanghaiimport)
```

习 题 5

1. 美国联邦贸易委员会每年要对各种国产香烟根据其焦油、尼古丁和一氧化碳含量进行评级.美国外科医生一般认为这 3 种物质有害于吸烟者的身体健康.以往的研究表明，从香烟烟雾中排放出的一氧化碳的增加往往伴随着香烟中焦油和尼古丁含量的增加.表 5－10 中列出了 25 种品牌的过滤嘴香烟在最近一年检测出的焦油、尼古丁和一氧化碳的含量(单位：mg)以及重量(g)样本.

表 5-10 美国联邦贸易委员会香烟数据

香烟品牌编号	焦油 x_1/mg	尼古丁 x_2/mg	重量 x_3/g	一氧化碳 y/mg
1	14.1	0.86	0.985 3	13.6
2	16.0	1.06	1.093 8	16.6
3	29.8	2.03	1.165 0	23.5
4	8.0	0.67	0.928 0	10.2
5	4.1	0.40	0.946 2	5.4
6	15.0	1.04	0.888 5	15.0
7	8.8	0.76	1.026 7	9.0
8	12.4	0.95	0.922 5	12.3
9	16.6	1.12	0.937 2	16.3
10	14.9	1.02	0.885 8	15.4
11	13.7	1.01	0.964 3	13.0
12	15.1	0.90	0.931 6	14.4
13	7.8	0.57	0.970 5	10.0
14	11.4	0.78	1.124 0	10.2
15	9.0	0.74	0.851 7	9.5
16	1.0	0.13	0.785 1	1.5
17	17.0	1.26	0.918 6	18.5
18	12.8	1.08	1.039 5	12.6
19	15.8	0.96	0.957 3	17.5
20	4.5	0.42	0.910 6	4.9
21	14.5	1.01	1.007 0	15.9
22	7.3	0.61	0.980 6	8.5
23	8.6	0.69	0.969 3	10.6
24	15.2	1.02	0.949 6	13.9
25	12.0	0.82	1.118 4	14.9

如果我们想建立一氧化碳含量 y 关于焦油含量 x_1、尼古丁含量 x_2 和香烟重量 x_3 的如下线性模型

$$E(y)=\beta_0+\beta_1x_1+\beta_2x_2+\beta_3x_3.$$

(1) 试讨论所建立的这种模型是否存在共线性性.

(2) 如果存在共线性性，试利用 R 软件的"lm.ridge"语句绘制岭迹图并进行

相应的岭回归.

2. 考虑经典的 Hald 水泥问题数据.某种水泥在凝固时放出的热量 y(cal/g)与水泥中的 4 种化学成分的含量(%)有关,这 4 种化学成分分别是 x_1 铝酸三钙($3CaO \cdot Al_2O_3$),x_2 硅酸三钙($3CaO \cdot SiO_2$),x_3 铁铝酸四钙($4CaO \cdot Al_2O_3 \cdot Fe_2O_3$),$x_4$ 硅酸二钙($2CaO \cdot SiO_2$).现观测到的 13 组数据见表 5-11.

表 5-11　Hald 水泥问题数据

序　号	x_1	x_2	x_3	x_4	y
1	7	26	6	60	78.5
2	1	29	15	52	74.3
3	11	56	8	20	104.3
4	11	31	8	47	87.6
5	7	52	6	33	95.9
6	11	55	9	22	109.2
7	3	71	17	6	102.7
8	1	31	22	44	72.5
9	2	54	18	22	93.1
10	21	47	4	26	115.9
11	1	40	23	34	83.8
12	11	66	9	12	113.3
13	10	68	8	12	109.4

如果我们想建立 y 关于 x_1, …, x_4 的如下线性模型

$$E(y) = \beta_0 + \beta_1 x_1 + \beta_2 x_2 + \beta_3 x_3 + \beta_4 x_4.$$

(1) 试讨论所建立的这种模型是否存在共线性性.

(2) 如果存在共线性性,试利用主成分回归解决多重共线性问题.

(3) 如果存在共线性性,试利用 R 软件的"lm.ridge"语句进行岭回归.

(4) 比较(2)和(3)所获回归模型的差异,并给出你所保留的主成分的意义.

(5) 你也可以不使用本书提供的案例,而从网络上收集你感兴趣领域的相关多元数据进行类似的建模实验.

3. 证明线性模型式(2-8)的岭估计式(5-13)是下面最优化问题的解

$$\max_{\boldsymbol{\beta}}\{\|\boldsymbol{y}-\boldsymbol{X\beta}\|^2 + k\|\boldsymbol{\beta}\|^2\}.$$

6 回归方程的选择

在应用回归分析处理实际问题时，首先要解决的问题是回归方程的选择问题.所谓回归方程的选择包含两方面的内容：一是选择回归方程的类型，即判断是用线性回归模型，还是用非线性回归模型来拟合实际的数据.统计上称之为回归模型的线性性检验.由于这一内容超出了本书讨论的范围，本书仅在第3.6节就模型拟合缺失检验给予了简单的介绍；二是在模型选定后，自变量的选择问题.当我们根据经验的、专业的、统计的方法，确定因变量以及对其可能有影响的自变量适合一个线性模型之后，这时回归方程的选择就成为回归自变量的选择.通常为全面起见，在做回归分析时，人们一般趋向于把各种与因变量有关或可能有关的自变量引进回归方程，这往往导致把一些对因变量影响很小甚至没有影响的自变量也包含在回归方程中.这不仅增加了回归的计算量，而且在样本容量有限的条件下容易导致回归模型参数的估计和对因变量预报精度的下降.此外，对有些实际问题，某些自变量观测数据不准确或者获取的代价昂贵.如果这些自变量本来就对因变量影响不大，或者根本就没有影响，而又不加选择地将其包罗进回归方程，势必造成回归方程的不稳定或者观测数据收集和模型应用的费用不必要的增加.因此，在应用回归分析解决实际问题时，从与因变量保持线性关系的自变量集合中，选择一个“最优”的自变量子集就显得非常重要了.

6.1 评价回归方程的标准

假设确定一切可能对响应变量 Y 有影响的自变量共有 p 个，记为 X_1, X_2, …, X_p，它们与 Y 一起适合线性回归模型式(2-8)，即

$$Y=\beta_0+\beta_1X_1+\cdots+\beta_pX_p+e. \qquad (6-1)$$

假设前 q 个自变量 X_1, X_2, …, X_q 成为一个“最优”自变量子集合.于是，相应的“最优”回归方程为

$$Y=\beta_0+\beta_1X_1+\cdots+\beta_qX_q+e, \qquad (6-2)$$

称式(6-2)为选模型，而称式(6-1)为全模型.

理想的回归不在于自变量取得多，而是要把对因变量有显著联系的自变量选取在内，把关系甚微的自变量剔除掉.为解决这个问题，必须回答以下 3 个问题：

(1) 回归方程式(6-1)减少自变量后，对回归方程的估计有什么影响？

(2) 回归方程式(6-1)减少自变量后，对因变量 Y 的预测有什么影响？

(3) 如何评价所选择的回归方程是“最优”的？

将 n 个观测值$(x_{i1}, \cdots, x_{ip}, y_i)$, $i=1, 2, \cdots, n$ 对应的全模型写为

$$\boldsymbol{y}=\boldsymbol{X}_{q+1}\boldsymbol{\beta}_{q+1}+\boldsymbol{X}_r\boldsymbol{\beta}_r+e, \tag{6-3}$$

这里 $r=p-q$ 是被剔除变量的个数，且

$$\boldsymbol{X}_{q+1}=\begin{bmatrix} 1 & x_{11} & \cdots & x_{1q} \\ 1 & x_{21} & \cdots & x_{2q} \\ \vdots & \vdots & \cdots & \vdots \\ 1 & x_{n1} & \cdots & x_{nq} \end{bmatrix}, \boldsymbol{X}_r=\begin{bmatrix} x_{1,q+1} & \cdots & x_{1p} \\ x_{2,q+1} & \cdots & x_{2p} \\ \vdots & \cdots & \vdots \\ x_{n,q+1} & \cdots & x_{np} \end{bmatrix},$$

$$\boldsymbol{\beta}_{q+1}=(\beta_0, \beta_1, \cdots, \beta_q)^{\mathrm{T}}, \boldsymbol{\beta}_r=(\beta_{q+1}, \cdots, \beta_p)^{\mathrm{T}}.$$

全模型的最小二乘估计为

$$\hat{\boldsymbol{\beta}}^*=(\boldsymbol{X}^{\mathrm{T}}\boldsymbol{X})^{-1}\boldsymbol{X}^{\mathrm{T}}\boldsymbol{y}. \tag{6-4}$$

误差方差 σ^2 的估计是

$$\hat{\sigma}_*^2=\frac{\boldsymbol{y}^{\mathrm{T}}\boldsymbol{y}-\hat{\boldsymbol{\beta}}^{*\mathrm{T}}\boldsymbol{X}^{\mathrm{T}}\boldsymbol{y}}{n-p-1}=\frac{\boldsymbol{y}^{\mathrm{T}}[\boldsymbol{I}-\boldsymbol{X}(\boldsymbol{X}^{\mathrm{T}}\boldsymbol{X})^{-1}\boldsymbol{X}^{\mathrm{T}}]\boldsymbol{y}}{n-p-1}, \tag{6-5}$$

$\hat{\boldsymbol{\beta}}^*$ 前 $q+1$ 个分量组成的向量记为$\hat{\boldsymbol{\beta}}_{q+1}^*$，后 r 个分量组成的向量记为$\hat{\boldsymbol{\beta}}_r^*$，且$\hat{y}_i^*$表示拟合值.对于选模型

$$\boldsymbol{y}=\boldsymbol{X}_{q+1}\boldsymbol{\beta}_{q+1}+e, \tag{6-6}$$

$\boldsymbol{\beta}_{q+1}$ 的最小二乘估计是

$$\hat{\boldsymbol{\beta}}_{q+1}=(\boldsymbol{X}_{q+1}^{\mathrm{T}}\boldsymbol{X}_{q+1})^{-1}\boldsymbol{X}_{q+1}^{\mathrm{T}}\boldsymbol{y}, \tag{6-7}$$

残差方差的估计是

$$\hat{\sigma}^2=\frac{\boldsymbol{y}^{\mathrm{T}}\boldsymbol{y}-\hat{\boldsymbol{\beta}}_{q+1}^{\mathrm{T}}\boldsymbol{X}_{q+1}^{\mathrm{T}}\boldsymbol{y}}{n-q-1}=\frac{\boldsymbol{y}^{\mathrm{T}}[\boldsymbol{I}-\boldsymbol{X}_{q+1}(\boldsymbol{X}_{q+1}^{\mathrm{T}}\boldsymbol{X}_{q+1})^{-1}\boldsymbol{X}_{q+1}^{\mathrm{T}}]\boldsymbol{y}}{n-q-1}, \tag{6-8}$$

而且拟合值是$\hat{y}_i$.

$\hat{\boldsymbol{\beta}}_{q+1}$的期望值是

$$E(\hat{\boldsymbol{\beta}}_{q+1})=\boldsymbol{\beta}_{q+1}+(\boldsymbol{X}_{q+1}^{\mathrm{T}}\boldsymbol{X}_{q+1})^{-1}\boldsymbol{X}_{q+1}^{\mathrm{T}}\boldsymbol{X}_r\boldsymbol{\beta}_r=\boldsymbol{\beta}_{q+1}+\boldsymbol{A}\boldsymbol{\beta}_r, \qquad (6-9)$$

其中$\boldsymbol{A}=(\boldsymbol{X}_{q+1}^{\mathrm{T}}\boldsymbol{X}_{q+1})^{-1}\boldsymbol{X}_{q+1}^{\mathrm{T}}\boldsymbol{X}_r$，$\boldsymbol{A}$有时称为别名矩阵(alias matrix).这样，$\hat{\boldsymbol{\beta}}_{q+1}$是$\boldsymbol{\beta}_{q+1}$的一个有偏估计除非相应于被剔除变量($\boldsymbol{\beta}_r$)的回归系数为零或者留下来的变量与被剔除的变量正交，即$\boldsymbol{X}_{q+1}^{\mathrm{T}}\boldsymbol{X}_r=\boldsymbol{0}$.

$\hat{\boldsymbol{\beta}}^*$和$\hat{\boldsymbol{\beta}}_{q+1}$的方差分别是

$$\mathrm{var}(\hat{\boldsymbol{\beta}}^*)=\sigma^2(\boldsymbol{X}^{\mathrm{T}}\boldsymbol{X})^{-1}$$

和

$$\mathrm{var}(\hat{\boldsymbol{\beta}}_{q+1})=\sigma^2(\boldsymbol{X}_{q+1}^{\mathrm{T}}\boldsymbol{X}_{q+1})^{-1},$$

又

$$\mathrm{var}(\hat{\boldsymbol{\beta}}_{q+1}^*)-\mathrm{var}(\hat{\boldsymbol{\beta}}_{q+1})=\sigma^2\boldsymbol{A}[\boldsymbol{X}_r^{\mathrm{T}}\boldsymbol{X}_r-\boldsymbol{X}_r^{\mathrm{T}}\boldsymbol{X}_{q+1}\boldsymbol{A}]^{-1}\boldsymbol{A}^{\mathrm{T}} \qquad (6-10)$$

是半正定的，即完全模型参数的最小二乘估计的方差大于或等于选模型相应参数的方差.因此，剔除变量永远不会增加剩余参数估计的方差.

因为$\hat{\boldsymbol{\beta}}_{q+1}$是$\boldsymbol{\beta}_{q+1}$的有偏估计，而$\hat{\boldsymbol{\beta}}_{q+1}^*$不是，所以根据均方误差比较全模型和选模型参数估计的精度更加合理.假如$\hat{\boldsymbol{\theta}}$是参数$\boldsymbol{\theta}$的一个估计，定义$\hat{\boldsymbol{\theta}}$的矩阵型均方误差为

$$\widetilde{\mathrm{MSE}}(\hat{\boldsymbol{\theta}})\overset{\mathrm{def}}{=}\mathrm{var}(\hat{\boldsymbol{\theta}})+\|E(\hat{\boldsymbol{\theta}})-\boldsymbol{\theta}\|^2, \qquad (6-11)$$

这里$\|E(\hat{\boldsymbol{\theta}})-\boldsymbol{\theta}\|^2\overset{\mathrm{def}}{=}[E(\hat{\boldsymbol{\theta}})-\boldsymbol{\theta}][E(\hat{\boldsymbol{\theta}})-\boldsymbol{\theta}]^{\mathrm{T}}$.

利用式(6-9)，$\hat{\boldsymbol{\beta}}_{q+1}$的矩阵型均方误差为

$$\widetilde{\mathrm{MSE}}(\hat{\boldsymbol{\beta}}_{q+1})=\sigma^2(\boldsymbol{X}_{q+1}^{\mathrm{T}}\boldsymbol{X}_{q+1})^{-1}+\boldsymbol{A}\boldsymbol{\beta}_r\boldsymbol{\beta}_r^{\mathrm{T}}\boldsymbol{A}^{\mathrm{T}}. \qquad (6-12)$$

利用式(6-10)、式(6-12)及引理1.3的Sherman-Morrison-Woodbury公式，得

$$\begin{aligned}
&\mathrm{var}(\hat{\boldsymbol{\beta}}_{q+1}^*)-\widetilde{\mathrm{MSE}}(\hat{\boldsymbol{\beta}}_{q+1})\\
=&\mathrm{var}(\hat{\boldsymbol{\beta}}_{q+1}^*)-\mathrm{var}(\hat{\boldsymbol{\beta}}_{q+1})-\boldsymbol{A}\boldsymbol{\beta}_r\boldsymbol{\beta}_r^{\mathrm{T}}\boldsymbol{A}^{\mathrm{T}}\\
=&\sigma^2\boldsymbol{A}[\boldsymbol{X}_r^{\mathrm{T}}\boldsymbol{X}_r-\boldsymbol{X}_r^{\mathrm{T}}\boldsymbol{X}_{q+1}\boldsymbol{A}]^{-1}\boldsymbol{A}^{\mathrm{T}}-\boldsymbol{A}\boldsymbol{\beta}_r\boldsymbol{\beta}_r^{\mathrm{T}}\boldsymbol{A}^{\mathrm{T}}\\
=&\sigma^2\boldsymbol{A}(\boldsymbol{X}_r^{\mathrm{T}}\boldsymbol{X}_r)^{-1}\boldsymbol{A}^{\mathrm{T}}-\boldsymbol{A}\boldsymbol{\beta}_r\boldsymbol{\beta}_r^{\mathrm{T}}\boldsymbol{A}^{\mathrm{T}}+\sigma^2(\boldsymbol{X}_r^{\mathrm{T}}\boldsymbol{X}_r)^{-1}\boldsymbol{X}_r^{\mathrm{T}}\boldsymbol{X}_{q+1}[\boldsymbol{I}_{q+1}+\\
&\boldsymbol{A}(\boldsymbol{X}_r^{\mathrm{T}}\boldsymbol{X}_r)^{-1}\boldsymbol{X}_r^{\mathrm{T}}\boldsymbol{X}_{q+1}]^{-1}\boldsymbol{A}(\boldsymbol{X}_r^{\mathrm{T}}\boldsymbol{X}_r)^{-1}
\end{aligned}$$

$$=\boldsymbol{A}[\mathrm{var}(\hat{\boldsymbol{\beta}}_r^*)-\boldsymbol{\beta}_r\boldsymbol{\beta}_r^{\mathrm{T}}]\boldsymbol{A}^{\mathrm{T}}+\sigma^2(\boldsymbol{X}_r^{\mathrm{T}}\boldsymbol{X}_r)^{-1}\boldsymbol{X}_r^{\mathrm{T}}\boldsymbol{X}_{q+1}[\boldsymbol{I}_{q+1}+\boldsymbol{A}(\boldsymbol{X}_r^{\mathrm{T}}\boldsymbol{X}_r)^{-1}\boldsymbol{X}_r^{\mathrm{T}}\boldsymbol{X}_{q+1}]^{-1}\boldsymbol{A}(\boldsymbol{X}_r^{\mathrm{T}}\boldsymbol{X}_r)^{-1},$$

由上式可知，假如矩阵 $\mathrm{var}(\hat{\boldsymbol{\beta}}_r^*)-\boldsymbol{\beta}_r\boldsymbol{\beta}_r^{\mathrm{T}}$ 是半正定的，$\mathrm{var}(\hat{\boldsymbol{\beta}}_{q+1}^*)-\widetilde{\mathrm{MSE}}(\hat{\boldsymbol{\beta}}_{q+1})$ 也是半正定的.这样可以得到矩阵型均方误差

$$\widetilde{\mathrm{MSE}}(\hat{\boldsymbol{\beta}}_{q+1}^*)-\widetilde{\mathrm{MSE}}(\hat{\boldsymbol{\beta}}_{q+1}),$$

也是半正定的，从而可以推得

$$\mathrm{MSE}(\hat{\boldsymbol{\beta}}_{q+1}^*)\geqslant\mathrm{MSE}(\hat{\boldsymbol{\beta}}_{q+1}),$$

这意味着，当被剔除变量的回归系数比全模型它们的估计的标准差小时，则在选模型中参数最小二乘估计的均方误差比全模型相应参数估计的方差较小.

全模型的参数估计 $\hat{\sigma}^{*2}$ 是 σ^2 的一个无偏估计.可是，对于选模型

$$E(\hat{\sigma}^2)=\sigma^2+\frac{\boldsymbol{\beta}_r^{\mathrm{T}}\boldsymbol{X}_r^{\mathrm{T}}[\boldsymbol{I}-\boldsymbol{X}_{q+1}(\boldsymbol{X}_{q+1}^{\mathrm{T}}\boldsymbol{X}_{q+1})^{-1}\boldsymbol{X}_{q+1}^{\mathrm{T}}]\boldsymbol{X}_r\boldsymbol{\beta}_r}{n-q-1},$$

即 $\hat{\sigma}^2$ 比 σ^2 一般有向上的偏差.

假设我们希望预测在点 $\boldsymbol{x}^{\mathrm{T}}=[\boldsymbol{x}_{q+1}^{\mathrm{T}},\ x_r^{\mathrm{T}}]$ 处的响应变量值，假如使用完全模型，预测值是 $\hat{\boldsymbol{y}}^*=\boldsymbol{x}^{\mathrm{T}}\hat{\boldsymbol{\beta}}^*$，带有均值 $\boldsymbol{x}^{\mathrm{T}}\boldsymbol{\beta}$ 和预测方差

$$\mathrm{var}(\hat{\boldsymbol{y}}^*)=\sigma^2[1+\boldsymbol{x}^{\mathrm{T}}(\boldsymbol{X}^{\mathrm{T}}\boldsymbol{X})^{-1}\boldsymbol{x}],$$

可是，假如使用选模型，$\hat{\boldsymbol{y}}=\boldsymbol{x}_{q+1}\hat{\boldsymbol{\beta}}_{q+1}$，其均值为

$$E(\hat{\boldsymbol{y}})=\boldsymbol{x}_{q+1}^{\mathrm{T}}\boldsymbol{\beta}_{q+1}+\boldsymbol{x}_{q+1}^{\mathrm{T}}\boldsymbol{A}\boldsymbol{\beta}_r,$$

且预测均方误差为

$$\mathrm{MSEP}(\hat{\boldsymbol{y}})=\sigma^2[1+\boldsymbol{x}_{q+1}^{\mathrm{T}}(\boldsymbol{X}_{q+1}^{\mathrm{T}}\boldsymbol{X}_{q+1})^{-1}\boldsymbol{x}_{q+1}]+(\boldsymbol{x}_{q+1}^{\mathrm{T}}A\boldsymbol{\beta}_r-\boldsymbol{x}_r^{\mathrm{T}}\boldsymbol{\beta}_r)^2.$$

注意到 $\hat{\boldsymbol{y}}$ 是 $\boldsymbol{y}$ 的有偏估计除非 $\boldsymbol{x}_{q+1}^{\mathrm{T}}\boldsymbol{A}\boldsymbol{\beta}_r=0$，而这个等式仅仅假如 $\boldsymbol{X}_{q+1}^{\mathrm{T}}\boldsymbol{X}_r\boldsymbol{\beta}_r=\boldsymbol{0}$ 时才一般性地成立.进而，从完全模型而来的 $\hat{\boldsymbol{y}}^*$ 的方差不会少于从选模型获得的 $\hat{\boldsymbol{y}}$ 的方差.根据均方误差我们能够表明，假如矩阵 $\mathrm{var}(\hat{\boldsymbol{\beta}}_r^*)-\boldsymbol{\beta}_r\boldsymbol{\beta}_r^{\mathrm{T}}$ 是半正定的，那么

$$\mathrm{var}(\hat{\boldsymbol{y}}^*)\geqslant\mathrm{MSEP}(\hat{\boldsymbol{y}}).$$

综上讨论，我们得到如下结论：

(1) 即使全模型式(6-1)是正确的，减少一些自变量后，总使选模型式(6-2)的回归系数的最小二乘估计和因变量的预测值的方差减少，但以牺牲

估计和预测值的无偏性为代价.

(2) 尽管全模型式(6-2)是正确的,而且减少的那些自变量对因变量 Y 确有影响,譬如 $\beta_2 \neq 0$,但是,若 β_2 难于准确估计,丢掉这些自变量,可使选模型式(6-2)的回归系数的最小二乘估计和因变量的预测的精度提高.

由此可见,在回归方程中,丢掉那些对因变量 Y 影响不大,或虽有影响,但难于观测的自变量是有利的.换句话说,我们需要对自变量集合 $\mathscr{A}=\{X_1, X_2, \cdots, X_p\}$ 的各个不同的自变量子集进行比较分析,从中选择一个"最优"自变量子集出来,拟合回归模型.这里的"最优"是相对于某种自变量选择准则而言的.下面我们回到模型式(6-1)和式(6-2),介绍两种从数据与模型拟合优劣或预测精度出发建立的变量选择准则.

现在的关键问题是如何评价所选择的回归方程是"最优"的.在第 2 章的讨论中,残差平方和 SS_{res} 的大小反映了实际数据与理论模型的偏离程度,是评价回归方程的一个重要标准.一般来说,SS_{res} 愈小,数据与模型拟合得愈好.记选模型式(6-2)下的残差平方和为 $SS_{\text{res}}(q+1)$,则

$$SS_{\text{res}}(q+1)=\boldsymbol{y}^{\mathrm{T}}(I-X_{q+1}(X_{q+1}^{\mathrm{T}}X_{q+1})^{-1}X_{q+1}^{\mathrm{T}})\boldsymbol{y}, \tag{6-13}$$

记 $X_{q+1}=(X_q, \boldsymbol{x}_q)$, $\boldsymbol{a}=(X_q^{\mathrm{T}}X_q)^{-1}X_q^{\mathrm{T}}\boldsymbol{x}_q$,和 $b^{-1}=\boldsymbol{x}_q^{\mathrm{T}}\boldsymbol{x}_q-\boldsymbol{x}_q^{\mathrm{T}}(X_q^{\mathrm{T}}X_q)^{-1}X_q^{\mathrm{T}}\boldsymbol{x}_q$, $\boldsymbol{c}=-\boldsymbol{a}b$.

利用分块矩阵求逆公式,得

$$(X_{q+1}^{\mathrm{T}}X_{q+1})^{-1}=\begin{bmatrix} X_q^{\mathrm{T}}X_q & X_q^{\mathrm{T}}\boldsymbol{x}_q \\ \boldsymbol{x}_q^{\mathrm{T}}X_q & \boldsymbol{x}_q^{\mathrm{T}}\boldsymbol{x}_q \end{bmatrix}^{-1}=\begin{bmatrix} (X_q^{\mathrm{T}}X_q)^{-1}+\boldsymbol{a}b\boldsymbol{a}^{\mathrm{T}} & \boldsymbol{c}, \\ \boldsymbol{c}^{\mathrm{T}} & b \end{bmatrix},$$

于是

$$\begin{aligned} X_{q+1}(X_{q+1}^{\mathrm{T}}X_{q+1})^{-1}X_{q+1}^{\mathrm{T}} &= (X_q, \boldsymbol{x}_q)\begin{bmatrix} X_q^{\mathrm{T}}X_q & X_q^{\mathrm{T}}\boldsymbol{x}_q \\ \boldsymbol{x}_q^{\mathrm{T}}X_q & \boldsymbol{x}_q^{\mathrm{T}}\boldsymbol{x}_q \end{bmatrix}^{-1}\begin{bmatrix} X_q^{\mathrm{T}} \\ \boldsymbol{x}_q^{\mathrm{T}} \end{bmatrix} \\ &= X_q(X_q^{\mathrm{T}}X_q)^{-1}X_q^{\mathrm{T}}+X_q\boldsymbol{a}b\boldsymbol{a}^{\mathrm{T}}X_q^{\mathrm{T}}+\boldsymbol{x}_q\boldsymbol{c}X_q^{\mathrm{T}}+ \\ &\quad X_q\boldsymbol{c}\boldsymbol{x}_q^{\mathrm{T}}+\boldsymbol{x}_q b\boldsymbol{x}_q^{\mathrm{T}}, \end{aligned}$$

从而

$$X_{q+1}(X_{q+1}^{\mathrm{T}}X_{q+1})^{-1}X_{q+1}^{\mathrm{T}}-X_q(X_q^{\mathrm{T}}X_q)^{-1}X_q^{\mathrm{T}}=b(X_q\boldsymbol{a}-\boldsymbol{x}_q)(X_q\boldsymbol{a}-\boldsymbol{x}_q)^{\mathrm{T}}\geqslant 0, \tag{6-14}$$

由式(6-13)和式(6-14)得

$$SS_{\text{res}}(q+1)\leqslant SS_{\text{res}}(q),$$

此即当自变量子集由 q 个扩大到 $q+1$ 个时，$SS_{\text{res}}(q)$ 随之减少.如果按"SS_{res} 愈小愈好"的原则，选入回归方程的自变量越多越好.这样，"最优"自变量子集应取 $\mathscr{A}$.由此可见，残差平方和还不能直接用作选择自变量的选择.为了防止选取过多的自变量，通常有以下 4 种标准可供选择：

(1) 平均残差平方和准则：在第 2.5.2 节中，我们介绍了调节的判定系数 R^2_{adj}.使用判定系数 R^2 的一个缺点是，R^2 的值并没有考虑模型中 $\boldsymbol{\beta}$ 参数的个数.假如有足够多的变量被放入模型使得样本容量 n 等于模型中 $\boldsymbol{\beta}$ 参数的个数，将"强制"R^2 的值等于 1.替代地，我们能够使用调节的 R^2.因为

$$R^2_{\text{adj}}=1-\frac{SS_{\text{res}}(p+1)/(n-(p+1))}{SS_{\text{T}}/(n-1)}.$$

R^2_{adj} 的增加只与平均残差平方和(residual mean square, RMS_q) $MSS_{\text{res}}=SS_{\text{res}}/(n-p-1)$ 的减少有关.如果在模型中增加某个自变量使得残差平方和 SS_{res} 减少，判定系数 R^2 就会减少，但是并不一定导致 R^2_{adj} 减少，只有增加的这个自变量使得平均残差平方和 MSS_{res} 减少，才可能导致 R^2_{adj} 减少，从而这个变量入选.与平均残差平方和紧密相关的变量选择标准是 RMS_q，其定义为

$$\text{RMS}_q=\frac{1}{n-q}SS_{\text{res}}(q), \tag{6-15}$$

RMS_q 准则是选择使式(6-15)达到最小的变量子集为最优回归子集合，也就是按"RMS_q 愈小愈好"的原则选取自变量子集.RMS_q 相当于对 $SS_{\text{res}}(q)$ 乘上一个随 q 增加而上升的函数，作为惩罚因子. RMS_q 随 q 变化的图 6-1 表明，随着 q 的增加，RMS_q 先是减少，然后稳定下来，最后又增加.这是因为，随着 q 的增加，尽管惩罚因子 $(n-q)^{-1}$ 增大了，但此时 $SS_{\text{res}}(q)$ 减少很多，故总的效果为 RMS_q 是减少的.当自变量个数增加到一定程度，虽然 $SS_{\text{res}}(q)$ 还是减少的，但尚不足以抵消惩罚因子 $(n-q)^{-1}$ 的增加，最终导致了 RMS_q 的增加.因此，因子 $(n-q)^{-1}$ 确实体现了对自变量个数的增加所施加的惩罚.

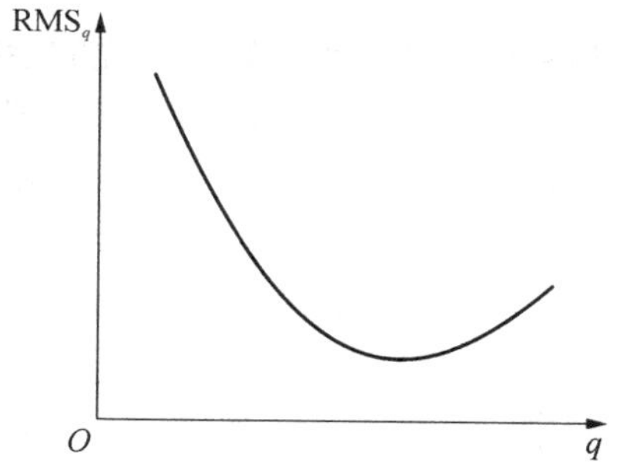

图 6-1　RMS_q 变化曲线

(2) 基于均方预测误差的 C_p 准则：评价回归方程优劣还可以从对因变量的预测精度来考察.对选模型式(6-2)，在任意点 $\boldsymbol{x}=(\boldsymbol{x}^{\text{T}}_{q+1}, \boldsymbol{x}^{\text{T}}_r)^{\text{T}}$ 处，其中 $\boldsymbol{x}_{q+1}$ 表示 $\boldsymbol{x}$ 的前 $q+1$ 个分量，并且约定第一个分量为 1.我们用 $\hat{y}=\boldsymbol{x}^{\text{T}}_{q+1}\hat{\boldsymbol{\varphi}}_{q+1}$ 预测 $y=$

$\boldsymbol{x}^{\mathrm{T}}\boldsymbol{\beta}+e$ 的值，其中$\hat{\boldsymbol{\varphi}}_{q+1}$为$\boldsymbol{\varphi}_{q+1}=(\hat{\beta}_0, \hat{\beta}_1, \cdots, \hat{\beta}_q)^{\mathrm{T}}$的最小二乘估计.此时定义均方预测误差

$$\mathrm{MSEP}(\hat{y})=E(\hat{y}-y)^2$$

来作为度量预测精度的指标.

$$\begin{aligned}\mathrm{MSEP}(\hat{y})&=E[\boldsymbol{x}_{q+1}^{\mathrm{T}}\boldsymbol{\varphi}_{q+1}^{\mathrm{T}}-E(\boldsymbol{x}_{q+1}^{\mathrm{T}}\hat{\boldsymbol{\varphi}}_{q+1})+E(\boldsymbol{x}_{q+1}^{\mathrm{T}}\hat{\boldsymbol{\varphi}}_{q+1})-y]^2\\&=\mathrm{var}(\boldsymbol{x}_{q+1}^{\mathrm{T}}\hat{\boldsymbol{\varphi}}_{q+1})+(E(\hat{e}))^2.\end{aligned}$$

由上式可见，预报精度取决于两个方面：一是预报值方差的大小，二是预报值与真值偏离程度.

Mallows(1964)[31]以“均方预测误差 MSEP($\hat{y}$)愈小愈好”为出发点建议了C_p准则，其定义为

$$C_p=\frac{SS_{\mathrm{res}}(q+1)}{\hat{\sigma}^2}-(n-2(q+1)), \tag{6-16}$$

C_p准则按使(6-16)式达到最小的原则选择最优回归子集合.

(3) AIC 准则(Akaike 信息量准则)：日本统计学家 Akaike(1974)[32]根据极大似然原理，提出了一种较为一般的模型选择准则，称为 Akaike 信息量准则(Akaike information criterion, AIC 准则).它可以表达为

$$\text{使 AIC}=-2\ln(\text{模型似然度})+2(\text{模型自由参数个数}) \tag{6-17}$$

达到极小的那组参数是最优的参数选择.

这是一个很广泛的准则.在选模型式(6-2)中，假设误差$e\sim N(\boldsymbol{0}, \sigma^2\boldsymbol{I})$，则参数$\boldsymbol{\varphi}_{q+1}=(\beta_0, \beta_1, \cdots, \beta_q)^{\mathrm{T}}$和$\sigma_{q+1}^2$的似然函数为

$$L(\boldsymbol{\varphi}_{q+1}, \sigma_{q+1}^2 \mid \boldsymbol{y})=(2\pi\sigma_{q+1}^2)^{-\frac{n}{2}}\exp\left\{-\frac{1}{2\sigma_{q+1}^2}\sum_{i=1}^{n}\left[y_i-\sum_{j=0}^{q}\beta_j x_{ij}\right]^2\right\},$$

其中$x_{i0}\equiv 1, i=1, 2, \cdots, n$，而对数似然函数为

$$\ln[L(\boldsymbol{\varphi}_{q+1}, \sigma_{q+1}^2 \mid \boldsymbol{y})]=-\frac{n}{2}\ln(2\pi\sigma_{q+1}^2)-\frac{1}{2\sigma_{q+1}^2}\sum_{i=1}^{n}\Big(y_i-\sum_{j=0}^{q}\beta_j x_{ij}\Big)^2, \tag{6-18}$$

根据极大似然原理，容易求得$\boldsymbol{\varphi}_{q+1}$和$\sigma_{q+1}^2$的极大似然估计为

$$\hat{\boldsymbol{\varphi}}=(\boldsymbol{X}_{q+1}^{\mathrm{T}}\boldsymbol{X}_{q+1})^{-1}\boldsymbol{X}_{q+1}^{\mathrm{T}}\boldsymbol{y},$$

$$\hat{\sigma}_{q+1}^2=\frac{SS_{\mathrm{res}}(q+1)}{n}=\frac{1}{n}\boldsymbol{y}^{\mathrm{T}}(\boldsymbol{I}-\boldsymbol{X}_{q+1}(\boldsymbol{X}_{q+1}^{\mathrm{T}}\boldsymbol{X}_{q+1})^{-1}\boldsymbol{X}_{q+1}^{\mathrm{T}})\boldsymbol{y}.$$

把它们代入式(6-18),得对数似然函数的最大值为

$$\ln[L(\hat{\boldsymbol{\varphi}}_{q+1}, \hat{\sigma}^2_{q+1} \mid \boldsymbol{y})] = \left[-\frac{n}{2} + \frac{n}{2}\ln\left(\frac{n}{2\pi}\right)\right] - \frac{n}{2}\ln(SS_{\text{res}}(q+1)).$$

上式略去与 q 无关的项,按照式(6-17),AIC 统计量为

$$\text{AIC} = n\ln(SS_{\text{res}}(q+1)) + 2(q+1). \tag{6-19}$$

AIC 准则为选择使式(6-19)达到最小的变量子集为最优回归子集合.

(4) BIC 准则(Bayes 信息准则):AIC 准则有各种形式的推广,其中对应贝叶斯(Bayes)分析下的统计量定义为

$$\text{BIC} = n\ln(SS_{\text{res}}(q+1)) + 2(q+1)\ln n. \tag{6-20}$$

BIC 准则为选择使式(6-20)达到最小的变量子集为最优回归子集合.

6.2 计算所有可能的回归

对于一个线性回归模型,设有 p 个自变量 $x_1, x_2, \cdots, x_p$,且这 p 个自变量的任意子集都可以和因变量 Y 建立一个线性回归方程.为了寻找最优的回归方程,一个自然的想法是,把 p 个自变量的所有可能的组合,逐一与 Y 建立线性回归方程,然后按第 6.1 节中介绍的准则,逐一进行比较,从中挑选出最优的回归方程.对 p 个自变量的线性回归问题,所有可能的回归有 2^p-1 个,它们是

只含有一个自变量的回归有 $C_p^1 = p$ 个;

只含有两个自变量的回归有 $C_p^2 = \dfrac{p(p-1)}{2}$ 个;

⋮

包含全部 p 个自变量的回归有 $C_p^p = 1$ 个.

当 p 很大时,比如 $p=10$ 时,需要计算回归方程的个数有 $2^{10}-1=1\,023$ 个.可见,计算所有可能的自变量子集的回归,不仅计算量很大,而且这时误差积累也是一个不可忽略的问题.因此,我们必须设计一个非常合理的计算次序和有效的计算方法,使得从一个自变量子集到另一个自变量子集所需要的计算量比较少,并把误差积累控制在一个适当的范围内.下面的 S_p 序列方法给出了一种计算次序.

把 p 个变量 $x_1, x_2, \cdots, x_p$ 的子集用一个 p 维向量 $(u_1, u_2, \cdots, u_p)$ 来表

示，其中 $u_i=0$ 或 1. 当 $u_i=0$，则表示变量子集中不含变量 x_i；当 $u_i=1$ 时，则表示变量 x_i 在子集中.

例如，当 $p=2$ 时，向量 (u_1, u_2) 可表示变量 x_1, x_2 的 4 个子集，分别为

(0, 0)，不含 x_1, x_2 的子集，即模型仅含常数项；

(1, 0)，仅含 x_1 的子集；

(0, 1)，仅含 x_2 的子集；

(1, 1)，包含 x_1, x_2 的子集.

又如，当 $p=3$ 时，向量 (u_1, u_2, u_3) 可表示变量 x_1, x_2, x_3 的 8 个子集，分别为

(0, 0, 0)，不含 x_1, x_2, x_3 的子集，即模型仅含常数项；

(1, 0, 0)，仅含 x_1 的子集；

(0, 1, 0)，仅含 x_2 的子集；

(0, 0, 1)，仅含 x_3 的子集；

(1, 1, 0)，仅含 x_1, x_2 的子集；

(1, 0, 1)，仅含 x_1, x_3 的子集；

(0, 1, 1)，仅含 x_2, x_3 的子集；

(1, 1, 1)，包含 x_1, x_2, x_3 的子集.

显然，我们可以将 (u_1, u_2) 的 4 种可能情形和 (u_1, u_2, u_3) 的 8 种可能情形，分别看作是二维平面上单位正方形的 4 个顶点和三维空间中单位立方体的 8 个顶点. 这时，设计计算次序，就相当于找一条路线，使它从 (0, 0) 或 (0, 0, 0) 出发，沿正方形的边，或立方体的边，不重复地通过每个顶点. 例如，对 $p=2$，这样的路线之一为

$$(0, 0) \to (1, 0) \to (1, 1) \to (0, 1),$$

对 $p=3$，这样的路线之一为

$$\begin{aligned}(0, 0, 0) &\to (1, 0, 0) \to (1, 1, 0) \to (0, 1, 0) \\ &\to (0, 1, 1) \leftrightarrow (1, 1, 1) \to (1, 0, 1) \to (0, 0, 1).\end{aligned}$$

按这样的路线计算回归子集，有如下两个特点：

(1) 每个回归子集恰好出现一次.

(2) 相邻的两个回归子集仅有一个变量不同.

定义 S_p 序列如下：以"i"表示引入变量 x_i，"$-i$"表示剔除变量 x_i，则

$$S_2=\{1, 2, -1\},$$

表示第一次引入变量 x_1，计算回归

$$y=\beta_0+\beta_1x_1+e,$$

第二次再引入变量 x_2，计算回归

$$y=\beta_0+\beta_1x_1+\beta_2x_2+e,$$

第三次剔除 x_1，计算回归

$$y=\beta_0+\beta_2x_2+e,$$

可见 S_2序列恰对应前述 $p=2$ 的计算子集回归的路线.同理，与 $p=3$ 的情形相对应的 S_3序列为

$$S_3=\{1,\ 2,\ -1,\ 3,\ 1,\ -2,\ -1\}.$$

若记 T_i 为 S_i 的反序并改变符号所得的序列，比如 $T_2=\{1,\ -2,\ -1\}$，$T_3=\{1,\ 2,\ -1,\ -3,\ 1,\ -2,\ -1\}$，则有

$$S_2=\{S_1,\ 2,\ T_1\},$$

$$S_3=\{S_2,\ 3,\ T_2\},$$

其中 $S_1=\{1\}$.

一般地，对 $p=1,\ 2,\ \cdots$，S_p序列构造方法如下：

变量个数	S_p序列
1	1
2	$1\quad 2\quad -1$
3	$\underbrace{1,\ 2,\ -1}_{S_2}\quad 3\quad \underbrace{1,\ -2,\ -1}_{T_2}$
4	$\underbrace{1,\ 2,\ -1,\ 3,\ 1,\ -2,\ -1}_{S_3}\quad 4\quad \underbrace{1,\ 2,\ -1,\ -3,\ 1,\ -2,\ -1}_{T_3}$
	$\cdots$
p	$S_{p-1}\quad p\quad T_{p-1}$

对 $p=4$，即含有 4 个回归变量 x_1，x_2，x_3，x_4.由 S_4序列的定义，所有可能的回归子集及计算回归方程的次序为

$$\begin{array}{llllll} x_1 & x_1x_2 & x_2 & x_2x_3 & x_2x_3x_1 & x_3x_1 \\ x_3 & x_3x_4 & x_3x_4x_1 & x_3x_4x_1x_2 & x_3x_4x_2 & \\ x_4x_2 & x_4x_2x_1 & x_4x_1 & x_4 & & \end{array}$$

计算所有可能回归的方式还有

(1) 字典序，按字典编排次序计算所有可能的回归.该计算方式的优点是占用计算机内存小，当 p 较大时，也可考虑此方式.

(2) 自然式，按自变量下标的自然顺序计算所有可能的回归.该计算方式需要占用的计算机存储量较大.

表 6-1 列出了 $p=4$ 时，上述两种方式计算所有可能回归的顺序.

在确定了含不同自变量的回归模型的选择顺序后，我们还必须构造有效的算法.下面就常用的矩阵消去变换法加以简单介绍，对这一方法感兴趣的读者可以参考相关资料[33].

设 $\boldsymbol{A}=(a_{ij})$ 是 $n\times n$ 矩阵.若 $a_{ii}\neq 0$，定义一个新的方阵 $\boldsymbol{B}=(b_{ij})$，其中

$$\begin{cases} b_{ii}=1/a_{ii}, \\ b_{ij}=a_{ij}/a_{ii}, & j\neq i,\ j=1,\ 2,\ \cdots,\ n, \\ b_{ji}=-a_{ji}/a_{ii}, & j\neq i,\ j=1,\ 2,\ \cdots,\ n, \\ b_{kl}=a_{kl}-a_{il}a_{ki}/a_{ii}, & k\neq i,\ l\neq i,\ k,\ l=1,\ 2,\ \cdots,\ n, \end{cases}$$

称由 $\boldsymbol{A}$ 到 $\boldsymbol{B}$ 的这种变换为以 a_{ii} 为枢轴的消去变换(也称为半扫描变换)，记为 $\boldsymbol{B}=T_i\boldsymbol{A}$.

表 6-1 回归方式表

序号	字典式	自然式
1	x_1	x_1
2	x_1x_2	x_2
3	$x_1x_2x_3$	x_3
4	$x_1x_2x_3x_4$	x_4
5	$x_1x_2x_4$	x_1x_2
6	x_1x_3	x_1x_3
7	$x_1x_3x_4$	x_1x_4
8	x_1x_4	x_2x_3
9	x_2	x_2x_4
10	x_2x_3	x_3x_4
11	$x_2x_3x_4$	$x_1x_2x_3$
12	x_2x_4	$x_1x_2x_4$
13	x_3	$x_1x_3x_4$
14	x_3x_4	$x_2x_3x_4$
15	x_4	$x_1x_2x_3x_4$

定义

$$\boldsymbol{G}_k=(e_1, \cdots, e_{k-1}, g_k, e_{k+1}, \cdots, e_n),$$

其中

$$g_k=\left[-\frac{a_{1k}}{a_{kk}}, \cdots, -\frac{a_{(k-1)k}}{a_{kk}}, \frac{1}{a_{kk}}, -\frac{a_{(k+1)k}}{a_{kk}}, \cdots, -\frac{a_{nk}}{a_{kk}}\right]^{\mathrm{T}},$$

称矩阵 $\boldsymbol{G}_k$ 为由 $\boldsymbol{A}$ 的第 k 列定义的高斯-约当(Gauss - Jordan)消去变换阵,即

$$\boldsymbol{G}_k=\begin{bmatrix} 1 & \cdots & 0 & -\frac{a_{1k}}{a_{kk}} & 0 & \cdots & 0 \\ 0 & \cdots & \vdots & \vdots & 0 & \cdots & 0 \\ 0 & \cdots & 1 & -\frac{a_{(k-1)k}}{a_{kk}} & 0 & \cdots & 0 \\ 0 & \cdots & 0 & \frac{1}{a_{kk}} & 0 & \cdots & 0 \\ 0 & \cdots & 0 & -\frac{a_{(k+1)k}}{a_{kk}} & 1 & \cdots & 0 \\ 0 & \cdots & 0 & \vdots & \vdots & \cdots & 0 \\ 0 & \cdots & 0 & -\frac{a_{nk}}{a_{kk}} & 0 & \cdots & 1 \end{bmatrix}.$$

例如,对 $i=1$, $\boldsymbol{B}=T_1\boldsymbol{A}$ 为

$$\boldsymbol{B}=T_1\boldsymbol{A}=\begin{bmatrix} a_{11}^{-1} & a_{12}/a_{11} & \cdots & a_{1n}/a_{11} \\ -a_{21}/a_{11} & & & \\ \vdots & & a_{ij}-a_{i1}a_{1j}/a_{11} & \\ -a_{n1}/a_{11} & & & \end{bmatrix},$$

注意到

$$G_1\boldsymbol{A}=\begin{bmatrix} \frac{1}{a_{11}} & 0 & 0 & \cdots & 0 \\ -\frac{a_{21}}{a_{11}} & 1 & 0 & \cdots & 0 \\ \vdots & \vdots & \vdots & \cdots & \vdots \\ -\frac{a_{n1}}{a_{11}} & 0 & 0 & \cdots & 1 \end{bmatrix}\begin{bmatrix} a_{11} & a_{12} & a_{13} & \cdots & a_{1n} \\ a_{21} & a_{22} & a_{23} & \cdots & a_{2n} \\ \vdots & \vdots & \vdots & \cdots & \vdots \\ a_{n1} & a_{n2} & a_{n3} & \cdots & a_{nn} \end{bmatrix}$$

$$
= \begin{bmatrix} 1 & \frac{a_{12}}{a_{11}} & \frac{a_{13}}{a_{11}} & \cdots & \frac{a_{1n}}{a_{11}} \\ 0 & a_{22} - \frac{a_{12}a_{21}}{a_{11}} & a_{23} - \frac{a_{13}a_{21}}{a_{11}} & \cdots & a_{2n} - \frac{a_{1n}a_{21}}{a_{11}} \\ \vdots & \vdots & \vdots & \vdots & \vdots \\ 0 & a_{n2} - \frac{a_{12}a_{n1}}{a_{11}} & a_{n3} - \frac{a_{13}a_{n1}}{a_{11}} & \cdots & a_{nn} - \frac{a_{1n}a_{n1}}{a_{11}} \end{bmatrix},
$$

故

$$
T_1\boldsymbol{A} = \boldsymbol{G}_1\boldsymbol{A} + \boldsymbol{G}_1 - \boldsymbol{I}_n,
$$

一般地，可以类似地验证

$$
T_i\boldsymbol{A} = \boldsymbol{G}_i\boldsymbol{A} + \boldsymbol{G}_i - \boldsymbol{I}_n. \tag{6-21}
$$

性质 6.1 消去变换具有如下性质：

(1) $T_iT_i\boldsymbol{A} = \boldsymbol{A}$，即对矩阵 $\boldsymbol{A}$ 连续施行两次以同一个对角元为枢轴的消去变换，其结果是没有做消去变换.

(2) $T_iT_j = T_jT_i\boldsymbol{A}$，即可交换性.

(3) 将 n 阶方阵 $\boldsymbol{A}$ 分块为

$$
\boldsymbol{A} = \begin{bmatrix} \boldsymbol{A}_{11} & \boldsymbol{A}_{12} \\ \boldsymbol{A}_{21} & \boldsymbol{A}_{22} \end{bmatrix},
$$

其中 $\boldsymbol{A}_{11}$ 为 q 阶方阵，则

$$
T_1T_2\cdots T_q\boldsymbol{A} = \begin{bmatrix} \boldsymbol{A}_{11}^{-1} & \boldsymbol{A}_{11}^{-1}\boldsymbol{A}_{12} \\ -\boldsymbol{A}_{21}\boldsymbol{A}_{11}^{-1} & \boldsymbol{A}_{22} - \boldsymbol{A}_{21}\boldsymbol{A}_{11}^{-1}\boldsymbol{A}_{12} \end{bmatrix}.
$$

证明 性质(1)和(2)可以直接证明，这里仅验证性质(3).记 $\boldsymbol{A}^{(0)} = \boldsymbol{A}$，$A^{(k)} = \boldsymbol{G}_k\boldsymbol{A}^{(k-1)}$ $(k = 1, 2, \cdots, q)$，利用 Gauss - Jordan 消去变换的定义

$$
\boldsymbol{A}^{(q)} = \boldsymbol{G}_q\boldsymbol{A}^{(q-1)} = \cdots = \boldsymbol{G}_q\boldsymbol{G}_{q-1}\cdots\boldsymbol{G}_2\boldsymbol{G}_1\boldsymbol{A}^{(0)} = \begin{bmatrix} \boldsymbol{I}_q & \boldsymbol{A}_{12}^* \\ \boldsymbol{O} & \boldsymbol{A}_{22}^* \end{bmatrix},
$$

记 $\boldsymbol{J}_q = \boldsymbol{G}_q\boldsymbol{G}_{q-1}\cdots\boldsymbol{G}_2\boldsymbol{G}_1\boldsymbol{I}_n$.由于对 $k = 1, 2, \cdots, q$，$\boldsymbol{G}_k$ 的第 q 列以后各列均为单位向量，故有

$$\boldsymbol{J}_q=\begin{bmatrix}\boldsymbol{J}_{11} & \boldsymbol{O}\\ \boldsymbol{J}_{21} & \boldsymbol{I}_{n-q}\end{bmatrix},$$

$\boldsymbol{J}_{11}$为 q 阶方阵.由(6－21)可知,消去变换等价于先做 Gauss－Jordan 变换然后进行替换.故有

$$T_qT_{q-1}\cdots T_2T_1\boldsymbol{A}=\begin{bmatrix}\boldsymbol{J}_{11} & \boldsymbol{A}_{12}^*\\ \boldsymbol{J}_{21} & \boldsymbol{A}_{22}^*\end{bmatrix},$$

利用

$$\boldsymbol{A}^{(q)}=\boldsymbol{J}_q\boldsymbol{A}^{(0)}=\begin{bmatrix}\boldsymbol{J}_{11} & \boldsymbol{O}\\ \boldsymbol{J}_{21} & \boldsymbol{I}_{n-q}\end{bmatrix}\begin{bmatrix}\boldsymbol{A}_{11} & \boldsymbol{A}_{12}\\ \boldsymbol{A}_{21} & \boldsymbol{A}_{22}\end{bmatrix}=\begin{bmatrix}\boldsymbol{I}_q & \boldsymbol{A}_{12}^*\\ \boldsymbol{O} & \boldsymbol{A}_{22}^*\end{bmatrix},\tag{6-22}$$

可得

$$\begin{cases}\boldsymbol{J}_{11}\boldsymbol{A}_{11}=\boldsymbol{I}_q,\\ \boldsymbol{J}_{21}\boldsymbol{A}_{11}+\boldsymbol{A}_{21}=\boldsymbol{O},\end{cases}$$

即

$$\begin{cases}\boldsymbol{J}_{11}=\boldsymbol{A}_{11}^{-1},\\ \boldsymbol{J}_{21}=-\boldsymbol{A}_{21}\boldsymbol{A}_{11}^{-1},\end{cases}$$

把 $\boldsymbol{J}_{11}$，$\boldsymbol{J}_{21}$代回式(6－22)又得

$$\begin{cases}\boldsymbol{A}_{12}^*=\boldsymbol{J}_{11}\boldsymbol{A}_{12}=\boldsymbol{A}_{11}^{-1}\boldsymbol{A}_{12},\\ \boldsymbol{A}_{22}^*=\boldsymbol{J}_{21}\boldsymbol{A}_{12}+\boldsymbol{A}_{22}=\boldsymbol{A}_{22}-\boldsymbol{A}_{21}\boldsymbol{A}_{11}^{-1}\boldsymbol{A}_{12},\end{cases}$$

证毕.

把 $\boldsymbol{X}$ 分块为 $\boldsymbol{X}=(\boldsymbol{X}_{q+1},\boldsymbol{X}_r)$，$\boldsymbol{\beta}=(\boldsymbol{\varphi}_{q+1}^{\mathrm{T}},\boldsymbol{\varphi}_r^{\mathrm{T}})$，记

$$\boldsymbol{B}=\boldsymbol{X}^{\mathrm{T}}\boldsymbol{X}=\begin{bmatrix}\boldsymbol{X}_{q+1}^{\mathrm{T}}\boldsymbol{X}_{q+1} & \boldsymbol{X}_{q+1}^{\mathrm{T}}\boldsymbol{X}_r\\ \boldsymbol{X}_r^{\mathrm{T}}\boldsymbol{X}_{q+1} & \boldsymbol{X}_r^{\mathrm{T}}\boldsymbol{X}_r\end{bmatrix}=\begin{bmatrix}\boldsymbol{B}_{11} & \boldsymbol{B}_{12}\\ \boldsymbol{B}_{21} & \boldsymbol{B}_{22}\end{bmatrix},$$

构造增广矩阵

$$\boldsymbol{A}=\begin{bmatrix}\boldsymbol{B} & \boldsymbol{X}^{\mathrm{T}}\boldsymbol{y}\\ \boldsymbol{y}^{\mathrm{T}}\boldsymbol{X} & \boldsymbol{y}^{\mathrm{T}}\boldsymbol{y}\end{bmatrix},$$

对增广矩阵 $\boldsymbol{A}$ 作消去变换，得

$$T_1 T_2 \cdots T_q \boldsymbol{A} = \begin{bmatrix} \boldsymbol{B}_{11}^{-1} & \cdots & \boldsymbol{B}_{11}^{-1}\boldsymbol{X}_{q+1}^{\mathrm{T}}\boldsymbol{y} \\ * & * & * \\ * & * & \boldsymbol{y}^{\mathrm{T}}\boldsymbol{y} - \boldsymbol{y}^{\mathrm{T}}\boldsymbol{X}_{q+1}\boldsymbol{B}_{11}^{-1}\boldsymbol{X}_{q+1}^{\mathrm{T}}\boldsymbol{y} \end{bmatrix},$$

其中 $\boldsymbol{B}_{11}^{-1}\boldsymbol{X}_{q+1}^{\mathrm{T}}\boldsymbol{y}$ 正是选模型

$$\boldsymbol{y} = \boldsymbol{X}_{q+1}\boldsymbol{\varphi} + e$$

的参数 φ_{q+1} 的最小二乘估计，而 $\boldsymbol{y}^{\mathrm{T}}\boldsymbol{y} - \boldsymbol{y}^{\mathrm{T}}\boldsymbol{X}_{q+1}\boldsymbol{B}_{11}^{-1}\boldsymbol{X}_{q+1}^{\mathrm{T}}\boldsymbol{y}$ 正是该选模型对应的残差平方和 $SS_{\mathrm{res}}(q)$.

6.3 计算最优子集回归

所谓线性回归方程的选择，就是从对因变量 Y 有影响或可能有影响的自变量集合 $\mathscr{A}=\{x_1, x_2, \cdots, x_p\}$ 中，依据某种选择变量的准则，选择一个“最优”的子集 $\{x_{i_1}, x_{i_2}, \cdots, x_{i_q}\}$，它与 Y 一起构成如下线性回归方程

$$Y = \beta_0 + \beta_{i_1}x_{i_1} + \cdots + \beta_{i_q}x_{i_q} + e.$$

如何从 $\mathscr{A}=\{x_1, x_2, \cdots, x_p\}$ 中挑选出这个“最优”的自变量子集呢. 由第 6.2 节中的讨论知，我们可以计算 $\{x_1, x_2, \cdots, x_p\}$ 的所有可能的子集与 Y 的线性回归，选定某种自变量选择准则，计算相应的统计量的值，对其逐一进行比较，按照该准则选择自变量，确定最优自变量子集. 譬如，我们用 RMS_q 准则，按第 6.2 节给出的计算所有可能回归的方法，求出每一个子集回归对应的 RMS_q 值，因 RMS_q 准则是按 RMS_q 值愈小愈好的原则选择自变量子集，故比较这些 RMS_q 值，其中 RMS_q 值最小者所对应的自变量子集即为所求.

为了便于比较，我们对回归自变量子集引进秩的概念. 设有 p 个自变量，对给定的 q，$1 \leqslant q \leqslant p$，包含 q 个自变量的子集共有 $k = \mathrm{C}_p^q$ 个，设有了某种选择自变量的准则 U，它归结为对每个包含 q 个自变量的子集计算统计量 U_q 的值，按 U_q 值的大小将这 k 个自变量子集排序. 如果准则是 U_q 值愈小愈好，则把其中具有最小 U_q 值的那个子集称为秩为 1，具有次最小的称为秩为 2. 余类推. 如果准则是 U_q 值愈大愈好，则把其中具有最大 U_q 值的那个子集称为秩为 1 等. 可见，秩反映了在该准则下，这 k 个自变量子集的优劣. 把具有秩为 1 的自变量子集的 $U_q(q=1, 2, \cdots, p)$ 值的图形称为 U_q 图.

例 6.1 现讨论例 2.1 中广告数据集的变量选择过程.从表 6-2 和图 6-2 可以看出,RMS_q 在 $\{x_1, x_2\}$ 达到最小值,为 2.827.因此最优子集回归为

$$销售额=2.921+0.046电视+0.188广播.$$

表 6-2 广告数据参数最小二乘估计

模型中的自变量	β_0	β_1	β_2	β_3	RMS_q	C_p	AIC
x_1	7.033	0.048			10.619	544.08	1 534.18
x_1x_2	2.921	0.046	0.188		2.827	2.03	1 270.70
x_2	9.312		0.202		18.275	1 077.65	1 642.76
x_2x_3	9.189		0.199	0.007	18.349	1 078.35	1 644.56
$x_1x_2x_3$	2.939	0.046	0.189	−0.001	2.841	4.00	1 272.45
x_1x_3	5.775	0.047		0.044	9.739	481.32	1 517.87
x_3	12.351			0.055	25.933	1 611.37	1 712.76

现在,我们来讨论用 C_p 准则选择自变量子集.首先,我们不加证明地叙述 C_p 统计量的几个性质(其证明参见相关资料[2]).

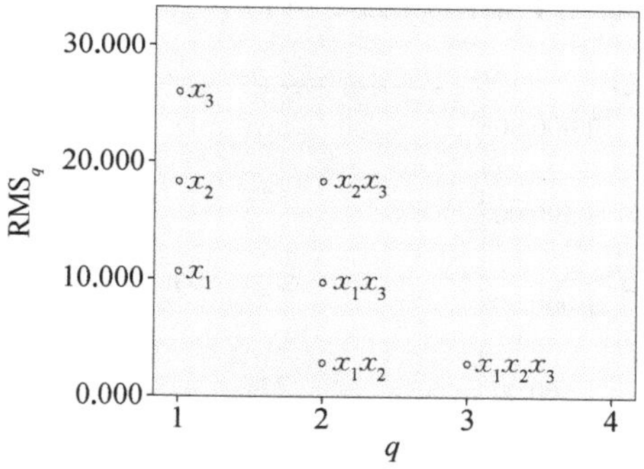

图 6-2 广告数据 RMS_q 图

性质 6.2 若全模型式(6-1)的误差 $\boldsymbol{e}\sim N(\boldsymbol{0}, \sigma^2\boldsymbol{I})$,则对选模型式(6-2)的 C_p,有

$$E(C_p)=q+1-[2r-(n-p-1)\lambda^2]/(n-p-3), \quad (6-23)$$

其中 $r=p-q$, $\lambda_2=\boldsymbol{\varphi}_r^{\mathrm{T}}\boldsymbol{B}^{-1}\boldsymbol{\varphi}_r/\sigma^2$, $\boldsymbol{B}^{-1}=\boldsymbol{X}_r^{\mathrm{T}}\boldsymbol{X}_r-\boldsymbol{X}_r\boldsymbol{X}_{q+1}(\boldsymbol{X}_{q+1}^{\mathrm{T}}\boldsymbol{X}_{q+1})^{-1}\boldsymbol{X}_{q+1}^{\mathrm{T}}\boldsymbol{X}_r$.

性质 6.3 在性质 6.2 的条件下,当 $\boldsymbol{\varphi}=\boldsymbol{0}$ 时,有

$$E(C_p)=q+1+2r/(n-p-3). \quad (6-24)$$

性质 6.4 在性质 6.2 的条件下,若 $\boldsymbol{\varphi}_r=\boldsymbol{0}$,则

$$C_p=q+1+r(F_r-1), \quad (6-25)$$

其中 $F_r\sim F_{r,\,n-p-1}$.

由性质 6.3 可知,若选模型式(6-2)是正确的,即 $\boldsymbol{\varphi}_r=\boldsymbol{0}$,且 $n-p-1$ 比较大,则有

$$E(C_p)\approx q+1,$$

这表明，对于正确的选模型，点$(q+1, C_p)$落在平面直角坐标系的第一象限角平分线附近.如果选模型不正确，即$\boldsymbol{\varphi}_r \neq \mathbf{0}$，则由性质6.2可知，当$n-p-1$较大时，

$$E(C_p) \approx q+1+\lambda^2 > q+1,$$

这表明，当选模型不正确时，点$(q+1, C_p)$将会向第一象限角平分线上方移动.因此，点$(q+1, C_p)$在第一象限的位置使我们对"最优"自变量子集有一个直观的判断.我们把由点$(q+1, C_p)$构成的散点图称为C_p图.依C_p准则，自变量选择准则是，选点$(q+1, C_p)$最接近第一象限角平分线且C_p值最小的自变量子集.下面通过广告数据集说明C_p图的用法.

从表6-2和图6-3可知，C_p在$\{x_1, x_2\}$达到最小值，为2.03.C_p在$\{x_1, x_2, x_3\}$达到次最小值，为4.0.图6-3中图(b)可以看出，点$\{x_1, x_2\}$是含两个变量模型中最接近第一象限角平分线的，而点$\{x_1, x_2, x_3\}$是含3个变量模型中最接近第一象限角平分线的，从这两个点中再比较它们的C_p值.这样选取的最优子集回归也是$\{x_1, x_2\}$.

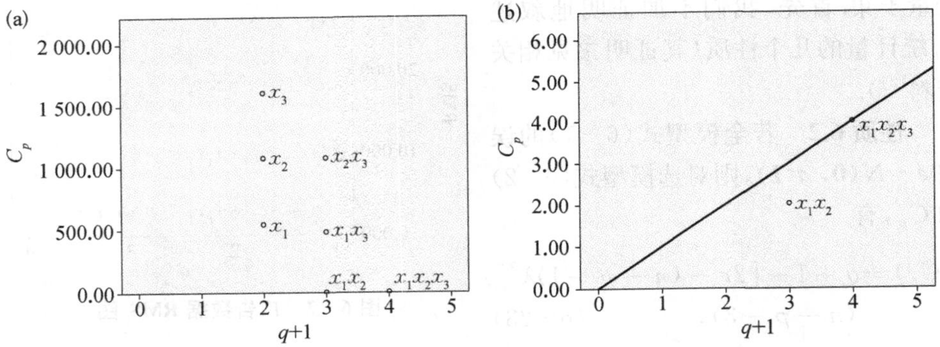

图 6-3 广告数据 C_p 图

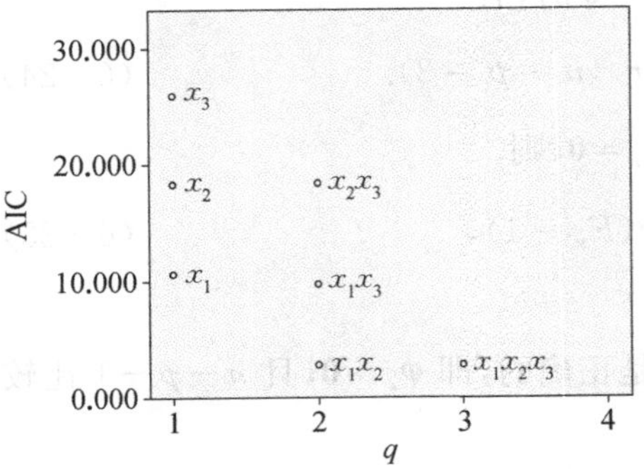

图 6-4 广告数据 AIC 图

从表6-2和图6-4可以看出，AIC在$\{x_1, x_2\}$达到最小值，为2.03.最优子集回归也是$\{x_1, x_2\}$.

6.4 逐步回归

当自变量个数很多(如超过 50 个)时,对这样的大型回归问题,若用第 6.2 节和第 6.3 节的方法,其计算量是很大的.目前,有另外一些不计算所有可能子集回归的变量选择算法,其中所谓逐步回归(stepwise regression)算法是应用最普遍的.

逐步回归的基本思想是将变量一个一个引入,引入的条件是其偏回归平方和经检验是显著的.同时,每引入一个新变量,对已入选方程的老变量逐个进行检验,将经检验认为不显著的变量剔除,以保证所得自变量子集中的每个变量都是显著的.此过程经若干步直到不能再引入新变量为止.这时,回归方程中所有自变量对因变量 y 都是显著的,而不在回归方程中的变量对 y 都是经检验不显著的.

假设在某一步已入选回归方程的自变量就是 $x_1, x_2, \cdots, x_q$, $q \leqslant p$.现在我们考察这 q 个自变量是否有要剔除的.这时,所要讨论的回归模型为

$$\boldsymbol{y} = \boldsymbol{X}_{q+1} \boldsymbol{\varphi}_{q+1} + \boldsymbol{e}, \tag{6-26}$$

其中 $\boldsymbol{X}_{q+1} = (\boldsymbol{X}_q, \boldsymbol{x}_q)$, $\boldsymbol{\varphi}_{q+1} = (\boldsymbol{\varphi}_q^{\mathrm{T}}, \beta_q)^{\mathrm{T}}$, $\boldsymbol{x}_q = (x_{1q}, x_{2q}, \cdots, x_{nq})^{\mathrm{T}}$.要确定 x_q 是否被剔除,相当于检验假设

$$\mathrm{H}_{\text{delete}}: \beta_q = 0, \tag{6-27}$$

是否被接受.由第 2.6 节的讨论知道,用于检验假设式(6-27)的检验统计量 t_q,当式(6-27)成立时,$t_q \sim t_{n-q-1}$,这等价于 $t_q^2 \sim F_{1,\, n-q-1}$.将 t_q^2 改记为等价的检验统计量,

$$F_{\text{delete}}(q) = (n-q-1) \frac{\hat{\beta}_q^2 (\boldsymbol{x}_q^{\mathrm{T}} N_q \boldsymbol{x}_q)}{SS_{\text{res}}(q+1)}, \tag{6-28}$$

其中 $\hat{\beta}_q$ 和 $SS_{\text{res}}(q+1)$ 为模型式(6-26)的回归系数 β_q 的最小二乘估计和残差平方和,

$$N_q = \boldsymbol{I} - \boldsymbol{X}_q (\boldsymbol{X}_q^{\mathrm{T}} \boldsymbol{X}_q)^{-1} \boldsymbol{X}_q^{\mathrm{T}}. \tag{6-29}$$

如果记 $SS_{\text{res}}(q)$ 是回归模型

$$\boldsymbol{y} = \boldsymbol{X}_q \boldsymbol{\varphi}_q + \boldsymbol{e}, \tag{6-30}$$

的残差平方和，则变量 $\boldsymbol{x}_q$ 的偏回归平方和定义为

$$SS_{\mathrm{res}}(q+1)-SS_{\mathrm{res}}(q)=-\hat{\beta}_q^2(\boldsymbol{x}_q^{\mathrm{T}}N_q\boldsymbol{x}_q).$$

对给定的显著性水平 α，相应的临界值为 $F_{1,\,n-q-1}(\alpha)$，若

$$F_{\mathrm{delete}}(q)\leqslant F_{1,\,n-q-1}(\alpha),\tag{6-31}$$

则从回归方程式(6-26)中剔除变量 $\boldsymbol{x}_q$.

在剔除回归自变量的过程中，我们通常要计算回归方程式(6-26)中所有变量 $x_j\,(j=1,\,2,\,\cdots,\,q)$ 相对应的 $F_{\mathrm{delete}}(j)$，其定义为

$$F_{\mathrm{delete}}(j)=(N-q-1)\frac{\hat{\beta}_j^2(\boldsymbol{x}_j^{\mathrm{T}}N_j\boldsymbol{x}_j)}{SS_{\mathrm{res}}(q+1)},\ j=1,\,2,\,\cdots,\,q,\tag{6-32}$$

其中 $\hat{\beta}_j$ 和 $SS_{\mathrm{res}}(q+1)$ 为式(6-26)的回归系数 β_j 的最小二乘估计和残差平方和，$\boldsymbol{x}_j=(x_{1j},\,\cdots,\,x_{nj})^{\mathrm{T}}$

$$N_j=\boldsymbol{I}-\boldsymbol{X}_j(\boldsymbol{X}_j^{\mathrm{T}}\boldsymbol{X}_j)^{-1}\boldsymbol{X}_j^{\mathrm{T}},$$

比较这些 $F_{\mathrm{delete}}(j)$，$j=1,\,2,\,\cdots,\,q$，再取其中最小者

$$F_{\mathrm{delete}}(j^*)=\min\{F_{\mathrm{delete}}(1),\,\cdots,\,F_{\mathrm{delete}}(q)\},$$

对给定的显著性水平 α，如果

$$F_{\mathrm{delete}}(j^*)>F_{1,\,n-q-1}(\alpha),\tag{6-33}$$

则表明 $x_1,\,x_2,\,\cdots,\,x_q$ 中没有要剔除的变量.如果式(6-31)成立，则表明变量 x_q 对 y 的作用不显著，可以剔除.对剩下的变量 $x_1,\,\cdots,\,x_{q-1}$ 重复上述过程，直到没有变量可剔除，然后转入考察能否引入新变量.

下面讨论如何引入新变量，过程正好与前面的剔除过程相反.为方便记，假设已选入 $q-1$ 个变量 $x_1,\,\cdots,\,x_{q-1}$，不在回归方程的变量记为 $x_q,\,\cdots,\,x_p$，此时，$x_1,\,\cdots,\,x_{q-1}$ 与 y 的回归为

$$\boldsymbol{y}=\boldsymbol{X}_q\boldsymbol{\varphi}_q+\boldsymbol{e}.\tag{6-34}$$

现在考虑把 $x_q,\,\cdots,\,x_p$ 逐个引入回归方程.比如考虑引入变量 x_q，式(6-34)变为

$$\boldsymbol{y}=(\boldsymbol{X}_q,\,\boldsymbol{x}_q)\begin{bmatrix}\boldsymbol{\varphi}_q\\ \beta_q\end{bmatrix}+\boldsymbol{e}.\tag{6-35}$$

显然，变量 x_q 能否引入回归方程，相对于检验假设

$$\mathrm{H}_{\text{select}}: \beta_q = 0, \tag{6-36}$$

是否被接受.与检验假设式(6-27)完全一样,对假设式(6-36)进行检验的统计量为

$$F_{\text{select}}(q) = (n-q-1)\frac{\hat{\beta}_q^2(\boldsymbol{x}_q^{\mathrm{T}}N_q\boldsymbol{x}_q)}{SS_{\text{res}}(q+1)}, \tag{6-37}$$

公式中的各量的定义如式(6-28).

类似于剔除变量的过程,我们要计算所有待引入的变量 $x_i(i=q, \cdots, p)$相对应的 $F_{\text{select}}(i)$,其定义为

$$F_{\text{select}}(i) = (n-q-1)\frac{\hat{\beta}_i^2(\boldsymbol{x}_i^{\mathrm{T}}N_q\boldsymbol{x}_i)}{SS_{\text{res}}(q+1)}, \ j=q, \cdots, p, \tag{6-38}$$

其中$\hat{\beta}_i$和 $SS_{\text{res}}(q+1)$为回归模型

$$y = (\boldsymbol{X}_q, \boldsymbol{x}_i)\begin{bmatrix}\boldsymbol{\varphi}_q \\ \beta_i\end{bmatrix} + \boldsymbol{e}. \ i=q, \cdots, p$$

的回归系数 β_i的最小二乘估计和残差平方和.比较这些 $F_{\text{select}}(i)$, $i=q, \cdots, p$,再取其中最大者

$$F_{\text{select}}(i^*) = \max\{F_{\text{select}}(q), \cdots, F_{\text{select}}(p)\},$$

对给定的显著性水平 α,如果

$$F_{\text{select}}(i^*) < F_{1, n-q-1}(\alpha), \tag{6-39}$$

则表明 $x_q, \cdots, x_p$都不能引入回归方程,选择变量过程结束.如果

$$F_{\text{select}}(i^*) \geqslant F_{1, n-q-1}(\alpha), \tag{6-40}$$

则将变量 x_q引入回归方程,然后用$(\boldsymbol{X}_q, \boldsymbol{x}_q)$代替式(6-35)中的 $\boldsymbol{X}_q$,再逐个考察剩余变量 $x_{q+1}, \cdots, x_p$,直到没有变量可选入回归方程为止(见表 6-3).

表 6-3 逐步回归引入/剔除的变量

模 型	引入的变量	被剔除的变量	R^2	R^2的改变量
1	电视	广播,报纸	0.612	0.612
2	广播	报纸	0.897	0.285

例 6.2 对例 2.1 中的广告数据实施逐步回归建模.

第一次回归模型为

$$销售额 = 7.033 + 0.048 电视,\ R^2 = 0.612.$$

第二次回归模型为

$$销售额 = 2.921 + 0.046 电视 + 0.188 广播,\ R^2 = 0.897,$$

表 6-4 为相应的方差分析表.

表 6-4 方差分析表(ANOVA)

模型	方差源	平方和	自由度	均方	F 比	$P(F>F_R)$
1	回归	3 314.618	1	3 314.618	312.145	0.000
	误差	2 102.531	198	10.619		
	总计	5 417.149	199			
模型	方差源	平方和	自由度	均方	F 比	$P(F>F_R)$
2	回归	4 860.235	2	2 430.117	859.618	0.000
	误差	556.914	197	2.827		
	总计	5 417.149	199			

一般统计软件中,在变量选择功能中还设有向前法(forward regression)和向后法(backward regression)进行变量选择.向前法选择变量的步骤是变量由少到多,每次增加一个,直到没有可引入的变量为止.向后法与向前法正好相反.它是先将全部自变量选入回归模型,然后逐个剔除对残差平方和贡献较小的自变量.向前法和向后法引入变量和剔除变量的判别标准与逐步回归的判别标准是类似的,这里不再赘述.对以上方法计算细节感兴趣的读者可以参考其他相关资料[33,34].

习 题 6

1. 假设全模型为

$$y_i = \beta_0 + \beta_1 x_{i1} + \beta_2 x_{i2} + e_i,\ i = 1, 2, \cdots, n,$$

选模型为

$$y_i = \beta_0 + \beta_1 x_{i1} + e_i,\ i = 1, 2, \cdots, n.$$

其中 $E(e_i) = 0$, $E(e_i^2) = \sigma^2$, $\mathrm{cov}(e_i, e_j) = 0$, $i \neq j$.若 $\hat{\sigma}^2$ 是在选模型下,σ^2 的最

小二乘估计.当全模型是正确时,求 $E(\hat{\sigma}^2)$,并问从计算结果能得出什么结论?

2. 设 $\boldsymbol{y}$ 与参数的全模型为

$$\boldsymbol{y}=\boldsymbol{X\beta}+\boldsymbol{e}=(\boldsymbol{X}_1 \vdots \boldsymbol{X}_2)\begin{bmatrix}\boldsymbol{\beta}_1\\ \boldsymbol{\beta}_2\end{bmatrix}+\boldsymbol{e}=\sum_{i=1}^{2}\boldsymbol{X}_i\boldsymbol{\beta}_i+\boldsymbol{e},$$

其中 $\boldsymbol{e}$ 满足 GM 条件.如果采用子模型 $\boldsymbol{y}=\boldsymbol{X}_1\boldsymbol{\beta}_1+\boldsymbol{e}$,并在这模型下求得了$\tilde{\boldsymbol{\beta}}_1$的 LSE.问:当 $\boldsymbol{X}$ 满足什么条件时,$\tilde{\boldsymbol{\beta}}_1$仍然是 $\boldsymbol{\beta}_1$ 的无偏估计?解释其条件的意义.

3. 在本章习题 2 中,(1) 若记$\hat{\boldsymbol{\beta}}_1$为全模型下 $\boldsymbol{\beta}_1$ 的 LSE,证明 $\operatorname{cov}(\tilde{\boldsymbol{\beta}}_1)\leqslant\operatorname{cov}(\hat{\boldsymbol{\beta}}_1)$,等号成立当且仅当 $\boldsymbol{X}_2^{\mathrm{T}}\boldsymbol{X}_1=\boldsymbol{O}$ 时成立.

(2) 在子模型下 σ^2 的估计为 $\tilde{\sigma}^2=\|\boldsymbol{y}-\boldsymbol{X}_1\tilde{\boldsymbol{\beta}}_1\|^2/(n-r_1)$,其中 $r_1=\operatorname{rk}(\boldsymbol{X}_1)$,则除非 $\boldsymbol{\beta}_2=\boldsymbol{0}$,$\tilde{\sigma}^2$不是 σ^2 的无偏估计.

4. 在第 2 章习题 22 的税收数据中,试就税收收入关于国内生产总值,财政支出和商品零售价格指数的线性模型进行变量选择建模.

5. 在第 5 章习题 1 的一氧化碳数据中,试就一氧化碳含量关于焦油、尼古丁含量、香烟重量的线性模型进行变量选择建模.

6. 在第 5 章习题 2 的 Hald 水泥问题数据中,试就热量关于水泥中的 4 种化学成分的含量(%)所建线性模型进行变量选择建模.

7 模型的搭建和验证

7.1 多项式回归模型

实际生活中我们收集的多元数据集并不一定都可以建立响应变量关于预测变量的线性关系，数据往往表现出响应变量与预测变量之间的非线性关系.对一元预测变量数据集，解决非线性模型的一种常用方法，是通过适当的非线性变换将非线性回归模型转换成线性模型，再用最小二乘法估计参数.这一内容在本科的概率统计教材中一般都会有介绍[35]，然而，对于多元数据集，如果试图通过多元非线性变换将多元非线性回归模型转换成多元线性回归模型，这将是十分复杂和困难的.处理这一问题的一种简易方式是建立多元多项式模型，并且将这一模型当作多元线性回归模型进行处理，常常能获得满意的实用效果.这一内容属于模型搭建(model building)的范畴.另一方面，对于已经建立的模型，还有一个在实践应用中不断验证其应用可信度的过程，称为模型验证(validation of regression models).本章将对此内容逐一进行介绍.

7.1.1 单变量多项式模型

单变量 p -阶多项式模型其均值形式为

$$E(y)=\beta_0+\beta_1 x+\beta_2 x^2+\beta_3 x^3+\cdots+\beta_p x^p,$$

其中 p 是一个整数，而 β_0, β_1, …, β_p 是需要估计的未知参数.

一种常用的形式是二阶多项式模型

$$E(y)=\beta_0+\beta_1 x+\beta_2 x^2,$$

其中，β_0 是截距，β_1 是斜率，β_2 反映的是曲率.

三阶多项式模型

$$E(y)=\beta_0+\beta_1 x+\beta_2 x^2+\beta_3 x^3,$$

其中 β_3 控制了多项式曲率反向变化率.

例 7.1 用电负荷峰值是工作单位每天为满足需求必须发电的最大用电量. 因此,为了使各单位的常规工作能够有效地运行,电力公司必须能够预测各发电站的用电负荷峰值.在夏季用电量需求最高的几个月份中,一个电力公司想每天使用高温 x 去模拟每天的用电峰值 y.虽然公司预期用电峰值会随温度升高而增加,但 $E(y)$ 的增长率却不一定是一个常数.譬如,当气温处于 100℉至 101℉的高温时段时,比起气温处于 80℉至 81℉时,每增加一个单位的温度将导致用电量的较大增加.所以,公司猜测对 $E(y)$ 的建模将包括二阶项,也可能包括三阶项.

表 7-1 取自 Mendenhall 和 Sincich 的相关研究[24],它记录了随机抽取的 25 个夏天的温度(℉)和用电负荷(MW)数据.具体步骤如下:

(1) 画出这批数据的散点图.根据图形,试建议你所建议的用电负荷峰值关于温度的关系模型.

(2) 对数据拟合一个三阶线性模型.在显著性水平 $\alpha=0.05$ 的条件下,试检验气温的三次项是否与用电负荷峰值显著相关.

(3) 对数据拟合一个二阶线性模型.在显著性水平 $\alpha=0.05$ 的条件下,试检验用电负荷峰值是否随气温的上升而显著增加.

(4) 列出你所建议的用电负荷峰值关于气温的二阶线性预测方程.用所建立的模型进行峰值预测,你觉得满意吗?

解 (1) 用 SPSS 软件绘制的散点图,如图 7-1 所示.由此图可知,曲线上翘,表明用一个二阶模型可能拟合数据较好.

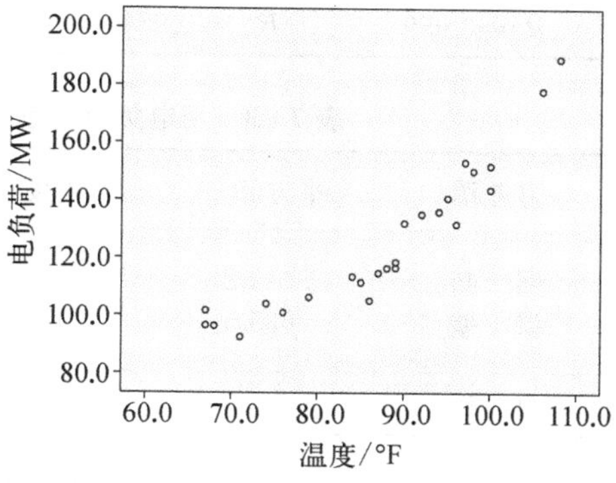

图 7-1 用电负荷峰值关于温度的散点图

(2) 拟合一个三次多项式模型,其最小二乘估计和方差分析结果如表 7-2 和表 7-3 所示.对检验

$$H_0: \beta_3=0; \quad H_a: \beta_3 \neq 0$$

的 p 值是 0.911,所以并没有充分的证据表明用电负荷峰值与气温存在三次关系.因此我们将 $\beta_3 x^3$ 这一项从模型中删除.

表 7-1　气温与用电负荷峰值数据

气温/℉	负荷峰值/MW	气温/℉	负荷峰值/MW	气温/℉	负荷峰值/MW
94	136.0	106	178.2	76	100.9
96	131.7	67	101.6	68	96.3
95	140.7	71	92.5	92	135.1
108	189.3	100	151.9	100	143.6
67	96.5	79	106.2	85	111.4
88	116.4	97	153.2	89	116.5
89	118.5	98	150.1	74	103.9
84	113.4	87	114.7	86	105.1
90	132.0				

表 7-2　用电负荷峰值三次多项式模型的 OLS 估计结果

模型系数	最小二乘估计	标准误差估计	t_i	$P(t_{n-p}>\|t_i\|)$
常数项	331.3	477.1	0.69	0.495
β_1	−6.39	16.79	−0.38	0.707
β_2	0.037 8	0.194 5	0.19	0.848
β_3	0.000 084 3	0.000 742 6	0.11	0.911
$R^2=0.959$	$R^2_{adj}=0.954$			

表 7-3　用电负荷峰值三次多项式模型的方差分析表

方差源	平方和	自由度	均　方	F 比	$P(F>F_R)$
回　归	15 012.2	3	5 004.1	165.36	0.000
误　差	635.5	21	30.3		
总　计	15 647.7	24			

(3) 拟合一个二次多项式模型，其最小二乘估计和方差分析结果如表 7-4 和表 7-5 所示.对这个二次模型，假如 β_2 是正的，那么用电负荷峰值 y 以一个增长率随气温增加而增加.因此我们检验

$$H_0: \beta_2=0;\quad H_a: \beta_2>0$$

因为单边 p 值是 $0.000/2<0.05$，所以我们拒绝 H_0，得出结论：用电负荷峰值随气温升高而上升.

表 7-4 用电负荷峰值二次多项式模型的 OLS 估计结果

模型系数	最小二乘估计	标准误差估计	t_i	$P(t_{n-p}>\|t_i\|)$
常数项	385.05	55.17	6.98	0.000
β_1	−8.293	1.299	−6.38	0.000
β_2	0.059 823	0.007 549	7.93	0.000
$R^2=0.959$	$R^2_{\text{adj}}=0.956$			

表 7-5 用电负荷峰值二次多项式模型的方差分析表

方差源	平方和	自由度	均　方	F 比	$P(F>F_R)$
回　归	15 011.6	2	7 505.9	259.69	0.000
误　差	635.9	22	28.9		
总　计	15 647.7	24			

(4) 我们建议的预测方程为 $\hat{y}=385-8.29x+0.059\,8x^2$.$R^2_{\text{adj}}=0.956$ 且 $s=5.376$. 预测值与真值的误差大约控制在 $2s=10.75$ 范围内.基于高的 R^2_{adj} 值和低的 $2s$ 值,我们推荐使用这个方程去预测该电力公司用电负荷峰值.

7.1.2 多变量多项式模型

我们以两个预测变量的二阶模型为例,其响应变量的期望值为

$$E(y)=\beta_0+\beta_1x_1+\beta_2x_2+\beta_3x_1x_2+\beta_4x_1^2+\beta_5x_2^2.$$

其中,β_0为 y 的截距项,即当 $x_1=x_2=0$ 时 $E(y)$的取值;β_1和 β_2的改变将导致曲面沿 x_1和 x_2轴的漂移;β_3的值控制了曲面的旋转;β_4和 β_5的值控制了曲面的型和曲率.

开口向上的抛物面、开口向下的抛物面和马鞍型曲面可以由这种二阶多项式模型产生.

例 7.2 许多公司在生产产品的过程中至少部分情况下需要使用化学药品(如钢铁、涂料和汽油).在很多实例中,生产出来的成品质量是生产过程中发生化学反应的温度与压力的函数.

假设你想建立产品质量 y 关于温度 x_1和压力 x_2的函数.4 位质量监测员独自评定了每件产品质量计分,分制为 0~100,然后,通过对这 4 个监测员的评分进行平均得到质量评分 y.现进行了一次实验,在 80℉至 100℉之间变化温度,在

50～60 psi(磅/平方英寸)之间变换气压.获得的数据($n=27$)由表 7-6 给出,对数据拟合一个完全的二次模型.

表 7-6　温度、压强及成品质量数据

x_1, ℉	x_2, psi	y	x_1, ℉	x_2, psi	y	x_1, ℉	x_2, psi	y
80	50	50.8	90	50	63.4	100	50	46.6
80	50	50.7	90	50	61.6	100	50	49.1
80	50	49.4	90	50	63.4	100	50	46.4
80	55	93.7	90	55	93.8	100	55	69.8
80	55	90.9	90	55	92.1	100	55	72.5
80	55	90.9	90	55	97.4	100	55	73.2
80	60	74.5	90	60	70.9	100	60	38.7
80	60	73.0	90	60	68.8	100	60	42.5
80	60	71.2	90	60	71.3	100	60	41.4

解　所建模型的方差分析和最小二乘估计结果分别如表 7-7 和表 7-8 所示,相应的二次多项式模型为

$$\hat{y}=-5\,127.90+31.10x_1+139.75x_2-0.146x_1x_2-0.133x_1^2-1.14x_2^2.$$

表 7-7　方差分析表

方差源	平方和	自由度	均　方	F 比	$P(F>F_R)$
回　归	8 402.264 54	5	1 680.452 91	596.32	0.000
误　差	59.178 43	21	2.818 02		
总　计	8 461.442 96	26			

表 7-8　温度、压强及成品质量数据 OLS 估计结果

模型系数	最小二乘估计	标准误差估计	t_i	$P(t_{n-p}>\|t_i\|)$
常数项	−5 127.899 07	110.296 01	−46.49	0.000
β_1	31.096 39	1.344 41	23.13	0.000
β_2	139.747 22	3.140 05	44.50	0.000
β_3	−0.145 50	0.009 69	−15.01	0.000
β_4	−0.133 39	0.006 85	−19.46	0.000
β_5	−1.144 22	0.027 41	−41.74	0.000
$R^2=0.993\,0$	$R_{adj}^2=0.991\,3$			

7.2 带定性预测变量的模型

本节我们以两个案例为例，讨论带定性预测变量的数据建模方法.

例 7.3 表 7-9 的薪水调查数据集[26]来自对一家大公司的计算机专业人员的调查，调查目的是识别和量化决定薪水差异的那些变量.此外，数据还可以用来判定公司是否遵守了相关的薪酬管理规定.表中的响应变量是年薪(S)，以美元记，预测变量有① 工作经验(X)，以年记；② 教育(E)，1 代表获得高中文凭(H.S.)，2 表示获得学士学位(B.S.)，3 表示获得更高的学位；③ 管理(M)，1 表示管理人员，0 表示非管理人员.现应用回归分析方法分析度量这 3 个变量对薪水的影响.

表 7-9 薪水调查数据

行号	S	X	E	M	行号	S	X	E	M
1	13 876.00	1	1	1	20	15 965.00	5	1	1
2	11 608.00	1	3	0	21	12 336.00	6	1	0
3	18 701.00	1	3	1	22	21 352.00	6	3	1
4	11 283.00	1	2	0	23	13 839.00	6	2	0
5	11 767.00	1	3	0	24	22 884.00	6	2	1
6	20 872.00	2	2	1	25	16 978.00	7	1	1
7	11 772.00	2	2	0	26	14 803.00	8	2	0
8	10 535.00	2	1	0	27	17 404.00	8	1	1
9	12 195.00	2	3	0	28	22 184.00	8	3	1
10	12 313.00	3	2	0	29	13 548.00	8	1	0
11	14 975.00	3	1	1	30	14 467.00	10	1	0
12	21 371.00	3	2	1	31	15 942.00	10	2	0
13	19 800.00	3	3	1	32	23 174.00	10	3	1
14	11 417.00	4	1	0	33	23 780.00	10	2	1
15	20 263.00	4	3	1	34	25 410.00	11	2	1
16	13 231.00	4	3	0	35	14 861.00	11	1	0
17	12 884.00	4	2	0	36	16 882.00	12	2	0
18	13 245.00	5	2	0	37	24 170.00	12	3	1
19	13 677.00	5	3	0	38	15 990.00	13	1	0

续 表

行号	S	X	E	M	行号	S	X	E	M
39	26 330.00	13	2	1	43	18 838.00	16	2	0
40	17 949.00	14	2	0	44	17 483.00	16	1	0
41	25 685.00	15	3	1	45	19 207.00	17	2	0
42	27 837.00	16	2	1	46	19 346.00	20	1	0

我们将教育当作分类变量并定义两个示性变量来表示 3 个类别，这两个变量有助于我们判断教育对薪水的效应是否是线性的.管理变量也是一个示性变量，1 表示管理人员，0 表示非管理人员.教育 E 有 3 个水平，可以应用二维向量编码表示.具体地，用(0, 0)，(1, 0)和(0, 1)分别表示“获得高中文凭(H.S.)”“获得学士学位(B.S.)”和“获得更高的学位”.这样我们只需要用两个哑巴变量 E_{i1} 和 E_{i2} 表示，

$$E_{i1}=\begin{cases}1, & \text{如果第 } i \text{ 个人属于 B.S.类,}\\ 0, & \text{否则,}\end{cases}$$

$$E_{i2}=\begin{cases}1, & \text{如果第 } i \text{ 个人属于获得更高的学位类,}\\ 0, & \text{否则,}\end{cases}$$

建立如下的回归模型

$$S=\beta_0+\beta_1X+\gamma_1E_1+\gamma_2E_2+\delta M+e, \tag{7-1}$$

根据示性变量的不同取值，表 7 - 10 列出了由 3 种教育类别和 2 种管理类别组合而成的 6 种不同类别的回归模型，模型式(7 - 1)的回归计算结果列于表 7 - 11 中.从表中可以看到，X 的回归系数是 546.184，表明工作时间每增加一年，年薪估计平均增加 546 美元.其他的系数可以结合表 7 - 11 相应解释.管理示性变量的系数$\hat{\delta}=6\,883.531$，结合表 7 - 11 可解释为管理职员比普通职员平均增加的年薪.对于教育变量，γ_1度量的是学士学位类相对于高中文凭类的薪水差异，γ_2度量的是更高学历类相对于高中文凭类的薪水差异.而差值 $\gamma_2-\gamma_1$度量的是更高学历类相对于学士学位类的薪水差异.从回归结果看，对于计算机专业人员，具有学士学位的职员比高中文凭类的职员年薪平均多 3 144 美元，具有更高学历的职员比高中文凭的职员年薪平均多 2 996 美元，具有学士学位的职员比具有更高学历的职员年薪平均多 148 美元.这些薪水差异对于有相同工作经验的情况都成立.

表 7-10 6 种教育-管理组合类别的回归模型

类别	E	M	回归模型	类别	E	M	回归模型
1	1	0	$S=\beta_0+\beta_1 X+e$	4	2	1	$S=(\beta_0+\gamma_1+\delta)+\beta_1 X+e$
2	1	1	$S=(\beta_0+\delta)+\beta_1 X+e$	5	3	0	$S=(\beta_0+\gamma_2)+\beta_1 X+e$
3	2	0	$S=(\beta_0+\gamma_1)+\beta_1 X+e$	6	3	1	$S=(\beta_0+\gamma_2+\delta)+\beta_1 X+e$

表 7-11 薪水调查数据的回归分析结果

变量	系数	标准误差	t 检验	p 值
β_0	8 035.598	386.7	20.78	$<0.000\,1$
X	546.184	30.5	17.90	$<0.000\,1$
E_1	3 144.035	361.9	8.69	$<0.000\,1$
E_2	2 996.210	411.7	7.28	$<0.000\,1$
M	6 883.531	313.9	21.93	$<0.000\,1$
$n=46$	$R^2=0.957$	$R^2_{\text{adj}}=0.953$	$\hat{\sigma}=1\,027$	自由度=41

我们可以进一步考察关于工作经验 X 的残差图(见图 7-2).该图表明可能存在 3 个或更多特定的残差水平.前面定义的示性变量可能不足以解释教育和管理两个变量对薪水的影响.实际上,每个残差都可以被识别出来与 6 个教育-管理组合中的一个有关.为了看清这一点,我们绘制关于类别(category,一个新的类别变量,用不同的值表示 6 个组合中的每一个)的残差图.图 7-3 所示实际上是残差关于一个尚未在方程中使用的潜在预测变量的散点图.从图 7-3 中看出,残差的大小根据它们的教育-管理组合类别发生聚类.可见教育-管理组合在模型中没有得到令人满意的处理.6 组中的模型组 1、组 4 和组 5 的残差关于 0 轴明显不对称.这种情况意味着模型式(7-1)并不能充分解释薪水与工作经验、教育和管理这些变量间的关系.图形显示出了数据中一些没有被挖掘出来的隐藏的结构.

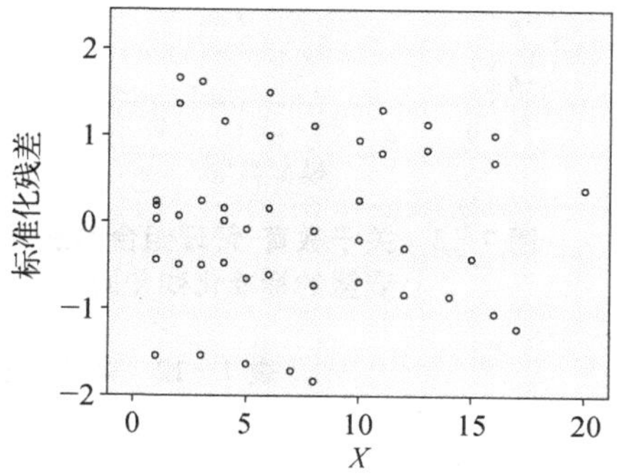

图 7-2 关于工作经验 X 的标准化残差图

这些图明显表明,教育和管理对薪水的影响不具有可加性.但注意到,在模型式(7-1)和表7-10的进一步解释中,这两个变量的增量影响是可加的.我们可以构造乘法效应或交互效应,相应变量称为交互变量,其定义为已有示性变量的乘积和.将这两个交互变量添加到式(7-1)的右侧得到一个新模型,新模型中教育和管理的效应不再是可加的,而是一种乘法效应.

扩展后的回归模型为

$$S=\beta_0+\beta_1 X+\gamma_1 E_1+\gamma_2 E_2+\delta M+\alpha_1(E_1\cdot M)+\alpha_2(E_2\cdot M)+e. \tag{7-2}$$

表7-12列出了扩展模型的回归分析结果,图7-4是相应的残差图.注意到观测33是一个异常点,模型过高地预测了这一点的薪水.如果删除这个过度影响回归估计的观测,可获得表7-13的新的回归结果.

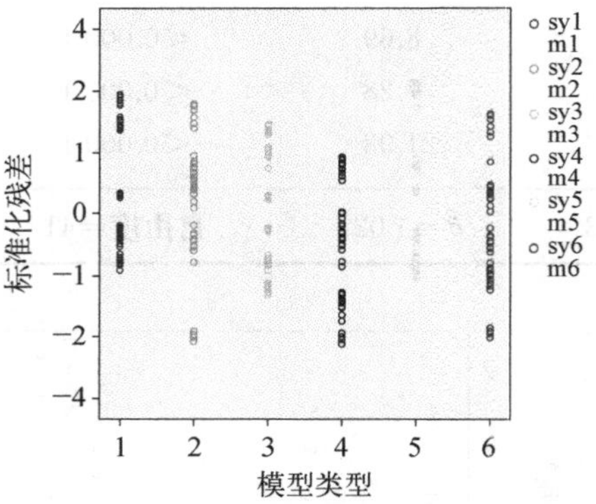

图7-3 关于教育-管理组合类别变量的标准化残差图

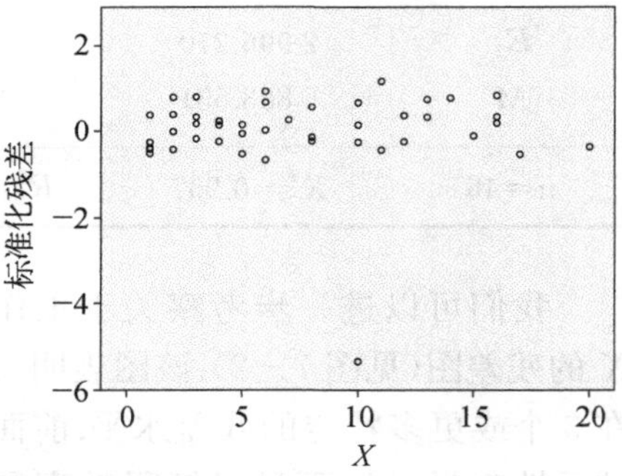

图7-4 关于工作经验 X 的标准化残差图:扩展模型

表7-12 薪水调查数据的回归分析:扩展模型

变 量	系 数	标准误差	t 检验	p 值
β_0	9 472.685	80.34	117.9	<0.000 1
X	496.987	5.57	89.3	<0.000 1
E_1	1 381.671	77.32	17.9	<0.000 1
E_2	1 730.748	105.33	16.4	<0.000 1
M	3 981.377	101.18	39.4	<0.000 1
$E_1\cdot M$	4 902.523	131.36	37.3	<0.000 1
$E_2\cdot M$	3 066.035	149.33	20.5	<0.000 1
$n=46$	$R^2=0.999$	$R^2_{adj}=0.999$	173.8	自由度=39

表 7-13 薪水调查数据的回归分析：扩展模型，剔除观测 33

变 量	系 数	标准误差	t 检验	p 值
β_0	9 458.378	31.041	304.709	<0.0001
X	498.418	2.152	231.640	<0.0001
E_1	1 384.294	29.858	46.362	<0.0001
E_2	1 731.336	40.683	42.803	<0.0001
M	3 988.817	39.073	102.085	<0.0001
$E_1 \cdot M$	5 049.294	51.668	97.727	<0.0001
$E_2 \cdot M$	3 051.763	57.674	52.914	<0.0001
$n=45$	$R^2=1.0$	$R^2_{adj}=1.0$	67.12	自由度=38

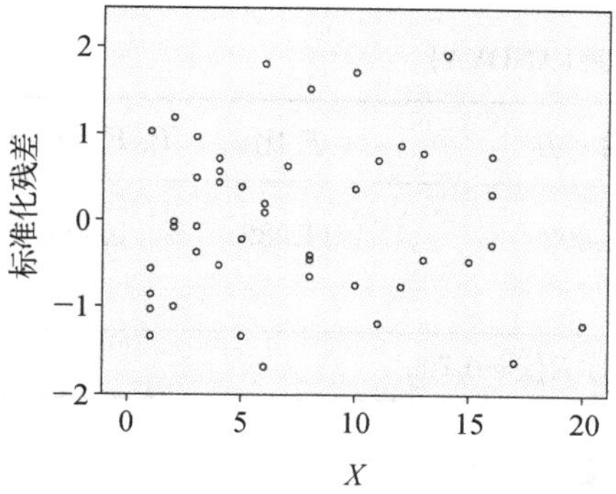

图 7-5 关于工作经验 X 的标准化残差图：扩展模型，剔除观测 33

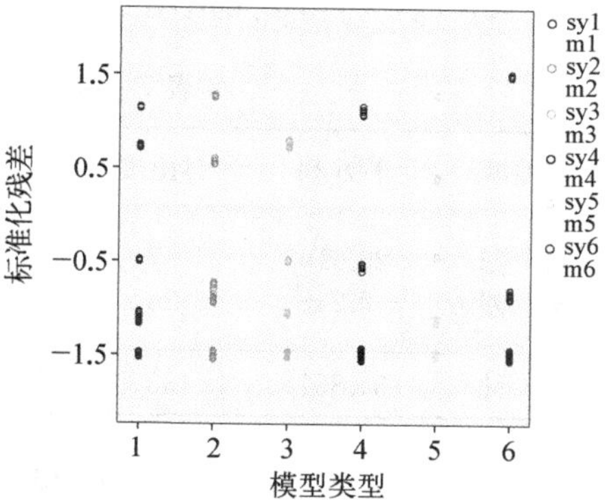

图 7-6 关于教育-管理组合类别变量的标准化残差图：扩展模型，剔除观测 33

因为该模型有比较小的误差标准差的估计 67.12 美元，可以认为模型式(7-2)很好地刻画了薪水与工作年限，学历和职务之间的关系.根据 95%的置信区间，每增加一年工作经验，增加的薪水估计约在 494.08 美元至 502.72 美元之间.

例 7.4 在软件项目数据中有两个示性变量：app(应用程序类型)和 telonuse(Telon 的使用情况).app 变量有 4 个水平，而 telonuse 只有两个水平.app 示性变量必须使用三维向量.具体地，用(0, 0, 0)，(1, 0, 0)，(0, 1, 0)和(0, 0, 1)分别表示客户服务、管理信息系统、事务处理和信息/在线服务 4 种类型的应用程序.这样我们可以用 3 个哑巴变量 x_5，x_6和 x_7来表示，这里

$$x_i = \begin{cases} 1, \\ 0, \end{cases} \quad i=5, 6, 7.$$

这样当$(x_5, x_6, x_7)=(0, 0, 0)$时表示客户服务型应用程序.telonuse示性变量取值为

$$\text{telonuse}=\begin{cases}1,\\0.\end{cases}$$

在SPSS上就ln(effort)关于所有预测变量进行回归得回归方程

$$\begin{aligned}\ln(\text{effort}) =& 4.817+0.832\ln(\text{size})-0.469\text{t14}-0.110\text{t13}+\\&0.126\text{telonuse}+0.092x_5-0.057x_6-0.183x_7.\end{aligned}$$

方差分析表7-14表明,回归方程的整体性检验是显著的.由表7-14可知,应用程序规模,人员的工具技能对投入工作量的回归系数显著,而预测变量t13,telonuse, x_5, x_6和x_7都不显著.

表7-14 方差分析表(ANOVA)

方差源	平方和	自由度	均 方	F比	$P(F>F_R)$
回 归	26.615	7	3.802	11.989	0.000
误 差	8.245	26	0.317		
总 计	34.861	33	$R^2=0.763$; $R^2_{\text{adj}}=0.700$		

表7-15 回归系数的估计

模型系数	最小二乘估计	标准误差估计	t_i	$P(t_{n-p-1}>\|t_i\|)$
常数项	4.817	0.923	5.217	0.000
β_1	0.832	0.137	6.057	0.000
β_2	−0.469	0.148	−3.175	0.004
β_3	−0.110	0.128	−0.856	0.400
β_4	0.126	0.425	0.297	0.769
β_5	0.092	0.274	0.337	0.739
β_6	−0.057	0.410	−0.139	0.891
β_7	−0.183	0.344	−0.533	0.598

这样,剔除变量t13,telonuse, x_5, x_6和x_7后,我们可以建立经验回归方程

$$\ln(\text{effort})=4.673+0.790\ln(\text{size})-0.437\text{t14}.$$

7.3 模型的验证

回归分析是对于估计和预测最为广泛使用的统计工具之一,然而经常会出现,虽然拟合出的模型是响应变量的适合的预测器,但在实践中运行效果一段时间后往往不够理想.例如,为了预测商品房价格而建立的模型,虽然基于对模型的充分性检验确证模型在统计意义上是可用的,但是如果未来购买房屋的抵押贷款率由于新的政策发生了极端的变化,那么我们已建立的模型就可能失效.这里指出了一个重要问题,对样本拟合得比较好的模型,当面对新的数据时,可能并不能对响应变量 y 进行成功的预报.基于这一原因,在实际使用模型之前,除了评价模型设定的适当性(adequacy)外,评价模型的有效性(validity)也变得十分重要了.

在第 3 章中,我们表明了检查模型适当性的几个技术,比如完全模型适当性检验、偏 F 检验、R_{adj}^2 以及标准差等.简单地说,检查模型的适当性涉及确定回归模型是否适当地拟合了样本数据.可是,模型验证(model validation)涉及对模型在实际应用中运行情况的评判,即当将这个模型应用于新的或未来的数据时,这个模型成功度如何.许多不同的模型验证技术已经被建议了,这一节简单讨论其中常用的几个.关于怎样应用这些技术的更多细节,读者需要参考相关参考文献[24,27].

1) 检验预测值

有时,拟合回归模型的预测值 $\hat{y}$ 能够帮助识别一个无效的模型.不敏感的或不合理的预测值可能表明模型的形式是不正确的或 β 系数被很差地估计了.比如,对于一个二元响应变量 y,这里 y 的取值为 0 或 1,可以得到预测概率是负的或大于 1(见第 8 章).在这种情况下,使用者可能想考虑一个模型它在实际中产生了介于 0 或 1 之间的预测值(一个这样的模型将在第 8 章进行讨论,称为逻辑回归模型).另一方面,即使所拟合模型的预测值似乎都是合理的,在实践中使用者也应该对模型有效性经常性地进行检查,这样才能放心地使用所建的模型.

2) 检验被估模型的参数

一般地,回归模型的使用者对模型参数的相对大小和正负符号多少有些知识.这些信息应该被用来检查被估计的系数 β.带有符号的系数与预期的相反或不同寻常的小或大,或者不稳定系数(即系数具有较大的标准误差)预先告知了当应用于新的或不同的数据时最终的模型可能运行效果较差.

3）为预测收集新数据

验证一个回归模型的最为有效的方法之一是对模型使用一个新样本去预测 y 的值.通过直接将预测值与新数据的观测值相比较，我们能够确定预测的精度而且使用这些信息去评价模型在实践中运行效果如何.

为了这个目的，目前已建议了几种模型验证的度量方法.一个简单的技术是计算模型解释新数据的变异百分比，记为 R^2_{pred}，称为预测判定系数，而且将它与最终模型的最小二乘估计所获得的判定系数 R^2 进行比较.设 n 个观测 y_1，y_2，…，y_n用于搭建和拟合最终的回归模型，而且 y_{n+1}，y_{n+2}，…，y_{n+m} 表示新数据的 m 个观测集.那么

$$R^2_{\text{pred}} = 1 - \frac{\sum\limits_{i=n+1}^{n+m}(y_i - \hat{y}_i)^2}{\sum\limits_{i=n+1}^{n+m}(y_i - \bar{y})^2},$$

其中 $\hat{y}_i$ 是使用从所拟合模型的 β 估计值获得的第 i 个观测的预测值，而 $\bar{y}$ 是原始数据的样本均值.假如 R^2_{pred} 顺利通过了与最小二乘法拟合所获得的 R^2 的比较，我们将增加模型使用的可信度.可是，假如观测到 R^2 的显著性水平降低，我们对在实际中应用模型进行预测应该加以小心.

一个类似的比较形式是比较由最小二乘法获得的均方误差 MSE 和均方预测误差之间差异变化情况，这里均方预测误差为

$$\text{MSE}_{\text{pred}} = \frac{\sum\limits_{i=n+1}^{n+m}(y_i - \hat{y}_i)^2}{m - (p+1)},$$

这里 p 是模型中 β 系数的个数（不含常数项）.你决定使用哪种模型有效性度量，新数据集的观测数目应该大到足与评价模型的预测表现.例如，Montgomery，Peck 和 Vining[27] 推荐最少也要使用 15～20 个新数据.

4）数据分割法（data-splitting）/交叉验证法（cross-validation）

对某些实际应用，当收集新数据不可能或不切实际时，可以考虑将原始数据分成两部分，一部分数据用于估计模型的参数，另一部分用于评估拟合模型的预测能力.数据分裂法（交叉验证法）能够用许多方法加以实施.一个公共的方法是安排一半的观测值作为估计数据集而另一半用作预测数据集.模型有效性度量，诸如 R^2_{pred} 或 MSE_{pred} 然后能够被计算.当然，为了使数据分割法能够有效实施，必须收集充分多的观测数据.对于相同样本容量的估计和预测数据集，推荐的方法整个样本至少有 $n = 2p + 25$ 个观测（可参见相关资料[36]）.

5）刀切法

当样本数据集容量太小而不能分割数据时，这种情况下一种称为刀切法(Jackknife)的方法能够被使用.设$\hat{y}_{(i)}$表示对第i个观测的预测值，这里回归模型拟合数据时将第i个数据从样本中剔除后进行的.刀切法每次都将一个观测从数据集中剔除掉，而且对于数据集的所有观测计算差$y_i-\hat{y}_i$.模型有效性的度量，诸如R^2和MSE，然后被计算为

$$R^2_{\text{prediction}}=\frac{\sum(y_i-\hat{y}_{(i)})^2}{\sum(y_i-\bar{y})^2},$$

$$\text{MSE}_{\text{jackknife}}=\frac{\sum(y_i-\hat{y}_{(i)})^2}{n-(p+1)},$$

R^2_{pred}和MSE_{jack}的分子称为预测平方和(prediction sum of square)，或PRESS.一般地，PRESS比拟合模型的SSE来得大.因此，R^2_{pred}将比拟合模型的R^2小，而MSE_{jack}将比拟合模型的MSE大.比起通常的模型适当性度量，这些刀切法度量对模型预测未来观测能力会给出一个更加保守(或更为实际)的评估.

适当的模型检验技术随应用场景的不同而不同.请记住，一个受欢迎的结果仍然不能够保证模型在实践中总能够有成功的表现.可是相比于仅仅通过考察拟合样本数据好的模型，我们对被验证过的模型会更有信心.

习 题 7

1. 类星体是一种距离遥远的天体(至少离地球40亿光年)，它提供了辐射能量的强大源泉.表7-16报告了某次深空探测中探测到的90颗类星体中的25颗大(红移)类星体的研究结果.该项调查使得天文学家能够测量每个类星体的几个不同的量化特征，这些特征包括红移范围，线通量(erg/cm^2 · s)，线光度(erg/s)，AB_{1450}量级，绝对量级，和静止帧等效宽度.

表7-16 类星体数据[37]

类星体编号	红移(x_1)	线通量(x_2)	线光度(x_3)	AB_{1450}(x_4)	绝对量级(x_5)	静止帧等效宽度(y)
1	2.81	−13.48	45.29	19.50	−26.27	117
2	3.07	−13.73	45.13	19.65	−26.26	82

续 表

类星体编号	红移(x_1)	线通量(x_2)	线光度(x_3)	AB_{1450}(x_4)	绝对量级(x_5)	静止帧等效宽度(y)
3	3.45	−13.87	45.11	18.93	−27.17	33
4	3.19	−13.27	45.63	18.59	−27.39	92
5	3.07	−13.56	45.30	19.59	−26.32	114
6	4.15	−13.95	45.20	19.42	−26.97	50
7	3.26	−13.83	45.08	19.18	−26.83	43
8	2.81	−13.50	45.27	20.41	−25.36	259
9	3.83	−13.66	45.41	18.93	−27.34	58
10	3.32	−13.71	45.23	20.00	−26.04	126
11	2.81	−13.50	45.27	18.45	−27.32	42
12	4.40	−13.96	45.25	20.55	−25.94	146
13	3.45	−13.91	45.07	20.45	−25.65	124
14	3.70	−13.85	45.19	19.70	−26.51	75
15	3.07	−13.67	45.19	19.54	−26.37	85
16	4.34	−13.93	45.27	20.17	−26.29	109
17	3.00	−13.75	45.08	19.30	−26.58	55
18	3.88	−14.17	44.92	20.68	−25.61	91
19	3.07	−13.92	44.94	20.51	−25.41	116
20	4.08	−14.28	44.86	20.70	−25.67	75
21	3.62	−13.82	45.20	19.45	−26.73	63
22	3.07	−14.08	44.78	19.90	−26.02	46
23	2.94	−13.82	44.99	19.49	−26.35	55
24	3.20	−14.15	44.75	20.89	−25.09	99
25	3.24	−13.74	45.17	19.17	−26.83	53

(1) 写出 y 关于红移范围(x_1)、线通量(x_2)和 AB_{1450}(x_4)的完全二阶模型.

(2) 使用统计软件拟合(1)中的模型,完全模型统计上能够用来预测 y 吗?

(3) 检验(1)中模型的曲线项统计上能否作为 y 的预测变量.

2. 某项实验旨在评价用合成(煤制的)燃油驱动的柴油机与用石油提炼出的燃油驱动的柴油机的运行表现.所使用的石油提炼出的燃油是飞利浦化学公司生产的 2 号柴油燃料(DF－2).所使用的两种综合燃油：一种是混合型燃油,另一种是能够提前点火的混合型燃油.制动功率(kW)及燃油的类型随测试实验而变化,而且测量了发动机的运行表现.表 7－17 记录了柴油机的运行表现及曲轴转角每转一度时质量燃烧速率的实验测量结果：

表 7-17 柴油机实验测量数据[38]

制动功率 x_1	燃料类型	质量燃烧速率 y
4	DF-2	13.2
4	混合型	17.5
4	提前点火型	17.5
6	DF-2	26.1
6	混合型	32.7
6	提前点火型	43.5
8	DF-2	25.9
8	混合型	46.3
8	提前点火型	45.6
10	DF-2	30.7
10	混合型	50.8
10	提前点火型	68.9
12	DF-2	32.3
12	混合型	57.1

(1) 试用统计软件拟合下面具有交互作用的模型

$$E(y)=\beta_0+\beta_1x_1+\beta_2x_2+\beta_3x_3+\beta_4x_1x_2+\beta_5x_1x_3,$$

其中 y=质量燃烧速率；x_1=制动功率(kW)；$x_2=\begin{cases}1, & \text{若使用 DF-2 燃油}, \\ 0, & K;\end{cases}$

$x_3=\begin{cases}1, & \text{若使用混合型燃油}, \\ 0, & K.\end{cases}$

(2) 在显著性水平下，检验制动功率与燃油类型之间是否有交互作用.

(3) 根据(1)的结果，对于每一种燃油类型给出 y 关于 x_1 所形成直线的斜率估计.

8 广义线性模型

前面我们讲到，当响应变量并不服从常值方差的正态分布时，可以使用Cox - Box数据变换方法拟合回归模型使新的响应变量服从常值方差的正态分布.数据变换对处理响应变量的非正态性及异方差经常是一种十分有效的方法.加权最小二乘法也是处理异方差问题的一种潜在有效的方法.在这一章中，我们将讲解处理这一问题的另一种方法，这种方法基于所谓的广义线性模型(generalized linear model, GLM).

GLM是线性和非线性回归模型的一种整合，这里的模型可以具有非正态响应分布.在一GLM中，响应变量的分布必须是指数族(exponential family)中的一种，指数族包括正态(normal)、泊松(Poisson)、二项(binomial)、指数(exponential)和伽马(Gamma)分布.进而，正态误差线性模型仅是GLM的一种特殊情况.在许多方面，GLM可以被认为是经验建模和数据分析诸多方面的一种一致化处理方法.

8.1 逻辑回归模型

8.1.1 二元响应变量模型

现考虑一回归问题，这里响应变量仅取两种可能的值，0和1.可以将0和1看成是任意0～1随机变量的所有可能取值.例如，电子元件工作正常(记为1)，或不能工作(记为0).保单需要理赔(记为1)，或不需要理赔(记为0).

假如我们打算仿照第2章建立如下的线性回归模型，

$$y_i = \boldsymbol{x}_i^{\mathrm{T}}\boldsymbol{\beta} + \varepsilon_i, \tag{8-1}$$

其中 $\boldsymbol{x}_i^{\mathrm{T}} = [1, x_{i1}, x_{i2}, \cdots, x_p]$，$\boldsymbol{\beta}^{\mathrm{T}} = [\beta_0, \beta_1, \beta_2, \cdots, \beta_p]$. 以下我们说明，对于响应变量 y_i 仅取值0或1的情况，这种努力是徒劳的.

不妨假定响应变量是 Bernuolli 随机变量，其概率分布为

y_i	概　　率
1	$P(y_i=1)=\pi_i$
0	$P(y_i=0)=1-\pi_i$

因为 $E(\varepsilon_i)=0$，响应变量的期望值为

$$E(y_i)=1(\pi_i)+0(1-\pi_i)=\pi_i,$$

这意味着

$$E(y_i)=\boldsymbol{x}_i^{\mathrm{T}}\beta=\pi_i, \tag{8-2}$$

这意味着由响应函数 $E(y_i)=\boldsymbol{x}_i^{\mathrm{T}}\boldsymbol{\beta}$ 给出的期望响应正是响应变量取值为 1 的概率.

这里需要注意的是，假如响应变量是二元的，误差项 ε_i 仅能取两个值，即

$$\varepsilon_i=1-\boldsymbol{x}_i^{\mathrm{T}}\boldsymbol{\beta}\text{，当 } y_i=1 \text{ 时，}$$

$$\varepsilon_i=-\boldsymbol{x}_i^{\mathrm{T}}\boldsymbol{\beta}\text{，当 } y_i=0 \text{ 时，}$$

因此，这个模型中的误差项不再可能是正态的.其次，误差方差不是常数，因为

$$\sigma_{y_i}^2=E\{y_i-E(y_i)\}^2=(1-\pi_i)^2\pi_i+(0-\pi_i)^2(1-\pi_i)=\pi_i(1-\pi_i)$$

注意到最后的表达式正是

$$\sigma_{y_i}^2=E(y_i)[1-E(y_i)],$$

根据式(8-2)，这表明观测方差是均值的函数，即模型式(8-1)的误差项不再满足高斯-马尔科夫条件.最后，对响应函数的期望值存在一个自然的限制，即

$$0\leqslant E(y_i)=\pi_i\leqslant 1, \tag{8-3}$$

由于 $\pi_i=\boldsymbol{x}_i^{\mathrm{T}}\boldsymbol{\beta}$，对比不等式(8-3)，自然要求参数 $\boldsymbol{\beta}$ 限制在一定的范围内，这将给线性响应函数的选择带来计算上的严重困难.

基于以上分析，当响应变量是二元情况时，经验证据表明，用非线性响应函数形状进行数据拟合往往能获得令人满意的结果.通常雇用单调递增(或递减)的S-型(或逆 S-型)函数，如图 8-1 所示.这个函数的一种常用形式是所谓的逻辑响应函数(logistic response function)，其表达式为

$$E(y)=\frac{\exp(\boldsymbol{x}^{\mathrm{T}}\boldsymbol{\beta})}{1+\exp(\boldsymbol{x}^{\mathrm{T}}\boldsymbol{\beta})} \tag{8-4}$$

或等价地

$$E(y) = \frac{1}{1+\exp(-\boldsymbol{x}^{\mathrm{T}}\boldsymbol{\beta})}. \tag{8-5}$$

逻辑响应函数较易线性化.一种方法是根据响应函数均值的函数定义模型的结构比例.令

$$\eta = \boldsymbol{x}^{\mathrm{T}}\boldsymbol{\beta}, \tag{8-6}$$

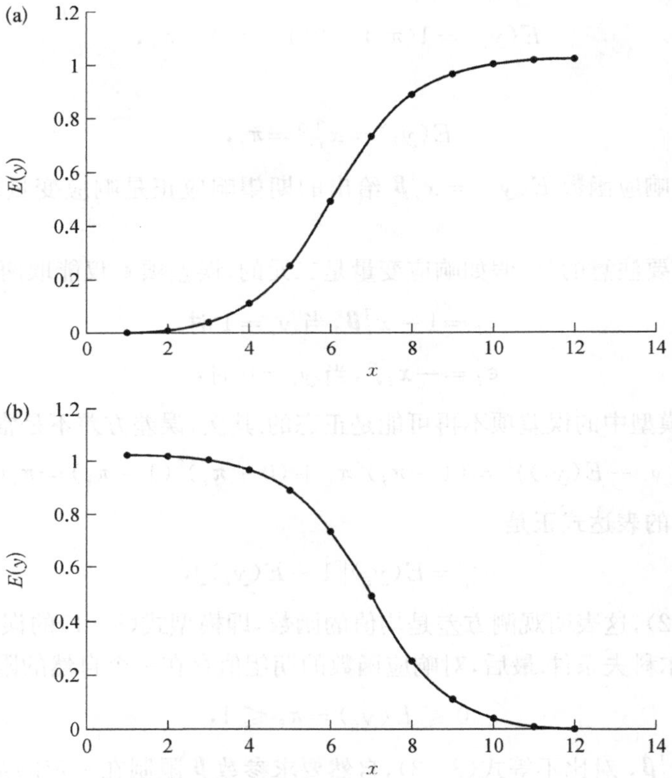

图 8-1　logistic 响应函数的例子

(a) $E(y)=1/(1+e^{-6.0-1.0x})$；(b) $E(y)=1/(1+e^{-6.0+1.0x})$

称其为线性预测器(linear predictor)，其中 η 由变换

$$\eta = \ln\frac{\pi}{1-\pi} \tag{8-7}$$

所定义.这个变换经常称为概率的逻辑变换(logit transformation)，而变换中的率 $\pi/(1-\pi)$ 称为赔率(或胜率对输率的比例，或优劣率，odds).有时逻辑变换也称为赔率对数变换(log-odds).

其他通过对 π 变换获得与 logistic 函数具有类似形状的函数有：概率单变换(probit transformation)，其定义为 $\Phi^{-1}(\pi)=\eta$；π 的补偿对数-对数变换(complementary log-log transformation)，其定义为 $\ln[-\ln(1-\pi)]$.

8.1.2 逻辑回归模型的参数估计

逻辑回归模型(logistic regression model)的一般形式为

$$y_i=E(y_i)+\varepsilon_i, \tag{8-8}$$

其中观测量 y_i 是独立的 Bernoulli 随机变量，其期望值为

$$E(y_i)=\pi_i=\frac{\exp(\boldsymbol{x}^{\mathrm{T}}\boldsymbol{\beta})}{1+\exp(\boldsymbol{x}^{\mathrm{T}}\boldsymbol{\beta})}, \tag{8-9}$$

逻辑回归模型也称为“评定模型”“分类评定模型”.逻辑模型是离散选择法模型之一，它是最早的离散选择模型，目前在社会学、生物统计学、临床、数量心理学、计量经济学、市场营销等统计实证分析中获得了广泛的应用.

我们将使用极大似然法估计线性预测器 $\boldsymbol{x}^{\mathrm{T}}\boldsymbol{\beta}$ 中的参数.设模型中每个样本观测的概率分布为

$$f_i(y_i)=\pi_i^{y_i}(1-\pi_i)^{1-y_i},\ i=1,\ 2,\ \cdots,\ n,\ y_i=0,\ 1. \tag{8-10}$$

因为观测是独立的，若记 $\boldsymbol{\pi}=(\pi_1,\ \cdots,\ \pi_n)^{\mathrm{T}}$，则似然函数为

$$L(\boldsymbol{\pi}\mid y_1,\ y_2,\ \cdots,\ y_n)=\prod_{i=1}^{n}f_i(y_i)=\prod_{i=1}^{n}\pi_i^{y_i}(1-\pi_i)^{1-y_i},$$

相应的对数似然函数为

$$\ln L(\boldsymbol{\pi}\mid y_1,\ y_2,\ \cdots,\ y_n)=\ln\prod_{i=1}^{n}f_i(y_i)=\sum_{i=1}^{n}\left[y_i\ln\left(\frac{\pi_i}{1-\pi_i}\right)\right]+\sum_{i=1}^{n}\ln(1-\pi_i). \tag{8-11}$$

如果模型式(8-8)中响应变量的期望采用式(8-9)的设定形式，则 $1-\pi_i=[1+\exp(\boldsymbol{x}_i^{\mathrm{T}}\boldsymbol{\beta})]^{-1}$ 及 $\eta_i=\ln[\pi_1/(1-\pi_i)]=\boldsymbol{x}_i^{\mathrm{T}}\boldsymbol{\beta}$. 这样对数似然可以写为

$$\ln L(\boldsymbol{y},\ \boldsymbol{\beta})=\sum_{i=1}^{n}y_i\boldsymbol{x}_i^{\mathrm{T}}\boldsymbol{\beta}-\sum_{i=1}^{n}\ln(1+\exp(\boldsymbol{x}_i^{\mathrm{T}}\boldsymbol{\beta})). \tag{8-12}$$

求解 $\hat{\boldsymbol{\beta}}$ 一般采用数值搜索方法，如迭代加权最小二乘法(IRLS)，SAS、R等软件中有现成的程序可供调用.

假如模型的假设是正确的,我们能够表明下面两式渐近成立

$$E(\hat{\boldsymbol{\beta}})=\boldsymbol{\beta},\ \mathrm{var}(\hat{\boldsymbol{\beta}})=(\boldsymbol{X}^{\mathrm{T}}\boldsymbol{V}^{-1}\boldsymbol{X})^{-1}. \tag{8-13}$$

这个性质的证明可以参考相关资料[39,40].

线性预测器的估计值为 $\hat{\eta}_i=\boldsymbol{x}_i^{\mathrm{T}}\hat{\boldsymbol{\beta}}$,且逻辑回归模型的拟合值经常写为

$$\hat{y}_i=\hat{\pi}_i=\frac{\exp(\hat{\eta}_i)}{1+\exp(\hat{\eta}_i)}=\frac{\exp(\boldsymbol{x}_i^{\mathrm{T}}\hat{\boldsymbol{\beta}})}{1+\exp(\boldsymbol{x}_i^{\mathrm{T}}\hat{\boldsymbol{\beta}})}=\frac{1}{1+\exp(-\boldsymbol{x}_i^{\mathrm{T}}\hat{\boldsymbol{\beta}})} \tag{8-14}$$

例 8.1 如表 8-1 是 Biometrics 学报 1959 年的一篇论文所展示的一组数据,它记录了煤矿工人患上严重硅肺病(pneumoconiosis)症状的比例及其在井下的作业时间.响应变量 y 表示有严重症状的矿工的比例,响应变量关于井下作业年数 x 的曲线如图 8-2 所示.对这组数据的合理模型是二项分布,所以我们将用逻辑回归模型拟合这批数据.

表 8-1 硅肺病数据

井下作业的年数 x	严重症状的人数	矿工总人数	严重症状的比例 y
5.8	0	98	0
15.0	1	54	0.018 5
21.5	3	43	0.069 8
27.5	8	48	0.166 7
33.5	9	51	0.176 5
39.5	8	38	0.210 5
46.0	10	28	0.357 1
51.5	5	11	0.454 5

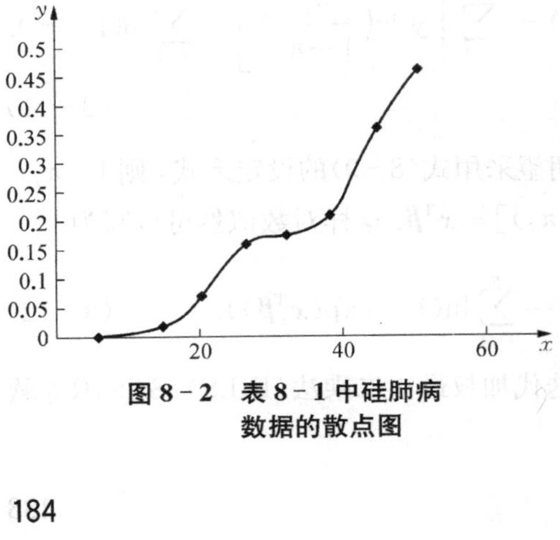

图 8-2 表 8-1 中硅肺病数据的散点图

表 8-2 是对硅肺病原始数据利用 SAS 软件的 PROC GENMOD 功能获得的部分输出结果.拟合的逻辑回归模型为

$$\hat{y}_i=\frac{1}{1+e^{-4.796\,5+0.093\,5x}},$$

图 8-2 是拟合值曲线与原硅肺病数据散点的重叠图,该图表明逻辑回归模型对原硅肺病数据的拟合是合理的.

8.1.3 逻辑回归模型中参数的解释

首先考虑线性预测器仅有单个回归变量的情况，对于 x 的特别值 x_i，模型的拟合值是

$$\hat{\eta}(x_i)=\hat{\beta}_0+\hat{\beta}_1 x_i.$$

表 8-2 硅肺病数据逻辑回归模型 SAS PROC GENMOD 输出结果

拟合优度评判结果

Criterion	DF	Value	Value DF
Deviance	6	6.050 8	1.008 5
Scaled Deviance	6	6.050 8	1.008 5
Pearson Chi - Square	6	5.028 5	0.838 1
Scaled Pearson X2	6	5.028 5	0.838 1
Log Likelihood		−109.663 7	

模型参数估计分析

Parameter	DF	Estimate	Std. Error	Chi Square	Pr>Chi
Intercept	1	−4.796 5	0.568 6	71.160 6	0.000 1
X	1	0.093 5	0.015 4	36.708 4	0.000 1
Scale	0	1.000 0	0.000 0		

在 x_i+1 处拟合值是

$$\hat{\eta}(x_i+1)=\hat{\beta}_0+\hat{\beta}_1(x_i+1),$$

在这两预测值之间的差为

$$\hat{\eta}(x_i+1)-\hat{\eta}(x_i)=\hat{\beta}_1,$$

进而

$$\hat{\eta}(x_i+1)-\hat{\eta}(x_i)=\ln(\text{odds}_{x_i+1})-\ln(\text{odds}_{x_i})=\ln\left(\frac{\text{odds}_{x_i+1}}{\text{odds}_{x_i}}\right)=\hat{\beta}_1,$$

假如我们取逆对数，我们获得了赔率率(odds ratio)

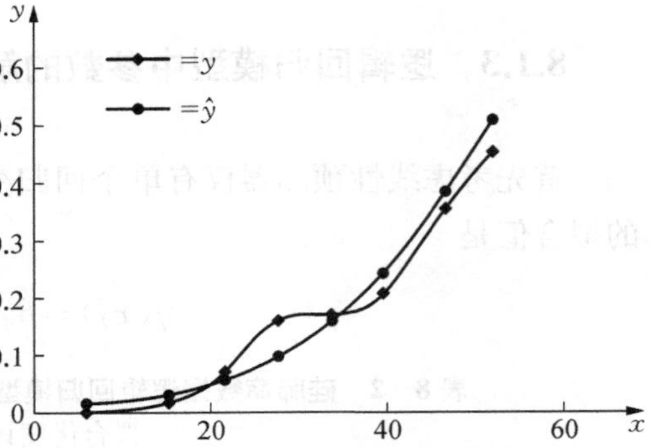

图 8-3 对表 8-1 中硅肺病数据拟合的逻辑回归模型

$$\hat{O}_R=\frac{\text{odds}_{x_i+1}}{\text{odds}_{x_i}}=e^{\hat{\beta}_1}.$$

赔率率可用来解释：预测变量值一个单位的变化所引起的“成功”概率的估计增加量.一般地，预测变量值 d 个单位的变化所引起赔率率的估计平均增加量是 $\exp(d\,\hat{\beta}_1)$. 图 8-3 是对硅肺病数据拟合的逻辑回归模型.

例 8.2 在矿工硅肺病例子中，$\hat{\beta}_1=0.093\,5$，赔率率为

$$\hat{O}_R=e^{\hat{\beta}_1}=e^{0.093\,5}=1.10.$$

这意味着井下作业年数每增加一个单位，将增加患严重硅肺病的赔率(odds)10%.假如井下作业年数增加十个单位，那么赔率率变为 $\exp(d\,\hat{\beta}_1)=\exp[10(0.093\,5)]=2.55$.

8.1.4 模型参数的假设检验

对逻辑回归的假设检验是基于似然率检验(likelihood ratio tests).似然率方法导致的统计量称为偏差(deviance).有关似然率检验的完整介绍可以参考其他资料[41].

1) 模型偏差

模型偏差(model deviance)是用以比较我们感兴趣的拟合模型的对数似然函数与其相应的饱和模型(saturated model)对数似然函数的差异.所谓饱和模型是指用 n 个变量的观测值就能完美拟合数据的模型.以逻辑回归模型为例，模型偏差(model deviance)定义为

$$\lambda(\boldsymbol{\beta})=2\ln L(\text{饱和模型})-2\ln L(\hat{\boldsymbol{\beta}})=2[\ell(\text{饱和模型})-\ell(\hat{\boldsymbol{\beta}})], \tag{8-15}$$

这里 ℓ 表示对数似然函数，$\ln L$(饱和模型)由(8-11)的对数似然函数确定.而 $\ln L(\hat{\boldsymbol{\beta}})$ 为

$$\ln L(\boldsymbol{y},\hat{\boldsymbol{\beta}})=\sum_{i=1}^{n}y_i\boldsymbol{x}_i^{\mathrm{T}}\hat{\boldsymbol{\beta}}-\sum_{i=1}^{n}\ln(1+\exp(\boldsymbol{x}_i^{\mathrm{T}}\hat{\boldsymbol{\beta}})), \tag{8-16}$$

其中$\hat{\boldsymbol{\beta}}$由式(8-12)中的对数似然函数求最大值后获得.因为拟合模型包含较少的参数,所以拟合模型的似然函数值永远不会超过饱和模型对数似然函数的值.

研究[39,40]表明,假如逻辑回归模型是一正确的回归模型且样本容量n充分大,那么模型偏差将逼近自由度为$n-p-1$的卡方分布.相应的检验评判如下:

假如$\lambda(\boldsymbol{\beta}) \leqslant \chi_{\alpha}^{2}(n-p-1)$,拟合模型是恰当的(adequate).

假如$\lambda(\boldsymbol{\beta}) > \chi_{\alpha}^{2}(n-p-1)$,拟合模型是不恰当的.

偏差与我们非常熟悉的一个统计量紧密相关.假如我们考虑标准正态误差线性回归模型,偏差就是误差或残差平方和除以误差方差σ^2.

例 8.3 硅肺病数据:$\lambda(\boldsymbol{\beta})=6.0508$,$n-p-1=8-2=6$,$P$值$=0.4175$,因此拟合模型是恰当的.

利用偏差进行模型拟合优度检验的一个好的手指率(rule of thumb)是$\lambda(\boldsymbol{\beta})/(n-p)$.假如这个率逼近1,那么我们认为这个拟合模型是恰当的.

2) 利用偏差检验参数子集

假设

$$\boldsymbol{\eta}=\boldsymbol{X}\boldsymbol{\beta}=\boldsymbol{X}_1\boldsymbol{\beta}_1+\boldsymbol{X}_2\boldsymbol{\beta}_2,$$

其中完全模型(full model)有p个参数,$\boldsymbol{\beta}_1$包含这些参数的$p-r$个,$\boldsymbol{\beta}_2$包含这些参数的r个.假设我们希望检验假设:

$$\begin{aligned} &H_0: \boldsymbol{\beta}_2=\mathbf{0}, \\ &H_1: \boldsymbol{\beta}_2 \neq \mathbf{0}, \end{aligned} \tag{8-17}$$

对应该原假设的简约模型(reduced model)为

$$\boldsymbol{\eta}=\boldsymbol{X}_1\boldsymbol{\beta}_1. \tag{8-18}$$

现在拟合简约模型,设$\lambda(\boldsymbol{\beta}_1)$是相应于简约模型的偏差.因为简约模型包含较少的参数,故简约模型的偏差总是大于完全模型的偏差.可是,假如简约模型的偏差比完全模型的偏差大得不多,它表明简约模型和完全模型拟合数据几乎一样的好,所以$\boldsymbol{\beta}_2$中的参数等于零是可能的.这样,我们不能拒绝上面的原假设.可是,假如偏差之差距是较大的,那么$\boldsymbol{\beta}_2$中的参数至少有一个不为零,这样我们将拒绝原假设.形式上,偏差的差异是

$$\lambda(\boldsymbol{\beta}_2 \mid \boldsymbol{\beta}_1)=\lambda(\boldsymbol{\beta}_1)-\lambda(\boldsymbol{\beta}), \tag{8-19}$$

且这个量服从自由度为$n-(p-r)-(n-p)=r$的卡方分布.所以,检验统计量和判断准则是,

$$\text{假如}\quad \lambda(\beta_2 \mid \beta_1) \geqslant \chi^2_\alpha(r)\text{，拒绝原假设，} \tag{8-20}$$

$$\text{假如}\quad \lambda(\beta_2 \mid \beta_1) < \chi^2_\alpha(r)\text{，不拒绝原假设.}$$

有时 $\lambda(\boldsymbol{\beta}_2|\boldsymbol{\beta}_1)$ 也称为偏偏差(partial deviance)，它是一似然率检验.为看到这一点，设 $L(\hat{\boldsymbol{\beta}})$ 是完全模型似然函数的极大值，$L(\hat{\boldsymbol{\beta}}_1)$ 是简约模型似然函数的极大值.似然率是

$$\frac{L(\hat{\boldsymbol{\beta}}_1)}{L(\hat{\boldsymbol{\beta}})}, \tag{8-21}$$

似然率检验统计量是

$$\chi^2 = -2\ln\frac{L(\hat{\boldsymbol{\beta}}_1)}{L(\hat{\boldsymbol{\beta}})}, \tag{8-22}$$

而这一偏差的差异是一样的.

例 8.4 (硅肺病数据)在硅肺病数据中，我们最初拟合的数据是

$$\hat{y} = \frac{1}{1+e^{-4.796\,5+0.093\,5x}},$$

假如我们希望确定，在线性预测器中增加一个二次项后是否会对模型有所改进，一个自然的想法是将完全模型考虑为

$$y = \frac{1}{1+e^{\beta_0+\beta_1 x+\beta_{11}x^2}} + \varepsilon.$$

表 8-4～表 8-7 中是 SAS 输出的一份简明结果.现在完全模型的线性预测器能被写为

$$\boldsymbol{\eta} = \boldsymbol{X\beta} = \boldsymbol{X}_1\boldsymbol{\beta}_1 + \boldsymbol{X}_2\boldsymbol{\beta}_2 = \beta_0 + \beta_1 x + \beta_{11}x^2 \tag{8-23}$$

表 8-3 硅肺病数据二次逻辑回归模型 SAS PROC GENMOD 输出结果

拟合优度评判结果

Criterion	DF	Value	Value DF
Deviance	5	3.281 6	0.656 3
Scaled Deviance	5	3.281 6	0.656 3
Pearson Chi - Square	5	2.944 8	0.589 0
Scaled Pearson X2	5	2.944 8	0.589 0
Log Likelihood		−108.279 1	

模型参数估计分析

Parameter	DF	Estimate	Std. Error	Chi Square	Pr>Chi
Intercept	1	−6.710 8	1.535 2	19.107 5	0.000 1
X	1	0.227 6	0.092 8	6.021 3	0.014 1
X* X	1	−0.002 1	0.001 4	2.332 3	0.126 7
Scale	0	1.000 0	0.000 0		

型 1 分析的 LR 统计量

Source	Deviance	DF	Chi Square	Pr>Chi
Intercept	56.902 8	0		
X	6.050 8	1	50.852 0	0.000 1
X* X	3.281 6	1	2.769 1	0.096 1

型 2 分析的 LR 统计量

Source	DF	Chi Square	Pr>Chi
X	1	8.991 8	0.002 7
X* X	1	2.769 1	0.096 1

由表 8－4 我们看到，完全模型的偏差是

$$\lambda(\boldsymbol{\beta})=3.281\,6, \tag{8-24}$$

自由度为 $n-p-1=8-3=5$.现在简约模型为 $\boldsymbol{X}_1\boldsymbol{\beta}_1=\beta_0+\beta_1 x$，所以 $\boldsymbol{X}_2\boldsymbol{\beta}_2=\beta_{11}x^2$ 自由度为 $r=1$. 简约模型的偏差是

$$\lambda(\boldsymbol{\beta}_1)=6.050\,8, \tag{8-25}$$

自由度为 $p+1-r=3-1=2$. 又

$$\lambda(\boldsymbol{\beta}_2\mid\boldsymbol{\beta}_1)=\lambda(\boldsymbol{\beta}_1)-\lambda(\boldsymbol{\beta})=6.050\,8-3.281\,6=2.769\,2. \tag{8-26}$$

它可以是自由度为 $r=1$ 的卡方分布.因为 P 值$=0.096\,1$，我们有一定的理由认为逻辑模型中可以包含二次项.

3) 单个模型系数的检验

检验单个模型系数，使得

$$H_0: \beta_j = 0, \tag{8-27}$$
$$H_1: \beta_j \neq 0,$$

能够使用类似于例题中的偏差差异的方法导出.也存在另一种基于极大似然法的方法,称为瓦尔德推断(Wald inference).

令 $\boldsymbol{G}=(\boldsymbol{G}_{ij})$ 表示 $(p+1)\times(p+1)$ 海森矩阵(Hessian matrix),其中

$$\boldsymbol{G}_{ij} = \frac{\partial^2 L(\boldsymbol{\beta})}{\partial\beta_i \partial\beta_j},\ i,\ j=0,\ 1,\ \cdots,\ p,$$

回归系数的大样本逼近协方差矩阵是,

$$\text{var}(\hat{\boldsymbol{\beta}}) = \hat{\boldsymbol{\Sigma}} = -\boldsymbol{G}(\hat{\boldsymbol{\beta}})^{-1}, \tag{8-28}$$

相应的原假设检验统计量是

$$Z_0 = \frac{\hat{\beta}_j}{\text{se}(\hat{\beta}_j)}, \tag{8-29}$$

这个统计量的参考分布是标准的正态分布,其中 se 表示标准差.

例 8.5 (硅肺病数据)在硅肺病数据中,我们拟合的完全模型为

$$y = \frac{1}{1+e^{-6.710\,8+0.227\,6x-0.002\,1x^2}},$$

SAS 的输出结果表明,β_1 的 P 值$=0.014\,1$,β_{11} 的 P 值$=0.126\,7$,这就建议了井下作业年数的二次项对模型拟合的贡献并不显著.

显著水平为 $100(1-\alpha)\%$ 的第 j 个模型系数的置信区间为

$$\hat{\beta}_j - Z_{\alpha/2}\text{se}(\hat{\beta}_j) \leqslant \beta_j \leqslant \hat{\beta}_j + Z_{\alpha/2}\text{se}(\hat{\beta}_j). \tag{8-30}$$

例 8.6 (硅肺病数据)在硅肺病数据中,95%置信区间为

$$\hat{\beta}_{11} - Z_{0.025}\text{se}(\hat{\beta}_{11}) \leqslant \beta_{11} \leqslant \hat{\beta}_{11} + Z_{0.025}\text{se}(\hat{\beta}_{11})$$
$$-0.002\,1 - 1.96(0.001\,4) \leqslant \beta_{11} \leqslant -0.002\,1 + 1.96(0.001\,4)$$
$$-0.004\,8 \leqslant \beta_{11} \leqslant 0.000\,6,$$

注意到置信区间以 5%显著性水平包含零,所以我们不应拒绝原假设.

8.2 Poisson 回归模型

我们假定响应变量 y_i 是一计数随机变量,观测值为 $y_i=0,\ 1,\ \cdots$.对于计数

数据的一个合理的概率模型经常是 Poisson 分布，

$$f(y)=\frac{e^{-\mu}\mu^{y}}{y!},\ \mu>0,\ y=0,1,2,\cdots,n, \tag{8-31}$$

其均值和方差为

$$E(y)=\mu \text{ 且 } \operatorname{var}(y)=\mu.$$

Poisson 回归模型可以写为

$$y_i=E(y_i)+\varepsilon_i,\ i=1,2,\cdots,n,$$

假设观测变量的期望值能被写为

$$E(y_i)=\mu_i,$$

且存在一函数 g 将响应变量的均值与预测器联系起来，即

$$g(\mu_i)=\eta_i=\beta_0+\beta_1x_1+\cdots+\beta_px_p=\boldsymbol{x}_i^{\mathrm{T}}\boldsymbol{\beta}, \tag{8-32}$$

函数 g 通常被称为联结函数(link function).在均值和线性预测器之间的联系为

$$\mu_i=g^{-1}(\eta_i)=g^{-1}(\boldsymbol{x}_i^{\mathrm{T}}\boldsymbol{\beta}), \tag{8-33}$$

Poisson 分布还有其他几个被公共使用的联结函数.其中之一是恒等联结(identity link)

$$g(\mu_i)=\mu_i=\boldsymbol{x}_i^{\mathrm{T}}\boldsymbol{\beta} \tag{8-34}$$

当这个联结被使用时，因为 $\mu_i=g^{-1}(\boldsymbol{x}_i^{\mathrm{T}}\boldsymbol{\beta})=\boldsymbol{x}_i^{\mathrm{T}}\boldsymbol{\beta}$，故 $E(y_i)=\mu_i=\boldsymbol{x}_i^{\mathrm{T}}\boldsymbol{\beta}$. Poisson 分布其他流行的联结函数是对数联结(log link)

$$g(\mu_i)=\ln(\mu_i)=\boldsymbol{x}_i^{\mathrm{T}}\boldsymbol{\beta}, \tag{8-35}$$

在均值和线性预测器之间的联系为

$$\mu_i=g^{-1}(\boldsymbol{x}_i^{\mathrm{T}}\boldsymbol{\beta})=e^{\boldsymbol{x}_i^{\mathrm{T}}\boldsymbol{\beta}}, \tag{8-36}$$

对 Poisson 回归而言，对数联结是特别吸引人的，因为这个联结保证了响应变量的所有预测值都是非负的.

在 Poisson 回归中，我们利用极大似然方法估计参数.其方法紧密联系于在 Logistic 回归中所使用的方法.假如我们获得了响应 y 和预测量 x 的 n 个观测样本，那么似然函数为

$$L(\boldsymbol{y},\boldsymbol{\beta})=\prod_{i=1}^{n}f_i(y_i)=\prod_{i=1}^{n}\frac{e^{-\mu_i}\mu_i^{y_i}}{y_i!}=\frac{\prod_{i=1}^{n}\mu_i^{y_i}\exp\left(-\sum_{i=1}^{n}\mu_i\right)}{\prod_{i=1}^{n}y_i!}, \tag{8-37}$$

这里 $\mu_i = g^{-1}(\boldsymbol{x}_i^{\mathrm{T}}\boldsymbol{\beta})$. 一旦联结函数被确定，我们就可以极大化对数似然

$$\ell(\boldsymbol{y}, \boldsymbol{\beta}) = \sum_{i=1}^{n} y_i \ln(\mu_i) - \sum_{i=1}^{n} \mu_i - \sum_{i=1}^{n} \ln(y_i!) \tag{8-38}$$

我们同样采用迭代再加权最小二乘法去搜索 Poisson 回归中参数的极大似然估计值.一旦 $\hat{\boldsymbol{\beta}}$ 被获得，拟合的 Poisson 回归模型就是

$$\hat{y}_i = g^{-1}(\boldsymbol{x}_i^{\mathrm{T}} \hat{\boldsymbol{\beta}}). \tag{8-39}$$

例如使用恒等联结，预测方程变为

$$\hat{y}_i = g^{-1}(\boldsymbol{x}_i^{\mathrm{T}} \hat{\boldsymbol{\beta}}) = \boldsymbol{x}_i^{\mathrm{T}} \hat{\boldsymbol{\beta}}, \tag{8-40}$$

且假如使用对数联结，那么

$$\hat{y}_i = g^{-1}(\boldsymbol{x}_i^{\mathrm{T}} \hat{\boldsymbol{\beta}}) = \exp(\boldsymbol{x}_i^{\mathrm{T}} \hat{\boldsymbol{\beta}}).$$

与 Logistic 回归一样，我们用模型偏差作为拟合优度的度量；用完全模型和简约模型之间的偏差之差来检验模型参数的子集选择，这是一种似然率检验.基于极大似然估计大样本性质的 Wald 推断，能被用来对模型中单个参数进行假设检验和构造置信区间.

例 8.7 （飞行器损害数据）在越战中，美国海军运作了几种型号的轰炸机，经常用于完成低空轰炸诸如桥梁、道路和其他交通设施的任务.其中的两种类型的轰炸机是 McDonnell Douglas A－4“天鹰”和 Grumman A－6“侵越者”轰炸机.A－4 是一单引擎，单聚光定位的主要用于白天执行任务的轰炸机.这种机型也被称为蓝色天使的海军飞行表演队多年飞行过.A－6 是一双引擎，双定位，可全天候执行任务的轰炸机.在美越战斗冲突中，美军投入使用了几艘艾塞克斯-级(Essex-class)航空母舰，可是，“侵越者”轰炸机不能从这种小型的航母上起飞降落.

越军使用了小股部队、AAA 或高射炮，和地对空导弹来对抗 A－4 和 A－6.表 8－4 中包含了来自这两种机型的 30 次轰炸任务的数据.回归变量 x_1 是一示性变量（也称哑巴变量）（A－4＝0 和 A－6＝1），其他的回归变量 x_2 和 x_3 是炸弹的载荷量（吨）和轰炸机驾驶小组执行任务的总月数.响应变量 y 是飞机在战斗中受伤位置的个数.

表 8－4　飞行器损坏数据

观测号	y	x_1	x_2	x_3
1	0	0	4	91.5
2	1	0	4	84.0

续 表

观测号	y	x_1	x_2	x_3
3	0	0	4	76.5
4	0	0	5	69.0
5	0	0	5	61.5
6	0	0	5	80.0
7	1	0	6	72.5
8	0	0	6	65.0
9	0	0	6	57.5
10	2	0	7	50.0
11	1	0	7	103.0
12	1	0	7	95.5
13	1	0	8	88.0
14	1	0	8	80.5
15	2	0	8	73.0
16	3	1	7	116.1
17	1	1	7	100.6
18	1	1	7	85.0
19	1	1	10	69.4
20	2	1	10	53.9
21	0	1	10	112.3
22	1	1	12	96.7
23	1	1	12	81.1
24	2	1	12	65.6
25	5	1	8	50.0
26	1	1	8	120.0
27	1	1	8	104.4
28	5	1	14	88.9
29	5	1	14	73.7
30	7	1	14	57.8

我们将损坏响应变量拟合为 3 个回归自变量的函数.因为响应变量是一个计数变量,我们将使用带有对数联结函数的 Poisson 回归模型.表 8 - 6 展示了

SAS PROC GENMOD 的一些输出结果，第一页所示的模型使用了所有的 3 个回归自变量.这个模型基于偏差的模型设定的恰当性检验是可以接受的，但是我们注意到，驾驶小组成员的经验 x_3 的 Wald 检验和型 3 偏偏差并不显著.这就表明我们有理由可以将 x_3 从模型中移除.可是，当 x_3 被移除时，其结果表明飞行器类型 x_1 不再显著(你能够确定对这个模型的 x_1 的型 3 偏差的 P 值为 0.158 2).表 8 - 6 表明了这个数据集存在共线性性.本质上，A - 6 是大型飞机所以能够运载更重的炸弹，而且因为这种飞机有两个驾驶员，更趋向于有更多的飞行总月数.所以，当 x_1 增加时，其他的两个回归自变量也有增加的倾向.

为了考察各种子集模型潜在使用价值，我们对表 8 - 4 的数据拟合了 3 个两变量模型和所有 3 个单变量模型.所获结果如表 8 - 5 所示.

表 8 - 5　拟合飞行器损坏数据各种子模型偏差统计量

Model	Deviance	Difference in Deviance Compared to Full Model	P Value
$x_1x_2x_3$	28.490 6		
x_1x_2	31.022 3	2.531 6	0.111 6
x_1x_3	32.881 7	4.391 1	0.036 1
x_2x_3	31.606 2	3.115 5	0.077 5
x_1	38.349 7	9.859 1	0.007 2
x_2	33.013 7	4.525 1	0.104 1
x_3	54.965 3	26.474 7	$<0.000 1$

通过检验每个子集模型与完全模型之间偏差的差异，我们注意到，剔除 x_1 或 x_2 会导致一个两变量模型，它们的恰当性指标明显比全模型更不理想，但正如我们已经注意到 x_1 在这个模型中并不显著.这导致我们考虑单变量模型.这些模型中，仅仅只有包含一个变量 x_2 的子模型与全模型没有显著差异.这个模型的 SAS PROC GENMOD 输出结果如表 8 - 6.对损害预测的 Poisson 回归模型是

$$\hat{y}=e^{-1.649\,1+0.228\,2x_2},$$

这个模型的偏差是 $\lambda(\boldsymbol{\beta})=33.013\,7$，自由度为 28，$P$ 值是 0.235 2，所以我们得出结论：模型对数据的拟合是恰当的(adequate).

表 8－6　飞行器损坏数据 Poisson 回归模型 SAS PROC GENMOD 输出结果

模型拟合优度评判结果

Criterion	DF	Value	Value/DF
Deviance	26	28.490 6	1.095 8
Scaled Deviance	26	28.490 6	1.095 8
Pearson Chi－Square	26	25.427 9	0.978 0
Scaled Pearson X2	26	25.427 9	0.978 0
Log Likelihood		−11.345 5	

模型参数估计分析

Parameter	DF	Estimate	Std. Error	Chi Square	Pr>Chi
Intercept	1	−0.382 4	0.863 0	0.196 4	0.657 7
X1	1	0.880 5	0.501 0	3.089 2	0.078 8
X2	1	0.135 2	0.065 3	4.284 2	0.038 5
X3	1	−0.012 7	0.008 0	2.528 3	0.111 8
Scale	0	1.000 0	0.000 0		

型 1 分析的 LR 统计量

Source	Deviance	DF	Chi Square	Pr>Chi
Intercept	57.598 3	0		
X1	38.349 7	1	19.248 6	0.000 1
X2	31.022 3	1	7.327 4	0.006 8
X3	28.490 6	1	2.531 6	0.111 6

型 3 分析的 *LR* 统计量

Source	DF	Chi Square	Pr>Chi
X1	1	3.115 5	0.077 5
X2	1	4.391 1	0.036 1
X3	1	2.531 6	0.111 6

模型拟合优度评判结果

Criterion	DF	Value	Value/DF
Deviance	28	33.013 7	1.179 1
Scaled Deviance	28	33.013 7	1.179 1
Pearson Chi - Square	28	33.410 8	1.193 2
Scaled Pearson X2	28	33.410 8	1.193 2
Log Likelihood		−13.607 1	

模型参数估计分析

Parameter	DF	Estimate	Std. Error	Chi Square	Pr>Chi
Intercept	1	−1.649 1	0.499 6	10.898 0	0.001 0
X2	1	0.228 2	0.046 2	24.390 4	0.000 1
Scale	0	1.000 0	0.000 0		

型 1 分析的 LR 统计量

Source	Deviance	DF	Chi Square	Pr>Chi
Intercept	57.598 3	0		
X2	33.013 7	1	24.584 6	0.000 1

型 3 分析的 LR 统计量

Source	DF	Chi Square	Pr>Chi
X2	1	24.584 6	0.000 1

8.3 广义线性模型

8.3.1 指数族

响应变量 Y 服从指数族(exponential family)分布是指其密度函数具有以下形式

$$f(y_i, \theta_i, \phi) = \exp\{[y_i\theta_i - b(\theta_i)]/a(\phi) + h(y_i, \phi)\}, \quad (8-41)$$

式中，$a(\phi)$是刻度参数；ϕ 是一尺度参数；而 θ_i 称为自然位置参数；$y_i\theta_i$ 是关于响应变量 y_i 和参数 θ_i 的双线性部分；$b(\theta_i)$是仅关于 θ_i 的非线性部分；$h(y_i,\ \phi)$是关于 y_i 和 θ_i 的非线性部分.

对于指数族的随机变量，有以下重要关系

$$\mu = E(y) = \frac{\mathrm{d}b(\theta_i)}{\mathrm{d}\theta_i}, \tag{8-42}$$

$$\mathrm{var}(y) = \frac{\mathrm{d}^2 b(\theta_i)}{\mathrm{d}\theta_i^2}a(\phi) \tag{8-43}$$

$$= \frac{\mathrm{d}\mu}{\mathrm{d}\theta_i}a(\phi), \tag{8-44}$$

令

$$\mathrm{var}(\mu) = \frac{\mathrm{var}(y)}{a(\phi)} = \frac{\mathrm{d}\mu}{\mathrm{d}\theta_i}, \tag{8-45}$$

这里 $\mathrm{var}(\mu)$表示响应变量方差对其均值的相关性.作为式(8-45)的结果，我们有

$$\frac{\mathrm{d}\theta_i}{\mathrm{d}\mu} = \frac{1}{\mathrm{var}(\mu)}. \tag{8-46}$$

例 8.8 现以二项分布为例，将式(8-10)的密度函数写为

$$f_i(y_i) = \exp\{y_i \ln\pi_i + (1-y_i)\ln(1-\pi_i)\} = \exp\left\{y_i \ln\frac{\pi_i}{1-\pi_i} + \ln(1-\pi_i)\right\}, \tag{8-47}$$

对应式(8-41)，

$$\theta_i = \ln\frac{\pi_i}{1-\pi_i},\ b = -\ln(1-\pi_i),\ a(\phi) = 1,\ h(y_i,\ \phi) = 0, \tag{8-48}$$

由式(8-47)可推得，

$$\pi_i = \frac{e^{\theta_i}}{1+e^{\theta_i}},\ b(\theta_i) = \ln(1+e^{\theta_i}), \tag{8-49}$$

这样容易验证

$$\frac{\mathrm{d}b(\theta_i)}{\mathrm{d}\theta_i}=\frac{e^{\theta_i}}{1+e^{\theta_i}}=\pi_i,$$

$$\frac{\mathrm{d}^2b(\theta_i)}{\mathrm{d}\theta_i^2}=\frac{e^{-\theta_i}}{(1+e^{-\theta_i})^2}=(1-\pi_i)\pi_i,$$

即对二项分布，关系式(8-42)和式(8-43)成立.

8.3.2 联结函数和线性预测器

考虑如下一般形式的广义线性模型

$$y_i=E(y_i)+\varepsilon_i,\ i=1,\ 2,\ \cdots,\ n, \tag{8-50}$$

这里假设响应变量 y_i 具有指数族密度函数式(8-41)，并记观测变量的期望值为

$$E(y_i)=\mu_i.$$

为了使模型的设定能够反映期望值 μ_i 与线性预测器 $\eta_i=\boldsymbol{x}_i^{\mathrm{T}}\boldsymbol{\beta}$ 的关系，广义线性模型的关键设定是，存在一个严格单调递增(或严格单调递减)的函数 $g(\cdot)$ 满足

$$\eta_i=g(\mu_i),\text{即 } \boldsymbol{x}_i^{\mathrm{T}}\boldsymbol{\beta}=g(E(y_i)). \tag{8-51}$$

注意到响应变量的期望正是

$$E(y_i)=g^{-1}(\eta_i)=g^{-1}(\boldsymbol{x}_i^{\mathrm{T}}\boldsymbol{\beta}), \tag{8-52}$$

我们称函数 $g(\cdot)$ 为联结函数(link function)(也称为连接函数或联系函数).假如模型设定中选择的 η_i 能够满足

$$\eta_i=\theta_i, \tag{8-53}$$

则称 η_i 为典型联结(canonical link).

对于二元响应变量模型，当我们取联结函数的形式为式(8-7)，即 $\eta=\ln(\pi/(1-\pi))$ 时，根据式(8-47)和式(8-48)，式(8-53)正好成立.也就是说，当二元响应变量模型中的联结函数取式(8-7)时，此时的模型就是逻辑回归模型.对于广义线性模型式(8-50)中响应变量密度函数式(8-41)的不同形式，表8-7总结了相应的典型联结函数形式.

表 8-7 广义线性模型的典范联结

Distribution	Canonical Link
Normal	$\eta_i = \mu_i$ (identity link)
Binomial	$\eta_i = \ln\left(\frac{\pi_i}{1-\pi_i}\right)$ (logistic link)
Poisson	$\eta_i = \ln(\lambda)$ (log link)
Exponential	$\eta_i = \frac{1}{\lambda_i}$ (reciprocal link)
Gamma	$\eta_i = \frac{1}{\lambda_i}$ (reciprocal link)

当然，广义线性模型也可以设定其他形式的联结函数，包括

(1) 概率单联结，

$$\mu_i = \Phi^{-1}[E(y_i)],$$

其中，Φ 表示标准正态分布的分布函数.

(2) 补偿对数-对数联结，

$$\eta_i = \ln\{\ln[1 - E(y_i)]\}.$$

(3) 指数族联结，

$$\eta_i = \begin{cases} E(y_i)^{\lambda}, & \lambda \neq 0, \\ \ln[E(y_i)], & \lambda = 0. \end{cases}$$

对这些联结函数构成的广义线性模型的各种性质，有兴趣的读者可以参考相关资料[39].

8.3.3 GLM 的参数估计与推断

极大似然方法是 GLM 参数估计的理论基础. 可是，极大似然的具体实施导致了迭代加权最小二乘算法(iteratively reweighted least squares, IRLS). 我们前面谈到的对数和泊松回归正是这一算法的特例. 在本章中，我们应用 SAS 软件中 PROC GENMOD 功能进行模型拟合和推断.

假如$\hat{\boldsymbol{\beta}}$是极大似然法获得的估计值，且模型的假设都是正确的，那么我们能表明式(8-54)渐近地成立，

$$E(\hat{\boldsymbol{\beta}})=\boldsymbol{\beta}，且 \operatorname{var}(\hat{\boldsymbol{\beta}})=a(\phi)(\boldsymbol{X}^{\mathrm{T}}\boldsymbol{V}^{-1}\boldsymbol{X})^{-1}, \tag{8-54}$$

这里矩阵 $\boldsymbol{V}$ 是由线性预测器被估计的参数(除 $a(\phi)$之外)的方差所形成的对角矩阵[39].

例 8.9 绒毛纺纱试验

表 8-8 的数据来自一组旨在考察影响绒毛纺纱运行失效数目 y 的试验,所考虑的 3 个因素分别为 $x_1=$长度,$x_2=$振动幅度和 $x_3=$纱轮负荷,并按表中的方式编码.熟悉试验设计的读者会意识到：这里的试验使用了 3^3 因子设计.以往的研究表明,对数变换对稳定失效数目模型中纺纱轮的方差是非常有效的,相应的最小二乘模型是

$$\hat{y}=\exp(6.33+0.83x_1-0.63x_2-0.39x_3).$$

在这个试验中响应变量是一非负响应变量的例子,它预期会有一长右尾的非对称分布.失效数据(failure data)经常用指数、威布尔、对数正态或伽马分布建模,这是因为这些分布即拥有预期的形状,而且对一些特别形式的分布往往存在理论或经验的论证方法.

我们将应用带对数联结函数具有 Gamma 分布的 GLM 来拟合失效数据的规律.表 8-9 表明了对绒毛纺纱试验数据应用 SAS PROC GENMOD 的输出结果,注意到拟合的模型是

$$\hat{y}=\exp(6.35+0.84x_1-0.63x_2-0.39x_3),$$

这个模型本质上与通过数据变换所建立的模型是一致的.实际上,这里通过数据的对数变换拟合的模型效果非常好,用 GLM 拟合了一个几乎一样的模型就不太令人惊讶了.回想一下,我们曾经观察到,当对数据实施变换而又不能获得具有方差齐性和误差正态性的响应变量时,GLM 最有可能成为有效的备选模型.

对于 Gamma 响应情形,在 SAS 输出中应用刻度偏差(scaled deviance)作为模型过度拟合的度量是恰当的,这个量通常用自由度为 $n-p$ 的卡方分布来比较.从表 8-9 中我们发现,这个刻度偏差的值是 27.127 6,而对应这个值的自由度为 23 的卡方分布的 P 值大约是 0.25,所以从偏差评判标准看,没有充分的理由表明模型设定的不恰当性.注意到,刻度偏差除以自由度后也接近于 1.表 8-9 也给出了模型中每个回归自变量的 Wald 检验和偏偏差统计量.这些检验统计量表明所有 3 个回归自变量是重要的预测变量,应该将它们纳入模型中.

表 8-8 绒毛纺纱试验数据

x_1	x_2	x_3	y
−1	−1	−1	674
0	−1	−1	1 414
1	−1	−1	3 636
−1	0	−1	338
0	0	−1	1 022
1	0	−1	1 568
−1	1	−1	170
0	1	−1	442
1	1	−1	1 140
−1	−1	0	370
0	−1	0	1 198
1	−1	0	3 184
−1	0	0	266
0	0	0	620
1	0	0	1 070
−1	1	0	118
0	1	0	332
1	1	0	884
−1	−1	1	292
0	−1	1	634
1	−1	1	2 000
−1	0	1	210
0	0	1	438
1	0	1	566
−1	1	1	90
0	1	1	220
1	1	1	360

表 8-9 绒毛纺纱试验数据 SAS PROC GENMOD 输出结果

模型拟合优度评判结果

Criterion	DF	Value	Value/DF
Deviance	23	0.769 4	0.033 5
Scaled Deviance	23	27.127 6	1.179 5
Pearson Chi - Square	23	0.727 4	0.031 6
Scaled Pearson X2	23	25.645 6	1.115 0
Log Likelihood		−161.378 4	

模型参数估计分析

Parameter	DF	Estimate	Std. Error	Chi Square	Pr>Chi
Intercept	1	6.348 9	0.032 4	38 373.041 9	0.000 1
A	1	0.842 5	0.040 2	438.360 6	0.000 1
B	1	−0.631 3	0.039 6	253.757 6	0.000 1
C	1	−0.385 1	0.040 2	91.856 6	0.000 1
Scale	1	35.258 5	9.551 1		

型 1 分析的 LR 统计量

Source	Deviance	DF	Chi Square	Pr>Chi
Intercept	22.886 1	0		
A	10.210 4	1	23.675 5	0.000 1
B	3.345 9	1	31.217 1	0.000 1
C	0.769 4	1	40.110 6	0.000 1

型 3 分析的 LR 统计量

Source	DF	Chi Square	Pr>Chi
A	1	77.293 5	0.000 1
B	1	63.432 4	0.000 1
C	1	40.110 6	0.000 1

8.3.4 GLM 的预测和估计

对于广义线性模型，如果想知道点 $\boldsymbol{x}_0$ 处响应变量的均值，一个自然的想法是采用以下估计式

$$\hat{y}_0=\hat{\mu}_0=g^{-1}(\boldsymbol{x}_0^{\mathrm{T}}\hat{\boldsymbol{\beta}}). \tag{8-55}$$

由于联结函数 $g(\cdot)$ 一般是非线性的，因此响应变量均值估计的置信区间只能通过近似计算方法获得，其相应的计算步骤如下. 设 $\boldsymbol{\Sigma}$ 是 $\hat{\boldsymbol{\beta}}$ 的渐近方差-协方差矩阵，则

$$\boldsymbol{\Sigma}=a(\phi)(\boldsymbol{X}^{\mathrm{T}}\boldsymbol{V}^{-1}\boldsymbol{X})^{-1},$$

在 $\boldsymbol{x}_0$ 处线性预测器估计的渐近方差为

$$\operatorname{var}(\hat{\eta}_0)=\operatorname{var}(\boldsymbol{x}_0^{\mathrm{T}}\hat{\boldsymbol{\beta}})=\boldsymbol{x}_0^{\mathrm{T}}\boldsymbol{\Sigma}\boldsymbol{x}_0.$$

而上式的方差需要用 $\boldsymbol{x}_0^{\mathrm{T}}\hat{\boldsymbol{\Sigma}}\boldsymbol{x}_0$ 进行估计，其中 $\hat{\boldsymbol{\Sigma}}$ 是 $\hat{\boldsymbol{\beta}}$ 的协方差矩阵的估计.这样，在 $\boldsymbol{x}_0$ 的真实响应变量均值处的 $100(1-\alpha)\%$ 置信区间为

$$L\leqslant\mu(\boldsymbol{x}_0)\leqslant U,\tag{8-56}$$

其中

$$L=g^{-1}(\boldsymbol{x}_0^{\mathrm{T}}\hat{\boldsymbol{\beta}}-Z_{\alpha/2}\boldsymbol{x}_0^{\mathrm{T}}\hat{\boldsymbol{\Sigma}}\boldsymbol{x}_0)\text{ 且 }U=g^{-1}(\boldsymbol{x}_0^{\mathrm{T}}\hat{\boldsymbol{\beta}}+Z_{\alpha/2}\boldsymbol{x}_0^{\mathrm{T}}\hat{\boldsymbol{\Sigma}}\boldsymbol{x}_0).\tag{8-57}$$

因为 $\hat{\boldsymbol{\beta}}$ 是一极大似然估计，所以 $\hat{\boldsymbol{\beta}}$ 的任何函数也是一极大似然估计.上面的计算过程仅仅是在由线性预测器定义的空间中构造了一个置信区间，然后将该区间变换回原来的度量空间中去.实践表明，用这个方法计算响应变量均值的置信区间，实际效果往往很好.

例 8.10 绒毛纺纱试验

表 8-10 展示了绒毛纺纱试验数据响应变量均值的两个置信区间集.在这个表中，我们表明了这两个模型在原始试验数据中的 27 个点的 95%的置信区间：第一个置信区间是数据实施对数变换后应用最小二乘估计获得参数的区间估计，然后再将这个区间变换回原始数据响应变量所对应的置信区间；第二个置信区间是带有对数联结函数的 Gamma 响应分布的 GLM 的置信区间.GLM 的置信区间由式(8-57)计算而得.表 8-10 中的最后两列比较了这两种建模方法所导致的置信区间的长度，我们看到，GLM 置信区间的长度比基于对数变换的最小二乘法得到的原始响应变量的置信区间一致地小.所以可以这样说，纵使由这两种技术获得的预测方程是非常类似的，但是有证据表明，由 GLM 获得的预测从预测置信区间这个角度看是更加精确的.

表 8-10 绒毛纺纱试验数据两种 95%均值置信区间的比较

观测号	对数数据变换预测值	LSE 95%置信区间	使用预测值	GLM 95%置信区间	95%置信 LS	区间长度 GLM
1	682.50	(573.85, 811.52)	680.52	(583.83, 793.22)	237.67	209.39
2	460.26	(397.01, 533.46)	463.00	(407.05, 526.64)	136.45	119.50
3	310.30	(260.98, 369.06)	315.01	(271.49, 365.49)	108.09	94.00
4	363.25	(313.33, 421.11)	361.96	(317.75, 412.33)	107.79	94.58

续 表

观测号	对数数据变换预测值	LSE 95%置信区间	使用预测值	GLM 95%置信区间	95%置信 LS	区间长度 GLM
5	244.96	(217.92, 275.30)	246.26	(222.55, 272.51)	57.37	49.96
6	165.20	(142.50, 191.47)	167.55	(147.67, 190.10)	48.97	42.42
7	193.33	(162.55, 229.93)	192.52	(165.69, 223.70)	67.38	58.01
8	130.38	(112.46, 151.15)	130.98	(115.43, 148.64)	38.69	33.22
9	87.92	(73.92, 104.54)	89.12	(76.87, 103.32)	30.62	26.45
10	1 569.28	(1 353.94, 1 819.28)	1 580.00	(1 390.00, 1 797.00)	465.34	407.00
11	1 058.28	(941.67, 1 189.60)	1 075.00	(972.52, 1 189.00)	247.92	216.48
12	713.67	(615.60, 827.37)	731.50	(644.35, 830.44)	211.77	186.09
13	835.41	(743.19, 938.86)	840.54	(759.65, 930.04)	195.67	170.39
14	563.25	(523.24, 606.46)	571.87	(536.67, 609.38)	83.22	72.20
15	379.84	(337.99, 426.97)	389.08	(351.64, 430.51)	88.99	78.87
16	444.63	(383.53, 515.35)	447.07	(393.81, 507.54)	131.82	113.74
17	299.85	(266.75, 336.98)	304.17	(275.13, 336.28)	70.23	61.15
18	202.16	(174.42, 234.37)	206.95	(182.03, 235.27)	59.95	53.23
19	3 609.11	(3 034.59, 4 292.40)	3 670.00	(3 165.00, 4 254.00)	1 257.81	1 089.00
20	2 433.88	(2 099.42, 2 821.63)	2 497.00	(2 200.00, 2 833.00)	722.21	633.00
21	1 641.35	(1 380.07, 1 951.64)	1 699.00	(1 462.00, 1 974.00)	571.57	512.00
22	1 920.88	(1 656.91, 2 226.90)	1 952.00	(1 720.00, 2 215.00)	569.98	495.00
23	1 295.39	(1 152.66, 1 455.79)	1 328.00	(1 200.00, 1 470.00)	303.14	270.00
24	873.57	(753.53, 1 012.74)	903.51	(793.15, 1 029.00)	259.22	235.85
25	1 022.35	(859.81, 1 215.91)	1 038.00	(894.79, 1 205.00)	356.10	310.21
26	689.45	(594.70, 799.28)	706.34	(620.99, 803.43)	204.58	182.44
27	464.94	(390.93, 552.97)	480.57	(412.29, 560.15)	162.04	147.86

8.3.5 GLM 的残差分析

如同任何其他模型的拟合程序，在 GLM 中残差分析(residual analysis)同样是十分重要的.残差对模型设定的恰当性与否能够提供全面的指导，帮助验证模型设定，并且表明所选联结函数是否适当.

GLM 的原始残差(raw residuals)是指观测值与拟合值之间的差异，

$$\hat{e}_i = y_i - \hat{y}_i = y_i - \hat{\mu}_i,$$

在 GLM 中对残差进行分析通常推荐的方法是使用偏差残差(deviance residuals).第 i 个偏差残差定义为

$$r_{D_i} = \sqrt{d_i}\,\mathrm{sign}(y_i - \hat{y}_i), \tag{8-58}$$

这里 d_i 是第 i 个观测对偏差的贡献.对 Logistic 回归情况,能够表明

$$d_i = y_i \ln\left(\frac{y_i}{n_i \hat{\pi}_i}\right) + (n_i - y_i)\ln\left[\frac{1-\frac{y_i}{n_i}}{1-\hat{\pi}_i}\right],\ i=1,\ 2,\ \cdots,\ n, \tag{8-59}$$

其中

$$\hat{\pi}_i = \frac{1}{1+e^{-\boldsymbol{x}_i^{\mathrm{T}}\hat{\boldsymbol{\beta}}}}.$$

注意到当模型对数据的拟合变得越来越好时,我们会发现 $\hat{\pi}_i \equiv y_i/n_i$,这样偏差残差式(8-59)将变得越来越小越接近于零.对于带有对数联结的 Poisson 回归,我们有

$$d_i = y_i \ln\left(\frac{y_i}{e^{\boldsymbol{x}_i^{\mathrm{T}}\hat{\boldsymbol{\beta}}}}\right) - (y_i - e^{\boldsymbol{x}_i^{\mathrm{T}}\hat{\boldsymbol{\beta}}}),\ i=1,\ 2,\ \cdots,\ n, \tag{8-60}$$

我们再一次可以注意到,当响应的观测值 y_i 和预测值 $\hat{y}_i = e^{\boldsymbol{x}_i^{\mathrm{T}}\hat{\boldsymbol{\beta}}}$ 彼此更加靠近时,偏差残差式(8-60)趋于零.

一般地,偏差残差式(8-58)的统计行为就像标准正态线性回归模型中通常残差的统计行为.以正态概率刻度标记偏差残差,作为横轴;拟合值作为纵轴,这样可以构成一个合理的诊断统计量.当描绘偏差残差关于拟合值的图形时,习惯上将拟合值转换成常值信息刻度.常用的转换公式为

(1) 对正态响应变量,使用 $\hat{y}_i$.

(2) 对于二项分布响应变量,使用 $2\sin^{-1}\sqrt{\hat{\pi}_i}$.

(3) 对 Poisson 响应变量,使用 $2\sqrt{\hat{y}_i}$.

(4) 对于 Gamma 响应变量,使用 $2\ln(\hat{y}_i)$.

例 8.11 绒毛纺纱试验

图 8-4(a)是绒毛纺纱试验数据偏差残差的正态概率图,图 8-4(b)是偏差残差对"常值信息"拟合值 $2\ln(\hat{y}_i)$ 的图.偏差残差的正态概率图是比较令人满意

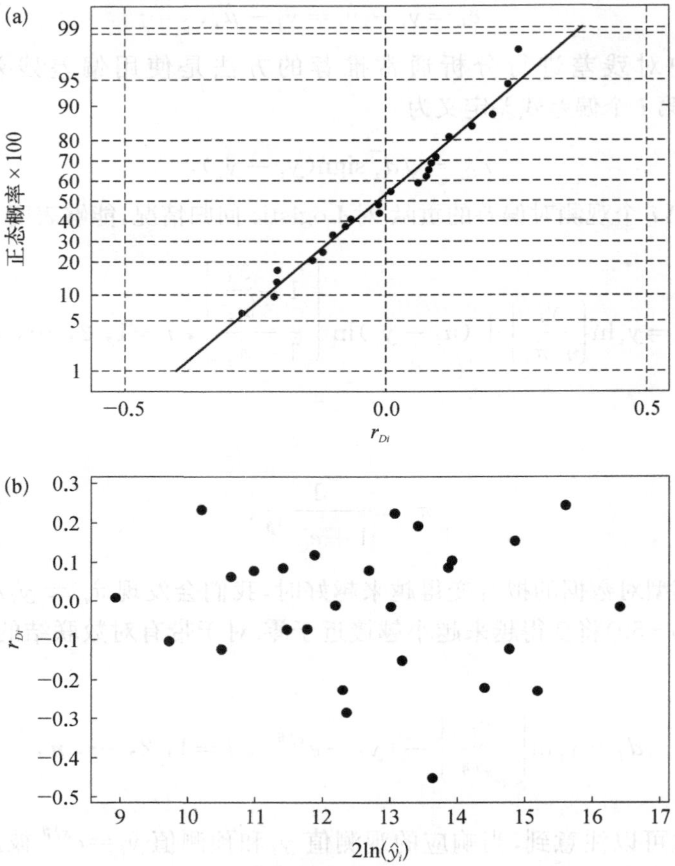

图 8－4　绒毛纺纱试验数据拟合 GLM 的偏差残差图

(a) 偏差残差的正态图；(b) 偏差残差对 $2\ln(\hat{y}_i)$ 图

的，而偏差残差对“常值信息”拟合值图表明有一个观测可能是离群点.这两个图都没有给出充分的理由来表明模型设定的不恰当性，所以，我们可以得出结论，具有 Gamma 响应变量分布且配备对数联结函数的 GLM 对于拟合失效运行的效果是令人满意的.

8.3.6　过度离差

当我们用二项或 Poisson 分布模型拟合响应数据时，有时会出现所谓的过度离差(Overdispersion)现象.简单地说，这意味着响应变量的方差比人们选择好响应变量分布后所预期的方差要大.过度离差条件经常通过计算模型偏差除以自由度的值来诊断.假如这个值大于一个单位,那么就有可能发生了过度离差现象.

当拟合的模型发生这种情况时,最直接方法是允许二项或 Poisson 分布的方差函数有一乘数离差因子 ϕ,使得

$$\mathrm{var}(y)=\phi\mu(1-\mu),\text{二项分布},$$

$$\mathrm{var}(y)=\phi\mu,\ \text{Poisson 分布}.$$

当用通常方式拟合模型时,模型参数值不受 ϕ 的取值影响.假如参数 ϕ 的值是已知的,或者它可以被某些数据点的值所替代,那么 ϕ 的值就可以直接设定了.另一方面,它也能够被直接估计.逻辑上讲,ϕ 的估计是其偏差除以其自由度.此时,模型系数的协方差矩阵需要相应地乘以 ϕ,而在假设检验中使用的刻度偏差和对数似然需要除以 ϕ.

对于二项或 Poisson 误差分布,将其对数似然除以 ϕ 获得的函数不再是一个恰当的对数似然函数.这是一个拟似然函数(quasi-likelihood function)的一个实例.幸运的是,如同我们曾经已经做过的一样,许许多多对数似然函数的渐近理论应用于拟似然函数时,使得我们能够证明计算逼近标准误差和偏差统计量的合理性.

习 题 8

1. 证明关系式(8-42)(8-43)和式(8-44).

2. Gamma 概率密度函数为

$$f(y,r,\lambda)=\frac{\lambda^r}{\Gamma(r)}e^{-\lambda y}y^{r-1},\text{其中 } y,\lambda\geqslant 0.$$

试表明 Gamma 分布属于指数族分布.

3. 指数概率密度函数为

$$f(y,\lambda)=\lambda e^{-\lambda y},\text{其中 } y,\lambda\geqslant 0.$$

试表明指数分布属于指数族分布.

4. 负二项随机变量的概率分布律为

$$f(y,\pi,\alpha)=\mathrm{C}_{y+\alpha-1}^{\alpha-1}\pi^{\alpha}(1-\pi)^{y},$$

其中 $y=0,1,\cdots,\alpha>0,0\leqslant\pi\leqslant 1$,试表明负二项分布属于指数族分布.

5. 表 8-11 总结了 25 枚地对空防空导弹针对变速靶的试射结果.每一次试射的结果用随机变量 Y 表示,其中 $Y=1$ 表示中靶,$Y=0$ 表示未中靶.

表 8-11

试验号	靶速(x)节	y	试验号	靶速(x)节	y
1	400	0	14	330	1
2	220	1	15	280	1
3	490	0	16	210	1
4	210	1	17	300	1
5	500	0	18	470	1
6	270	0	19	230	0
7	200	1	20	430	0
8	470	0	21	460	0
9	480	0	22	220	1
10	310	1	23	250	1
11	240	1	24	200	1
12	490	0	25	390	0
13	420	0			

(1) 用一个简单的线性回归模型作为线性预测器的结构，使用统计软件对响应变量 Y 拟合逻辑回归模型.

(2) 模型偏差是否表明(1)中拟合的逻辑回归模型是恰当的?

(3) 对模型中的参数 β_1 给出实际意义的解释.

(4) 将线性预测器扩展为包含靶速二次项的预测器.是否有证据表明这个模型需要纳入二次项?

6. 一项调研旨在考察家庭购买新车的倾向性.现随机选择了 20 户家庭，调查了每户家庭已购车辆的车龄和年家庭总收入.在 6 个月后，继续调查了这些家庭在这段时间是否购买了一辆新车，并用随机变量 $Y=1$ 表示购买了，$Y=0$ 表示没有购买.现就这项调研所获得的数据整理为表 8-12.

表 8-12

家庭收入 x_1	车龄 x_2	y	家庭收入 x_1	车龄 x_2	y
45 000	2	0	55 000	2	0
40 000	4	0	50 000	5	1
60 000	3	1	35 000	7	1
50 000	2	1	65 000	2	1

续 表

家庭收入 x_1	车龄 x_2	y	家庭收入 x_1	车龄 x_2	y
53 000	2	0	43 000	9	1
48 000	1	0	49 000	2	0
37 000	5	1	37 500	4	1
31 000	7	1	71 000	1	0
40 000	4	1	34 000	5	0
75 000	2	0	27 000	6	0

(1) 用二元线性回归模型作为线性预测器的结构，使用统计软件对响应变量 Y 拟合逻辑回归模型.

(2) 该模型偏差是否表明(1)中拟合的逻辑回归模型是恰当的?

(3) 对模型中的参数 β_1 和 β_2 给出实际意义的解释.

(4) 假设某家庭年收入为 45 000 美金而且家中的车辆已使用了 5 年，试估计这个家庭在未来 6 个月将购买新车的概率.

(5) 将线性预测器扩展为包含年家庭总收入和车龄的交互效应的预测器.是否有证据表明这个模型需要纳入这个交互效应项?

(6) 求出所拟合模型参数的置信水平为 95%的置信区间.

7. 表 8－13 是 Myers(1990)报告的美国西弗吉尼亚 Appalachian 地区出现在煤矿上部煤层每个分区的断裂数(y)和四个回归预测变量.表中 x_1＝内料层厚度(英尺)，即煤层底部与下部煤层之间的最短距离；x_2＝已开采的下部煤层的萃取百分率；x_3＝下部煤层高度(英尺)；x_4＝煤矿已开采时间(年).

(1) 使用统计软件对响应变量 Y 拟合带对数联结函数的 Poisson 回归模型.

(2) 该模型偏差是否表明(1)中拟合的模型是恰当的?

(3) 对模型参数进行型 3 偏偏差分析.分析结果是否表明可以从模型中移除某些回归预测变量?

(4) 计算检验每个预测变量对模型贡献的 Wald 统计量.

(5) 求出所拟合模型参数的置信水平为 95%的 Wald 置信区间.

表 8－13

观测号	y	x_1	x_2	x_3	x_4	观测号	y	x_1	x_2	x_3	x_4
1	2	50	70	52	1.0	3	0	125	70	45	1.0
2	1	230	65	42	6.9	4	4	75	65	68	0.5

续 表

观测号	y	x_1	x_2	x_3	x_4	观测号	y	x_1	x_2	x_3	x_4
5	1	70	65	53	0.5	25	2	300	80	165	9.0
6	2	65	70	46	3.0	26	2	275	90	40	4.0
7	0	65	60	62	1.0	27	0	420	50	44	17.0
8	0	350	60	54	0.5	28	1	65	80	48	15.0
9	4	350	90	54	0.5	29	5	40	75	51	15.0
10	4	160	80	38	0.0	30	2	900	90	48	35.0
11	1	145	65	38	10.0	31	3	95	88	36	20.0
12	4	145	85	38	0.0	32	3	40	85	57	10.0
13	1	180	70	42	2.0	33	3	140	90	38	7.0
14	5	43	80	40	0.0	34	0	150	50	44	5.0
15	2	42	85	51	12.0	35	0	80	60	96	5.0
16	5	42	85	51	0.0	36	2	80	85	96	5.0
17	5	45	85	42	0.0	37	0	145	65	72	9.0
18	5	83	85	48	10.0	38	0	100	65	72	9.0
19	0	300	65	68	10.0	39	3	150	80	48	3.0
20	5	190	90	84	6.0	40	2	150	80	48	0.0
21	1	145	90	54	12.0	41	3	210	75	42	2.0
22	1	510	80	57	10.0	42	5	11	75	42	0.0
23	3	65	75	68	5.0	43	0	100	65	60	25.0
24	3	470	90	90	9.0	44	3	50	88	60	20.0

8. 表 8-14 的数据来自一项旨在研究钻头推进速度 y 的实验.4 个设计因子是 x_1=负荷，x_2=流，x_3=钻头速度，以及 x_4=钻井泥浆的类型(Cuthbert Daniel 在他 1976 年有关工业实验的书中最初描述了这一实验).

表 8-14

观测号	x_1	x_2	x_3	x_4	y	观测号	x_1	x_2	x_3	x_4	y
1	−	−	−	−	1.68	6	+	−	+	−	5.70
2	+	−	−	−	1.98	7	−	+	+	−	9.97
3	−	+	−	−	3.28	8	+	+	+	−	9.07
4	+	+	−	−	3.44	9	−	−	−	+	2.07
5	−	−	+	−	4.98	10	+	−	−	+	2.44

续 表

观测号	x_1	x_2	x_3	x_4	y	观测号	x_1	x_2	x_3	x_4	y
11	−	+	−	+	4.09	14	+	−	+	+	9.43
12	+	+	−	+	4.53	15	−	+	+	+	11.75
13	−	−	+	+	7.77	16	+	+	+	+	16.30

(1) 使用统计软件对推进速度响应变量 Y 拟合广义线性模型.要求该模型使用 Gamma 响应分布和对数联结函数,而且模型预测器中包含所有 4 个回归预测变量.

(2) 该 GLM 模型偏差是否表明(1)中拟合的模型是恰当的?

(3) 对模型参数进行型 3 偏偏差分析.分析结果是否表明可以从模型中移除某些回归预测变量?

(4) 计算检验每个预测变量对模型贡献的 Wald 统计量.解释这些检验统计量的结果.

(5) 求出所拟合模型参数的置信水平为 95%的 Wald 置信区间.

9 方差分析模型与正交试验设计

方差分析模型是应用非常广泛的一类线性模型.这种模型多有一定的实验设计背景,因而也称实验设计模型.对于这种模型有两种不同的统计分析方法.第 1 种方法:将数据总变差平方和按其来源(各种因子和随机误差)进行分解,得到各因子平方和及误差平方和.接下来的统计分析是基于各因子平方和与误差平方和大小的比较,这种方法称为平方和分解法[34].第 2 种方法:既然方差分析模型是一类线性模型,则可以将一般线性模型的估计与检验的结果应用于这种模型.因为这种方法与第 2 章线性回归模型大同小异,因此被称为回归分析方法.此法对各种方差分析模型都采用统一处理模式,叙述简介,重点突出.本章我们主要针对第 2 种方法分别加以介绍.

9.1 单因素方差分析

9.1.1 问题的背景与模型

我们举例来说明单因素方差分析问题.

例 9.1 在例 4.3 的软件项目数据集中,我们想考察"应用程序类型"对工作投入量的影响.此时,预测变量是"应用程序类型",它是一个定性变量,取值为"客户服务""管理信息系统""事务处理"和"信息/在线服务".当预测变量是定性变量或定序变量时,我们常将"应用程序类型"称为一个因素(或因子),而将"客户服务""管理信息系统""事务处理"和"信息/在线服务"看作是这一因素下的 4 个水平.我们感兴趣的是各种应用程序类型的业务所对应的工作投入量的对数值是否有差异?如果有,它们之间的差异值是多少?这些结果可以作为软件开发公司今后工作进度安排的参考.

解 考虑一般的单因素方差分析问题,我们称所考虑的因素为因素 A,假定它有 a 个水平,分别记为 A_1, A_2, $\cdots$, A_a.在水平 A_i 下能够获得 n_i($i=1$, 2, $\cdots$, a)次重复观测,$n_1+n_2+\cdots+n_a=n$.记 y_{ij} 为第 i 个水平 A_i 下的第 j 次

观测值，$i=1, 2, \cdots, a; j=1, \cdots, n_i$. 对固定的 i，$y_{i1}, y_{i2}, \cdots, y_{in_i}$ 分别是第 i 个水平 A_i 下的 n_i 个观测值.因为除了一些随机误差之外，这 n_i 个观测值的一切其他条件完全一样，因此它们可以看作来自一个正态总体的随机样本，这个正态总体的均值只与 i 有关，记这个均值为 μ_i.如表 9-1 所示，这就是说 $y_{i1}, \cdots, y_{in_i}$ 都相互独立，且

$$y_{ij} \sim N(\mu_i, \sigma^2),\ j=1, \cdots, n_i \tag{9-1}$$

表 9-1 单因素方差分析问题

水　平	总　体	样　本
1	$N(\mu_1, \sigma^2)$	$y_{11}, y_{12}, \cdots, y_{1n_1}$
2	$N(\mu_2, \sigma^2)$	$y_{21}, y_{22}, \cdots, y_{2n_2}$
⋮	⋮	⋮　⋮　⋮
a	$N(\mu_a, \sigma^2)$	$y_{a1}, y_{a2}, \cdots, y_{an_a}$

我们的目的是比较这 a 个水平的差异.假设对第 i 个水平，我们感兴趣的指标观测值如表 9-1.将其改写成如下形式：

$$y_{ij}=\mu_i+e_{ij},\ i=1, \cdots, a,$$

$$e_{ij} \sim N(0, \sigma^2),\ j=1, \cdots, n_i, \tag{9-2}$$

其中 μ_i 是第 i 个总体的均值，e_{ij} 是相应的试验误差，比较因素 A 的 a 个水平的差异归结为比较这 a 个总体的均值.记

$$\mu=\frac{1}{n}\sum_{i=1}^{a} n_i\mu_i,\ n=\sum_{i=1}^{a} n_i,$$

$$\alpha_i=\mu_i-\mu,$$

这里 μ 为所有样本均值 $E(y_{ij})$ 的总平均.α_i 为第 i 个水平对指标 Y 的效应，反映第 i 个水平下的均值与总平均的差异.易证 $\sum_{i=1}^{a} n_i\alpha_i=0$. 因为 $\mu_i=\mu+\alpha_i$，于是式(9-2)可以写成

$$\begin{cases} y_{ij}=\mu+\alpha_i+e_{ij}, \\ e_{ij} \sim N(0, \sigma^2), \\ \sum_{i=1}^{a} n_i\alpha_i=0, \end{cases} \tag{9-3}$$

这就是单因素方差分析模型，也称为单向分类模型.其矩阵形式为

$$\begin{cases} \boldsymbol{y}=\boldsymbol{X\beta}+\boldsymbol{e}, \\ \boldsymbol{e}\sim N(\boldsymbol{0},\ \sigma^2\boldsymbol{I}_n), \\ \boldsymbol{h}^{\mathrm{T}}\boldsymbol{\beta}=\boldsymbol{0}, \end{cases} \tag{9-4}$$

其中

$$\boldsymbol{y}_{n\times1}=(y_{11},\ \cdots,\ y_{1n_1},\ y_{21},\ \cdots,\ y_{2n_2},\ \cdots,\ y_{an_a})^{\mathrm{T}},$$

$$\boldsymbol{\beta}_{(a+1)\times1}=(\mu,\ \alpha_1,\ \alpha_2,\ \cdots,\ \alpha_a)^{\mathrm{T}},$$

$$\boldsymbol{e}_{n\times1}=(e_{11},\ \cdots,\ e_{1n_1},\ e_{21},\ \cdots,\ e_{2n_2},\ \cdots,\ e_{an_a})^{\mathrm{T}},$$

$$\boldsymbol{X}_{n\times(a+1)}=\begin{bmatrix} 1 & 1 & & & \\ \vdots & \vdots & & & \\ 1 & 1 & & & \\ 1 & & 1 & & \\ \vdots & & \vdots & & \\ 1 & & 1 & & \\ \vdots & & & \ddots & \\ 1 & & & & 1 \\ \vdots & & & & \vdots \\ 1 & & & & 1 \end{bmatrix} \begin{matrix} \left.\begin{matrix} \\ \\ \\ \end{matrix}\right\} n_1\ \text{行} \\ \left.\begin{matrix} \\ \\ \\ \end{matrix}\right\} n_2\ \text{行} \\ \vdots\ \text{行} \\ \left.\begin{matrix} \\ \\ \\ \end{matrix}\right\} n_a\ \text{行} \end{matrix}$$

$$\boldsymbol{h}_{(a+1)\times1}=(0,\ n_1,\ n_2,\ \cdots,\ n_a)^{\mathrm{T}},$$

可见，单因素方差分析模型是一个带约束条件 $\boldsymbol{h}^{\mathrm{T}}\boldsymbol{\beta}=0$ 的线性模型.对此模型检验因素 A 的 a 个水平下的均值是否有显著差异，即检验假设

$$H_0:\mu_1=\mu_2=\cdots=\mu_a,$$

这等价于检验

$$H_0:\alpha_1=\alpha_2=\cdots=\alpha_a,$$

如果 H_0 被拒绝，则说明因素 A 的各水平的效应之间有显著的差异.

9.1.2 回归分析方法

首先将设计矩阵 $\boldsymbol{X}$ 写成分块矩阵形式为

$$\boldsymbol{X}=\begin{bmatrix}\boldsymbol{1}_{n_1} & \boldsymbol{1}_{n_1} & \boldsymbol{0} & \cdots & \boldsymbol{0}\\ \boldsymbol{1}_{n_2} & \boldsymbol{0} & \boldsymbol{1}_{n_2} & \cdots & \boldsymbol{0}\\ \vdots & \vdots & \vdots & \vdots & \vdots\\ \boldsymbol{1}_{n_a} & \boldsymbol{0} & \boldsymbol{0} & \cdots & \boldsymbol{1}_{n_a}\end{bmatrix},\tag{9-5}$$

这样

$$\boldsymbol{X}^{\mathrm{T}}\boldsymbol{X}=\begin{bmatrix}\boldsymbol{1}^{\mathrm{T}}_{n_1} & \boldsymbol{1}^{\mathrm{T}}_{n_2} & \cdots & \boldsymbol{1}^{\mathrm{T}}_{n_a}\\ \boldsymbol{1}^{\mathrm{T}}_{n_1} & \boldsymbol{0}^{\mathrm{T}} & \cdots & \boldsymbol{0}^{\mathrm{T}}\\ \boldsymbol{0}^{\mathrm{T}} & \boldsymbol{1}^{\mathrm{T}}_{n_2} & \cdots & \boldsymbol{0}^{\mathrm{T}}\\ \vdots & \vdots & \vdots & \vdots\\ \boldsymbol{0}^{\mathrm{T}} & \boldsymbol{0}^{\mathrm{T}} & \cdots & \boldsymbol{1}^{\mathrm{T}}_{n_a}\end{bmatrix}\begin{bmatrix}\boldsymbol{1}_{n_1} & \boldsymbol{1}_{n_1} & \boldsymbol{0} & \cdots & \boldsymbol{0}\\ \boldsymbol{1}_{n_2} & \boldsymbol{0} & \boldsymbol{1}_{n_2} & \cdots & \boldsymbol{0}\\ \vdots & \vdots & \vdots & \vdots & \vdots\\ \boldsymbol{1}_{n_a} & \boldsymbol{0} & \boldsymbol{0} & \cdots & \boldsymbol{1}_{n_a}\end{bmatrix}$$

$$=\begin{bmatrix}n & n_1 & n_2 & \cdots & n_a\\ n_1 & n_1 & 0 & \cdots & 0\\ n_2 & 0 & n_2 & \cdots & 0\\ \vdots & \vdots & \vdots & \vdots & \vdots\\ n_a & 0 & 0 & \cdots & n_a\end{bmatrix}\tag{9-6}$$

这样可以写出正规方程 $\boldsymbol{X}^{\mathrm{T}}\boldsymbol{X}\boldsymbol{\beta}=\boldsymbol{X}^{\mathrm{T}}\boldsymbol{y}$ 的具体形式为

$$n\mu+\sum_{i=1}^{a}n_i\alpha_i=y_{..},\tag{9-7}$$

$$n_i\mu+n_i\alpha_i=y_{i.},\ i=1,\ 2,\ \cdots,\ a,\tag{9-8}$$

其中 $y_{..}=\sum_i\sum_j y_{ij}$，$y_{i.}=\sum_j y_{ij}$，$n=\sum_i n_i$. 由式(9-4)可知，设计阵 $\boldsymbol{X}$ 的秩 $\mathrm{rk}(\boldsymbol{X})=a$，于是 $\boldsymbol{X}$ 是列降秩的，即秩小于列数.把边界条件式(9-3)的第 3 式代入式(9-7)和式(9-8)，容易得到在此约束条件下的 μ 和 α_i 的一组 LS 解，

$$\hat{\mu}=\frac{1}{n}y_{..}=\bar{y}_{..},\tag{9-9}$$

$$\hat{\alpha}_i=\frac{1}{n_i}y_{i.}-\hat{\mu}=\bar{y}_{i.}-\bar{y}_{..},\ i=1,\ \cdots,\ a,\tag{9-10}$$

需要注意的是，$\hat{\mu}$ 和 $\hat{\alpha}_i$，$i=1,\ \cdots,\ a$，并不是 μ 和 α_i，$i=1,\ \cdots,\ a$ 的无偏估计.因为这些参数都是不可估的.也可以这样来理解不可估性：若在式(9-3)中的边界

条件变为 $\sum_{i=1}^{a} n_i\alpha_i = d \neq 0$，则可以令 $\mu^* = \mu + d/n$ 和 $\alpha_i^* = \alpha_i - d/n (d \neq 0)$ 分别代替 μ 和 α_i，可以得到新的模型 $y_{ij} = \mu^* + \alpha_i^* + e_{ij}$，同样满足 $\sum_{i=1}^{a} n_i\alpha_i^* = 0$. 因此由式(9-9)和式(9-10)具体估计的是哪个 d 对应的 μ^* 和 α^* 不可而知.换句话说，这里 d 是不可估的.也就是说，这里 $\bar{y}_{..}$ 并不是总均值 μ 的估计.

因为 $\mathrm{rk}(\boldsymbol{X}) = a$，因此此时至多只有 a 个线性无关的可估函数.因为 $\mu + \alpha_i = (\boldsymbol{e}_1 + \boldsymbol{e}_{i+1})^{\mathrm{T}}\boldsymbol{\beta}$ 且 $(\boldsymbol{e}_1 + \boldsymbol{e}_{i+1})^{\mathrm{T}} \in \mathcal{M}(\boldsymbol{X}^{\mathrm{T}})$，故由定理2.5，$\mu + \alpha_i$，$i = 1, 2, \cdots, a$ 都是可估的，且线性无关.于是任意可估函数都可以表示为它们的线性组合，$\boldsymbol{e}_{i+1}\boldsymbol{X}$ 的第 i 列，即

$$\sum_{i=1}^{a} c_i(\mu + \alpha_i) = \mu\sum_{i=1}^{a} c_i + \sum_{i=1}^{a} c_i\alpha_i. \tag{9-11}$$

如果想得到一个只包含效应 $\alpha_i (i = 1, 2, \cdots, a)$ 而不包含均值 μ 的可估函数，则应取 $\sum_{i=1}^{a} c_i = 0$. 这个事实的逆也是对的，即若 $\sum_{i=1}^{a} c_i = 0$，必有 $\sum_{i=1}^{a} c_i\alpha_i$ 可估.于是

$$\sum_{i=1}^{a} c_i\alpha_i \text{ 可估} \Leftrightarrow \sum_{i=1}^{a} c_i = 0,$$

我们称满足条件 $\sum_{i=1}^{a} c_i = 0$ 的函数 $\sum_{i=1}^{a} c_i\alpha_i$ 为一个对照，由于诸 $\mu_i = \mu + \alpha_i$，因此对照 $\sum_{i=1}^{n} c_i\alpha_i$ 又可表示为 $\sum_{i=1}^{a} c_i\mu_i$. 例如，$\mu_i - \mu_j (i \neq j)$，$2\mu_i - \mu_j - \mu_k (i, j, k$ 互不相等)，$\alpha_i - \alpha_j (i \neq j)$，$2\alpha_i - \alpha_j - \alpha_k (i, j, k$ 互不相等) 都是对照. 根据 Gauss-Markov 定理，结合式(9-11)，对照 $\sum_{i=1}^{a} c_i\alpha_i$ 的 BLU 估计为 $\sum_{i=1}^{a} c_i\hat{\alpha}_i = \sum_{i=1}^{a} c_i\bar{y}_{i.}$，以上分析可以总结为以下定理.

定理 9.1 对于单向分类模型式(9-3)，

(1) $\sum_{i=1}^{a} c_i\alpha_i$ 可估 $\Leftrightarrow \sum_{i=1}^{a} c_i\alpha_i$ 是一个对照，即 $\sum_{i=1}^{a} c_i = 0$.

(2) 对照 $\sum_{i=1}^{a} c_i\alpha_i$ 的 BLU 估计为 $\sum_{i=1}^{a} c_i\bar{y}_{i.}$.

9.1.3 假设检验

我们首先回想一下线性模型残差平方和的定义

$$SS_{\text{res}} = \| \boldsymbol{y} - \boldsymbol{X}\hat{\boldsymbol{\beta}} \|^2 = \boldsymbol{y}^{\mathrm{T}}(\boldsymbol{I} - \boldsymbol{X}(\boldsymbol{X}^{\mathrm{T}}\boldsymbol{X})^{-}\boldsymbol{X}^{\mathrm{T}})\boldsymbol{y} = \boldsymbol{y}^{\mathrm{T}}\boldsymbol{y} - \hat{\boldsymbol{\beta}}^{\mathrm{T}}\boldsymbol{X}^{\mathrm{T}}\boldsymbol{y}, \tag{9-12}$$

定义回归平方和为 $SS_{\text{reg}} \stackrel{\text{def}}{=} \hat{\boldsymbol{\beta}}^{\mathrm{T}}\boldsymbol{X}^{\mathrm{T}}\boldsymbol{y}$，总平方和为 $SS_{\text{Tol}} \stackrel{\text{def}}{=} \boldsymbol{y}^{\mathrm{T}}\boldsymbol{y}$. 这样上式又可以写为

$$SS_{\text{Tol}} = SS_{\text{reg}} + SS_{\text{res}}, \tag{9-13}$$

我们也可以将关于完全模型式(9-4)的回归平方和记为 $SS_{\text{reg}}(\mu, \hat{\boldsymbol{\beta}})$，

$$\begin{aligned} SS_{\text{reg}}(\mu, \hat{\boldsymbol{\beta}}) &= SS_{\text{reg}}(\mu, \hat{\alpha}_1, \cdots, \hat{\alpha}_a) \\ &= \hat{\mu} y_{..} + \sum_{i=1}^{a} \hat{\alpha}_i y_{i.} \\ &= \frac{y_{..}^2}{n} + \sum_{i=1}^{a} y_{i.}\left(\frac{y_{i.}}{n_i} - \frac{y_{..}}{n}\right) \\ &= \sum_{i=1}^{a} \frac{y_{i.}^2}{n_i}, \end{aligned} \tag{9-14}$$

其中 $\bar{y}_{i.} = \frac{1}{n_i}\sum_{j=1}^{n_i} y_{ij}$，为第 i 水平下的样本均值.相应的残差平方和计算公式为

$$\begin{aligned} SS_{\text{res}} &= \boldsymbol{y}^{\mathrm{T}}\boldsymbol{y} - SS_{\text{reg}}(\mu, \alpha_1, \cdots, \alpha_a) \\ &= \sum_{i=1}^{a}\sum_{j=1}^{n_i} y_{ij}^2 - \sum_{i=1}^{a} \frac{y_{i.}^2}{n_i} \\ &= \sum_{i=1}^{a}\sum_{j=1}^{n_i} (y_{ij} - \bar{y}_{i.})^2. \end{aligned} \tag{9-15}$$

重新考虑检验问题

$$H_0: \alpha_1 = \alpha_2 = \cdots = \alpha_a, \tag{9-16}$$

或等价地检验假设

$$H_0: \alpha_1 - \alpha_a = \alpha_2 - \alpha_a = \cdots = \alpha_{a-1} - \alpha_a = 0, \tag{9-17}$$

由定理 9.1 知，$\alpha_i - \alpha_a$, $i = 1, 2, \cdots, a-1$ 都是可估函数，所以假设 H_0 被称为可检验假设.若 H_0 为真，诸 α_i 相等.设其公共值为 α，将此 α 并入总平均值 μ，得到以下简约模型

$$y_{ij} = \mu + e_{ij}, \ i = 1, 2, \cdots, a, \ j = 1, 2, \cdots, n_i, \tag{9-18}$$

它的正则方程为 $n\mu = \mathbf{1}^{\mathrm{T}}\boldsymbol{y}$. 于是 μ 在 H_0 约束下的 LS 解为

$$\hat{\mu}_{H_0} = \frac{1}{n}\mathbf{1}^{\mathrm{T}}\boldsymbol{y} = \bar{y}_{..}. \tag{9-19}$$

相应的回归平方和记为 $SS_{\text{reg}}(\mu)$.易知

$$SS_{\text{reg}}(\mu)=\hat{\boldsymbol{\mu}}_{H_0}^{\mathrm{T}}\mathbf{1}^{\mathrm{T}}\boldsymbol{y}=\frac{1}{n}\boldsymbol{y}^{\mathrm{T}}\mathbf{1}\mathbf{1}^{\mathrm{T}}y=\frac{y_{..}^2}{n}. \tag{9-20}$$

从式(9-14)和式(9-20)可以得到以下平方和

$$\begin{aligned}SS_{H_0}(\beta)&=SS_{\text{reg}}(\mu,\beta)-SS_{\text{reg}}(\mu)\\&=\sum_{i=1}^{a}\frac{y_{i.}^2}{n_i}-\frac{y_{..}^2}{n}\\&=\sum_{i=1}^{a}n_i(\bar{y}_{i.}-\bar{y}_{..})^2\\&=SS_A,\end{aligned} \tag{9-21}$$

将式(9-13)重新写为

$$\begin{aligned}SS_{\text{Tol}}&=SS_{\text{reg}}(\mu,\beta)+SS_{\text{res}}\\&=SS_{\text{reg}}(\mu)+[SS_{\text{reg}}(\mu,\beta)-SS_{\text{reg}}(\mu)]+SS_{\text{res}}\\&=SS_{\text{reg}}(\mu)+SS_A+SS_{\text{res}},\end{aligned} \tag{9-22}$$

这样

$$SS_{\text{Tol}}-SS_{\text{reg}}(\mu)=SS_A+SS_{\text{res}}, \tag{9-23}$$

注意到

$$\begin{aligned}SS_{\text{Tol}}-SS_{\text{reg}}(\mu)&=\boldsymbol{y}^{\mathrm{T}}\boldsymbol{y}-\frac{y_{..}^2}{n}=\boldsymbol{y}^{\mathrm{T}}\boldsymbol{y}-\frac{1}{n}\boldsymbol{y}^{\mathrm{T}}\mathbf{1}\mathbf{1}^{\mathrm{T}}\boldsymbol{y}\\&=\boldsymbol{y}^{\mathrm{T}}\left(I-\frac{1}{n}\mathbf{1}^{\mathrm{T}}\mathbf{1}\right)y=\sum_{i=1}^{a}\sum_{j=1}^{n_i}(y_{ij}-\bar{y}_{..})^2,\end{aligned} \tag{9-24}$$

上式就是离差平方和 $SS_{\mathrm{T}}\overset{\text{def}}{=\!=}SS_{\text{Tol}}-SS_{\text{reg}}(\mu)$,

$$SS_{\mathrm{T}}=\sum_{i=1}^{a}\sum_{j=1}^{n_i}(y_{ij}-\bar{y})^2,$$

总的离差平方和 SS_{T} 也简称为总平方和(有些书上称为修正的总平方和),它反映全部试验数据之间的总变异.这里 $\bar{y}$ 表示所有 y_{ij} 的总平均值,即

$$\bar{y}=\frac{1}{n}\sum_{i=1}^{a}\sum_{j=1}^{n_i}y_{ij}.$$

这样就获得新的平方和分解公式,

$$SS_T = SS_A + SS_e. \tag{9-25}$$

该式称为平方和分解公式，其中

$$SS_e = \sum_{i=1}^{a}\sum_{j=1}^{n_i}(y_{ij} - \bar{y}_{i\cdot})^2 \tag{9-26}$$

$$SS_A = \sum_{i=1}^{a}\sum_{j=1}^{n_i}(\bar{y}_{i\cdot} - \bar{y})^2. \tag{9-27}$$

这里 SS_e 表示了随机误差的影响，通常称为误差平方和或组内平方和.

将 SS_A 改写为

$$SS_A = \sum_{i=1}^{a} n_i(\bar{y}_{i\cdot} - \bar{y})^2, \tag{9-28}$$

因为 $\bar{y}_{i\cdot}$ 为第 i 个总体的样本均值，它是第 i 个总体均值 μ_i 的估计，因此 a 个总体均值 $\mu_1, \mu_2, \cdots, \mu_a$ 之间的差异愈大，这些样本均值 $\bar{y}_{1\cdot}, \bar{y}_{2\cdot}, \cdots, \bar{y}_{a\cdot}$ 之间的差异也就愈倾向于大. SS_A 正是 a 个总体均值 $\mu_1, \mu_2, \cdots, \mu_a$ 差异大小的度量，通常称为组间平方和或因素 A 的平方和.

检验假设 H_0 的 F 统计量为

$$F = \frac{SS_A/(a-1)}{SS_e/(n-a)} = \frac{MS_A}{MS_e}, \tag{9-29}$$

当 H_0 为真时，$F \sim F_{a-1, n-a}$.

于是 F 可以作为 H_0 的检验统计量. 对于给定的显著性水平 α，若 $F > F_{a-1, n-a}(\alpha)$，拒绝原假设，认为因素 A 的 a 个水平效应有显著差异. 相反，若 $F \leqslant F_{a-1, n-a}(\alpha)$，则接受原假设，认为因素 A 的 a 个水平效应没有显著差异. 方差分析表如表 9-2 所示.

表 9-2 单因素方差分析表

方差来源	平方和	自由度	均 方	F 比
因素 A 误差	SS_A SS_e	$a-1$ $n-a$	$MS_A = \dfrac{SS_A}{a-1}$ $MS_e = \dfrac{SS_e}{n-a}$	$F = \dfrac{MS_A}{MS_e}$
总 和	SS_T	$n-1$		

例 9.2 例 9.1 续应用 SPSS 软件中"比较均值"模块中的 ANOVA 功能，可

以获得的工作投入量对数值关于应用程序类型因素的方差分析结果见表 9-3.

由于最后一列因素 Prob(概率) $=0.886>0.05$，所以在 5%显著性水平下，我们可认为不同应用程序类型对工作量投入没有显著性差异.

表 9-3 工作投入量对数值的方差分析表

方差来源	平方和	自由度	均 方	F 比	P 值
因素 A	0.732	3	0.244	0.215	0.886
误差	34.128	30	1.138		
总 和	34.861	33			

如果考虑“人员的工具技能”这一因素对工作投入量的对数值的影响，获得的方差分析结果见表 9-4.

表 9-4 工作量投入对数值的方差分析表

方差来源	平方和	自由度	均 方	F 比	P 值
因素 B	12.953	2	6.477	9.165	0.001
误差	21.908	31	0.707		
总 和	34.861	33			

由于最后一列因素概率 $=0.001<0.05$，所以在 5%显著性水平下，我们可认为不同人员的工具技能水平对工作投入量有显著性差异.

如果 F 检验的结论是拒绝原假设，则表明 $\mu_1, \mu_2, \cdots, \mu_a$ 不完全相同.这时，我们还需要对每一对 μ_i 和 μ_j 之间的差异程度做出估计.这就要对效应之差 $\mu_i-\mu_j$ 做区间估计.

由假设式(9-1)可推知

$$\bar{y}_{i\cdot} \sim N\left(\mu_i, \frac{\sigma^2}{n_i}\right), \ i=1, 2, \cdots, a,$$

并且 $\bar{y}_{i\cdot}$ 与 $\bar{y}_{j\cdot}$ $(i \neq j)$ 相互独立.这样易证

$$\bar{y}_{i\cdot}-\bar{y}_{j\cdot} \sim N\left(\mu_i-\mu_j, \left(\frac{1}{n_i}+\frac{1}{n_j}\right)\sigma^2\right), \tag{9-30}$$

因而

$$U=\frac{(\bar{y}_{i\cdot}-\bar{y}_{j\cdot})-(\mu_i-\mu_j)}{\sigma\sqrt{\frac{1}{n_i}+\frac{1}{n_j}}}\sim N(0,1), \tag{9-31}$$

记

$$\hat{\sigma}^2=\frac{SS_e}{n-a},$$

由定理 1.31,

$$\frac{(n-a)\hat{\sigma}^2}{\sigma^2}=\frac{SS_e}{\sigma^2}\sim\chi^2_{n-a}, \tag{9-32}$$

再由正态总体样本均值与样本方差的独立性可推出,U 和$\hat{\sigma}^2$ 相互独立.因此根据 t 分布的定义,从式(9-31)和式(9-32)可得

$$\frac{(\bar{y}_{i\cdot}-\bar{y}_{j\cdot})-(\mu_i-\mu_j)}{\hat{\sigma}\sqrt{\frac{1}{n_i}+\frac{1}{n_j}}}\sim t_{n-a},$$

对给定的置信水平 α,随机事件

$$\left|\frac{(\bar{y}_{i\cdot}-\bar{y}_{j\cdot})-(\mu_i-\mu_j)}{\hat{\sigma}\sqrt{\frac{1}{n_i}+\frac{1}{n_j}}}\right|\leqslant t_{n-a}\left(\frac{\alpha}{2}\right),$$

发生的概率为 $1-\alpha$,其中 $t_{n-a}\left(\frac{\alpha}{2}\right)$为自由度为 $n-a$ 的 t 分布的上侧$\frac{\alpha}{2}$分位点.因此对固定的 i,j,$\mu_i-\mu_j$ 的置信系数 $1-\alpha$ 的置信区间为

$$\left[(\bar{y}_{i\cdot}-\bar{y}_{j\cdot})-\hat{\sigma}\sqrt{\frac{1}{n_i}+\frac{1}{n_j}}t_{n-a}\left(\frac{\alpha}{2}\right),\ (\bar{y}_{i\cdot}-\bar{y}_{j\cdot})+\hat{\sigma}\sqrt{\frac{1}{n_i}+\frac{1}{n_j}}t_{n-a}\left(\frac{\alpha}{2}\right)\right], \tag{9-33}$$

如果这个区间包括零,则表明我们可以以概率 $1-\alpha$ 断言 μ_i 与 μ_j 没有显著差异.如果整个区间落在零的左边,则我们以概率 $1-\alpha$ 断言 μ_i 小于 μ_j.相反,如果整个区间落在零的右边,则我们以概率 $1-\alpha$ 断言 μ_i 大于 μ_j.这种获得区间估计的方法称为最小显著性差异法(Least-significant difference, LSD).

例 9.3 例 9.2 续利用式(9 - 33)，利用 SPSS 获得 B 因素置信水平为 95% 的$\mu_i - \mu_j$ 的 LSD 置信区间分别为

$$\mu_1 - \mu_2 \in [0.4139,\ 1.7866],$$

$$\mu_2 - \mu_3 \in [-0.3683,\ 1.1186],$$

可见具有 1 水平工具技能的程序员的工作量投入在统计意义下显著大于 2 水平和 3 水平的程序员，而 2 水平和 3 水平没有显著差异.

9.1.4 同时(联合，一致)置信区间

对于每一个固定的 i，j.用式(9 - 33)构造出置信系数为 $1-\alpha$ 的置信区间.但对于多个这样的置信区间，它们联合起来的置信系数就不再是 $1-\alpha$.为说明这个问题，现介绍 Bonferroni 不等式.

假设 E_i，$i=1, 2, \cdots, m$ 为 m 个随机事件，$P(E_i)=1-\alpha$，$i=1, 2, \cdots, m$，则 $P(\bigcap\limits_{i=1}^{m} E_i)=1-P(\overline{\bigcap\limits_{i=1}^{m} E_i})=1-P(\bigcup\limits_{i=1}^{m} \bar{E}_i)\geqslant 1-\sum\limits_{i=1}^{m} P(\bar{E}_i)=1-m\alpha$，即得著名的 Bonferroni 不等式

$$P(\bigcap_{i=1}^{m} E_i)\geqslant 1-m\alpha,$$

这个不等式说明，m 个事件若每个单独发生的概率为 $1-\alpha$，那么它们同时发生的概率不再是 $1-\alpha$，而是大于或等于 $1-m\alpha$，为了使它们同时发生的概率不低于 $1-\alpha$，一个办法是把每个事件发生的概率提高到 $1-\dfrac{\alpha}{m}$，即 $P(E_i)=1-\dfrac{\alpha}{m}$，此时我们有

$$P(\bigcap_{i=1}^{m} E_i)\geqslant 1-\alpha,$$

应用这个思想，我们可以构造 m 个形如 $\mu_i - \mu_j$ 的效应之差的**同时置信区间**.事实上，对每个 $\mu_i - \mu_j$ 应用式(9 - 33)构造置信系数 $1-\dfrac{\alpha}{m}$ 的置信区间

$$\left[(\bar{y}_{i\cdot}-\bar{y}_{j\cdot})-\hat{\sigma}\sqrt{\frac{1}{n_i}+\frac{1}{n_j}}\,t_{n-a}\left(\frac{\alpha}{2m}\right),\ (\bar{y}_{i\cdot}-\bar{y}_{j\cdot})+\hat{\sigma}\sqrt{\frac{1}{n_i}+\frac{1}{n_j}}\,t_{n-a}\left(\frac{\alpha}{2m}\right)\right]. \tag{9-34}$$

那么这 m 个 $\mu_i - \mu_j$ 同时分别落在这 m 个置信区间的置信系数为 $1-\alpha$.

例 9.4 续例利用公式 9 - 34，利用 SPSS 获得置信水平为 95% 的$\mu_i - \mu_j$ 的

Bonferroni 同时置信区间分别为

$$\mu_1-\mu_2 \in [0.248\,5,\ 1.952\,0],$$

$$\mu_2-\mu_3 \in [-0.547\,5,\ 1.297\,7].$$

9.2 两因素方差分析

9.2.1 问题的背景与模型

在例 9.1 中，为了考察“应用程序类型”和“人员的工具技能”两个因素的组合对工作投入量对数值的影响，从而导致两因素方差分析问题.考虑一般的两因素试验问题，将这两个因素分别记为 A 和 B.假设因素 A 有 a 个不同的水平，记为 $A_1,\ A_2,\ \cdots,\ A_a$，而因素 B 有 b 个不同的水平，记为 $B_1,\ B_2,\ \cdots,\ B_b$.在因素 A 和 B 的各个水平组合下做 c 次试验.设 y_{ijk} 为在水平组合$(A_i,\ B_j)$下第 k 次试验的指标值.对固定的 i 和 j，$y_{ij1},\ y_{ij2},\ \cdots,\ y_{ijc}$ 都是在水平组合$(A_i,\ B_j)$下的指标观测值，我们可以把它们看成来自一个正态总体的样本，这个正态总体的均值只与 i 和 j 有关，记这个均值为 μ_{ij}.于是 $y_{ij1},\ y_{ij2},\ \cdots,\ y_{ijc}$ 都相互独立，且

$$y_{ijk} \sim N(\mu_{ij},\ \sigma^2),\ k=1,\ \cdots,\ c, \tag{9-35}$$

将这些数据列成表，如表 9-5 所示.

我们可以将式(9-35)改写成以下形式为

$$\begin{cases} y_{ijk}=\mu_{ij}+e_{ijk}, \\ e_{ijk} \sim N(0,\ \sigma^2), \\ i=1,\ 2,\ \cdots,\ a,\ j=1,\ 2,\ \cdots,\ b,\ k=1,\ 2,\ \cdots,\ c, \end{cases} \tag{9-36}$$

表 9-5 两因素方差分析问题数据

因素 A 各水平/ 因素 B 各水平	B_1	B_2	…	B_b
A_1	$y_{111}\,y_{112}\cdots y_{11c}$	$y_{121}\,y_{122}\cdots y_{12c}$	…	$y_{1b1}\,y_{1b2}\cdots y_{1bc}$
A_2	$y_{211}\,y_{212}\cdots y_{21c}$	$y_{221}\,y_{222}\cdots y_{22c}$	…	$y_{2b1}\,y_{2b2}\cdots y_{2bc}$
⋮	⋮	⋮	…	⋮
A_a	$y_{a11}\,y_{a12}\cdots y_{a1c}$	$y_{a21}\,y_{a22}\cdots y_{a2c}$	…	$y_{ab1}\,y_{ab2}\cdots y_{abc}$

为了做统计分析，我们需要将均值 μ_{ij} 做恰当的分解，为此引入

$$\mu=\frac{1}{ab}\sum_{i=1}^{a}\sum_{j=1}^{b}\mu_{ij},$$

$$\bar{\mu}_{i\cdot}=\frac{1}{b}\sum_{j=1}^{b}\mu_{ij},$$

$$\bar{\mu}_{\cdot j}=\frac{1}{a}\sum_{i=1}^{a}\mu_{ij},$$

$$\alpha_i=\bar{\mu}_{i\cdot}-\mu,\ i=1,\ \cdots,\ a,$$

$$\beta_j=\bar{\mu}_{\cdot j}-\mu,\ j=1,\ \cdots,\ b,$$

$$\gamma_{ij}=\mu_{ij}-\bar{\mu}_{i\cdot}-\bar{\mu}_{\cdot j}+\mu,$$

其中 μ 为总平均，α_i 为因素 A 的水平 A_i 的效应，β_j 为因素 B 的水平 B_j 的效应. γ_{ij} 的意义不是很明显，我们把它改写为

$$\begin{aligned}\gamma_{ij}&=\mu_{ij}-(\bar{\mu}_{i\cdot}-\mu)-(\bar{\mu}_{\cdot j}-\mu)-\mu\\&=(\mu_{ij}-\mu)-\alpha_i-\beta_j,\end{aligned}$$

其中 $\mu_{ij}-\mu$ 反映了水平组合 $(A_i,\ B_j)$ 对指标值的效应.在许多情况下，水平组合 $(A_i,\ B_j)$ 的这种效应并不等于水平 A_i 的效应 α_i 和 B_j 的效应 β_j 之和，称 γ_{ij} 为 A_i 和 B_j 的交互效应.通常将因素 A 和 B 对试验指标的交互效应设想为某一因素的效应，称这个因素为 A 与 B 的交互作用，记为 $A\times B$，易证

$$\sum_{i=1}^{a}\alpha_i=0,\ \sum_{j=1}^{b}\beta_j=0,\ \sum_{i=1}^{a}\sum_{j=1}^{b}\gamma_{ij}=0,$$

引入上述记号之后，就有 $\mu_{ij}=\mu+\alpha_i+\beta_j+\gamma_{ij}$，于是式(9-36)改写为

$$\begin{cases}y_{ijk}=\mu+\alpha_i+\beta_j+\gamma_{ij}+e_{ijk},\\ e_{ijk}\sim N(0,\ \sigma^2),\ i.i.d.\\ \sum_{i=1}^{a}\alpha_i=0,\ \sum_{j=1}^{b}\beta_j=0,\ \sum_{i=1}^{a}\sum_{j=1}^{b}\gamma_{ij}=0,\\ i=1,\ 2,\ \cdots,\ a,\ j=1,\ 2,\ \cdots,\ b,\ k=1,\ 2,\ \cdots,\ c,\end{cases}\tag{9-37}$$

这就是两因素方差分析模型(也称为两向分类模型).

9.2.2 无交互效应情形的回归分析法

假设 $\gamma_{ij}=0,\ i=1,\ 2,\ \cdots,\ a,\ j=1,\ 2,\ \cdots,\ b$，即不存在交互效应.现假定每

种组合下试验次数 $c=1$，于是

$$\mu_{ij}=\mu+\alpha_i+\beta_j,\ i=1,2,\cdots,a,\ j=1,2,\cdots,b.$$

此时，式(9-37)可写为

$$\begin{cases} y_{ij}=\mu+\alpha_i+\beta_j+e_{ij}, \\ e_{ij}\sim N(0,\sigma^2), i.i.d. \\ \sum_{i=1}^{a}\alpha_i=0,\ \sum_{j=1}^{b}\beta_j=0, \\ i=1,2,\cdots,a,\ j=1,2,\cdots,b, \end{cases} \tag{9-38}$$

这就是无交互效应的两因素方差分析模型.我们的目的是要考查各水平对指标的影响有无显著差异，这归结为假设

$$H_1: \alpha_1=\alpha_2=\cdots=\alpha_a=0$$

或

$$H_2: \beta_1=\beta_2=\cdots=\beta_b=0$$

的检验.

现导出检验统计量，记

$$\bar{y}=\frac{1}{ab}\sum_{i=1}^{a}\sum_{j=1}^{b}y_{ij},$$

$$\bar{y}_{i\cdot}=\frac{1}{b}\sum_{j=1}^{b}y_{ij},$$

$$\bar{y}_{\cdot j}=\frac{1}{a}\sum_{i=1}^{a}y_{ij},$$

$$SS_T=\sum_{i=1}^{a}\sum_{j=1}^{b}(y_{ij}-\bar{y})^2,$$

其中 SS_T 为全部试验数据的总变差，称为总平方和.

在无交互效应的线性模型式(9-38)中，若记

$$\boldsymbol{y}^T=(y_{11},y_{12},\cdots,y_{1b},y_{21},\cdots,y_{2b},\cdots,y_{a1},y_{a2},\cdots,y_{ab}),$$

$$\boldsymbol{\delta}^T=(\mu,\alpha_1,\alpha_2,\cdots,\alpha_a,\beta_1,\beta_2,\cdots,\beta_b),$$

$$\boldsymbol{e}^T=(e_{11},e_{12},\cdots,e_{1b},e_{21},\cdots,e_{2b},\cdots,e_{a1},e_{a2},\cdots,e_{ab}),$$

则模型可记为 $y = X\delta + e$. 模型式(9-38)的设计矩阵为

$$X = \begin{bmatrix} \mathbf{1}_b & \mathbf{1}_b & & & I_b \\ \mathbf{1}_b & & \mathbf{1}_b & & I_b \\ \vdots & & & \ddots & I_b \\ \mathbf{1}_b & & & \mathbf{1}_b & I_b \end{bmatrix} = (\mathbf{1}_{ab} \vdots I_a \otimes \mathbf{1}_b \vdots \mathbf{1}_a \otimes I_b), \quad (9-39)$$

由式(9-39)易证：$\mathrm{rk}(X) = a + b - 1$.

注意到

$$X^{\mathrm{T}}X = \begin{bmatrix} \mathbf{1}^{\mathrm{T}}_b & \mathbf{1}^{\mathrm{T}}_b & \cdots & \mathbf{1}^{\mathrm{T}}_b \\ \mathbf{1}^{\mathrm{T}}_b & & & \\ & \mathbf{1}^{\mathrm{T}}_b & & \\ & & \ddots & \\ & & & \mathbf{1}^{\mathrm{T}}_b \\ I_b & I_b & I_b & I_b \end{bmatrix} \begin{bmatrix} \mathbf{1}_b & \mathbf{1}_b & & & I_b \\ \mathbf{1}_b & & \mathbf{1}_b & & I_b \\ \vdots & & & \ddots & I_b \\ \mathbf{1}_b & & & \mathbf{1}_b & I_b \end{bmatrix}$$

$$= \begin{bmatrix} ab & b & b & \cdots & b & a\mathbf{1}^{\mathrm{T}}_b \\ b & b & & & & \mathbf{1}^{\mathrm{T}}_b \\ b & & b & & & \mathbf{1}^{\mathrm{T}}_b \\ & & & \ddots & & \\ b & & & & b & \mathbf{1}^{\mathrm{T}}_b \\ a\mathbf{1}_b & \mathbf{1}_b & \mathbf{1}_b & \cdots & \mathbf{1}_b & aI_b \end{bmatrix}, \quad (9-40)$$

相应的正则方程 $X^{\mathrm{T}}X\delta = X^{\mathrm{T}}y$ 为

$$\begin{cases} ab\mu + b\sum_{i=1}^{a}\alpha_i + a\sum_{j=1}^{b}\beta_j = y_{..}, \\ b\mu + b\alpha_i + \sum_{j=1}^{b}\beta_j = y_{i.}, \ i = 1, 2, \cdots, a, \\ a\mu + \sum_{i=1}^{a}\alpha_i + a\beta_j = y_{.j}, \ j = 1, 2, \cdots, b, \end{cases} \quad (9-41)$$

其中 $y_{..} = \sum_{i=1}^{a}\sum_{j=1}^{b} y_{ij}$, $y_{i.} = \sum_{j=1}^{b} y_{ij}$, $y_{.j} = \sum_{i=1}^{a} y_{ij}$.

因为 $\mathrm{rk}(X) = a + b - 1$，我们只需求任意一组 LS 解.因为未知参数有 $a + b + 1$ 个,需要找另外两个独立方程.现引入如下边界条件

$$\sum_{i=1}^{a}\alpha_i = 0, \quad \sum_{j=1}^{b}\beta_j = 0, \quad (9-42)$$

把这两个条件加入到式(9-41)中,正则方程变为

$$\begin{cases}ab\mu = y_{..},\\ b\mu + b\alpha_i = y_{i.},\ i=1,\ 2,\ \cdots,\ a,\\ a\mu + a\beta_j = y_{.j},\ j=1,\ 2,\ \cdots,\ b,\end{cases} \tag{9-43}$$

由上式可得一组 LS 解

$$\begin{aligned}\hat{\mu} &= \frac{1}{ab}y_{..} = \bar{y}_{..},\\ \hat{\alpha}_i &= \frac{1}{b}y_{i.} - \hat{\mu} = \bar{y}_{i.} - \bar{y}_{..},\ i=1,\ 2,\ \cdots,\ a,\\ \hat{\beta}_j &= \frac{1}{a}y_{.j} - \hat{\mu} = \bar{y}_{.j} - \bar{y}_{..},\ j=1,\ 2,\ \cdots,\ b.\end{aligned} \tag{9-44}$$

设 $\sum_{i=1}^{a}\sum_{j=1}^{b}l_{ij}y_{ij}$ 为 y 的任意线性函数.因为

$$E\left(\sum_{i=1}^{a}\sum_{j=1}^{b}l_{ij}y_{ij}\right) = \mu\left(\sum_{i=1}^{a}\sum_{j=1}^{b}l_{ij}\right) + \sum_{i=1}^{a}\left(\sum_{j=1}^{b}l_{ij}\right)\alpha_i + \sum_{j=1}^{b}\left(\sum_{i=1}^{a}l_{ij}\right)\beta_j,$$

所以,欲使 $E\left(\sum_{i=1}^{a}\sum_{j=1}^{b}l_{ij}y_{ij}\right) = \sum_{i=1}^{a}c_i\alpha_i$,当且仅当对所有 j,满足 $\sum_{i=1}^{a}l_{ij}=0$,且 $\sum_{i=1}^{a}\left(\sum_{j=1}^{b}l_{ij}\right)\alpha_i = \sum_{i=1}^{a}c_i\alpha_i$.于是,$\sum_{i=1}^{a}c_i = \sum_{i=1}^{a}\sum_{j=1}^{b}l_{ij}=0$.这就证明了,若 $\sum_{i=1}^{a}c_i\alpha_i$ 可估,必有 $\sum_{i=1}^{a}c_i=0$. 反过来,易见若 $\sum_{i=1}^{a}c_i=0$,$\sum_{i=1}^{a}c_i\alpha_i$ 必可估. 于是 $\sum_{i=1}^{a}c_i\alpha_i$ 可估 $\Leftrightarrow \sum_{i=1}^{a}c_i\alpha_i$ 为一对照.完全类似地,$\sum_{j=1}^{b}d_j\beta_j$ 可估 $\Leftrightarrow \sum_{j=1}^{d}d_j\beta_j$ 为一对照,以上推证可以总结为以下定理.

定理 9.2 对于两因素方差分析模型式(9-38),

(1) $\sum_{i=1}^{a}c_i\alpha_i$ 可估 $\Leftrightarrow \sum_{i=1}^{a}c_i\alpha_i$ 为一对照,即 $\sum_{i=1}^{a}c_i=0$,相应的 BLU 估计为 $\sum_{i=1}^{a}c_i\hat{\alpha}_i = \sum_{i=1}^{a}c_i\bar{y}_{i.}$.

(2) $\sum_{j=1}^{b}d_j\beta_j$ 可估 $\Leftrightarrow \sum_{j=1}^{b}d_j\beta_j$ 为一对照,即 $\sum_{j=1}^{b}d_j=0$,相应的 BLU 估计为 $\sum_{j=1}^{b}d_j\hat{\beta}_j = \sum_{j=1}^{b}d_j\bar{y}_{.j}$.

例如由此定理，任意 $\alpha_i-\alpha_{i'}$，$\beta_j-\beta_{j'}$ 都是可估函数，它们的 BLU 估计分别为 $\hat{\alpha}_i-\hat{\alpha}_{i'}=\bar{y}_{i\cdot}-\bar{y}_{i'\cdot}$.和 $\hat{\beta}_j-\hat{\beta}_{j'}=\bar{y}_{\cdot j}-\bar{y}_{\cdot j'}$.

9.2.3 假设检验

考虑检验问题

$$H_1: \alpha_1=\alpha_2=\cdots=\alpha_a, \tag{9-45}$$

$$H_2: \beta_1=\beta_2=\cdots=\beta_b. \tag{9-46}$$

我们先导出检验 H_1 的统计量.此时，回归平方和

$$
\begin{aligned}
SS_{\text{reg}}(\mu,\hat{\boldsymbol{\alpha}},\hat{\boldsymbol{\beta}}) &= \hat{\boldsymbol{\delta}}^{\mathrm{T}}\boldsymbol{X}^{\mathrm{T}}\boldsymbol{y} \\
&= (\hat{\mu},\hat{\alpha}_1,\cdots,\hat{\alpha}_a,\hat{\beta}_1,\cdots,\hat{\beta}_b)
\begin{pmatrix}
\mathbf{1}^{\mathrm{T}}_b & \mathbf{1}^{\mathrm{T}}_b & \cdots & \mathbf{1}^{\mathrm{T}}_b \\
\mathbf{1}^{\mathrm{T}}_b & & & \\
 & \mathbf{1}^{\mathrm{T}}_b & & \\
 & & \ddots & \\
 & & & \mathbf{1}^{\mathrm{T}}_b \\
I_b & I_b & I_b & I_b
\end{pmatrix}
\begin{pmatrix}
y_{11} \\ \vdots \\ y_{1b} \\ \vdots \\ y_{a1} \\ \vdots \\ y_{ab}
\end{pmatrix} \\
&= y_{\cdot\cdot}\hat{\mu}+\sum_{i=1}^{a} y_{i\cdot}\hat{\alpha}_i+\sum_{j=1}^{b} y_{\cdot j}\hat{\beta}_j \\
&= \frac{y_{\cdot\cdot}^2}{ab}+\left(\sum_{i=1}^{a}\frac{y_{i\cdot}^2}{b}-\frac{y_{\cdot\cdot}^2}{ab}\right)+\left(\sum_{j=1}^{b}\frac{y_{\cdot j}^2}{a}-\frac{y_{\cdot\cdot}^2}{ab}\right),
\end{aligned} \tag{9-47}
$$

残差平方和

$$
\begin{aligned}
SS_{\text{res}} &= \boldsymbol{y}^{\mathrm{T}}\boldsymbol{y}-SS_{\text{reg}}(\mu,\hat{\boldsymbol{\alpha}},\hat{\boldsymbol{\beta}}) \\
&= \sum_{i=1}^{a}\sum_{j=1}^{b} y_{ij}^2-\frac{y_{\cdot\cdot}^2}{ab}-\left(\sum_{i=1}^{a}\frac{y_{i\cdot}^2}{b}-\frac{y_{\cdot\cdot}^2}{ab}\right)-\left(\sum_{j=1}^{b}\frac{y_{\cdot j}^2}{a}-\frac{y_{\cdot\cdot}^2}{ab}\right),
\end{aligned} \tag{9-48}
$$

其自由度为 $ab-(a+b-1)=(a-1)(b-1)$. 上式也可以变形为

$$SS_{\text{res}}=\sum_{i=1}^{a}\sum_{j=1}^{b}(y_{ij}-\bar{y}_{i\cdot}-\bar{y}_{\cdot j}+\bar{y}_{\cdot\cdot})^2, \tag{9-49}$$

于是 σ^2 的无偏估计为

$$\hat{\sigma}^2=\frac{SS_{\text{res}}}{(a-1)(b-1)}\overset{\text{def}}{=\!=}\mathrm{MS}_e. \tag{9-50}$$

若 H_1 为真，则诸 α_i 相等.设其公共值为 α，将此 α 并入总平均值 μ，得到简约模型

$$y_{ij}=\mu+\beta_j+e_{ij},\ i=1,\ 2,\ \cdots,\ a,\ j=1,\ 2,\ \cdots,\ b, \tag{9-51}$$

利用第 9.1 节的结果，立得 μ 和 β_j，$j=1,\ \cdots,\ b$ 的一组 LS 解

$$\hat{\mu}_{H_1}=\frac{1}{ab}y_{..}\overset{\text{def}}{=}\bar{y}_{..},$$

$$\hat{\beta}_{j,\ H_1}=\frac{1}{a}y_{.j}-\frac{y_{..}}{ab}=\bar{y}_{.j}-\bar{y}_{..},\ j=1,\ 2,\ \cdots,\ b, \tag{9-52}$$

于是可以算出对应的 μ 和 β_1，β_2，$\cdots$，β_a 的回归平方和

$$SS_{\text{reg}}(\mu,\ \hat{\boldsymbol{\beta}})=\hat{\mu}_{H_1}y_{..}+\sum_{j=1}^{b}\hat{\beta}_{j,\ H_1}y_{.j}=\frac{y_{..}^2}{ab}+\left[\sum_{j=1}^{b}\frac{y_{.j}^2}{a}-\frac{y_{..}^2}{ab}\right]. \tag{9-53}$$

由式(9-47)和式(9-53)得到因素 A 的平方和为

$$SS_A=SS_{\text{reg}}(\mu,\ \alpha,\ \beta)-SS_{\text{reg}}(\mu,\ \beta)=\sum_{i=1}^{a}\frac{y_{i.}^2}{b}-\frac{y_{..}^2}{ab}=\sum_{i=1}^{a}\sum_{j=1}^{b}(\bar{y}_{i.}-\bar{y}_{..})^2, \tag{9-54}$$

SS_A 的自由度为 $a-1$.假设 H_1 的 F 统计量为

$$F_1=\frac{SS_A/(a-1)}{SS_e/(a-1)(b-1)}=\frac{\text{MS}_A}{\text{MS}_e}, \tag{9-55}$$

当 H_1 为真时，$F_1\sim F_{a-1,\ (a-1)(b-1)}$.

于是当 H_1 成立时

$$F_A=\frac{SS_A/(a-1)}{SS_E/(a-1)(b-1)}\sim F_{a-1,\ (a-1)(b-1)}, \tag{9-56}$$

它可以用来检验假设 H_1.对给定的水平 α，当 $F_A>F_{b-1,\ (a-1)(b-1)}(\alpha)$ 时，拒绝原假设，认为因素 A 的 a 个水平的效应有显著差异.

完全类似地，当 H_2 成立时，

$$F_B=\frac{SS_B/(b-1)}{SS_E/(a-1)(b-1)}\sim F_{b-1,\ (a-1)(b-1)}, \tag{9-57}$$

它可以用来检验假设 H_2.相应的方差分析表见表 9-6.

表 9-6 无交互效应的两因素方差分析表

方差来源	平方和	自由度	均 方	F 比
因素 A	SS_A	$a-1$	$MS_A=\dfrac{SS_A}{a-1}$	$F_A=\dfrac{MS_A}{MS_e}$
因素 B	SS_B	$b-1$	$MS_B=\dfrac{SS_B}{b-1}$	$F_B=\dfrac{MS_B}{MS_e}$
误 差	SS_e	$(a-1)(b-1)$	$MS_e=\dfrac{SS_e}{(a-1)(b-1)}$	
总 和	SS_T	$ab-1$		

同单因素方差分析模型总离差平方和依逐次回归分解方法，我们有

$$\begin{aligned}SS_{\text{Tol}}&=SS_{\text{reg}}(\mu,\alpha,\beta)+SS_{\text{res}}\\&=SS_{\text{reg}}(\mu)+[SS_{\text{reg}}(\mu,\beta)-SS_{\text{reg}}(\mu)]+\\&\quad[SS_{\text{reg}}(\mu,\alpha,\beta)-SS_{\text{reg}}(\mu,\beta)]+SS_{\text{res}}\\&=SS_{\text{reg}}(\mu)+SS_B+SS_A+SS_{\text{res}},\end{aligned}\tag{9-58}$$

移项整理即得

$$SS_{\text{T}}=SS_{\text{Tol}}-SS_{\text{reg}}(\mu)=SS_A+SS_B+SS_e,\tag{9-59}$$

其中

$$SS_e=\sum_{i=1}^{a}\sum_{j=1}^{b}(y_{ij}-\bar{y}_{i.}-\bar{y}_{.j}+\bar{y})^2,$$

$$SS_A=\sum_{i=1}^{a}b(\bar{y}_{i.}-\bar{y})^2,$$

$$SS_B=\sum_{j=1}^{b}a(\bar{y}_{.j}-\bar{y})^2,$$

SS_A 称为因素 A 的平方和，SS_B 称为因素 B 的平方和.至于 SS_e 可以这样来理解，因为

$$SS_e=SS_T-SS_A-SS_B,\tag{9-60}$$

在我们所考虑的两因素问题中，除了因素 A 与 B 之外，剩余的再没有其他系统性因素的影响，因此从总平方和中减去 SS_A 和 SS_B 之后，剩下的数据变差只能归于随机误差，故 SS_e 反映了试验的随机误差.

本节中推导总平方和分解式(9-25)和式(9-59)的方法,称为"离差平方和逐次回归分解法",它是方差分析构造检验统计量的重要方法.

例 9.5 在软件管理数据集中,有 4 种应用程序类型,3 种人员的工具技能,问各种应用程序类型之间及不同的人员工具技能对工作投入量是否有无显著差异?

解 我们在显著性水平 $\alpha=0.05$ 下检验

$$H_1: \alpha_1=\alpha_2=\alpha_3=\alpha_4=0,$$

$$H_2: \beta_1=\beta_2=\beta_3=0.$$

利用 SPSS 中的一般线性模型,得表 9-7。我们看到,当考虑两个因素时,因为因素 app 的概率 $=0.724>0.05$,所以接受 H_1,认为"应用程序类型"对工作量投入没有显著影响.又因为因素 t14 的概率 $=0.001<0.05$,所以拒绝 H_2,即各种不同"人员的工具技能"对应的工作量投入之间有显著差异.

如果经 F_A 检验,H_1 被拒绝,那么我们认为因素 A 的 a 个水平效应 α_1, α_2, …, α_a 不完全相同.此时要做$[\alpha_i-\alpha_t]$的区间估计.

因为 $y_{ij}\sim N(\mu+\alpha_i+\beta_j,\sigma^2)$,利用 $\sum_{j=1}^{b}\beta_j=0$ 及正态分布的性质,可以证明

$$\bar{y}_{i\cdot}\sim N\left(\mu+\alpha_i,\frac{\sigma^2}{b}\right),\ i=1,\cdots,a,$$

表 9-7 工作投入量的对数值的方差分析表

方差来源	平方和	自由度	均 方	F 比	P 值
模型	2 476.430	6	412.738	552.541	0.000
app	0.992	3	0.331	0.443	0.724
t14	13.213	2	6.606	8.844	0.001
误差	20.916	28	0.747		
总和	2 497.346	34			
	$R^2=0.992$		$R^2_{adj}=0.990$		

注:表 9-7 为软件输出,格式与表 9-6 略有差异.

于是

$$\bar{y}_{i\cdot}-\bar{y}_{t\cdot}\sim N\left(\alpha_i-\alpha_t,\frac{2\sigma^2}{b}\right), \tag{9-61}$$

用

$$\hat{\sigma}^2 = \frac{SS_e}{(a-1)(b-1)},$$

作为 σ^2 的估计，可以得到对固定的 i，t，$\alpha_i - \alpha_t$ 的置信系数 $1-\alpha$ 的置信区间为

$$\left[(\bar{y}_{i\cdot} - \bar{y}_{t\cdot}) - \hat{\sigma}\sqrt{\frac{2}{b}}\, t_{(a-1)(b-1)}\left(\frac{\alpha}{2}\right),\ (\bar{y}_{i\cdot} - \bar{y}_{t\cdot}) + \hat{\sigma}\sqrt{\frac{2}{b}}\, t_{(a-1)(b-1)}\left(\frac{\alpha}{2}\right)\right], \tag{9-62}$$

如果这个区间包括零，则表明我们可以以概率 $1-\alpha$ 断言 α_i 与 α_j 没有显著差异. 如果整个区间落在零的左边，则我们以概率 $1-\alpha$ 断言 α_i 小于 α_j. 相反，如果整个区间落在零的右边，则我们以概率 $1-\alpha$ 断言 α_i 大于 α_j.

m 个效应之差 $\alpha_i - \alpha_t$ 的置信系数为 $1-\alpha$ 的同时置信区间为

$$\left[(\bar{y}_{i\cdot} - \bar{y}_{t\cdot}) - \hat{\sigma}\sqrt{\frac{2}{b}}\, t_{(a-1)(b-1)}\left(\frac{\alpha}{2m}\right),\ (\bar{y}_{i\cdot} - \bar{y}_{t\cdot}) + \hat{\sigma}\sqrt{\frac{2}{b}}\, t_{(a-1)(b-1)}\left(\frac{\alpha}{2m}\right)\right]. \tag{9-63}$$

如果经 F_B 检验，H_2 被拒绝，用与上面完全类似的方法，$\beta_i - \beta_q$ 的置信系数 $1-\alpha$ 的置信区间

$$\left[(\bar{y}_{\cdot j} - \bar{y}_{\cdot q}) - \hat{\sigma}\sqrt{\frac{2}{a}}\, t_{(a-1)(b-1)}\left(\frac{\alpha}{2}\right),\ (\bar{y}_{\cdot j} - \bar{y}_{\cdot q}) + \hat{\sigma}\sqrt{\frac{2}{a}}\, t_{(a-1)(b-1)}\left(\frac{\alpha}{2}\right)\right], \tag{9-64}$$

m 个效应之差 $\beta_i - \beta_q$ 的置信系数为 $1-\alpha$ 的同时置信区间为

$$\left[(\bar{y}_{\cdot j} - \bar{y}_{\cdot q}) - \hat{\sigma}\sqrt{\frac{2}{a}}\, t_{(a-1)(b-1)}\left(\frac{\alpha}{2m}\right),\ (\bar{y}_{\cdot j} - \bar{y}_{\cdot q}) + \hat{\sigma}\sqrt{\frac{2}{a}}\, t_{(a-1)(b-1)}\left(\frac{\alpha}{2m}\right)\right].$$

9.2.4 有交互效应的检验

当考虑因素 A，B 间的交互作用 $A \times B$ 时，在各水平组合下需要做重复试验，设每种组合下试验次数均为 $c(c>1)$，此时对应的模型就是式(9-37). 在这样的模型中，效应 α_i 并不能反映水平 A_i 的优劣. 这是因为在交互效应存在的情况下，因素水平 A_i 的优劣还与因素 B 的水平有关系. 对不同的 B_j，A_i 的优劣也

不相同.因此,对这样的模型,检验 $\alpha_1=\cdots=\alpha_a=0$ 与检验 $\beta_1=\cdots=\beta_b=0$ 没有实际意义.然而一个重要的检验问题是交互效应是否存在的检验,即检验

$$H_3: \gamma_{ij}=0,\ i=1,\ 2,\ \cdots,\ a,\ j=1,\ 2,\ \cdots,\ b.$$

现导出检验统计量,记

$$\bar{y}=\frac{1}{abc}\sum_{i=1}^{a}\sum_{j=1}^{b}\sum_{k=1}^{c}y_{ijk},$$

$$\bar{y}_{ij\cdot}=\frac{1}{c}\sum_{k=1}^{c}y_{ijk},$$

$$\bar{y}_{i\cdot\cdot}=\frac{1}{bc}\sum_{j=1}^{b}\sum_{k=1}^{c}y_{ijk},$$

$$\bar{y}_{\cdot j\cdot}=\frac{1}{ac}\sum_{i=1}^{a}\sum_{k=1}^{c}y_{ijk},$$

$$SS_{\mathrm{T}}=\sum_{i=1}^{a}\sum_{j=1}^{b}\sum_{k=1}^{c}(y_{ijk}-\bar{y})^2,$$

其中 SS_{T} 为全部试验数据的总变差,称为总平方和,对其进行分解

$$\begin{aligned}SS_{\mathrm{T}}&=\sum_{i=1}^{a}\sum_{j=1}^{b}\sum_{k=1}^{c}(y_{ijk}-\bar{y})^2\\&=\sum_{i=1}^{a}\sum_{j=1}^{b}\sum_{k=1}^{c}(y_{ijk}-\bar{y}_{ij\cdot}+\bar{y}_{i\cdot\cdot}-\bar{y}+\bar{y}_{\cdot j\cdot}-\bar{y}+\bar{y}_{ij\cdot}-\bar{y}_{i\cdot\cdot}-\bar{y}_{\cdot j\cdot}+\bar{y})^2\\&=\sum_{i=1}^{a}\sum_{j=1}^{b}\sum_{k=1}^{c}(y_{ijk}-\bar{y}_{ij\cdot})^2+bc\sum_{i=1}^{a}(\bar{y}_{i\cdot\cdot}-\bar{y})^2+\\&\quad ac\sum_{j=1}^{b}(\bar{y}_{\cdot j\cdot}-\bar{y})^2+c\sum_{i=1}^{a}\sum_{j=1}^{b}(\bar{y}_{ij\cdot}-\bar{y}_{i\cdot\cdot}-\bar{y}_{\cdot j\cdot}+\bar{y})^2\\&=SS_e+SS_A+SS_B+SS_{A\times B},\end{aligned}\qquad(9-65)$$

可以验证,在上述平方和分解中交叉项均为 0.其中

$$SS_e=\sum_{i=1}^{a}\sum_{j=1}^{b}\sum_{k=1}^{c}(y_{ijk}-\bar{y}_{ij\cdot})^2,$$

$$SS_A=bc\sum_{i=1}^{a}(\bar{y}_{i\cdot\cdot}-\bar{y})^2,$$

$$SS_B=ac\sum_{j=1}^{b}(\bar{y}_{\cdot j\cdot}-\bar{y})^2,$$

$$SS_{A\times B}=c\sum_{i=1}^{a}\sum_{j=1}^{b}(\bar{y}_{ij\cdot}-\bar{y}_{i\cdot\cdot}-\bar{y}_{\cdot j\cdot}+\bar{y})^2,$$

称 SS_A 为因素 A 的平方和，SS_B 为因素 B 的平方和，$SS_{A\times B}$ 为交互作用的平方和(或格间平方和)，SS_e 为误差平方和.

与前面的讨论方法类似，可以证明，当 H_3 成立时，

$$F_{A\times B}=\frac{SS_{A\times B}/(a-1)(b-1)}{SS_e/ab(c-1)}\sim F_{(a-1)(b-1),\ ab(c-1)}, \tag{9-66}$$

据此统计量，可以检验 H_3.

如果经检验 H_3 被接受，我们就认为交互效应不存在.这时我们可进一步检验因素 A 的各个水平的效应是否有显著差异，也可以检验因素 B 的各个水平效应是否有显著差异.相应的方差分析见表 9-8.

表 9-8　关于交互效应的两因素方差分析表

方差来源	平方和	自由度	均　方	F 比
因素 A	SS_A	$a-1$	$MS_A=\dfrac{SS_A}{a-1}$	$F_A=\dfrac{MS_A}{MS_e}$
因素 B	SS_B	$b-1$	$MS_B=\dfrac{SS_B}{b-1}$	$F_B=\dfrac{MS_B}{MS_e}$
交互效应 $A\times B$	$SS_{A\times B}$	$(a-1)(b-1)$	$MS_{A\times B}=\dfrac{SS_{A\times B}}{(a-1)(b-1)}$	$F_{A\times B}=\dfrac{MS_{A\times B}}{MS_e}$
误　差	SS_e	$ab(c-1)$	$MS_e=\dfrac{SS_e}{ab(c-1)}$	
总　和	SS_T	$abc-1$		

例 9.6　在例 4.3 中的软件项目数据集中，有 4 种应用程序类型，3 种人员的工具技能.问各种应用程序类型与不同的人员工具技能的交互作用对工作量投入是否有显著差异?

解　我们在显著性水平 $\alpha=0.05$ 下检验，

$$H_3:\gamma_{ij}=0,$$

$$i=1,\ 2,\ 3,\ 4,\ j=1,\ 2,\ 3.$$

由表 9-9 我们看到，当考虑两个因素时，因为 app * t14 的概率 $=0.749>$

0.05，所以接受 H_3，认为应用程序类型与人员工具技能的交互作用对工作量投入没有显著差异。

表 9－9 工作投入量的对数值的方差分析表

方差来源	平方和	自由度	均 方	F 比	P 值
模 型	2 477.985	10	247.799	307.175	0.000
app	0.398	3	0.133	0.165	0.919
t14	6.301	2	3.150	3.905	0.034
app * t14	1.555	4	0.389	0.482	0.749
误 差	19.361	24	0.807		
总 和	2 497.346	34			
	$R^2=0.992$		$R^2_{adj}=0.989$		

注：表 9－9 为软件输出，格式与表 9－6 略有差异.

9.3 正交试验设计与方差分析

当因素较多时，全面试验次数的增加会随着因素及水平个数的增加而显著增加.例如，3 因素 4 水平的试验问题，所有不同水平的组合有 $4^3=64$ 种，在每一种组合下只进行一次试验，也需要 64 次.如果考虑更多的因素及水平，试验的次数会大得惊人.因此在实际应用中，对于多个因素做全面试验是不现实的.于是我们考虑是否可以选择其中一部分组合进行试验，这就要用到试验设计方法选择合理的试验方案，使得试验次数不多，但也能得到比较满意的结果.

9.3.1 用正交表安排试验

正交表是一系列规格化的表格，每个表都有一个记号，如 $L_8(2^7)$，$L_9(3^4)$等(见表 9－10 和表 9－11).以 $L_9(3^4)$为例，L 表示正交表，9 是正交表的行数，表示需要做的试验次数.4 是正交表的列数，表示最多可以安排的因素的个数.3 是因素水平数，表示此表可以安排 3 水平的试验.

表 9-10　正交表 $L_8(2^7)$

试验号/列号	1	2	3	4	5	6	7
1	1	1	1	2	2	1	2
2	2	1	2	2	1	1	1
3	1	2	2	2	2	2	1
4	2	2	1	2	1	2	2
5	1	1	2	1	1	2	2
6	2	1	1	1	2	2	1
7	1	2	1	1	1	1	1
8	2	2	2	1	2	1	2

表 9-11　正交表 $L_9(3^4)$

试验号/列号	1	2	3	4
1	1	1	3	2
2	2	1	1	1
3	3	1	2	3
4	1	2	2	1
5	2	2	3	3
6	3	2	1	2
7	1	3	1	3
8	2	3	2	2
9	3	3	3	1

正交表一般具有以下特点：

(1) 每列中数字出现的次数相同，如 $L_9(3^4)$表每列中数字 1,2,3 均出现 3 次.$L_8(2^7)$表每列中数字 1,2 均出现 4 次.

(2) 任取两列数字的搭配是均衡的，如 $L_9(3^4)$表里每两列中(1, 1), (1, 2), …, (3, 3), 9 种组合各出现一次.$L_8(2^7)$表里每两列中(1, 1), (1, 2), (2, 1)和(2, 2)，各出现两次.

这种均衡性使得根据正交表安排的试验，其试验结果具有很好的可比性，易于进行统计分析.

例 9.7　为提高某种化学产品的转化率(%)，考虑 3 个有关因素；反应温度 A，反应时间 B 和催化剂的含量 C.各因素选取 3 个水平，具体见表 9-12.

表 9-12 转化率试验因素水平表

水平/因素	温度 A/℃	时间 B/min	催化剂含量 C/%
1	80	90	5
2	85	120	6
3	90	150	7

如果做全面试验，则需要 $3^3=27$ 次.若用正交表 $L_9(3^4)$，仅做 9 次试验.将 3 个因素 A,B,C 分别放在 $L_9(3^4)$表的任意 3 列上，如将 A,B 分别放在第 1, 2 列上，C 放在第 4 列上.将表中 A,B,C 所在的 3 列上的数字 1,2,3 分别用相应的因素水平去代替，得 9 次试验方案，以上工作称为表头设计.再将 9 次试验结果转化率数据列于表 9-13 上，并在表 9-13 上进行计算.

表 9-13 中各列的 K_1,K_2,K_3值分别是对应因素第一，二，三水平的试验指标值之和.如因素 A，$K_1=31+53+57=141$，它是在 9 次试验中，所有 A 在第一水平(即 80℃)时试验所得转化率之和.类似地 $K_2=54+49+62=165$ 和$K_3=38+42+64=144$ 分别是 A 所有在第二水平(即 85℃)和在第三水平(即 90℃)时试验所得转化率之和.各列的 k_1,k_2,k_3分别是本列的 K_1,K_2,K_3分别除以 3 得到的平均转化率.如对 A 有$k_1=141/3=47$，$k_2=165/3=55$，$k_3=144/3=48$.

表 9-13 转化率试验的正交表

试验号/因素	反应温度 A	反应时间 B	催化剂含量 C	转 化 率
1	80(1)	90(1)	6(2)	31
2	85(2)	90(1)	5(1)	54
3	90(3)	90(1)	7(3)	38
4	80(1)	120(2)	5(1)	53
5	85(2)	120(2)	7(3)	49
6	90(3)	120(2)	6(2)	42
7	80(1)	150(3)	7(3)	57
8	85(2)	150(3)	6(2)	62
9	90(3)	150(3)	5(1)	64
K_1	141	123	171	
K_2	165	144	135	
K_3	144	183	144	
k_1	47	41	**57**	
k_2	**55**	48	45	
k_3	48	**61**	48	

在这个试验中，指标转化率是愈高愈好，经过直观比较各因素的 k_1，k_2 和 k_3，水平组合$(A_2, B_3, C_1)=(85℃, 150\ \text{min}, 5\%)$应是最好的试验条件.需要注意的是，这个试验水平的组合，是已经做过的 9 次试验中没有出现过的.它是否真正符合客观实际，还需要通过试验或生产实际来检验.

9.3.2 正交试验的方差分析

以上正交试验数据也可以用线性模型来描述.以 a_i，b_j，c_k 分别表示 A_i，B_j，C_k 水平的效应，μ 为总平均，y_i 为第 i 次试验结果，则本节例题 9.7 可以用下面的线性模型来描述：

$$\begin{cases} y_1=\mu+a_1+b_1+c_2+\epsilon_1, \\ y_2=\mu+a_2+b_1+c_1+\epsilon_2, \\ y_3=\mu+a_3+b_1+c_3+\epsilon_3, \\ y_4=\mu+a_1+b_2+c_1+\epsilon_4, \\ y_5=\mu+a_2+b_2+c_3+\epsilon_5, \\ y_6=\mu+a_3+b_2+c_2+\epsilon_6, \\ y_7=\mu+a_1+b_3+c_3+\epsilon_7, \\ y_8=\mu+a_2+b_3+c_2+\epsilon_8, \\ y_9=\mu+a_3+b_3+c_1+\epsilon_9, \\ \epsilon_i \sim N(0, \sigma^2),\ i.i.d.,\ i=1, \cdots, 9, \\ \sum_{i=1}^{3} a_i=0,\ \sum_{j=1}^{3} b_j=0,\ \sum_{k=1}^{3} c_k=0, \end{cases} \tag{9-67}$$

对此模型考虑如下 3 种假设的检验问题：

$$H_1: a_1=a_2=a_3=0, \tag{9-68}$$

$$H_2: b_1=b_2=b_3=0, \tag{9-69}$$

$$H_3: c_1=c_2=c_3=0. \tag{9-70}$$

若 H_1成立，则说明因素 A 的 3 个水平对指标 y 的影响无显著差异.若 H_2(或 H_3)成立，则说明因素 B(或 C)的 3 个水平对指标 y 的影响无显著差异.

若在正交表中总的试验次数为 n，n 次试验的结果分别记为 y_1，y_2，…，y_n.设因素有 m 个，每个因素取 a 个水平，每个水平作了 r 次试验，则 $n=ra$，总平方和为

$$SS_T=\sum_{i=1}^{n}(y_i-\bar{y})^2=\sum_{i=1}^{n}y_i^2-n\bar{y}^2. \tag{9-71}$$

记 $\bar{y}=\dfrac{1}{n}\sum_{i=1}^{n}y_i$，为试验数据的总平均.与前面两节讨论相似，可将 SS_T分解为

$$SS_T=SS_e+SS_1+SS_2+\cdots+SS_m, \tag{9-72}$$

其中 SS_e为误差平方和，SS_i为第 i 个因素的平方和.下面给出式(9－72)各平方和的具体计算公式.

例如计算因素 A 的平方和，设将因素 A 安排在正交表的第 l 列上，此时将试验看作单因素 A 的试验.用 y_{ij}表示因素 A 的第 j 水平的第 i 个试验值，$i=1, 2, \cdots, r, j=1, 2, \cdots, a$，则

$$\sum_{i=1}^{r}\sum_{j=1}^{a}y_{ij}=\sum_{i=1}^{n}y_i,$$

于是由单因素方差分析知

$$SS_A=r\sum_{j=1}^{a}(K_j^A-\bar{y})^2, \tag{9-73}$$

其中 K_j^A表示因素 A 的第 j 水平的试验值之和(从正交表的第 l 列上可以算出).

在式(9－73)中的 A 代表所考虑的任何一个因素.如前所设共有 m 个这样的因素，所以我们可得到 m 个平方和 $SS_1, SS_2, \cdots, SS_m$.而

$$SS_e=SS_T-\sum_{i=1}^{m}SS_i,$$

记 f_T和 f_e分别为总平方和及误差平方和的自由度，而用 f_i表示第 i 个因子平方和的自由度，则各平方和的自由度分别为

$$\begin{aligned}
f_T&=\text{总试验次数}-1=n-1,\\
f_i&=\text{因素水平数}-1=a-1,\ i=1, 2, \cdots, m,\\
f_e&=f_T-\text{各因素自由度之和},\\
&=f_T-\sum_{i=1}^{m}f_i=n-m(a-1)-1.
\end{aligned}$$

可以证明，当第 i 个因素的各水平效应相等时

$$F_i=\frac{SS_i/f_i}{SS_e/f_e}\sim F_{a-1,\ n-m(a-1)-1},$$

于是 F_i 可以用作检验第 i 个因素诸水平对试验指标 y 的影响有无显著差异的统计量.其方差分析见表 9-14.

表 9-14　正交试验设计的方差分析表

方差来源	平方和	自由度	均　方	F 比
因素 1	SS_1	$a-1$	$MS_1=\dfrac{SS_1}{a-1}$	$F_1=\dfrac{MS_1}{MS_e}$
因素 2	SS_2	$a-1$	$MS_2=\dfrac{SS_2}{a-1}$	$F_B=\dfrac{MS_2}{MS_e}$
⋮	⋮	⋮	⋮	⋮
因素 m	SS_m	$a-1$	$MS_m=\dfrac{SS_m}{a-1}$	$F_B=\dfrac{MS_m}{MS_e}$
误　差	SS_e	$n-m(a-1)-1$	$MS_e=\dfrac{SS_e}{n-m(a-1)-1}$	
总　和	SS_T	$n-1$		

例 9.8　对正交试验进行方差分析

总平方和

$$SS_T=\sum_{i=1}^{9}y_i^2-9\times\bar{y}^2,$$

$$\sum_{i=1}^{9}y_i^2=31^2+54^2+\cdots+64^2=23\,484,$$

$$\bar{y}=\frac{1}{9}(31+54+\cdots+64)=\frac{1}{9}\times450=50.$$

各平方和分别为

$$SS_T=23\,484-9\times50^2=984,$$

$$SS_A=\frac{1}{3}(141^2+165^2+144^2)-\frac{1}{9}\times450^2=114,$$

$$SS_B=\frac{1}{3}(123^2+144^2+183^2)-\frac{1}{9}\times450^2=618,$$

$$SS_C = \frac{1}{3}(171^2 + 135^2 + 144^2) - \frac{1}{9} \times 450^2 = 234,$$

$$SS_e = 984 - 114 - 618 - 234 = 18.$$

各平方和相应的自由度分别为

$$f_T = 9 - 1 = 8,\ f_A = f_B = f_C = 3 - 1 = 2,$$

$$f_e = 9 - 3(3 - 1) - 1 = 2.$$

将计算结果列于方差分析表 9 - 15.

表 9 - 15　转化率试验方差分析表

方差来源	平方和	自由度	均　方	F 比
A	114	2	57	6.33
B	618	2	309	34.33
C	234	2	117	13.00
误　差	18	2	9	
总　和	984	8		

查 F 分布表的临界值，$F_{2,2}(0.05)=19$，$F_{2,2}(0.1)=9$. 可见因素 B,C 的各水平对指标值 y 的影响有显著差异，而因素 A 的各水平对 y 的影响无显著差异.

习　题　9

1. 证明定理 9.1.

2. 表 9 - 16 记录了 3 个应用程序类型中各 15 个软件项目作业控制语言(job control language，JCL)的使用百分比.

表 9 - 16　JCL 使用百分比数据

事务部门数据库	客户互联服务	核心银行业务系统
38	54	12
24	0	52

续 表

事务部门数据库	客户互联服务	核心银行业务系统	
2	90	90	
43	0	74	
60	30	64	
100	33	55	
63	21	13	
55	68	49	
9	58	12	
62	56	31	
55	89	39	
37	84	49	
37	96	31	
35	79	35	
95	31	53	
组均值=47.67	52.60	43.93	样本均值=48.07
组方差=737.38	1 033.11	513.21	组方差的均值=761.23

(1) 使用 SAS 统计软件导出该数据集的方差分析表，并在显著性水平 $\alpha=0.05$ 下，检验这 3 个应用程序类型的 JCL 使用的平均百分比之间是否存在显著差异？

(2) 列出 3 个应用程序类型的 JCL 使用平均百分比之间差异的置信水平为 95%的置信区间.

3. 对无交互效应两向分类模型式(9－38)，引入相同的矩阵向量符号，记 $J_m=\mathbf{1}_m\mathbf{1}^{\mathrm{T}}_m$，$\bar{J}_a=\dfrac{1}{m}J_m$，则易得 $\bar{J}_{ab}=\bar{J}_a\otimes\bar{J}_b$. 证明

$$SS_{\mathrm{T}}=\sum_{i=1}^{a}\sum_{j=1}^{b}(y_{ij}-\bar{y}_{..})^2=\boldsymbol{y}^{\mathrm{T}}[I_{ab}-\bar{J}_{ab}]\boldsymbol{y};$$

$$SS_{\mathrm{A}}=\sum_{i=1}^{a}\frac{y_{i\cdot}^2}{b}-\frac{y_{\cdot\cdot}^2}{ab}=\boldsymbol{y}^{\mathrm{T}}[(I_a-\bar{J}_a)\otimes\bar{J}_b]\boldsymbol{y};$$

$$SS_B=\sum_{j=1}^{b}\frac{y_{\cdot j}^2}{a}-\frac{y_{\cdot\cdot}^2}{ab}=\boldsymbol{y}^{\mathrm{T}}[\bar{J}_a\otimes(I_b-\bar{J}_b)]\boldsymbol{y};$$

$$SS_e=\sum_{i=1}^{a}\sum_{j=1}^{b}(y_{ij}-\bar{y}_{i.}-\bar{y}_{.j}+\bar{y}_{..})^2=\boldsymbol{y}^{\mathrm{T}}[(I_a-\bar{J}_a)\otimes(I_b-\bar{J}_b)]\boldsymbol{y}.$$

4. 对有交互效应两向分类模型式(9-37)，引入相同的矩阵向量符号，符号$\bar{J}_m$同上，证明：

$$SS_{\mathrm{T}}=\sum_{i=1}^{a}\sum_{j=1}^{b}\sum_{k=1}^{c}y_{ijk}^2-\frac{y_{...}^2}{abc}=\boldsymbol{y}^{\mathrm{T}}[I_{abc}-\bar{J}_{abc}]\boldsymbol{y};$$

$$SS_A=\sum_{i=1}^{a}\sum_{j=1}^{b}\sum_{k=1}^{c}(\bar{y}_{i..}-\bar{y}_{...})^2=\boldsymbol{y}^{\mathrm{T}}[(I_a-\bar{J}_a)\otimes\bar{J}_{bc}]\boldsymbol{y};$$

$$SS_B=\sum_{i=1}^{a}\sum_{j=1}^{b}\sum_{k=1}^{c}(\bar{y}_{.j.}-\bar{y}_{...})^2=\boldsymbol{y}^{\mathrm{T}}[\bar{J}_a\otimes(I_b-\bar{J}_b)\otimes\bar{J}_c]\boldsymbol{y};$$

$$SS_{A\times B}=\sum_{i=1}^{a}\sum_{j=1}^{b}\sum_{k=1}^{c}(\bar{y}_{ij.}-\bar{y}_{i..}-\bar{y}_{.j.}+\bar{y}_{...})^2=\boldsymbol{y}^{\mathrm{T}}[(I_a-\bar{J}_a)\otimes(I_b-\bar{J}_b)\otimes\bar{J}_c]\boldsymbol{y};$$

$$SS_e=\sum_{i=1}^{a}\sum_{j=1}^{b}\sum_{k=1}^{c}(y_{ijk}-\bar{y}_{ij.})^2=\boldsymbol{y}^{\mathrm{T}}[I_a\otimes I_b\otimes(I_c-\bar{J}_c)]\boldsymbol{y}.$$

5. 利用上题的结果，对有交互效应两向分类模型式(9-37)，利用离差平方和逐次回归分解法推导式(9-65)，并证明式(9-66).

6. 按一天中用电时段确定收费标准，用电客户在用电低峰时段用电价格较低.一项调查旨在度量客户对几个按一天中用电时段确定收费的方案的满意程度.实验考察两个因素，高峰时段价格与低峰时段用电价格的比率以及用电高峰时段的长度，每一个因素都分成3种水平.价格比率和高峰时段长度的$3\times3=9$种组合表示9种用电收费方案.对每一种定价方案，随机选择用电客户并询问其对方案的满意程度打分，分值范围从10至38分，其中38分表示非常满意.假设对每一套方案抽取4名用户进行调查，表9-17汇总了这些用户的满意度评分结果.

(1) 使用SAS统计软件导出该数据集的方差分析表.

(2) 计算9个方案的用电客户满意度指标均值.

(3) 在显著性水平$\alpha=0.05$下，检验价格比率与高峰时段长度是否存在交互效应？

(4) 在显著性水平$\alpha=0.05$下，检验3个高峰时段长度下用电客户的满意度是否存在显著差异？

(5) 用SAS软件列出9小时高峰时段长度和2：1价格比率下，用电客户满意度的置信水平为 95%的置信区间.

(6) 用 SAS 软件列出 8∶1 价格比率下，对应不同小时高峰时段长度用电客户满意度差异的置信水平为 95%的置信区间.

表 9-17 按一天中用电时段确定收费标准

		价格比率					
		2∶1		4∶1		8∶1	
高峰时段长度	6 小时	25	28	31	29	24	28
		26	27	26	27	25	26
	9 小时	26	27	25	24	33	28
		29	30	30	26	25	27
	12 小时	22	20	33	27	30	31
		25	21	25	27	26	27

(7) 你也可以不使用本书提供的案例，而从网络上收集你感兴趣领域的相关数据进行相应的两因素方差分析实验.

7. 在第 3 题中，设误差服从正态分布 $N(0, \sigma^2)$，求 SS_T，SS_A，SS_B，SS_e 所服从的分布及其数学期望，并进一步解释式(9-29)中检验统计量 F 的实际含义.

10　协方差分析模型

线性回归模型所涉及的自变量一般是取连续值的定量型变量，设计阵 $\boldsymbol{X}$ 的元素 x_{ij} 一般取连续值.而在方差分析模型中，设计阵 $\boldsymbol{X}$ 的元素 x_{ij} 是定性型变量，只可取 0，1 两个值.协方差分析模型（covariance analysis model）是线性回归模型和方差分析模型的混合.模型中的自变量既有定性型又有定量型变量.设计矩阵由两部分组成，一部分变量只取 0，1 两个数，而另一部分变量取连续值.

在第 9 章对软件管理数据集的方差分析的几个例子中，我们表明了 3 种水平的“人员工具技能”对工作投入量的贡献存在显著差异.不同水平程序员之间的这种差异也可能与他们所编写软件的“应用程序规模”有关系.这样我们可以将“应用程序规模”的对数值加入到原来的方差分析模型中，这就构建了协方差分析模型.为说明问题的方便，考虑“人员工具技能”只有两种水平，并且不同水平程序员编写的软件个数都是 3 个.具体地，记 y_{ij} 为第 i 水平程序员的第 j 次所编程序的工作投入量的对数值，则 y_{ij} 可分解为

$$y_{ij}=\mu+\alpha_i+\gamma z_{ij}+e_{ij},\ i=1,\ 2,\ j=1,\ 2,\ 3, \tag{10-1}$$

其中，μ 为总平均，α_i 为第 i 水平程序员的效应，z_{ij} 为第 i 水平程序员编写的第 j 次程序的“应用程序规模”的对数值，γ 为协变量的系数，即回归系数.

若记

$$\boldsymbol{y}=\begin{bmatrix} y_{11}\\ y_{12}\\ y_{13}\\ y_{21}\\ y_{22}\\ y_{23}\end{bmatrix},\boldsymbol{W}=\begin{bmatrix} 1 & 1 & 0 & z_{11}\\ 1 & 1 & 0 & z_{12}\\ 1 & 1 & 0 & z_{13}\\ 1 & 0 & 1 & z_{21}\\ 1 & 0 & 1 & z_{22}\\ 1 & 0 & 1 & z_{23}\end{bmatrix},\ \boldsymbol{\delta}=\begin{bmatrix}\mu\\ \alpha_1\\ \alpha_2\\ \gamma\end{bmatrix},\ \boldsymbol{e}=\begin{bmatrix} e_{11}\\ e_{12}\\ e_{13}\\ e_{21}\\ e_{22}\\ e_{23}\end{bmatrix},$$

则式（10 - 1）具有以下形式

$$\boldsymbol{y}=\boldsymbol{W\delta}+\boldsymbol{e}.$$

无论是单因素方差分析还是多因素方差分析，它们都有一些人为可以控制的控制变量.在实际问题中，有些随机因素是很难人为控制的，但它们又会对结果产生显著影响.如果忽略这些因素的影响，则有可能得到不正确的结论.在上面这个例子中，安排什么水平的人去编写程序，这个量是可以控制的.而所接受的应用程序业务其规模往往带有随机性，很难人为控制.考虑应用程序规模的影响，将有助于更准确地判别不同水平程序员对工作投入量的影响.

10.1 一般分块线性模型

一般的协方差分析模型可写为

$$\boldsymbol{y}=\boldsymbol{X\beta}+\boldsymbol{Z\gamma}+\boldsymbol{e}\overset{\text{def}}{=}\boldsymbol{W\delta}+\boldsymbol{e},\ \boldsymbol{e}\sim N(\boldsymbol{0},\sigma^2\boldsymbol{I}),\tag{10-2}$$

其中，$\boldsymbol{X\beta}$ 为模型的方差分析部分；$\boldsymbol{X}=(x_{ij})$ 的元素 x_{ij} 皆为 0 或 1；$\boldsymbol{Z\gamma}$ 为模型的回归部分，$\boldsymbol{Z}=(z_{ij})$ 的元素 z_{ij} 可取任何实数值.

这里 $\boldsymbol{X}$ 是 $n\times p+1$ 矩阵，$\boldsymbol{Z}$ 是 $n\times q$ 矩阵，记 $\boldsymbol{W}=(\boldsymbol{X}\vdots\boldsymbol{Z})$，$\boldsymbol{\delta}=(\boldsymbol{\beta}^{\mathrm{T}},\ \gamma^{\mathrm{T}})^{\mathrm{T}}$. 从该模型可得到 $\boldsymbol{\delta}$ 的 LS 解为

$$\boldsymbol{\delta}^*=\begin{bmatrix}\boldsymbol{\beta}^*\\ \gamma^*\end{bmatrix}=(\boldsymbol{W}^{\mathrm{T}}\boldsymbol{W})^-\boldsymbol{W}^{\mathrm{T}}y,$$

当 $\mathrm{rk}(\boldsymbol{W})=p+q+1$ 时，它是 $\boldsymbol{\delta}$ 的 LS 估计.如果略去 $\boldsymbol{Z\gamma}$ 部分，得到

$$\boldsymbol{E}(\boldsymbol{y})=\boldsymbol{X\beta}+\boldsymbol{e},\ E(\boldsymbol{e})=\boldsymbol{0},\ \mathrm{var}(\boldsymbol{e})=\sigma^2\boldsymbol{I}_n.\tag{10-3}$$

得 $\boldsymbol{\beta}$ 的 LS 解

$$\hat{\boldsymbol{\beta}}=(\boldsymbol{X}^{\mathrm{T}}\boldsymbol{X})^-\boldsymbol{X}^{\mathrm{T}}\boldsymbol{y},$$

式(10－2)称为全模型，式(10－3)称为子模型.

假定 $\boldsymbol{Z}$ 是列满秩，并且 $\boldsymbol{Z}$ 的列与 $\boldsymbol{X}$ 的列线性无关，即

$$\mathcal{M}(\boldsymbol{X}^{\mathrm{T}})\cap\mathbf{Z}=\{\mathbf{0}\},\tag{10-4}$$

$$\mathrm{rk}(\boldsymbol{Z})=q,\tag{10-5}$$

对任意矩阵 $\mathbf{A}$，记 $N_{\boldsymbol{A}}=\boldsymbol{I}-\boldsymbol{A}^{\mathrm{T}}(\boldsymbol{A}^{\mathrm{T}}\boldsymbol{A})^-\boldsymbol{A}^{\mathrm{T}}$.

定理 10.1 在条件式(10－4)和式(10－5)下

(1) $\boldsymbol{c}^{\mathrm{T}}\boldsymbol{\beta}$ 可估 $\Leftrightarrow \boldsymbol{c} \in \mathcal{M}(\boldsymbol{X}^{\mathrm{T}})$.

(2) $\boldsymbol{\gamma}$可估.

(3) $\boldsymbol{Z}^{\mathrm{T}}\boldsymbol{N}_X\boldsymbol{Z}$ 可逆.

证明 因为

$$\boldsymbol{c}^{\mathrm{T}}\boldsymbol{\beta} = [\boldsymbol{c}^{\mathrm{T}} \quad \boldsymbol{0}^{\mathrm{T}}]\begin{bmatrix}\boldsymbol{\beta}\\ \boldsymbol{\gamma}\end{bmatrix},$$

于是由定理 2.5, $\boldsymbol{c}^{\mathrm{T}}\boldsymbol{\beta}$ 可估当且仅当

$$\begin{bmatrix}\boldsymbol{c}\\ \boldsymbol{0}\end{bmatrix} \in \mathcal{M}\left(\begin{bmatrix}\boldsymbol{X}^{\mathrm{T}}\\ \boldsymbol{Z}^{\mathrm{T}}\end{bmatrix}\right)$$

$$\Leftrightarrow \text{存在 } \boldsymbol{\alpha}, \text{使得 } \boldsymbol{c} = \boldsymbol{X}^{\mathrm{T}}\boldsymbol{\alpha},\ \boldsymbol{Z}^{\mathrm{T}}\boldsymbol{\alpha} = \boldsymbol{0},$$

$$\Leftrightarrow c \in S = \{\boldsymbol{X}^{\mathrm{T}}\boldsymbol{\alpha},\ \boldsymbol{Z}^{\mathrm{T}}\boldsymbol{\alpha} = \boldsymbol{0}\},$$

根据定理 1.2, 并利用式(10-4), 有

$$\dim S = \mathrm{rk}\left(\begin{bmatrix}\boldsymbol{X}^{\mathrm{T}}\\ \boldsymbol{Z}^{\mathrm{T}}\end{bmatrix}\right) - \mathrm{rk}(\boldsymbol{Z}) = \mathrm{rk}(\boldsymbol{X}),$$

由 $S \subset \mathcal{M}(\boldsymbol{X}^{\mathrm{T}})$ 知 $S = \mathcal{M}(\boldsymbol{X}^{\mathrm{T}})$. (1)得证, 同法可证(2).

现证(3), 设 $\boldsymbol{Z}^{\mathrm{T}}N_X\boldsymbol{Z}\boldsymbol{a} = \boldsymbol{0}$, 则由 N_X 的幂等性得

$$\boldsymbol{a}^{\mathrm{T}}\boldsymbol{Z}^{\mathrm{T}}\boldsymbol{N}^{\mathrm{T}}{}_{X^{\mathrm{T}}}\boldsymbol{N}_X\boldsymbol{Z}\boldsymbol{a} = \boldsymbol{a}^{\mathrm{T}}\boldsymbol{Z}^{\mathrm{T}}\boldsymbol{N}_X\boldsymbol{Z}\boldsymbol{a} = \boldsymbol{0},$$

即 $\boldsymbol{N}_X\boldsymbol{Z}\boldsymbol{a} = \boldsymbol{0}$. 因而 $\boldsymbol{Z}\boldsymbol{a} = \boldsymbol{X}(\boldsymbol{X}^{\mathrm{T}}\boldsymbol{X})^{-}\boldsymbol{X}^{\mathrm{T}}\boldsymbol{Z}\boldsymbol{a} \stackrel{\mathrm{def}}{=} \boldsymbol{X}\boldsymbol{b}$, 这里 $\boldsymbol{b} = (\boldsymbol{X}^{\mathrm{T}}\boldsymbol{X})^{-}\boldsymbol{X}^{\mathrm{T}}\boldsymbol{Z}\boldsymbol{a}$. 由于 $\boldsymbol{Z}$ 的列与 $\boldsymbol{X}$ 的列线性无关, 此式意味着 $\boldsymbol{a} = \boldsymbol{0}$. 由于从 $\boldsymbol{Z}^{\mathrm{T}}\boldsymbol{N}_X\boldsymbol{Z}\boldsymbol{a} = \boldsymbol{0}$, 可以推出 $\boldsymbol{a} = \boldsymbol{0}$, 所以 $\boldsymbol{Z}^{\mathrm{T}}\boldsymbol{N}_X\boldsymbol{Z}$ 的列线性无关.因此它是非奇异的, (3)得证.

这个定理的第 1 条结论说明, 对于全模型和子模型 $\boldsymbol{c}^{\mathrm{T}}\boldsymbol{\beta}$ 的可估性是一样的.

以下定理刻画了全模型和子模型 LS 解之间的关系及其性质.

定理 10.2 (1) $\boldsymbol{\gamma}^* = (\boldsymbol{Z}^{\mathrm{T}}\boldsymbol{N}_X\boldsymbol{Z})^{-1}\boldsymbol{Z}^{\mathrm{T}}\boldsymbol{N}_X\boldsymbol{y}$.

(2) $\boldsymbol{\beta}^* = \hat{\boldsymbol{\beta}} - \boldsymbol{X}_Z\boldsymbol{\gamma}^*$.

(3) 对任意可估函数 $\boldsymbol{c}^{\mathrm{T}}\boldsymbol{\delta}$, $\mathrm{var}(\boldsymbol{c}^{\mathrm{T}}\boldsymbol{\delta}^*) = \sigma^2\boldsymbol{c}^{\mathrm{T}}M\boldsymbol{c}$, 这里 $\boldsymbol{X}_Z = (\boldsymbol{X}^{\mathrm{T}}\boldsymbol{X})^{-}\boldsymbol{X}^{\mathrm{T}}\boldsymbol{Z}$,

$$M = \begin{bmatrix}(\boldsymbol{X}^{\mathrm{T}}\boldsymbol{X})^{-} + \boldsymbol{X}_Z(\boldsymbol{Z}^{\mathrm{T}}\boldsymbol{N}_X\boldsymbol{Z})^{-1}\boldsymbol{X}^{\mathrm{T}}{}_Z & -\boldsymbol{X}_X(\boldsymbol{Z}^{\mathrm{T}}\boldsymbol{N}_X\boldsymbol{Z})^{-1}\\ -(\boldsymbol{Z}^{\mathrm{T}}\boldsymbol{N}_X\boldsymbol{Z})^{-1}\boldsymbol{X}^{\mathrm{T}}{}_Z & (\boldsymbol{Z}^{\mathrm{T}}\boldsymbol{N}_X\boldsymbol{Z})^{-1}\end{bmatrix} \tag{10-6}$$

证明 先证(2), 给定 $\boldsymbol{y} = \boldsymbol{X}\boldsymbol{\beta} + \boldsymbol{Z}\boldsymbol{\gamma} + \boldsymbol{e}$, 则

$$\begin{aligned} e^{\mathrm{T}} e &= (y - X\beta - Z\gamma)^{\mathrm{T}}(y - X\beta - Z\gamma) \\ &= y^{\mathrm{T}} y - 2\beta^{\mathrm{T}} X^{\mathrm{T}} y - 2\gamma^{\mathrm{T}} Z^{\mathrm{T}} y + 2\beta^{\mathrm{T}} X^{\mathrm{T}} Z\gamma + \beta^{\mathrm{T}} X^{\mathrm{T}} X\beta + \gamma^{\mathrm{T}} Z^{\mathrm{T}} Z\gamma, \end{aligned} \tag{10-7}$$

为求 β^* 和 γ^*，关于 β 和 γ 求导，得

$$-2X^{\mathrm{T}} y + 2X^{\mathrm{T}} Z\gamma^* + 2X^{\mathrm{T}} X\beta^* = 0, \tag{10-8}$$

$$-2Z^{\mathrm{T}} y + 2Z^{\mathrm{T}} X\beta^* + 2Z^{\mathrm{T}} Z\gamma^* = 0, \tag{10-9}$$

由式(10-8)得

$$\beta^* = (X^{\mathrm{T}} X)^{-} X^{\mathrm{T}}(y - Z\gamma^*), \tag{10-10}$$

于是(2)得证.

现在证明(1)，把式(10-10)代入式(10-9)，得

$$Z^{\mathrm{T}} Z\gamma^* = Z^{\mathrm{T}} y - Z^{\mathrm{T}} X(X^{\mathrm{T}} X)^{-} X^{\mathrm{T}}(y - Z\gamma^*),$$

所以

$$Z^{\mathrm{T}}[I_n - X(X^{\mathrm{T}} X)^{-} X^{\mathrm{T}}]Z\gamma^* = Z^{\mathrm{T}}[I_n - X(X^{\mathrm{T}} X)^{-} X^{\mathrm{T}}]y,$$

即

$$Z^{\mathrm{T}} N_X Z\gamma^* = Z^{\mathrm{T}} N_X y, \tag{10-11}$$

从定理 10.1 知，$Z^{\mathrm{T}} N_X y$ 可逆，因而

$$\gamma^* = (Z^{\mathrm{T}} N_X Z)^{-1} Z^{\mathrm{T}} N_X y, \tag{10-12}$$

性质(3)的证明留给读者作为习题，证毕.

对于全模型和子模型，它们的残差平方和分别为 $SS_e^* = y^{\mathrm{T}} N_W y$ 和 $SS_e = y^{\mathrm{T}} N_X y$，易证有如下关系式

$$SS_e^* = SS_e - \gamma^{*\mathrm{T}} Z^{\mathrm{T}} N_X y,$$

事实上

$$\begin{aligned} y - X\beta^* - Z\gamma^* &= y - X(X^{\mathrm{T}} X)^{-} X^{\mathrm{T}}(y - Z\gamma^*) - Z\gamma^* \\ &= [I_n - X(X^{\mathrm{T}} X)^{-} X^{\mathrm{T}}](y - Z\gamma^*) \\ &= N_X(y - Z\gamma^*), \end{aligned} \tag{10-13}$$

所以

$$\begin{aligned} y^{\mathrm{T}} N_W y &= (y - W\delta^*)^{\mathrm{T}}(y - W\delta^*) \\ &= (y - X\beta^* - Z\gamma^*)^{\mathrm{T}}(y - X\beta^* - Z\gamma^*), \end{aligned}$$

$$=(\boldsymbol{y}-\boldsymbol{Z}\boldsymbol{\gamma}^{*})^{\mathrm{T}}\boldsymbol{N}_{\boldsymbol{X}}(\boldsymbol{y}-\boldsymbol{Z}\boldsymbol{\gamma}^{*})$$
$$=\boldsymbol{y}^{\mathrm{T}}\boldsymbol{N}_{\boldsymbol{X}}\boldsymbol{y}-\boldsymbol{\gamma}^{*\mathrm{T}}\boldsymbol{Z}^{\mathrm{T}}\boldsymbol{N}_{\boldsymbol{X}}\boldsymbol{y}. \tag{10-14}$$

若 $\boldsymbol{X}$ 为列满秩的，即 $\mathrm{rk}(\boldsymbol{X})=p+1$，则 $\boldsymbol{\beta}$ 可估.此时 $\boldsymbol{\beta}^{*}$ 和$\hat{\boldsymbol{\beta}}$分别为全模型和子模型的 LS 估计，并且 $\mathrm{cov}(\boldsymbol{\delta}^{*})=\sigma^2 M$，这时 M 的表达式(10－6)中的$(\boldsymbol{X}^{\mathrm{T}}\boldsymbol{X})^{-}$就自然变成了$(\boldsymbol{X}^{\mathrm{T}}\boldsymbol{X})^{-1}$.

10.2 参数估计

考虑式(10－1)对应的一般协方差分析模型为

$$\boldsymbol{y}=\boldsymbol{X}\boldsymbol{\beta}+\boldsymbol{Z}\boldsymbol{\gamma}+\boldsymbol{e}\overset{\mathrm{def}}{=}\boldsymbol{W}\boldsymbol{\delta}+\boldsymbol{e},\ \boldsymbol{e}\sim N(\boldsymbol{0},\sigma^2\boldsymbol{I}), \tag{10-15}$$

其中 $\boldsymbol{y}$ 为$n\times 1$ 观测向量，设 $\boldsymbol{X}\boldsymbol{\beta}$ 为模型的方差分析部分，$\boldsymbol{X}=(x_{ij})$为 $n\times p+1$ 已知矩阵，其元素 x_{ij} 皆为 0 或 1，$\boldsymbol{\beta}$ 为因子效应向量.$\boldsymbol{Z}\boldsymbol{\gamma}$ 为模型的回归部分. $\boldsymbol{Z}=(z_{ij})$ 为 $n\times q$ 已知矩阵，其元素 z_{ij} 可取任何实数值.$\boldsymbol{\gamma}_{q\times 1}$为回归系数.以下讨论中，我们总假设式(10－4)和式(10－5)成立.因此上节关于一般分块线性模型的结论对协方差分析模型式(10－15)都成立.

定理 10.1 的结论表明，对协方差分析模型式(10－15)，$\boldsymbol{\gamma}$ 总是可估的，参数函数 $\boldsymbol{c}^{\mathrm{T}}\boldsymbol{\beta}$ 的可估性与对应的纯方差分析模型 $\boldsymbol{y}=\boldsymbol{X}\boldsymbol{\beta}+\boldsymbol{e}$ 中 $\boldsymbol{c}^{\mathrm{T}}\boldsymbol{\beta}$ 的可估性相同.

由定理 10.2，对模型式(10－15)，回归系数 $\boldsymbol{\gamma}$ 的 LS 估计为

$$\boldsymbol{\gamma}^{*}=(\boldsymbol{Z}^{\mathrm{T}}\boldsymbol{N}_{\boldsymbol{X}}\boldsymbol{Z})^{-1}\boldsymbol{Z}^{\mathrm{T}}\boldsymbol{N}_{\boldsymbol{X}}\boldsymbol{y}, \tag{10-16}$$

这里幂等阵是纯方差分析模型

$$\boldsymbol{y}=\boldsymbol{X}\boldsymbol{\beta}+\boldsymbol{e},\ \boldsymbol{e}\sim N(\boldsymbol{0},\sigma^2\boldsymbol{I}), \tag{10-17}$$

作方差分析时残差平方和 $SS_e=\boldsymbol{y}^{\mathrm{T}}\boldsymbol{y}-\hat{\boldsymbol{\beta}}^{\mathrm{T}}\boldsymbol{X}^{\mathrm{T}}\boldsymbol{y}=\boldsymbol{y}^{\mathrm{T}}\boldsymbol{N}_{\boldsymbol{X}}\boldsymbol{y}$ 的二次型的方阵.所以 $\boldsymbol{\gamma}^{*}$ 的计算可以利用纯方差分析模型式(10－17)的方差分析结果.

同样由定理 10.2，对模型式(10－15)，得到 $\boldsymbol{\beta}$ 的 LS 解为

$$\boldsymbol{\beta}^{*}=\hat{\boldsymbol{\beta}}-(\boldsymbol{X}^{\mathrm{T}}\boldsymbol{X})^{-}\boldsymbol{X}^{\mathrm{T}}\boldsymbol{Z}\boldsymbol{\gamma}^{*}=\hat{\boldsymbol{\beta}}-\boldsymbol{X}_{\boldsymbol{Z}}\boldsymbol{\gamma}^{*}, \tag{10-18}$$

其中

$$\hat{\boldsymbol{\beta}}=(\boldsymbol{X}^{\mathrm{T}}\boldsymbol{X})^{-}\boldsymbol{X}^{\mathrm{T}}\boldsymbol{y},\ \boldsymbol{X}_{\boldsymbol{Z}}=(\boldsymbol{X}^{\mathrm{T}}\boldsymbol{X})^{-}\boldsymbol{X}^{\mathrm{T}}\boldsymbol{Z}. \tag{10-19}$$

对任意 $\boldsymbol{c}\in\mathcal{M}(\boldsymbol{X}^{\mathrm{T}})$，可估函数 $\boldsymbol{c}^{\mathrm{T}}\boldsymbol{\beta}$ 的 BLU 为 $\boldsymbol{c}^{\mathrm{T}}\boldsymbol{\beta}^{*}=\boldsymbol{c}^{\mathrm{T}}\hat{\boldsymbol{\beta}}-\boldsymbol{c}^{\mathrm{T}}\boldsymbol{X}_{\boldsymbol{Z}}\boldsymbol{\gamma}^{*}$.若

$X^TZ=0$,则$X_Z=0$,此时$\beta^*=\hat{\beta}$.这表明当设计阵X和Z的列向量相互正交时协变量的引入对可估函数$c^T\beta$的BLU估计并没有产生任何影响.

对任意可估函数$c^T\beta$,其BLU估计$c^T\beta^*$的方差$\text{var}(c^T\beta)=c^T\text{cov}(\beta^*)c$.从定理10.2得,对任意可估函数$c^T\beta^*$,有

$$\begin{aligned}\text{var}(c^T\beta)&=c^T\text{cov}(\beta^*)c.\\&=\sigma^2[c^T(X^TX)^-c+c^TX_Z(Z^TN_XZ)^{-1}X_Zc],\end{aligned}\tag{10-20}$$

从式(10-18)和式(10-20)可以看出,对协方差分析模型的可估函数而言,它的BLU估计及其方差可以从对应的方差分析模型的BLU估计经过简单修正而得.下面用一个例子说明上面的结果.

例10.1 具有一个协变量的两向分类模型为

$$y_{ij}=\mu+\alpha_i+\beta_j+\gamma z_{ij}+e_{ij},\ i=1,2,\cdots,a,\ j=1,2,\cdots,b,\tag{10-21}$$

相应的纯方差分量模型为

$$y_{ij}=\mu+\alpha_i+\beta_j+e_{ij},\ i=1,2,\cdots,a,\ j=1,2,\cdots,b,\tag{10-22}$$

由式(9-47),残差平方和为

$$SS_e=\sum_{i=1}^{a}\sum_{j=1}^{b}(y_{ij}-\bar{y}_{i.}-\bar{y}_{.j}+\bar{y}_{..})^2\overset{\text{def}}{=}y^TN_Xy,\tag{10-23}$$

由此易知

$$Z^TN_Xy=\sum_{i=1}^{a}\sum_{j=1}^{b}(y_{ij}-\bar{y}_{i.}-\bar{y}_{.j}+\bar{y}_{..})(z_{ij}-\bar{z}_{i.}-\bar{z}_{.j}+\bar{z}_{..}),$$

$$Z^TN_XZ=\sum_{i=1}^{a}\sum_{j=1}^{b}(z_{ij}-\bar{z}_{i.}-\bar{z}_{.j}+\bar{z}_{..})^2,$$

依式(10-16),回归系数γ的LS估计为

$$\gamma^*=\frac{Z^TN_Xy}{Z^TN_XZ}=\frac{\sum_{i=1}^{a}\sum_{j=1}^{b}(y_{ij}-\bar{y}_{i.}-\bar{y}_{.j}+\bar{y}_{..})(z_{ij}-\bar{z}_{i.}-\bar{z}_{.j}+\bar{z}_{..})}{\sum_{i=1}^{a}\sum_{j=1}^{b}(z_{ij}-\bar{z}_{i.}-\bar{z}_{.j}+\bar{z}_{..})^2},\tag{10-24}$$

又从纯方差分析模型解得α_i的LS解为$\hat{\alpha}_i=\bar{y}_{i.}-\bar{y}_{..}$.对应于式(10-19)的$X_z$,取$\hat{\alpha}_{zi}=\bar{z}_{i.}-\bar{z}_{..}$,由式(10-18)得到协方差分析模型$\alpha_i$的LS解为

$$\alpha_i^* = \hat{\alpha}_i - \hat{\alpha}_{z_i}\boldsymbol{\gamma}^* = \bar{y}_{i\cdot} - \bar{y}_{\cdot\cdot} - \boldsymbol{\gamma}^*(\bar{z}_{i\cdot} - \bar{z}_{\cdot\cdot}),$$

类似地

$$\mu^* = \bar{y}_{\cdot\cdot} - \boldsymbol{\gamma}^*\bar{z}_{\cdot\cdot},$$

$$\beta_j^* = \bar{y}_{\cdot j} - \bar{y}_{\cdot\cdot} - \boldsymbol{\gamma}^*(\bar{z}_{\cdot j} - \bar{z}_{\cdot\cdot}).$$

根据定理 10.2 和定理 9.1 知，任意对 $\sum_i c_i\alpha_i$ 和 $\sum_j d_j\beta_j$ 都可估，且它们的 BLU 估计分别为

$$\sum_i c_i(\bar{y}_{\cdot} - \boldsymbol{\gamma}^*\bar{z}_{i\cdot}),\ \sum_i c_i = 0$$

和

$$\sum_j d_i(\bar{y}_{\cdot j} - \boldsymbol{\gamma}^*\bar{z}_{\cdot j}),\ \sum_j d_j = 0,$$

特别，$\alpha_i - \alpha_u$ 的 BLU 估计为

$$\alpha_i^* - \alpha_u^* = \bar{y}_{i\cdot} - \bar{y}_{u\cdot} - \boldsymbol{\gamma}^*(\bar{z}_{i\cdot} - \bar{z}_{u\cdot}), \tag{10-25}$$

$\beta_j - \beta_v$ 的 BLU 估计为

$$\beta_j^* - \beta_v^* = \bar{y}_{\cdot j} - \bar{y}_{\cdot v} - \boldsymbol{\gamma}^*(\bar{z}_{\cdot j} - \bar{z}_{\cdot v}), \tag{10-26}$$

式(10-25)和式(10-26)与纯方差分析模型的结果相比，都多了一个由协变量引起的修正项，它们的方差分别为

$$\mathrm{var}(\alpha_i^* - \alpha_u^*) = \sigma^2\left[\frac{2}{b} + \frac{(\bar{z}_{i\cdot} - \bar{z}_{u\cdot})^2}{\boldsymbol{Z}^{\mathrm{T}}N_{\boldsymbol{X}}\boldsymbol{Z}}\right] \tag{10-27}$$

和

$$\mathrm{var}(\beta_j^* - \beta_v^*) = \sigma^2\left[\frac{2}{a} + \frac{(\bar{z}_{\cdot j} - \bar{z}_{\cdot v})^2}{\boldsymbol{Z}^{\mathrm{T}}N_{\boldsymbol{X}}\boldsymbol{Z}}\right]. \tag{10-28}$$

利用这些结果可以给出 $\alpha_i - \alpha_u$，$i \neq u$ 和 $\beta_j - \beta_v$，$j \neq v$ 的各种同时置信区间.

从这个例子我们可以看出，对协方差分析模型式(10-21)的参数估计的计算利用对应的纯方差分析模型式(10-22)的残差平方和式(10-23)，使计算大大简化.

例 10.2 在软件项目管理数据集中，我们已经验证了，程序员的不同的工具技能水平以及是否使用 Telon 这一自动生成代码的工具，对工作量投入有显著

差异.现在我们需要进一步考察"应用程序规模"功能点的大小对这种差异的影响.在 SPSS 的"一般线性模型"模块选项中,将"人员的工具技能"和"Telon 使用情况"放入"固定因子"一栏,将"应用程序规模"放入"协变量"一栏,获得以下结果如表 10-1 所示.

表 10-1　参 数 估 计

参　数	系　数	标准误差	t 值	P 值	95% 下限	置信区 间上限	偏 eta 方
截　距	3.350	0.756	4.430	0.000	1.804	4.897	0.404
t14=1	0.856	0.249	3.443	0.002	0.348	1.365	0.290
t14=2	0.079	0.231	0.343	0.734	−0.393	0.552	0.004
t14=3	0[a]						
tu1=0	0.097	0.243	0.398	0.693	−0.401	0.594	0.005
tu1=1	0[a]						
lnsize	0.803	0.114	7.068	0.000	0.570	1.035	0.633

注:此参数为冗余参数,将被设为零.

表 10-1 的最后一列出现了"偏 eta 方",也称为"净 eta 方",它是方差分析和协方差分析的一个重要指标.我们先介绍一下"eta 方"(eta-squared)的概念,又称为关联强度(correlation ratio).某个因素(或效应)的 eta 方定义为

$$\eta^2 = \frac{SS_{\text{effect}}}{SS_{\text{T}}},$$

易见,eta 方能直观地看出每个因素对总体变异的贡献.以两因素方差分析模型为例,因素 A、因素 B 和交互效应 $A\times B$ 的 eta 方分别为

$$\eta_A^2 = \frac{SS_A}{SS_{\text{T}}},\ \eta_B^2 = \frac{SS_B}{SS_{\text{T}}},\ \eta_{A\times B}^2 = \frac{SS_{A\times B}}{SS_{\text{T}}},$$

如果因素 A 的 eta 方 $=x\%$,表示因素 A 解释了总变异的 $x\%$,其余的类同.由于 $SS_{\text{T}} = SS_A + SS_B + SS_{A\times B} + SS_e$,由于组内变异 SS_e 的存在,因素 A、B 和交互效应 $A\times B$ 的 eta 方相加不可能达到 100%.

在多因素模型中,某个因素(或效应)的偏 eta 方定义为

$$\eta_p^2 = \frac{SS_{\text{effect}}}{SS_{\text{effect}} + SS_{\text{T}}},$$

由于 η_p^2 定义中的分母扣除了其他因素的方差平方和，偏 eta 方更能看出某个因素与误差的关系，即实验处理引致的效应的大小或者数据的变异有多少部分是由实验处理造成的. 值得一提的是，各个因素的偏 eta 方相加是可能大于 100% 的，特别是因素较多而组内变异 SS_e 相对较小的时候.

例 10.3 在软件项目管理数据集中，程序员的不同的工具技能水平对工作量投入有显著差异. 现在我们需要进一步考察"应用程序规模"功能点的大小对这种差异的影响.

解 在 SPSS 的"一般线性模型"模块选项中，将"人员的工具技能"放入"固定因子"一栏，将"应用程序规模"放入"协变量"一栏，获得以下结果如表 10－2 所示.

表 10－2 参数估计

参数	系数	标准误差	t 值	P 值	95% 下限	置信区间上限	偏 eta 方
截距	3.526	0.606	5.817	0.000	2.288	4.763	0.530
t14=1	0.836	0.240	3.485	0.002	0.346	1.325	0.288
t14=2	0.063	0.224	0.280	0.782	−0.395	0.520	0.003
t14=3	0^a						
lnsize	0.788	0.106	7.424	0.000	0.571	1.005	0.648

注：此参数为冗余参数，将被设为零.

由表 10－1 和表 10－2 可以看出，若协变量"应用程序规模"的 t 值检验显著，"人员工具技能"的 t 值检验也显著.

10.3 假设检验

对协方差分析模型的基本兴趣放在方差分析部分，即主要目的是对方差分析部分的参数做检验. 本节先导出检验线性假设 $H\boldsymbol{\beta}=0$ 的 F 统计量，这里 $H\boldsymbol{\beta}$ 为 m 个线性无关的可估函数，然后检验假设 $\gamma=0$ 的 F 统计量.

首先，模型式(10－15)的残差平方和为

$$SS_e^* = \boldsymbol{y}^{\mathrm{T}}\boldsymbol{N_X}\boldsymbol{y} - \boldsymbol{\gamma}^{*\mathrm{T}}\boldsymbol{Z}^{\mathrm{T}}\boldsymbol{N_X}\boldsymbol{y} = \boldsymbol{y}^{\mathrm{T}}\boldsymbol{N_X}\boldsymbol{y} - \boldsymbol{y}^{\mathrm{T}}\boldsymbol{N_X}\boldsymbol{Z}(\boldsymbol{Z}^{\mathrm{T}}\boldsymbol{N_X}\boldsymbol{Z})^{-1}(\boldsymbol{Z}^{\mathrm{T}}\boldsymbol{N_X}\boldsymbol{y}), \tag{10-29}$$

若以 $\hat{\boldsymbol{\beta}}_H$ 记纯方差分析模型式(10－17)中参数 $\boldsymbol{\beta}$ 在约束条件 $H\boldsymbol{\beta}=0$ 下的 LS 解，则对应的残差平方和

$$SS_{eH}=\boldsymbol{y}^{\mathrm{T}}\boldsymbol{y}-\hat{\boldsymbol{\beta}}_H\boldsymbol{X}^{\mathrm{T}}\boldsymbol{y}\overset{\text{def}}{=}\boldsymbol{y}^{\mathrm{T}}Q\boldsymbol{y}. \tag{10-30}$$

若记协方差分析模型式(10-15)在约束 $H\boldsymbol{\beta}=0$ 下参数 $\boldsymbol{\beta}$ 和 $\boldsymbol{\gamma}$ 的约束LS解对应的残差平方和为 SS_{eH}^*.因为 SS_{eH}^* 与 SS_{eH} 的关系和 SS_e^* 与 SS_e 的关系完全一样，故从式(10-29)和式(10-30)知

$$SS_{eH}^*=\boldsymbol{y}^{\mathrm{T}}Q\boldsymbol{y}-\boldsymbol{y}^{\mathrm{T}}Q\boldsymbol{Z}(\boldsymbol{Z}^{\mathrm{T}}Q\boldsymbol{Z})^{-1}(\boldsymbol{Z}^{\mathrm{T}}Q\boldsymbol{y}), \tag{10-31}$$

由以上结果，假设检验 $H\boldsymbol{\beta}=0$ 的 F 统计量为

$$F_1=\frac{(SS_{eH}-SS_{eH}^*)/m}{SS_{eH}^*/(n-r-q)}, \tag{10-32}$$

当 $H\boldsymbol{\beta}=0$ 为真时，$F_1\sim F_{m,\,n-r-q}$，这里 $r=\mathrm{rk}(\boldsymbol{X})$，$m=\mathrm{rk}(\boldsymbol{H})$.

对于线性假设 $\gamma=0$，F 统计量为

$$F_2=\frac{(SS_e-SS_e^*)/q}{SS_e^*/(n-r-q)}, \tag{10-33}$$

当 $\gamma=0$ 成立时，$F_2\sim F_{q,n-r-q}$.

例 10.4 对于有一个协变量的两向分类模型

$$y_{ij}=\mu+\alpha_i+\beta_j+\gamma z_{ij}+e_{ij},\ i=1,2,\cdots,a,\ j=1,2,\cdots,b,$$

这里 $e_{ij}\sim N(0,\sigma^2)$，且所有 e_{ij} 相互独立.考虑假设检验问题，

(1) $H_1: \beta_1=\cdots=\beta_b=0$.

(2) $H_2: \gamma=0$.

解 对于纯方差分析模型

$$y_{ij}=\mu+\alpha_i+\beta_j+e_{ij},\ i=1,2,\cdots,a,\ j=1,2,\cdots,b, \tag{10-34}$$

由例 10.1 知，残差平方和为

$$SS_e=\sum_{i=1}^a\sum_{j=1}^b(y_{ij}-\bar{y}_{i\cdot}-\bar{y}_{\cdot j}+\bar{y}_{\cdot\cdot})^2\overset{\text{def}}{=}\boldsymbol{y}^{\mathrm{T}}\boldsymbol{N}_{\boldsymbol{X}}\boldsymbol{y}, \tag{10-35}$$

以及

$$\boldsymbol{Z}^{\mathrm{T}}\boldsymbol{N}_{\boldsymbol{X}}\boldsymbol{y}=\sum_{i=1}^a\sum_{j=1}^b(y_{ij}-\bar{y}_{i\cdot}-\bar{y}_{\cdot j}+\bar{y}_{\cdot\cdot})(z_{ij}-\bar{z}_{i\cdot}-\bar{z}_{\cdot j}+\bar{z}_{\cdot\cdot}),$$

$$\boldsymbol{Z}^{\mathrm{T}}\boldsymbol{N}_{\boldsymbol{X}}\boldsymbol{Z}=\sum_{i=1}^a\sum_{j=1}^b(z_{ij}-\bar{z}_{i\cdot}-\bar{z}_{\cdot j}+\bar{z}_{\cdot\cdot})^2,$$

由式(10－29)得

$$SS_e^* = \boldsymbol{y}^{\mathrm{T}}\boldsymbol{N_X y} - \frac{(\boldsymbol{Z}^{\mathrm{T}}\boldsymbol{N_X y})^2}{\boldsymbol{Z}^{\mathrm{T}}\boldsymbol{N_X Z}},$$

$$= \sum_{i=1}^{a}\sum_{j=1}^{b}(y_{ij} - \bar{y}_{i\cdot} - \bar{y}_{\cdot j} + \bar{y}_{\cdot\cdot})^2 - \frac{\left[\sum_{i=1}^{a}\sum_{j=1}^{b}(y_{ij} - \bar{y}_{i\cdot} - \bar{y}_{\cdot j} + \bar{y}_{\cdot\cdot})(z_{ij} - \bar{z}_{i\cdot} - \bar{z}_{\cdot j} + \bar{z}_{\cdot\cdot})\right]^2}{\sum_{i=1}^{a}\sum_{j=1}^{b}(z_{ij} - \bar{z}_{i\cdot} - \bar{z}_{\cdot j} + \bar{z}_{\cdot\cdot})^2}. \quad (10-36)$$

(1) 在假设 H_1 下，纯方差分析模型式(10－34)变为单项分类模型.由(9－15)知，其残差平方和

$$SS_{eH_1} = \sum_{i=1}^{a}\sum_{j=1}^{b}(y_{ij} - \bar{y}_{i\cdot})^2 \stackrel{\text{def}}{=} \boldsymbol{y}^{\mathrm{T}}\boldsymbol{Q}\boldsymbol{y},$$

于是

$$\boldsymbol{Z}^{\mathrm{T}}\boldsymbol{Q}\boldsymbol{y} = \sum_{i=1}^{a}\sum_{j=1}^{b}(y_{ij} - \bar{y}_{i\cdot})(z_{ij} - \bar{z}_{i\cdot}),$$

$$\boldsymbol{Z}^{\mathrm{T}}\boldsymbol{Q}\boldsymbol{Z} = \sum_{i=1}^{a}\sum_{j=1}^{b}(z_{ij} - \bar{z}_{i\cdot})^2.$$

由式(10－31)得

$$SS_{eH_1}^* = \boldsymbol{y}^{\mathrm{T}}\boldsymbol{Q}\boldsymbol{y} - \frac{(\boldsymbol{Z}^{\mathrm{T}}\boldsymbol{Q}\boldsymbol{y})^2}{\boldsymbol{Z}^{\mathrm{T}}\boldsymbol{Q}\boldsymbol{Z}},$$

$$= \sum_{i=1}^{a}\sum_{j=1}^{b}(y_{ij} - \bar{y}_{i\cdot})^2 - \frac{\left[\sum_{i=1}^{a}\sum_{j=1}^{b}(y_{ij} - \bar{y}_{i\cdot})(z_{ij} - \bar{z}_{i\cdot})\right]^2}{\sum_{i=1}^{a}\sum_{j=1}^{b}(z_{ij} - \bar{z}_{i\cdot})^2}, \quad (10-37)$$

从而可写出检验假设 H_1 的 F 统计量.

(2) 根据(1)中计算的 SS_e 和 SS_e^*，依式(10－32)也可写出检验假设 $H_0: \gamma = 0$ 的 F 统计量.如果这个检验显著，说明协变量 z 不能忽视.当 H_0 被拒绝时，我们还需要应用一般的回归理论求 γ 的置信区间.

例 10.5 在软件项目管理数据集中，对不同水平的程序员及 Telon 工具使

用与否对工作投入量是否存在显著差异，以及"应用程序规模"的对数值大小对这种差异是否存在显著影响?

解 我们可以应用上面的 F 统计量进行整体性检验.在 SPSS 的"一般线性模型"模块选项中，将"人员的工具技能"和"Telon 使用情况"放入"固定因子"一栏，将"应用程序规模"放入"协变量"一栏，获得以下结果如表 10-3 所示.

表 10-3 主体间效应的检验

方差来源	平方和	自由度	均 方	F 比	P 值	偏 eta 方
校正模型	27.181	4	6.795	25.660	0.000	0.780
截 距	7.407	1	7.407	27.970	0.000	0.491
因素 t14	4.481	2	2.241	8.461	0.001	0.368
因素 tu1	0.042	1	0.042	0.159	0.639	0.005
协变量	13.231	1	13.231	49.961	0.000	0.633
误 差	7.680	29	0.265			
总 和	2 497.346	34				
校正的总和	34.861	33				

注：$R^2=0.778(R^2_{adj}=0.756)$.

表 10-3 表明，仅仅程序员的不同"工具技能水平"对工作投入量有显著差异.现在我们从"固定因子"栏中删除"Telon 使用情况"，重新运行软件获得表 10-4 的检验结果.

表 10-4 说明具有不同"工具技能水平"的程序员对工作投入量有显著差异.在利用 SPSS 软件具体计算出各水平之间的差异之前，我们还需要对协方差分析模型的一些基本设定进行检验，这些模型设定包括：① 模型误差的方差齐性假设，这可以查看软件中的 Levene 统计量进行检验判断；② 协变量与因变量之间的关系是否为线性关系，可以用协变量和因变量的散点图来检验是否违背这一假设；③ 协变量的回归系数是相同的.在分类变量形成的各组中，协变量的回归系数(即各回归线的斜率)必须是相等的，即各组的回归线是平行线.如果违背了这一假设，就有可能犯第一类错误，即错误地接受虚无假设；④ 对应式(10-4)，自变量与协变量是直角关系，即互不相关，它们之间没有交互作用.如果协方差受自变量的影响，那么协方差分析在检验自变量的效应之前对因变量所做的控制调整将是偏倚的，自变量对因变量的间接效应就会被排除.下面的例子就模型设定③和④的检验步骤进行说明.

表 10-4 主体间效应的检验

方差来源	平方和	自由度	均 方	F 比	P 值	偏 eta 方
校正模型	27.139	3	9.046	35.146	0.000	0.778
截 距	9.460	1	9.460	36.753	0.000	0.551
因素 t14	4.447	2	2.223	8.639	0.001	0.365
协变量	14.186	1	14.186	55.114	0.000	0.648
误 差	7.722	30	0.257			
总 和	2 497.346	34				
校正的总和	34.861	33				

注：$R^2=0.778(R^2_{\text{adj}}=0.756)$.

例 10.6 (例 10.5 续)在例 10.5 中,对协方差分析模型的回归斜率相等的假设检验.

解 可分为两个步骤进行.

(1) 绘制分组散点图

如果"应用程序规模"与程序员水平存在交互作用,那么 3 种"工具技能水平"分组对数工作投入量关于对数"应用程序规模"的回归线就不会平行,即"应用程序规模"的影响在 3 个不同"工具技能水平"的程序员之间是不相同的.因此,我们首先可以作分组散点图,观察 3 组直线趋势是否近似,然后看交互作用有无统计学意义,当交互作用无统计学意义时,则进行协方差分析,得出相应的统计结论.

从图 10-1 中可知 3 组中对数"应用程序规模"和对数工作投入量有明显的直线趋势,且 3 组中直线趋势的斜率接近,因此从图形上未发现违反前提条件的迹象,可以进一步作假设检验,对各组斜率是否相等做整体性检验.

(2) 组内回归斜率相同检验

在 SPSS 对话框中单击 Model 命令按钮,进入 Univariate Model 对话框中.该对话框提供了两种不同形式的模型,即完全因素(full factorial)和自定义因素(custom)模型.由于要进行回归斜率相同的检验,所以本例使用自定义因素模型.点击 Custom 选择按钮后,从左边的变量列表中选择"t14",点击右向箭头将其移入 Model 方框中.用同样的方法将变量列表中的"lnsize"移入 Model 方框中.最后在变量列表中连续点击"t14"和"lnsize",同时选中它们,再点击右向箭

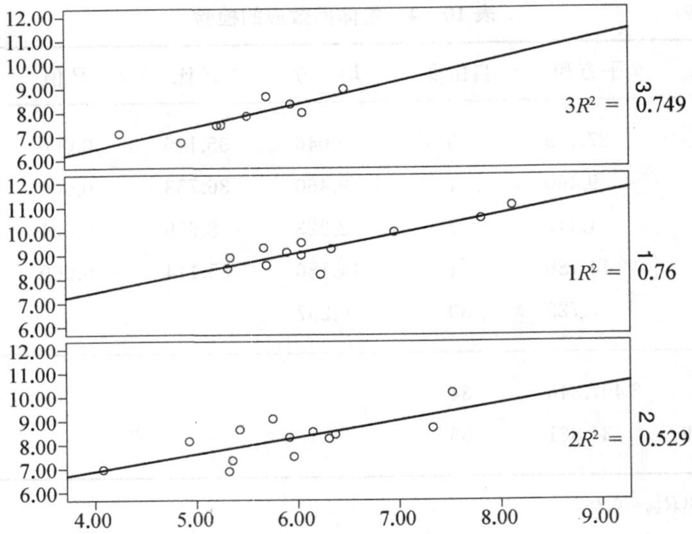

图 10-1　按"工具技能水平"分组对数工作投入量关于对数"应用程序规模"回归线图

头,Model 方框中会出现"t14 * lnsize"字样,意为进行交互效应分析,即检验回归线斜率相等的假设.点击 Continue 命令按钮回到主对话框中,并点击 OK 按钮提交程序运行,运行结果如表 10-5 所示.

表 10-5　主体间效应的检验

方差来源	平方和	自由度	均　方	F 比	P 值	偏 eta 方
校正模型	27.298	5	5.460	20.212	0.000	0.778
截　距	7.229	1	7.229	26.764	0.000	0.489
t14 * lnsize	0.159	2	0.079	0.294	0.748	0.021
t14	0.199	2	0.099	0.368	0.695	0.026
lnsize	12.486	1	12.486	46.225	0.000	0.623
误　差	7.563	28	0.270			
总　和	2 497.346	34				
校正的总和	34.861	33				

注:$R^2 = 0.783(R^2_{adj} = 0.744)$.

表 10-5 是组内回归斜率相同检验结果,程序员"工具技能水平"与对数"应用程序规模"的交互效应检验的 F 值为 0.294,概率值为 0.748(大于 0.05),远没

有达到显著性水平，表明没有充足的理由拒绝 3 组回归斜率相同的假设，即各组的回归线为平行线，符合了协方差分析的回归斜率相同的条件.上面的结果确保了下面协方差分析的有效性.

表 10-6　对比结果(K 矩阵)

人员工具技能	偏差对比	工作量对数
级别 2 和 1 均值	对比估算值	−0.237
	假设值	0
	差分(估计−假设)	−0.237
	标准误差	0.120
	显著性水平(sig.)	0.057
	差分的 95%置信区间	[−0.481, 0.008]
级别 3 和 1 均值	对比估算值	−0.299
	假设值	0
	差分(估计−假设)	−0.299
	标准误差	0.138
	显著性水平(sig.)	0.038
	差分的 95%置信区间	[−0.582, 0.017]

注：省略的类别=1.

SPSS 软件给出的 Levene 检验的 $F(2, 31)$值为 2.182，P 值为 0.130.说明可以接受方差齐性的原假设.表 10-6 对具有不同水平“人员工具技能”的程序员对对数工作投入量的差异进行了比较分析.由该表可知，在 5%显著性水平下，水平 3 与水平 1 存在显著差异.在 10%显著性水平下，水平 2 与水平 1 之间也有显著差异.

习　题　10

1. (1) 证明 $\boldsymbol{y}^{\mathrm{T}}\boldsymbol{N}_X\boldsymbol{y}-\boldsymbol{y}^{\mathrm{T}}\boldsymbol{N}_W\boldsymbol{y}=\boldsymbol{\gamma}^{*\mathrm{T}}(\boldsymbol{z}^{\mathrm{T}}\boldsymbol{N}_X\boldsymbol{z})^{-1}\boldsymbol{\gamma}^{*}$，此处各符号与定理 10.2 相同.(2) 证明定理 10.2(3).

2. 对有一个协变量的单向分类模型

$$y_{ij}=\mu+\alpha_i+\gamma z_{ij}+e_{ij},\ i=1,\ 2,\ \cdots,\ a,\ j=1,\ 2,\ \cdots,\ n,$$

其中 $e_{ij}\sim N(0,\ \sigma^2)$，所有 e_{ij} 相互独立.

(1) 求对照 $\alpha_i-\alpha_u$, $i\neq u$ 的 BLU 估计.

(2) 求回归系数 γ 的 BLU 估计.

(3) 导出假设 $H_0: \gamma=0$ 和 $H_1: \alpha_1=\cdots=\alpha_a$ 的 F 检验统计量.

(4) 列出相应的协方差分析表.

3. (检验回归线是否平衡)令

$$y_{ij}=\mu_i+\gamma_i z_{ij}+e_{ij},\ i=1,\ 2,\ \cdots,\ a,\ j=1,\ 2,\ \cdots,\ n,$$

其中 $e_{ij}\sim N(0,\ \sigma^2)$,所有 e_{ij} 相互独立.这里有 a 条回归线,每条线有 b 个观测值,试导出所希望的检验

$$H: \gamma_1=\gamma_2=\cdots=\gamma_a(\overset{\text{def}}{=}\gamma)$$

的检验统计量.

4. 芬兰由几十个小的自治区组成.在芬兰,白酒的批发和零售由国家垄断.几个世纪以来,法律规定白酒只能在城市自治区中销售.芬兰 1994 年修改了相关法律条文,从 1995 年开始该国相关部门尝试性地在农村自治区销售白酒.为了研究白酒的销售方式是否会影响当地的交通事故量,他们任选 12 个农业自治区,在其中 4 个自治区开设了白酒专卖店;另外 4 个设有授权饭店销售白酒;余下的 4 个保持原来的状态,即禁止销售白酒.为比较销售白酒对交通事故是否有影响,他们搜集到 3 组实验区域一年后的交通事故发生数 Y,以及前一年各自治区都没有销售白酒时的交通事故数 X,数据列于表 10-7.

表 10-7 芬兰白酒销售与交通事故数据

	授权销售白酒类型(因素水平)					
	无 授 权		授权白酒专卖店		授权饭店代销	
	x	y	x	y	x	y
交通事故报告数	190	177	252	226	206	226
	261	225	228	196	239	229
	194	167	240	198	217	215
	217	176	246	206	177	188
组 均 值	215.5	186.25	241.5	206.5	209.75	214.5
样本均值	$\bar{X}=222.5,\ \bar{Y}=202.42$					

试应用统计软件,以 X 为协变量建立交通事故发生数 Y 与白酒销售类型和 X 的协方差分析模型,报告所有必要的假设检验结果,并解释所建模型的实际意义.你也可以自行从网络上收集你感兴趣领域的相关数据进行协方差分析建模实验.

11 混合效应及其相关的模型

11.1 线性混合效应模型

线性混合效应模型是一类应用非常广泛的模型，可以用来分析处理纵向数据(longitudinal data)、组数据和面板数据(panel data)等各类重复测量数据，其最一般形式为

$$\boldsymbol{y}=\boldsymbol{X\beta}+\boldsymbol{U}_1\boldsymbol{\xi}_1+\boldsymbol{U}_2\boldsymbol{\xi}_2+\cdots+\boldsymbol{U}_k\boldsymbol{\xi}_k, \tag{11-1}$$

其中 $\boldsymbol{y}$ 为 $n\times1$ 观测向量，$\boldsymbol{X}$ 为 $n\times p+1$ 已知设计阵，$\boldsymbol{\beta}$ 为 $p+1\times1$ 非随机的参数向量，称为固定效应.$\boldsymbol{U}_i$ 为 $n\times q_i$ 已知设计阵，$\boldsymbol{\xi}_i$ 为 $q_i\times1$ 随机向量，称为随机效应，一般假设

$$E(\boldsymbol{\xi}_i)=\boldsymbol{0},\ \mathrm{cov}(\boldsymbol{\xi}_i)=\sigma_i^2\boldsymbol{I}_{qi},\ \mathrm{cov}(\boldsymbol{\xi}_i,\ \boldsymbol{\xi}_j)=\boldsymbol{O},\ i\neq j, \tag{11-2}$$

于是

$$E(\boldsymbol{y})=\boldsymbol{X\beta},\ \mathrm{cov}(\boldsymbol{y})=\sum_{i=1}^{k}\sigma_i^2\boldsymbol{U}_i\boldsymbol{U}_i^{\mathrm{T}}, \tag{11-3}$$

σ_i^2 称为方差分量(variance components)，式(11－1)也称为方差分量模型(variance components model).

我们看到，式(11－1)突破了传统线性模型要求的观测值是彼此独立且等方差的条件限制，线性混合效应模型对观测值的协方差的结构有了更加灵活的假设.如针对组数据，通常可以假设同一组内数据是相关的，不同组数据之间是独立的；针对多层分组数据，线性混合效应模型可以通过引进多水平的随机效应给出观测值的协方差的一个简单且合理结构假设.

线性混合效应模型最早由 Airy 于 1861 年提出.Airy 在研究天文望远镜的观察数据时，将同一天晚上对某个天体的几次观测看成是同一个组数据(clustered data)，将不同天晚上的观测数据放在一起分析，建立了单向分类随机模型

$$y_{ij}=\mu+\alpha_i+\varepsilon_{ij},\ i=1,\ 2,\ \cdots,\ a,\ j=1,\ 2,\ \cdots,\ n_i,$$

这里 μ 为总体均值(或真值),α_i 和 ε_{ij} 是随机的. Airy 称 α_i 为常数误差(constant error),即针对固定的第 i 晚 α_i 为常数,这就是第 i 晚的效应,它是由第 i 晚的特定空气和个人因素引起的. ε_{ij} 是第 i 晚条件均值 $\mu+\alpha_i$ 的随机误差. Airy 在 $\{\varepsilon_{ij}\}$ 和 $\{\alpha_i\}$ 独立同分布的条件下讨论了 ε 的方差 σ_ε^2 的估计. 随后 Chauvenet 于 1863 年在平衡数据 ($n_i=n$) 下,给出了样本均值 $\bar{y}_{..}$ 的方差估计,但 Airy 和 Chauvenet 都没有给出随机效应 α 的方差 σ_α^2 的估计.

现在让我们介绍几个典型的建立混合效应模型的例子.

例 11.1 销售量-价格模型

记 $(x_k,\ y_k)$, $k=1,\ 2,\ \cdots,\ n$ 是对 K 种商品的销售价格和销售量的调查数据. 如果按照传统的线性模型,认为商品之间没有差异,从而假设 $(x_k,\ y_k)$, $k=1,\ 2,\ \cdots,\ n$ 是独立同分布的,且 $E(y\mid x)=\alpha+x\beta$, 即假设

$$y_k=\alpha+x_k\beta+\varepsilon_k,\ k=1,\ 2,\ \cdots,\ n,$$

这里 ε_k 是随机误差. 假设 $\varepsilon_1,\ \cdots,\ \varepsilon_n$ 是相互独立的, $E(\varepsilon_k)=0$, $\mathrm{var}(\varepsilon_k)=\sigma_\varepsilon^2$. 应用该模型拟合数据所得到的回归直线的斜率是负的,可参见 Demidenko 的散点图[42].

但事实上,不同商品之间存在很大的差异. 按照不同商品将观测数据分组,记 $(x_{ij},\ y_{ij})$, $i=1,\ 2,\ \cdots,\ K$, $j=1,\ 2,\ \cdots,\ n_i$, 其中 $\sum_{i=1}^{K}n_i=n$, 并将同种商品的价格和销售量的观察点 $(x_{ij},\ y_{ij})$ 连起来,其散点图表明商品的销售量 y 普遍随着价格 x 的增加而增加. 这一结果与传统线性模型分析的结果相反. 具体地,文章中假设每种商品都有自己特定的销售模型

$$y_{ij}=\alpha_i+\beta x_{ij}+\varepsilon_{ij},\ i=1,\ 2,\ \cdots,\ K,\ j=1,\ 2,\ \cdots,\ n_i, \tag{11-4}$$

这里 ε_{ij} 是随机误差,并假设所有的 ε_{ij} 都相互独立,且 $E(\boldsymbol{\varepsilon}_{ij})=0$, $\mathrm{var}(\varepsilon_{ij})=\sigma_\varepsilon^2$.

进一步,假设截距 α_i 也是随机的,且可表示为

$$\alpha_i=\alpha+b_i,\ i=1,\ 2,\ \cdots,\ K, \tag{11-5}$$

这里 α 是总体的平均销售量, b_i 是随机效应,反应特定商品销售量与总体的商品平均销售量之间的偏差. 合并式(11-4)和式(11-5)就得混合效应模型

$$y_{ij}=\alpha+\beta x_{ij}+b_i+\varepsilon_{ij},\ i=1,\ 2,\ \cdots,\ K,\ j=1,\ 2,\ \cdots,\ n_i, \tag{11-6}$$

这里 α 和 β 是固定效应的参数, b_i 是随机效应. 假设 $b_1,\ b_2,\ \cdots,\ b_K$ 是独立同分布的, $E(b_i)=0$, $\mathrm{var}(b_i)=\sigma_b^2$, 且 b_i 和 ε_{ij} 相互独立. 记

$$\boldsymbol{y}=(y_{11}, \cdots, y_{1n_1}, y_{21}, \cdots, y_{Kn_K})^{\mathrm{T}}, \boldsymbol{\gamma}=(\alpha, \beta)^{\mathrm{T}},$$

$$\boldsymbol{X}=(\boldsymbol{1}_n, \boldsymbol{x}), \boldsymbol{U}=\begin{bmatrix} \boldsymbol{1}_{n_1} & & \\ & \ddots & \\ & & \boldsymbol{1}_{n_K} \end{bmatrix},$$

$$\boldsymbol{b}=(b_1, \cdots, b_K)^{\mathrm{T}}, \boldsymbol{e}=(e_{11}, \cdots, e_{1T}, e_{21}, \cdots, e_{NT})^{\mathrm{T}},$$

其中 $\boldsymbol{x}=(x_{11}, \cdots, x_{1n_1}, x_{21}, \cdots, x_{Kn_K})^{\mathrm{T}}$. 则式(11-6)等价于

$$\boldsymbol{y}=\boldsymbol{X\gamma}+\boldsymbol{Ub}+\boldsymbol{e},$$

其中 $\boldsymbol{\gamma}$ 是固定效应,$\boldsymbol{b}$ 是随机效应,$\boldsymbol{e}$ 是随机误差,且

$$\mathrm{cov}(\boldsymbol{b})=\sigma_b^2\boldsymbol{I}_K, \mathrm{cov}(\boldsymbol{e})=\sigma^2\boldsymbol{I}_n,$$

因此 $\boldsymbol{y}$ 的协方差阵为

$$\mathrm{cov}(\boldsymbol{y})=\sigma_b^2\boldsymbol{UU}^{\mathrm{T}}+\sigma^2\boldsymbol{I}_n.$$

例 11.2 两向分类混合模型

研究人的血压在一天内的变化规律.在一天内选择 a 个时间点测量被观测者的血压,假设观测了 b 个人,用 y_{ij} 表示第 i 个时间点的第 j 个人的血压,则 y_{ij} 可表为

$$y_{ij}=\mu+\alpha_i+\beta_j+e_{ij}, i=1, 2, \cdots, a, j=1, 2, \cdots, b, \quad (11-7)$$

这里 e_{ij} 为随机误差.α_i 为第 i 个时间点的效应,它是非随机的,是固定效应.β_j 为第 j 个人的个体效应.如果这 b 个人是我们感兴趣的特定的 b 个人.那么 β_j 也是非随机的,是固定效应.这时式(11-7)就是固定效应模型.但是,如果我们要研究的兴趣只是放在比较不同时间点人的血压高低上,被观测的 b 个人是随机抽取的,这时 β_j 就是随机向量,此时,它就是随机效应.相应地,式(11-7)就是混合效应模型.

假设 $\beta_1, \cdots, \beta_b, e_{11}, \cdots, e_{1b}, \cdots, e_{a1}, \cdots, e_{ab}$ 都是不相关的,且 $\mathrm{var}(\beta_j)=\sigma_{\boldsymbol{\beta}}^2$, $\mathrm{var}(e_{ij})=\sigma_e^2$. 记

$$\boldsymbol{y}=(y_{11}, \cdots, y_{1b}, \cdots, y_{a1}, \cdots, y_{ab})^{\mathrm{T}},$$

$$\boldsymbol{X}=(\boldsymbol{1}_{ab} \vdots \boldsymbol{U}_1), \boldsymbol{U}_2=\boldsymbol{1}_a \otimes \boldsymbol{I}_b, \boldsymbol{\gamma}=(\mu, \boldsymbol{\alpha}^{\mathrm{T}})^{\mathrm{T}},$$

$$\boldsymbol{\beta}=(\beta_1, \cdots, \beta_b)^{\mathrm{T}}, \boldsymbol{e}=(e_{11}, \cdots, e_{1b}, \cdots, e_{a1}, \cdots, e_{ab})^{\mathrm{T}},$$

其中

$$U_1 = I_a \otimes 1_b, \ \alpha = (\alpha_1, \alpha_2, \cdots, \alpha_a)^{\mathrm{T}},$$

则式(11-7)可写成如下矩阵形式

$$y = X\gamma + U_2\beta + e,$$

这里 γ 为固定效应，$\boldsymbol{\beta}$ 为随机效应，$\boldsymbol{y}$ 的协方差阵为

$$\mathrm{cov}(y) = \sigma_{\beta}^2 U_2 U^{\mathrm{T}}{}_2 + \sigma_e^2 I_{ab} = \sigma_{\beta}^2 (J \otimes I_b) + \sigma_e^2 I_{ab},$$

这里 $J_n = 1_n 1^{\mathrm{T}}{}_n$，其中 σ_{β}^2 和 σ_e^2 是方差分量.该例是一个很典型的混合方差分析模型的例子.

在本例中，如果 α_i 也是随机效应，则式(11-7)便是两向分类随机模型

$$y = 1\mu + U_1\alpha + U_2\beta + e,$$

这里假设 $\mathrm{cov}(\boldsymbol{\alpha}) = \sigma_{\alpha}^2 \boldsymbol{I}_a$，且 $\boldsymbol{\alpha}$ 与 $\boldsymbol{\beta}$ 和 $\boldsymbol{e}$ 不相关，则 $\boldsymbol{y}$ 的协方差阵为

$$\begin{aligned} \mathrm{cov}(y) &= \sigma_{\alpha}^2 U_1 U^{\mathrm{T}}{}_1 + \sigma_{\beta}^2 U_2 U^{\mathrm{T}}{}_2 + \sigma_e^2 I_{ab} \\ &= \sigma_{\alpha}^2 (I_a \otimes J_b) + \sigma_{\beta}^2 (J_a \otimes I_b) + \sigma_e^2 I_{ab}. \end{aligned}$$

例 11.3 面板(Panel)数据模型

这个模型常常出现在计量经济学中.假设我们对 N 个个体(如个人、家庭、公司、城市、国家或区域等)进行了 T 个时刻的观测，观测数据可写为

$$y_{it} = x_{it}^{\mathrm{T}}\beta + \xi_i + e_{it}, \ i = 1, 2, \cdots, N; \ t = 1, 2, \cdots, T, \quad (11-8)$$

其中 y_{it} 表示第 i 个个体在第 t 个时刻的某项指标，$\boldsymbol{x}_{it}$ 是 $p\times 1$ 已知向量，它刻画了第 i 个个体在时刻 t 的一些自身特征，ξ_i 是第 i 个个体的个体效应，e_{it} 是随机误差项.如果这 N 个个体是从总体中随机抽取的，则个体效应为随机效应，此时式(11-8)为混合效应模型.记

$$y = (y_{11}, \cdots, y_{1T})^{\mathrm{T}}, \ X = (x_{11}, \cdots, x_{1T}, x_{21}, \cdots, x_{NT})^{\mathrm{T}},$$

$$U_1 = I_N \otimes 1_T, \ \xi = (\xi_1, \cdots, \xi_N)^{\mathrm{T}}, \ e = (e_{11}, \cdots, e_{1T}, e_{21}, \cdots, e_{NT})^{\mathrm{T}},$$

则式(11-8)可表为

$$y = X\beta + U_1\xi + e.$$

如果假设 $\mathrm{var}(\xi_i) = \sigma_{\xi}^2$，$\mathrm{var}(e_{it}) = \sigma_e^2$，所有 ξ_i 和 e_{it} 都不相关.则

$$\mathrm{cov}(y) = \sigma_{\xi}^2 U U^{\mathrm{T}}{}_1 + \sigma_e^2 I_{NT} = \sigma_{\xi}^2 (I \otimes J_T) + \sigma_e^2 I_{NT},$$

式(11-8)也称为具有套误差结构(nested error structure)的线性混合效应模型.

在上述问题中,如果把时间效应也考虑进来,则式(11-8)可以改写为

$$y_{it}=\boldsymbol{x}_{it}^{\mathrm{T}}\boldsymbol{\beta}+\xi_i+\lambda_t+e_{it},\ i=1,2,\cdots,N;\ t=1,2,\cdots,T. \tag{11-9}$$

如果时间效应 λ_t 也看成是随机的,且假设 λ_t 与所有的 ξ_i 和 e_{it} 都不相关, $\mathrm{var}(\lambda_t)=\sigma_\lambda^2$. 则得到如下模型

$$\boldsymbol{y}=\boldsymbol{X\beta}+\boldsymbol{U}_1\boldsymbol{\xi}+\boldsymbol{U}_2\boldsymbol{\lambda}+\boldsymbol{e},$$

这里 $\boldsymbol{U}_2=\boldsymbol{1}_N\otimes\boldsymbol{I}_T$, $\boldsymbol{\lambda}=(\lambda_1,\lambda_2,\cdots,\lambda_T)^{\mathrm{T}}$. 此时,观测向量 $\boldsymbol{y}$ 的协方差阵为

$$\mathrm{cov}(\boldsymbol{y})=\sigma_\xi^2(\boldsymbol{I}\otimes\boldsymbol{J}_T)+\sigma_\lambda^2(\boldsymbol{J}\otimes\boldsymbol{I}_T)+\sigma_e^2\boldsymbol{I}_{NT},$$

其中 σ_ξ^2,σ_λ^2和σ_e^2为方差分量.

11.2 固定效应的估计

考虑固定效应的估计时,将模型写为如下形式

$$\boldsymbol{y}=\boldsymbol{X\beta}+\boldsymbol{U\xi}+\boldsymbol{e}, \tag{11-10}$$

其中 $\boldsymbol{\beta}$ 为固定效应,$\boldsymbol{\xi}$ 为随机效应,且 $E(\boldsymbol{\xi})=\boldsymbol{0}$, $E(\boldsymbol{e})=\boldsymbol{0}$, $\mathrm{cov}(\boldsymbol{\xi},\boldsymbol{e})=\boldsymbol{O}$, 并且这里假设 $\boldsymbol{\xi}$ 和 $\boldsymbol{e}$ 的协方差阵具有一般地形式 $\mathrm{cov}(\boldsymbol{\xi})=D\geqslant 0$, $\mathrm{cov}(\boldsymbol{e})=R>0$, 于是我们有 $\boldsymbol{\Sigma}=\mathrm{cov}(\boldsymbol{y})=\boldsymbol{UDU}^{\mathrm{T}}+R>0$.当然,若假设式(11-2) 成立,则 $R=\sigma_e^2I_n$, $D=\mathrm{diag}(\sigma_1^2\mathrm{I}_{t_1},\cdots,\sigma_{k-1}^2I_{t_{k-1}})$,从而有 $\mathrm{cov}(\boldsymbol{y})=\boldsymbol{\Sigma}(\sigma^2)$.

如果 D 和 R 已知,应用 LS 法得到正则方程

$$\boldsymbol{X}^{\mathrm{T}}\boldsymbol{\Sigma}^{-1}\boldsymbol{X\beta}^*=\boldsymbol{X}^{\mathrm{T}}\boldsymbol{\Sigma}^{-1}\boldsymbol{y},$$

$\boldsymbol{\beta}$ 的广义 LS 解为 $\boldsymbol{\beta}^*=(\boldsymbol{X}^{\mathrm{T}}\boldsymbol{\Sigma}^{-1}\boldsymbol{X})^-\boldsymbol{X}^{\mathrm{T}}\boldsymbol{\Sigma}^{-1}\boldsymbol{y}$. 因此,任意的可估函数 $\boldsymbol{c}^{\mathrm{T}}\boldsymbol{\beta}$ 的 BLU 估计为

$$\boldsymbol{c}^{\mathrm{T}}\boldsymbol{\beta}^*=\boldsymbol{c}^{\mathrm{T}}(\boldsymbol{X}^{\mathrm{T}}\boldsymbol{\Sigma}^{-1}\boldsymbol{X})^-\boldsymbol{X}^{\mathrm{T}}\boldsymbol{\Sigma}^{-1}\boldsymbol{y}, \tag{11-11}$$

实际上 D,R 未知,若用它们的估计 $\hat{D}$,$\hat{R}$ 代替,即用 $\hat{\boldsymbol{\Sigma}}=\boldsymbol{U}\hat{D}\boldsymbol{U}^{\mathrm{T}}+\hat{R}$ 代替 $\boldsymbol{\Sigma}$,便得到 $\boldsymbol{c}^{\mathrm{T}}\boldsymbol{\beta}$ 的两步估计

$$\boldsymbol{c}^{\mathrm{T}}\tilde{\boldsymbol{\beta}}(\hat{\boldsymbol{\Sigma}})=\boldsymbol{c}^{\mathrm{T}}(\boldsymbol{X}^{\mathrm{T}}\hat{\boldsymbol{\Sigma}}^{-1}\boldsymbol{X})^-\boldsymbol{X}^{\mathrm{T}}\hat{\boldsymbol{\Sigma}}^{-1}\boldsymbol{y}, \tag{11-12}$$

在假设式(11-2)下,$\boldsymbol{c}^{\mathrm{T}}\boldsymbol{\beta}$ 的两步估计又可写为

$$c^{\mathrm{T}} \widetilde{\boldsymbol{\beta}}(\hat{\sigma}^2)=c^{\mathrm{T}}(X^{\mathrm{T}}\boldsymbol{\Sigma}(\hat{\sigma})^{-1}X)^{-}X^{\mathrm{T}}\boldsymbol{\Sigma}(\hat{\sigma}^2)^{-1}y, \tag{11-13}$$

这里 $\hat{\sigma}^2=(\hat{\sigma}_1^2, \cdots, \hat{\sigma}_k^2)$，其中 $\hat{\sigma}_i^2$ 为方差分量 σ_i^2 的一种估计.

定理 11.1 对于混合效应模型式(11-10)，假设 $\boldsymbol{e},\boldsymbol{\xi}$ 的联合分布关于原点对称.设 $\hat{\sigma}^2=\hat{\sigma}^2(y)$ 是 σ^2 的一个估计，它是 y 的偶函数且具有变换不变性.对一切可估函数 $\boldsymbol{c}^{\mathrm{T}}\boldsymbol{\beta}$，若 $E(\boldsymbol{c}^{\mathrm{T}} \widetilde{\boldsymbol{\beta}}(\hat{\sigma}^2))$ 存在，则两步估计 $\boldsymbol{c}^{\mathrm{T}}\widetilde{\boldsymbol{\beta}}(\hat{\sigma}^2)$ 必为 $\boldsymbol{c}^{\mathrm{T}}\boldsymbol{\beta}$ 无偏估计.

定理 11.1 中关于 $\boldsymbol{\xi},\boldsymbol{e}$ 分布的假设在许多条件下是满足的.当协方差阵和设计阵满足一组彼此等价关系中的任意一个时，可估函数 $\boldsymbol{c}^{\mathrm{T}}\boldsymbol{\beta}$ 的 LS 估计

$$\boldsymbol{c}^{\mathrm{T}} \hat{\boldsymbol{\beta}}=\boldsymbol{c}^{\mathrm{T}}(\boldsymbol{X}^{\mathrm{T}}\boldsymbol{X})^{-}\boldsymbol{X}^{\mathrm{T}}\boldsymbol{y}, \tag{11-14}$$

等于 BLU 估计.例如一个较易验证的条件是 $\boldsymbol{P_X\Sigma}$ 为对称阵，这里 $\boldsymbol{P_X}=\boldsymbol{X}(\boldsymbol{X}^{\mathrm{T}}\boldsymbol{X})^{-}\boldsymbol{X}^{\mathrm{T}}$.

定理 11.1 的证明及相关性质的进一步说明有兴趣的读者可以参考其他资料[3, 7].下面举一例.

例 11.4 单向分类模型

考虑平衡单向分类模型

$$y_{ij}=\mu+\alpha_i+e_{ij},\ i=1, 2, \cdots, a,\ j=1, 2, \cdots, b,$$

其中 μ 是固定效应，$\boldsymbol{\alpha}=(\alpha_1, \cdots, \alpha_a)^{\mathrm{T}}$ 为随机效应.假设所有 α_i, e_{ij} 都不相关，且均值为 0，$\mathrm{var}(e_{ij})=\sigma_e^2$, $i=1, 2, \cdots, a$，对一切 i, j，$\mathrm{var}(e_{ij})=\sigma_e^2$.这个模型的矩阵形式为

$$\boldsymbol{y}=(\boldsymbol{1}_a\otimes\boldsymbol{1}_b)\mu+(\boldsymbol{I}_a\otimes\boldsymbol{1}_b)\boldsymbol{\alpha}+\boldsymbol{e},$$

其中$\otimes$为 Kronecker 乘积.

不难验证

$$\mathrm{cov}(\boldsymbol{y})=\sigma_\alpha^2(\boldsymbol{I}_a\otimes\boldsymbol{1}_b\boldsymbol{1}^{\mathrm{T}}{}_b)+\sigma_e^2\boldsymbol{I}_{ab},$$

$$P_{\boldsymbol{X}}\mathrm{cov}(\boldsymbol{y})=\mathrm{cov}(\boldsymbol{y})P_{\boldsymbol{X}}=\left(\frac{b\sigma_\alpha^2+\sigma_e^2}{ab}\right)\boldsymbol{1}_a\boldsymbol{1}^{\mathrm{T}}{}_b\otimes\boldsymbol{1}_b\boldsymbol{1}^{\mathrm{T}}{}_b,$$

这里 $\boldsymbol{X}=\boldsymbol{1}_a\otimes\boldsymbol{1}_b$.因此，$\mu$ 的 BLU 估计等于其 LS 估计，即 $\mu^*=\hat{\mu}=\bar{y}_{..}$.

例 11.5 在软件管理数据集中，将“人员的工具技能”看作是随机效应，在 SPSS 的“一般线性模型”模块选项中，将“人员的工具技能”放入“随机因子”一栏，获得如表 11-1 的结果.

表 11-1 参数估计

参数	系数	标准误差	t 值	P 值	95%下限	置信区间上限	偏 eta 方
截距	7.846	0.280	28.000	0.000	7.275	8.418	0.962
t14=1	1.475	0.371	3.980	0.000	0.719	2.231	0.338
t14=2	0.375	0.365	1.029	0.311	−0.368	1.119	0.033
t14=3	0^a						

注：此参数为冗余参数，将被设为零.

另外，误差方差齐性的 Levene 的 F 检验统计量值为 0.073，P 值为 0.930.

11.3 随机效应的预测

定义 11.1 设 $\boldsymbol{u}$ 和 $\boldsymbol{y}$ 皆为随机向量，$\boldsymbol{u}$ 和 $\boldsymbol{y}$ 的联合密度函数为 $f(\boldsymbol{u}, \boldsymbol{y})$，记 $\hat{\boldsymbol{u}}$ 为 $\boldsymbol{u}$ 依据 $\boldsymbol{y}$ 的观测值所给出的预测值，$\hat{\boldsymbol{u}}$ 的广义预测均方误差(generalized mean square error of prediction, GPMSE)定义为

$$\text{PMSE}(\hat{\boldsymbol{u}}) = E(\hat{\boldsymbol{u}} - \boldsymbol{u})^{\mathrm{T}} A (\hat{\boldsymbol{u}} - \boldsymbol{u}), \tag{11-15}$$

其中 $A > 0$.

定义 11.2 设 $\hat{\boldsymbol{u}}$ 是 $\boldsymbol{u}$ 的预测，若

$$E(\hat{\boldsymbol{u}}) = E(\boldsymbol{u}),$$

则称 $\hat{\boldsymbol{u}}$ 是 $\boldsymbol{u}$ 的无偏预测.

值得注意的是，预测的无偏不同于估计的无偏，这是因为被预测的 $\boldsymbol{u}$ 也是随机的，故预测的无偏指的是两者的期望相等.

定义 11.3 若 $\hat{\boldsymbol{u}}$ 是使得(11-15)达到最小的 $\boldsymbol{u}$ 的预测，则称 $\hat{\boldsymbol{u}}$ 是 $\boldsymbol{u}$ 的最优预测(best predictor, BP).

这里的“最优”指的是最小化预测均方误差，不同于估计的最优，后者最小化的是估计的方差.

定理 11.2 $\boldsymbol{u}$ 的最优预测为

$$\tilde{\boldsymbol{u}} = E(\boldsymbol{u} \mid \boldsymbol{y}).$$

证明 设 $\hat{\boldsymbol{u}}$ 是 $\boldsymbol{u}$ 的一个预测，其预测均方误差为

$$
\begin{aligned}
E(\hat{\boldsymbol{u}}-\boldsymbol{u})^{\mathrm{T}}A(\hat{\boldsymbol{u}}-\boldsymbol{u}) &= E(\hat{\boldsymbol{u}}-\tilde{\boldsymbol{u}}+\tilde{\boldsymbol{u}}-\boldsymbol{u})^{\mathrm{T}}A(\hat{\boldsymbol{u}}-\tilde{\boldsymbol{u}}+\tilde{\boldsymbol{u}}-\boldsymbol{u}) \\
&= E(\hat{\boldsymbol{u}}-\tilde{\boldsymbol{u}})^{\mathrm{T}}A(\hat{\boldsymbol{u}}-\tilde{\boldsymbol{u}})+2E(\hat{\boldsymbol{u}}-\tilde{\boldsymbol{u}})^{\mathrm{T}}A(\tilde{\boldsymbol{u}}-\boldsymbol{u}) \\
&\quad +E(\tilde{\boldsymbol{u}}-\boldsymbol{u})^{\mathrm{T}}A(\tilde{\boldsymbol{u}}-\boldsymbol{u}),
\end{aligned}
$$

注意到

$$
\begin{aligned}
E(\hat{\boldsymbol{u}}-\tilde{\boldsymbol{u}})^{\mathrm{T}}A(\tilde{\boldsymbol{u}}-\boldsymbol{u}) &= E_{\boldsymbol{y}}[E_{\boldsymbol{u}}((\hat{\boldsymbol{u}}-\tilde{\boldsymbol{u}})^{\mathrm{T}}A(\tilde{\boldsymbol{u}}-\boldsymbol{u}) \mid \boldsymbol{y})] \\
&= E_{\boldsymbol{y}}[(\hat{\boldsymbol{u}}-\tilde{\boldsymbol{u}})^{\mathrm{T}}A \quad E_{\boldsymbol{u}}(\tilde{\boldsymbol{u}}-\boldsymbol{u} \mid \boldsymbol{y})] \\
&= 0,
\end{aligned}
$$

因此证得

$$
E(\hat{\boldsymbol{u}}-\boldsymbol{u})^{\mathrm{T}}A(\hat{\boldsymbol{u}}-\boldsymbol{u}) \geqslant E(\tilde{\boldsymbol{u}}-\boldsymbol{u})^{\mathrm{T}}A(\tilde{\boldsymbol{u}}-\boldsymbol{u}),
$$

等号成立当且仅当 $\hat{\boldsymbol{u}}=\tilde{\boldsymbol{u}}$，定理证毕.

已知历史数据服从以下线性模型

$$
\boldsymbol{y}=\boldsymbol{X\beta}+\boldsymbol{e},\ E(\boldsymbol{e})=0,\ \mathrm{cov}(\boldsymbol{e})=\sigma^2\boldsymbol{\Sigma},
$$

这里 $\boldsymbol{y}$ 为 $n\times 1$ 观测向量，$\mathrm{rk}(\boldsymbol{X}_{n\times(p+1)})=r$，$\boldsymbol{\Sigma}>0$. 我们要预测 m 个点 $\boldsymbol{x}_{0i}=(1,\ x_{0i1},\ x_{0i2},\ \cdots,\ x_{0ip})^{\mathrm{T}}$，$i=1,\ 2,\ \cdots,\ m$ 所对应的因变量 y_{01}，y_{02}，…，y_{0m} 的值，且已知 y_{0i} 和历史数据服从同一个线性模型，即

$$
y_{0i}=\boldsymbol{x}_{0i}^{\mathrm{T}}\boldsymbol{\beta}+\varepsilon_{0i},\ i=1,\ 2,\ \cdots,\ m,
$$

模型的矩阵形式为

$$
\boldsymbol{y}_0=\boldsymbol{X}_0\boldsymbol{\beta}+\boldsymbol{\varepsilon}_0,\ E(\boldsymbol{\varepsilon}_0)=0,\ \mathrm{cov}(\boldsymbol{\varepsilon}_0)=\sigma^2\boldsymbol{\Sigma}_0,
$$

这里

$$
\boldsymbol{y}_0=\begin{bmatrix} y_{01} \\ \vdots \\ y_{0m} \end{bmatrix},\ \boldsymbol{X}_0=\begin{bmatrix} 1 & x_{011} & \cdots & x_{01p} \\ \vdots & \vdots & \vdots & \vdots \\ 1 & x_{0m1} & \cdots & x_{0mp} \end{bmatrix},\ \boldsymbol{\varepsilon}_0=\begin{bmatrix} \varepsilon_{01} \\ \vdots \\ \varepsilon_{0m} \end{bmatrix},
$$

假设 $\mathcal{M}(\boldsymbol{X}_0^T)\subset\mathcal{M}(\boldsymbol{X}^T)$ 且 $\boldsymbol{y}_0$ 与 $\boldsymbol{y}$ 无关，记 $\mathrm{cov}(\boldsymbol{e},\ \boldsymbol{\varepsilon}_0)=\sigma^2\boldsymbol{V}^{\mathrm{T}}\neq 0$. 则

$$
\mathrm{cov}\begin{bmatrix} y \\ y_0 \end{bmatrix}=\sigma^2\begin{bmatrix} \boldsymbol{\Sigma} & \boldsymbol{V}^{\mathrm{T}} \\ \boldsymbol{V} & \boldsymbol{\Sigma}_0 \end{bmatrix}.
$$

定理 11.3 在广义预测均方误差(generalized prediction MSE-PMSE)准则下，$\boldsymbol{y}_0$ 的最佳线性无偏估计为

$$\widetilde{\boldsymbol{y}}_0 = \boldsymbol{X}_0\boldsymbol{\beta}^* + \boldsymbol{V}\boldsymbol{\Sigma}^{-1}(\boldsymbol{y} - \boldsymbol{X}\boldsymbol{\beta}^*), \tag{11-16}$$

这里 $\boldsymbol{\beta}^* = (\boldsymbol{X}^{\mathrm{T}}\boldsymbol{\Sigma}^{-1}\boldsymbol{X})^{-}\boldsymbol{X}^{\mathrm{T}}\boldsymbol{\Sigma}^{-1}\boldsymbol{y}$.

这个定理的证明有兴趣的读者可以参考相关资料[7].利用这个结果来求混合效应模型式(11-1)中随机效应 $\boldsymbol{\xi}$ 的 BLU 估计.因为

$$\boldsymbol{y} = \boldsymbol{X}\boldsymbol{\beta} + \boldsymbol{U}\boldsymbol{\xi} + \boldsymbol{e},\ E(\boldsymbol{e}) = 0,\ \operatorname{cov}(\boldsymbol{e}) = \boldsymbol{R} > 0, \tag{11-17}$$

$$E(\boldsymbol{\xi}) = 0,\ \operatorname{cov}(\boldsymbol{\xi}) = D \geqslant 0,$$

随机效应 $\boldsymbol{\xi}$ 满足对应式(11-17)的方程为

$$\boldsymbol{\xi} = \boldsymbol{0}\boldsymbol{\beta} + I\boldsymbol{\xi} + \boldsymbol{0},$$

注意到

$$\operatorname{cov}\begin{bmatrix}\boldsymbol{y}\\ \boldsymbol{\xi}\end{bmatrix} = \begin{bmatrix}\boldsymbol{UDU}^{\mathrm{T}} + R\boldsymbol{UD}\\ D\boldsymbol{U}^{\mathrm{T}} \quad D\end{bmatrix}$$

利用式(11-16)得 $\boldsymbol{\xi}$ 的 BLU

$$\hat{\boldsymbol{\xi}} = D\boldsymbol{U}^{\mathrm{T}}(\boldsymbol{UDU}^{\mathrm{T}} + R)^{-1}(\boldsymbol{y} - \boldsymbol{X}\boldsymbol{\beta}^*), \tag{11-18}$$

导出式(11-18)的另外一种方法：如果假设 $\boldsymbol{\xi}, \boldsymbol{e}$ 的联合分布为多元正态分布,则

$$\begin{bmatrix}\boldsymbol{y}\\ \boldsymbol{\xi}\end{bmatrix} \sim N\left[\begin{bmatrix}\boldsymbol{X}\boldsymbol{\beta}\\ \boldsymbol{0}\end{bmatrix}, \begin{bmatrix}\boldsymbol{UDU}^{\mathrm{T}} + R & \boldsymbol{UD}\\ D\boldsymbol{U}^{\mathrm{T}} & D\end{bmatrix}\right]$$

在均方误差意义下,$\boldsymbol{\xi}$ 的最佳预测(best Prediction-BP)指的是使 $E(\boldsymbol{\xi} - g(\boldsymbol{y}))^2$ 达到最小的 $g(\boldsymbol{y})$,记为 $g_0(\boldsymbol{y})$.不难证明：$g_0(\boldsymbol{y}) = E(\boldsymbol{\xi} \mid \boldsymbol{y})$. 依多元正态分布的性质,可以得到

$$E(\boldsymbol{\xi} \mid \boldsymbol{y}) = D\boldsymbol{U}^{\mathrm{T}}(\boldsymbol{UDU}^{\mathrm{T}} + R)^{-1}(\boldsymbol{y} - \boldsymbol{X}\boldsymbol{\beta}). \tag{11-19}$$

再用 $\boldsymbol{X}\boldsymbol{\beta}$ 的 BLU 估计 $\boldsymbol{X}\boldsymbol{\beta}^*$ 代替 $\boldsymbol{X}\boldsymbol{\beta}$ 便得到式(11-18).

11.4 方差分析估计

例 11.6 平衡单向分类模型

对于平衡单向分类模型

$$y_{ij}=\mu+\alpha_i+e_{ij},\ i=1,\ 2,\ \cdots,\ a,\ j=1,\ 2,\ \cdots,\ b,$$

其中 μ 为总均值，是固定效应；α_1，…，α_a 为随机效应.假设所有 α_i，e_{ij} 都不相关，且其均值为 0，方差为 $\text{var}(\alpha_i)=\sigma_\alpha^2$，$\text{var}(e_{ij})=\sigma_e^2$.记 $\boldsymbol{y}^{\text{T}}=(y_{11},\ \cdots,\ y_{ab})$. 暂时先把 α_i 看作因素 A 的 i 水平 A_i 的固定效应，按照单向分类模型方差分析的结果，有

$$SS_{\text{reg}}(\mu)=\bar{y}_{..}^2(ab)\overset{\text{def}}{=\!=}SS_\mu, \tag{11-20}$$

其自由度为 1.对应于 α_1，α_2，…，α_a 的平方和，即因素 A 的平方和

$$SS_A=SS_{\text{reg}}(\mu,\ \alpha)-SS_{\text{reg}}(\mu)=\sum_i\sum_j(\bar{y}_{i.}-\bar{y}_{..})^2, \tag{11-21}$$

其自由度 $a-1$，而残差平方和为

$$SS_e=\boldsymbol{y}^{\text{T}}\boldsymbol{y}-SS_{\text{reg}}(\mu,\ \alpha)=\sum_i\sum_j(y_{ij}-\bar{y}_{i.})^2, \tag{11-22}$$

其自由度 $a(b-1)$.由式(11-20)、式(11-21)和式(11-22)，可得总平方和的分解式

$$\boldsymbol{y}^{\text{T}}\boldsymbol{y}=SS_\mu+SS_A+SS_e=\bar{y}_{..}^2(ab)+(\bar{y}_{i.}-\bar{y}_{i..})^2+(y_{ij}-\bar{y}_{i.})^2. \tag{11-23}$$

均方为

$$Q_0=\bar{y}_{..}^2(ab),$$
$$Q_1=(\bar{y}_{i.}-\bar{y}_{i..})^2/(a-1),$$
$$Q_2=(y_{ij}-\bar{y}_{i.})^2/[a(b-1)].$$

再按照 α_i 为随机效应的假设，求出各均方的均值：

$$\begin{aligned}E(Q_0)&=ab\mu^2+b\sigma_\alpha^2+\sigma_e^2,\\E(Q_1)&=b\sigma_\alpha^2+\sigma_e^2,\\E(Q_2)&=\sigma_e^2.\end{aligned} \tag{11-24}$$

令 $E(Q_1)=Q_1$，$i=1,\ 2$，便得到关于 σ_α^2，σ_e^2 的线性方程组

$$b\sigma_\alpha^2+\sigma_e^2=Q_1,$$

$$\sigma_e^2=Q_2.$$

解此方程组得

$$\hat{\sigma}_e^2 = Q_2,$$

$$\hat{\sigma}_\alpha^2 = (Q_1 - Q_2)/b,$$

它们就是方差分量 σ_α^2,σ_e^2的方差分析估计(ANOVA 估计).

现将上面的方法用于一般的混合效应模型.为简单记,考察方差分量模型

$$\boldsymbol{y} = \boldsymbol{X\beta} + \boldsymbol{U}_1\boldsymbol{\xi}_1 + \boldsymbol{U}_2\boldsymbol{\xi}_2 + \boldsymbol{e}, \tag{11-25}$$

即式(11-1)中 $k=3$,且 $\boldsymbol{U}_3 = I$, $\boldsymbol{\xi}_3 = \boldsymbol{e}$.改记 $\sigma_3^2 = \sigma_e^2$.所以 $\mathrm{cov}(\boldsymbol{y}) = \sigma_1^2\boldsymbol{U}^{\mathrm{T}}{}_1\boldsymbol{U}_1 + \sigma_2^2\boldsymbol{U}^{\mathrm{T}}{}_2\boldsymbol{U}_2 + \sigma_e^2 I \overset{\mathrm{def}}{=} \boldsymbol{\Sigma}(\sigma^2)$. 按照前面的步骤,暂视 $\boldsymbol{\xi}_1$,$\boldsymbol{\xi}_2$为固定效应,对总平方和 $\boldsymbol{y}^{\mathrm{T}}\boldsymbol{y}$ 作平方和分解

$$\boldsymbol{y}^{\mathrm{T}}\boldsymbol{y} = SS_\beta + SS_{\xi_1} + SS_{\xi_2} + SS_e, \tag{11-26}$$

这里 SS_β为模型 $\boldsymbol{y} = \boldsymbol{X\beta} + \boldsymbol{e}$ 中 $\boldsymbol{\beta}$ 的回归平方和

$$SS_\beta = SS_{\mathrm{reg}}(\boldsymbol{\beta}) = \hat{\boldsymbol{\beta}}^{\mathrm{T}}\boldsymbol{X}^{\mathrm{T}}\boldsymbol{y},\text{这里}\hat{\boldsymbol{\beta}} = (\boldsymbol{X}^{\mathrm{T}}\boldsymbol{X})^{-}\boldsymbol{X}^{\mathrm{T}}\boldsymbol{y},$$

而 SS_{ξ_1} 为在模型 $\boldsymbol{y} = \boldsymbol{X\beta} + \boldsymbol{U}_1\boldsymbol{\xi}_1 + \boldsymbol{e}$ 中,消去 $\boldsymbol{\beta}$ 的影响后,$\boldsymbol{\xi}_1$的平方和

$$SS_{\xi_1} = SS_{\mathrm{reg}}(\boldsymbol{\beta}, \boldsymbol{\xi}_1) - SS_{\mathrm{reg}}(\boldsymbol{\beta}),$$

类似地,SS_{ξ_2}为在模型 $\boldsymbol{y} = \boldsymbol{X\beta} + \boldsymbol{U}_1\boldsymbol{\xi}_1 + \boldsymbol{U}_2\boldsymbol{\xi}_2 + \boldsymbol{e}$ 中, 消去 $\boldsymbol{\beta}$ 和$\boldsymbol{\xi}_1$的影响后,$\boldsymbol{\xi}_2$的平方和

$$SS_{\xi_2} = SS_{\mathrm{reg}}(\boldsymbol{\beta}, \boldsymbol{\xi}_1, \boldsymbol{\xi}_2) - SS_{\mathrm{reg}}(\boldsymbol{\beta}, \boldsymbol{\xi}_1),$$

最后,SS_e为残差平方和

$$SS_e = \boldsymbol{y}^{\mathrm{T}}\boldsymbol{y} - SS_{\mathrm{reg}}(\boldsymbol{\beta}, \boldsymbol{\xi}_1, \boldsymbol{\xi}_2),$$

不能验证

$$\begin{aligned} SS_\beta &= \boldsymbol{y}^{\mathrm{T}} P_{\boldsymbol{X}} \boldsymbol{y}, \\ SS_{\xi_1} &= \boldsymbol{y}^{\mathrm{T}}(P_{(\boldsymbol{X}:\boldsymbol{U}_1)} - P_{\boldsymbol{X}})\boldsymbol{y}, \\ SS_{\xi_2} &= \boldsymbol{y}^{\mathrm{T}}(P_{(\boldsymbol{X}:\boldsymbol{U}_1:\boldsymbol{U}_2)} - P_{(\boldsymbol{X}:\boldsymbol{U}_1)})\boldsymbol{y}, \\ SS &= \boldsymbol{y}^{\mathrm{T}}(\boldsymbol{I} - P_{(\boldsymbol{X}:\boldsymbol{U}_1:\boldsymbol{U}_2)})\boldsymbol{y}, \end{aligned} \tag{11-27}$$

这里 $P_A = \boldsymbol{A}(\boldsymbol{A}^{\mathrm{T}}\boldsymbol{A})^{-}\boldsymbol{A}^{\mathrm{T}}$,且 $\mathrm{rk}(P_{\boldsymbol{A}}) = \mathrm{rk}(\boldsymbol{A})$.

现计算各平方和的均值,此时 $\boldsymbol{\xi}_1$,$\boldsymbol{\xi}_2$不再被看作固定效应,而为随机效应.由定理 1.23 有

$$E(SS_{\xi_1})=\boldsymbol{\beta}^{\mathrm T}\boldsymbol{X}^{\mathrm T}(P_{(\boldsymbol{X}:\boldsymbol{U}_1)}-P_{\boldsymbol{X}})\boldsymbol{X\beta}+ \\ \mathrm{tr}[(P_{(\boldsymbol{X}:\boldsymbol{U}_1)}-P_{\boldsymbol{X}})(\sigma_1^2\boldsymbol{U}_1\boldsymbol{U}^{\mathrm T}{}_1+\sigma_2^2\boldsymbol{U}_2\boldsymbol{U}^{\mathrm T}{}_2+\sigma_e^2\boldsymbol{I})], \tag{11-28}$$

由于 $(P_{(\boldsymbol{X}:\boldsymbol{U}_1)}-P_{\boldsymbol{X}})\boldsymbol{X}=\boldsymbol{X}-\boldsymbol{X}=\boldsymbol{O}$, 因而上式第一项为 0,又

$$\mathrm{tr}(P_{(\boldsymbol{X}:\boldsymbol{U}_1)}-P_{\boldsymbol{X}})=\mathrm{tr}(P_{(\boldsymbol{X}:\boldsymbol{U}_1)})-\mathrm{tr}(P_{\boldsymbol{X}})=\mathrm{rk}(\boldsymbol{X}:\boldsymbol{U}_1)-\mathrm{rk}(\boldsymbol{X}),$$

因此式(11-28)可写为

$$E(SS_{\xi_1})=a_1\sigma_1^2+(a_2-a_3)\sigma_2^2+r_2\sigma_e^2, \tag{11-29}$$

其中

$$a_1=\mathrm{tr}[\boldsymbol{U}_1\boldsymbol{U}^{\mathrm T}{}_1(\boldsymbol{I}-P_{\boldsymbol{X}})],$$

$$a_2=\mathrm{tr}[\boldsymbol{U}_2\boldsymbol{U}^{\mathrm T}{}_2(\boldsymbol{I}-P_{\boldsymbol{X}})],$$

$$a_3=\mathrm{tr}[\boldsymbol{U}_2\boldsymbol{U}^{\mathrm T}{}_2(\boldsymbol{I}-P_{(\boldsymbol{X}:\boldsymbol{U}_1)})],$$

$$r_1=\mathrm{rk}(\boldsymbol{X}),\ r_1+r_2=\mathrm{rk}(\boldsymbol{X}:\boldsymbol{U}_1).$$

类似可证

$$E(SS_{\xi_2})=a_3\sigma_2^2+r_3\sigma_e^2, \tag{11-30}$$

$$E(SS_{\xi_e})=(n-r_1-r_2-r_3)\sigma_e^2, \tag{11-31}$$

这里 r_3 由 $\mathrm{rk}(\boldsymbol{X}:\boldsymbol{U}_1:\boldsymbol{U}_2)=r_1+r_2+r_3$ 确定,n 为 y 的维数.

令式(11-29)、式(11-30)和式(11-31)各平方和的均值等于对应的平方和,得到关于方差分量 σ_1^2,σ_2^2和 σ_e^2的线性方程组

$$\begin{aligned}&a_1\sigma_1^2+(a_2-a_3)\sigma_2^2+r_2\sigma_e^2=SS_{\xi_1},\\&a_3\sigma_2^2+r_3\sigma_e^2=SS_{\xi_2},\\&(n-r_1-r_2-r_3)\sigma_e^2=SS_e,\end{aligned} \tag{11-32}$$

解此方程组,得到 σ_1^2,σ_2^2和 σ_e^2的估计.它们就是这些方差分量的 ANOVA 估计.

$$A\sigma^2=q, \tag{11-33}$$

更一般地,对方差分量式(11-1),设 $q^{\mathrm T}=(Q_1,\ \cdots,\ Q_k)$为对应于效应$(\xi_1,\ \xi_2,\ \cdots,\ \xi_k)$的均方,则 $E(q)$ 为 $\sigma^2=(\sigma_1^2,\ \sigma_2^2,\ \cdots,\ \sigma_k^2)^{\mathrm T}$ 的线性函数,记为 $E(q)=A\sigma^2$. 令均方向量 q 等于它们的均值 $A\sigma^2$,得到关于 σ^2 的线性方程组

当 $|A|\neq 0$, 解得方差分量的估计 $\hat\sigma^2=A^{-1}q$, 且 $E(\hat\sigma^2)=E(A^{-1}q)=$

$A^{-1}A\sigma^2=\sigma^2$,因此只要 $|A|\neq 0$,$\hat{\sigma}^2$就是 σ^2的无偏估计.

例 11.7 两向分类混合模型

考虑具有交互效应的两向分类模型

$$y_{ijk}=\mu+\alpha_i+\beta_j+\gamma_{ij}+e_{ijk}, \tag{11-34}$$

$$i=1,2,\cdots,a,\ j=1,2,\cdots,b,\ k=1,2,\cdots,c,$$

这里 μ, α_i 为固定效应;β_j, γ_{ij} 为随机效应,满足通常的假设.

暂视 β_j,γ_{ij} 为固定效应,已知总平方和有如下分解

$$\boldsymbol{y}^{\mathrm{T}}\boldsymbol{y}=SS_\mu+SS_\alpha+SS_\beta+SS_\gamma+SS_e, \tag{11-35}$$

这里

$$SS_\mu=abc\,\bar{y}_{\dots}^2,\quad f.d\quad 1,$$

$$SS_\alpha=bc\sum_i(\bar{y}_{i\cdot\cdot}-\bar{y}_{\dots})^2,\quad f.d\quad a-1,$$

$$SS_\beta=ac\sum_j(\bar{y}_{\cdot j\cdot}-\bar{y}_{\dots})^2,\quad f.d\quad b-1,$$

$$SS_\gamma=SS_{\alpha\times\beta}=c\sum_i\sum_j(\bar{y}_{ij\cdot}-\bar{y}_{i\cdot\cdot}-\bar{y}_{\cdot j\cdot}-\bar{y}_{\dots})^2,\quad f.d\quad (a-1)(b-1),$$

$$SS_e=\sum_i\sum_j\sum_k(\bar{y}_{ijk}-\bar{y}_{ij\cdot})^2,\quad f.d\quad ab(c-1),$$

对随机效应的平方和用各自的自由度去除,得到均方 $Q_1=SS_\beta/(b-1)$, $Q_2=SS_\gamma/(a-1)(b-1)$, $Q_3=SS_e/[ab(c-1)]$,求出它们的均值,并令这些均值等于对应的均方,得到关于 σ_β^2, σ_γ^2, σ_e^2的线性方程组

$$\begin{aligned}&ac\sigma_\beta^2+c\sigma_\gamma^2+\sigma_e^2=Q_1,\\&c\sigma_\gamma^2+\sigma_e^2=Q_2,\\&\sigma_e^2=O_3.\end{aligned} \tag{11-36}$$

解此方程组,得到方差分量估计为

$$\hat{\sigma}_\beta^2=(Q_1-Q_2)/(ac),\ \hat{\sigma}_\gamma^2=(Q_2-Q_3)/c,\ \hat{\sigma}_e^2=Q_3.$$

11.5 极大似然估计

第 11.4 节中讨论的方差分析法只能给出方差分量的估计.本节的极大似然

法则不然，它能同时获得固定效应和方差分量的估计.

考虑一般的混合效应模型

$$\boldsymbol{y}=\boldsymbol{X\beta}+\boldsymbol{U}_1\boldsymbol{\xi}_1+\cdots+\boldsymbol{U}_k\boldsymbol{\xi}_k, \tag{11-37}$$

这里假设 $\boldsymbol{\xi}_i\sim N(\boldsymbol{0},\ \sigma_i^2 I_{t_i})$，$i=1,\ 2,\ \cdots,\ k$，所有 $\boldsymbol{\xi}_i$ 都相互独立.记 $V_i=\boldsymbol{U}_i\boldsymbol{U}^{\mathrm{T}}_i$，$\sigma^2=(\sigma_1^2,\ \cdots,\ \sigma_k^2)^{\mathrm{T}}$ 于是

$$\operatorname{cov}(\boldsymbol{y})=\sum_{i=1}^{k}\sigma_i^2\boldsymbol{U}_i\boldsymbol{U}^{\mathrm{T}}_i=\sum_{i=1}^{k}\sigma_i^2 V_i\overset{\text{def}}{=}\boldsymbol{\Sigma}(\sigma^2),$$

假设 $\boldsymbol{\Sigma}(\sigma^2)>0$，因此 $\boldsymbol{y}\sim N_n(\boldsymbol{X\beta},\boldsymbol{\Sigma}(\sigma^2))$，所有未知参数 $\boldsymbol{\beta}$，σ_1^2，σ_2^2，$\cdots$，σ_k^2 的似然函数为

$$L(\boldsymbol{\beta},\ \sigma^2\mid\boldsymbol{y})=(2\pi)^{-\frac{n}{2}}\ |\boldsymbol{\Sigma}(\sigma^2)|^{-\frac{1}{2}}\exp\left\{-\frac{1}{2}(\boldsymbol{y}-\boldsymbol{X\beta})^{\mathrm{T}}\boldsymbol{\Sigma}(\sigma^2)^{-1}(\boldsymbol{y}-\boldsymbol{X\beta})\right\},$$

上式取对数，略去常数项及常数倍，得

$$\begin{aligned} l(\boldsymbol{\beta},\ \sigma^2\mid\boldsymbol{y}) &=-\ln|\boldsymbol{\Sigma}(\sigma^2)|-(\boldsymbol{y}-\boldsymbol{X\beta})^{\mathrm{T}}\boldsymbol{\Sigma}(\sigma^2)^{-1}(\boldsymbol{y}-\boldsymbol{X\beta}),\\ &=-\ln|\boldsymbol{\Sigma}(\sigma^2)|-\operatorname{tr}\boldsymbol{\Sigma}(\sigma^2)^{-1}(\boldsymbol{y}-\boldsymbol{X\beta})(\boldsymbol{y}-\boldsymbol{X\beta})^{\mathrm{T}}. \end{aligned} \tag{11-38}$$

利用例 1.1、例 1.2 及定理 1.18，我们可得

$$\frac{\partial l}{\partial\sigma_i^2}=-\operatorname{tr}(V_i\boldsymbol{\Sigma}(\sigma^2)^{-1})+\operatorname{tr}[(\boldsymbol{\Sigma}(\sigma^2)^{-1}V_i\boldsymbol{\Sigma}(\sigma^2)^{-1})(\boldsymbol{y}-\boldsymbol{X\beta})(\boldsymbol{y}-\boldsymbol{X\beta})^{\mathrm{T}}],$$

$$i=1,\ 2,\ \cdots,\ k,$$

$$\frac{\partial l}{\partial\boldsymbol{\beta}}=-2\boldsymbol{X}^{\mathrm{T}}\boldsymbol{\Sigma}(\sigma^2)^{-1}\boldsymbol{X\beta}+2\boldsymbol{X}^{\mathrm{T}}\boldsymbol{\Sigma}(\sigma^2)^{-1}\boldsymbol{y}.$$

令这些导数等于零，得到似然方程

$$\begin{aligned} &\boldsymbol{X}^{\mathrm{T}}\boldsymbol{\Sigma}(\sigma^2)^{-1}\boldsymbol{X\beta}=\boldsymbol{X}^{\mathrm{T}}\boldsymbol{\Sigma}(\sigma^2)^{-1}\boldsymbol{y},\\ &\operatorname{tr}(V_i\boldsymbol{\Sigma}(\sigma^2)^{-1})=(\boldsymbol{y}-\boldsymbol{X\beta})^{\mathrm{T}}(\boldsymbol{\Sigma}(\sigma^2)^{-1}V_i\boldsymbol{\Sigma}(\sigma^2)^{-1})(\boldsymbol{y}-\boldsymbol{X\beta}),\\ &\qquad i=1,\ 2,\ \cdots,\ k, \end{aligned} \tag{11-39}$$

因为

$$\operatorname{tr}(V_i\boldsymbol{\Sigma}(\sigma^2)^{-1})=\operatorname{tr}(V_i\boldsymbol{\Sigma}(\sigma^2)^{-1}\boldsymbol{\Sigma}(\sigma^2)\boldsymbol{\Sigma}(\sigma^2)^{-1})$$
$$=\sum_{j=1}^{k}\operatorname{tr}(V_i\boldsymbol{\Sigma}(\sigma^2)^{-1}V_j\boldsymbol{\Sigma}(\sigma^2)^{-1})\sigma_j^2,$$

且易证式(11-39)的第一方程等价于

$$\boldsymbol{X\beta}=\boldsymbol{X}(\boldsymbol{X}^{\mathrm{T}}\boldsymbol{\Sigma}(\sigma^2)^{-1}\boldsymbol{X})^{-}\boldsymbol{X}^{\mathrm{T}}\boldsymbol{\Sigma}(\sigma^2)^{-1}\boldsymbol{y}\overset{\text{def}}{=}\boldsymbol{P}_{\sigma}\boldsymbol{y},$$

于是简化似然方程为

$$\begin{gathered}\boldsymbol{X\beta}=\boldsymbol{X}(\boldsymbol{X}^{\mathrm{T}}\boldsymbol{\Sigma}(\sigma^2)^{-1}\boldsymbol{X})^{-}\boldsymbol{X}^{\mathrm{T}}\boldsymbol{\Sigma}(\sigma^2)^{-1}\boldsymbol{y},\\ \sum_{j=1}^{k}\operatorname{tr}(V_i\boldsymbol{\Sigma}(\sigma^2)^{-1}V_j\boldsymbol{\Sigma}(\sigma^2)^{-1})\sigma_j^2\\ =\boldsymbol{y}^{\mathrm{T}}(\boldsymbol{I}-\boldsymbol{P}_{\sigma})^{\mathrm{T}}(\boldsymbol{\Sigma}(\sigma^2)^{-1}V_i\boldsymbol{\Sigma}(\sigma^2)^{-1})(\boldsymbol{I}-\boldsymbol{P}_{\sigma})\boldsymbol{y},\\ i=1,2,\cdots,k,\end{gathered}\tag{11-40}$$

若记

$$\begin{aligned}&H(\sigma^2)=(h_{ij}(\sigma^2))_{k\times k},\\ &h_{ij}(\sigma^2)=\operatorname{tr}(V_i\boldsymbol{\Sigma}(\sigma^2)^{-1}V_j\boldsymbol{\Sigma}(\sigma^2)^{-1}),\\ &h(\boldsymbol{y},\sigma^2)=(h_i(\boldsymbol{y},\sigma^2))_{k\times 1},\\ &h_i(\boldsymbol{y},\sigma^2)=\boldsymbol{y}^{\mathrm{T}}(\boldsymbol{I}-\boldsymbol{P}_{\sigma})^{\mathrm{T}}(\boldsymbol{\Sigma}(\sigma^2)^{-1}V_i\boldsymbol{\Sigma}(\sigma^2)^{-1})(\boldsymbol{I}-\boldsymbol{P}_{\sigma})\boldsymbol{y},\end{aligned}$$

则式(11-40)可写为

$$\begin{gathered}\boldsymbol{X\beta}=\boldsymbol{P}_{\sigma}\boldsymbol{y},\\ H(\sigma^2)\sigma^2=h(\boldsymbol{y},\sigma^2),\end{gathered}\tag{11-41}$$

这就是我们要求的似然方程.由式(11-40)的第一方程,任意可估函数 $\boldsymbol{c}^{\mathrm{T}}\boldsymbol{\beta}$ 的 ML 估计为 $\boldsymbol{c}^{\mathrm{T}}\hat{\boldsymbol{\beta}}(\hat{\sigma}^2)=\boldsymbol{X}(\boldsymbol{X}^{\mathrm{T}}\boldsymbol{\Sigma}(\sigma^2)^{-1}\boldsymbol{X})^{-}\boldsymbol{X}^{\mathrm{T}}\boldsymbol{\Sigma}(\sigma^2)^{-1}\boldsymbol{y}$, 其中 $\hat{\sigma}^2$ 为 σ^2 的 ML 估计.

在一般情况下,似然方程式(11-41)没有显式解.在即便有显式解的情形,σ^2 的解未必是非负的,若为负值,它就没有落在参数空间内,所以并不是 ML 估计.这时,一般采取截断法,即取 $\max\{\hat{\sigma}_i^2,0\}$ 作为 ML 估计.在没有显式解的情形只能用迭代法求解.

(1) Anderson 等提出一种迭代法是

$$\hat{\sigma}_i^{2(m+1)}=H(\hat{\sigma}_i^{2(m)})^{-1}h(\boldsymbol{y},\hat{\sigma}^{2(m)}),$$

这里 $\hat{\sigma}_i^{2(m)}$ 为 σ^2 的第 m 次迭代值 $\hat{\sigma}^{2(m)}$.

(2) 另一种迭代法由 Hartley 和 Rao 提出,其推广形式是

$$\hat{\sigma}_i^{2(m+1)}=\hat{\sigma}_i^{2(m)}\frac{h(\boldsymbol{y},\hat{\sigma}^{2(m)})}{\operatorname{tr}(\boldsymbol{\Sigma}(\sigma^{2(m)}))^{-1}V_i},\ i=1,2,\cdots,k,$$

其优点为,当初始值为非负时,后面的迭代值永远不会取负值.

(3) Newton-Raphson 方法.

(4) EM 算法.

例 11.8 非平衡单向分类模型

考虑单向分类模型

$$y_{ij}=\mu+\alpha_i+e_{ij},\ i=1,2,\cdots,a,\ j=1,\cdots,n_i,$$

这里 α_i 为随机效应,$\alpha_i\sim N(0,\sigma_\alpha^2)$, $e_{ij}\sim N(0,\sigma_e^2)$,且所有 α_i, e_{ij} 都相互独立.因为 n_i 不必相等,所以这是非平衡模型.易证

$$\boldsymbol{\Sigma}(\sigma^2)=\sigma_e^2\boldsymbol{I}_n+\sigma_\alpha^2\operatorname{diag}(n_1\bar{J}_{n1},n_2\bar{J}_{n2},\cdots,n_\alpha\bar{J}_{n\alpha}),$$

这里 $\bar{\boldsymbol{J}}_{n1}=\boldsymbol{1}_{n_i}\boldsymbol{1}^{\mathrm{T}}_{n_i}/n_i$, $n=\sum_{i=1}^a n_i$. 于是

$$|\boldsymbol{\Sigma}(\sigma^2)|=\sigma_e^{2(n-a)}\prod_{i=1}^a(\sigma_e^2+n_i\sigma_\alpha^2),$$

$$\boldsymbol{\Sigma}(\sigma^2)^{-1}=\sigma_e^{-2}\boldsymbol{I}_n+\operatorname{diag}\left(\left(\frac{1}{\sigma_e^{-2}+n_1\sigma_\alpha^2}-\frac{1}{\sigma_e^{-2}}\right)\bar{J}_{n_i},\cdots,\left(\frac{1}{\sigma_e^{-2}+n_a\sigma_\alpha^2}-\frac{1}{\sigma_e^{-2}}\right)\bar{J}_{n_a}\right),$$

似然函数的对数为

$$\ln L(\mu,\sigma_e^{-2},\sigma_\alpha^{-2}\mid\boldsymbol{y})=c-\frac{1}{2}(n-a)\ln(\sigma_e^2)-\frac{1}{2}\sum_{i=1}^a\ln(\sigma_e^2+n_i\sigma_\alpha^2)-$$
$$(2\sigma_e^2)^{-1}\sum_{i=1}^a\sum_{j=1}^{n_i}(y_{ij}-\bar{y}_{i\cdot})^2-\frac{1}{2}\sum_{i=1}^a\frac{n_i(\bar{y}_{i\cdot}-\mu)^2}{\sigma_e^2+n_i\sigma_\alpha^2}.$$

对求 μ, σ_α^2, σ_e^2 导并令导数等于零,得似然方程

$$\hat{\mu}=\sum_{i=1}^a\frac{n_i\bar{y}_{i\cdot}}{\hat{\sigma}_e^2+n_i\hat{\sigma}_\alpha^2}\Big/\sum_{i=1}^a\frac{n_i}{\hat{\sigma}_e^2+n_i\hat{\sigma}_\alpha^2},$$

$$\frac{n-a}{\hat{\sigma}_e^2}+\sum_{i=1}^a(\hat{\sigma}_e^2+n_i\hat{\sigma}_\alpha^2)^{-1}-\sum_i\sum_j\frac{(y_{ij}-\bar{y}_{i\cdot})^2}{\hat{\sigma}_e^4}-\sum_{i=1}^a\frac{n_i(\bar{y}_{i\cdot}-\hat{\mu})^2}{(\hat{\sigma}_e^2+n_i\hat{\sigma}_\alpha^2)^2}=0,$$

$$\sum_{i=1}^a\frac{n_i}{\hat{\sigma}_e^2+n_i\hat{\sigma}_\alpha^2}-\sum_{i=1}^a\frac{n_i^2(\bar{y}_{i\cdot}-\hat{\mu})^2}{(\hat{\sigma}_e^2+n_i\hat{\sigma}_\alpha^2)^2}=0,$$

该方程用迭代法求解.

对于 $n_1=\cdots=n_a=b$ 的平衡情形,容易得到上面方程组的显式解

$$\hat{\mu}=\bar{y}_{..},$$

$$\hat{\sigma}_e^2=\sum_i\sum_j(y_{ij}-\bar{y}_{i.})^2/[a(b-1)]=Q_2,$$

$$\hat{\sigma}_a^2=\sum_i\sum_j(\bar{y}_{i.}-\bar{y}_{..})^2/(ab)-\hat{\sigma}_e^2/b=\frac{a-1}{ba}Q_1-\frac{1}{b}Q_2,$$

例 11.9 两向分类混合模型

考虑两向分类模型

$$y_{ij}=\mu+\alpha_i+\beta_j+e_{ij},\ i=1,2,\cdots,a,\ j=1,2,\cdots,b,$$

这里 μ,α_i 为固定效应,β_j 随机效应,$\beta_j\sim N(0,\sigma_\beta^2)$, $e_{ij}\sim N(0,\sigma_e^2)$,且所有 β_j, e_{ij} 都相互独立.该模型的矩阵形式为

$$\boldsymbol{y}=\boldsymbol{X}_1\mu+\boldsymbol{X}_2\alpha+\boldsymbol{U\beta}+\boldsymbol{e},$$

我们可以用 Kronecker 乘积表示设计阵 $\boldsymbol{X}_1$,$\boldsymbol{X}_2$ 和 $\boldsymbol{U}$,即

$$\boldsymbol{X}_1=\mathbf{1}_{ab}=\mathbf{1}_a\otimes\mathbf{1}_b,$$

$$\boldsymbol{X}_2=I_a\otimes\mathbf{1}_b,$$

$$\boldsymbol{U}=\mathbf{1}_a\otimes I_b,$$

固定效应的设计阵为 $\boldsymbol{X}=(\boldsymbol{X}_1\vdots\boldsymbol{X}_2)$,协方差阵为 $\boldsymbol{\Sigma}(\sigma^2)=\sigma_\beta^2\mathbf{1}_a\mathbf{1}^{\mathrm{T}}{}_a\otimes I_b+\sigma_e^2I_{ab}$. 显然 $\mathcal{M}(\boldsymbol{X}_1)\subset\mathcal{M}(\boldsymbol{X}_2)$,于是我们有 $P_{\boldsymbol{X}}=P_{\boldsymbol{X}_2}=\boldsymbol{I}_a\otimes\bar{\boldsymbol{J}}_b$,这里 $\bar{\boldsymbol{J}}_b=\mathbf{1}_b\mathbf{1}^{\mathrm{T}}{}_b/b$.不难看出 $P_{\boldsymbol{X}}\boldsymbol{\Sigma}(\sigma^2)=(a\sigma_\beta^2+\sigma_e^2)\boldsymbol{I}_a\otimes\bar{\boldsymbol{J}}_b$ 对称,因此,固定效应 μ, α_1, α_2, $\cdots$, α_a 的 LS 解也是似然方程式(11 - 41)的解.因此式(11 - 41)的第一方程为 $\boldsymbol{X}_1\hat{\mu}+\boldsymbol{X}_2\hat{\alpha}=P_{\boldsymbol{X}}\boldsymbol{y}$. 将其代入式(11 - 41)的第二方程,我们得到

$$a\hat{\sigma}_\beta^2+\hat{\sigma}_e^2=\frac{1}{b}\sum_{j=1}^{b}(\bar{y}_{.j}-\bar{y}_{..})^2,$$

$$\frac{b}{a\hat{\sigma}_\beta^2+\hat{\sigma}_e^2}+\frac{(a-1)b}{\hat{\sigma}_e^2}=\frac{1}{(a\hat{\sigma}_\beta^2+\hat{\sigma}_e^2)^2}\sum_{j=1}^{b}(\bar{y}_{.j}-\bar{y}_{..})^2+\frac{(a-1)b}{\hat{\sigma}_e^4}\sum_i\sum_j(y_{ij}-\bar{y}_{i.}-\bar{y}_{.j}-\bar{y}_{..})^2,$$

上面方程的显式解为

$$\hat{\sigma}_e^2=\frac{1}{(a-1)b}\sum_i\sum_j(y_{ij}-\bar{y}_{i\cdot}-\bar{y}_{\cdot j}-\bar{y}_{\cdot\cdot})^2,$$

$$\hat{\sigma}_\beta^2=\frac{1}{ab}\sum_{j=1}^{b}(\bar{y}_{\cdot j}-\bar{y}_{\cdot\cdot})^2-\frac{1}{a}\hat{\sigma}_e^2,$$

和上例一样，$\hat{\sigma}_\beta^2$也可能取负值.

值得一提的是，对于平衡数据，例 11.8 和例 11.9 似然方程的显式解都存在，但我们并不能推广这个结论到一切平衡数据的混合效应模型.关于这一点，有兴趣的读者可以参考相关资料[3].

例 11.10 在软件项目数据集中，将“人员的工具技能”看作固定效应，将“Telon 使用情况”看作随机效应，在 SPSS 的“一般线性模型”模块选项中，将“人员的工具技能”放入“固定因子”一栏，将“Telon 使用情况”放入“随机因子”一栏，获得的结果如表 11－2～表 11－4 所示.另外，误差方差齐性的 Levene 的 F 检验统计量值为 0.287，P 值为 0.884，说明没有充分的理由拒绝方差齐性的假设.

表 11－2 主体间效应的检验

方 差	来 源	平方和	自由度	均 方	F 比	P 值	偏 eta 方
截距	假设	1 488.562	1	1 488.562	1 487.953	0.017	0.999
	误差	0.985	0.985	1.000[a]			
t14	假设	10.135	2	5.068	7.271	0.003	0.326
	误差	20.910	30	0.697[b]			
tu1	假设	0.997	1	0.997	1.431	0.241	0.046
	误差	20.910	30	0.697			

注：① 1.011MS(tu1)－0.011(错误)；② MS(错误).

表 11－3 参 数 估 计

参 数	系 数	标准误差	t 值	P 值	95%下限	置信区间上限	偏 eta 方
截 距	8.294	0.466	17.781	0.000	7.341	9.247	0.913
t14 = 1	1.326	0.389	3.412	0.002	0.532	2.120	0.280

续 表

参 数	系 数	标准误差	t 值	P 值	95%下限	置信区间上限	偏 eta 方
t14 = 2	0.272	0.372	0.730	0.471	−0.488	1.032	0.017
t14=3	0[a]						
tul = 0	−0.448	0.374	−1.196	0.241	−1.212	0.317	0.046
tul = 1	0[a]						

注：此参数为冗余参数，将被设为零.

表 11-4 期 望 均 方

方 差 来 源	方差 var(tul)	成分 var(误差)
截距	10.057	1.000
t14	0.000	1.000
tul	9.949	1.000
误差	0.000	1.000

11.6 分层线性模型简介

很多社会研究中都要涉及分层数据结构.在组织研究中，需要研究工作场所的特征，诸如决策的集中度如何影响工人的生产率.其中，工人和公司都是分析单位；变量是在两个层次上进行测量的.这样的数据便具有分层结构，即工人是从属于公司的.在多国研究中，人口学家检查不同国家的经济发展是如何与成年人受教育程度互动并影响生育率的.这样的研究既包括在国家层次测量的经济指标，又包括以住户为单位的教育与生育信息.住户和国家都是研究单位，其中住户是从属于国家的.在教育学研究中，学生成绩不仅受学生个体特征的影响，也受到学校环境因素的影响.此时，学生从属于学校.在金融财务报表研究中，上市公司的利润不仅受上市公司自身营业能力的影响，还受同一行业板块整体运营能力的影响.此时，上市公司从属于行业板块.以上所列情形中的数据都具有分层嵌套的结构特征.

分层线性模型(hierarchical linear model, HLM)是分析具有层次嵌套结构数据的统计建模分析方法.最初在社会科学和行为科学中展开研究和应用，并逐渐在经济和生物统计等其他领域获得广泛研究和应用.分层线性模型在不同领域的文献中有不同的称呼.在社会学研究中,它经常被称为多层线性模型(multilevel linear model, MLM),它在生物统计研究中更经常被称为混合效应模型(mixed-effects models)和随机效应模型(random-effects models),计量经济学文献称之为随机系数回归模型(random-coefficient regression models),统计学文献则称之为协方差成分模型(covariance components models).本节仅就分层线性模型作一初步介绍,旨在引导读者进一步学习其他相关文献[43, 44].

11.6.1 普通二层线性模型

使用分层线性模型的目的是基于一系列非同一层次的自变量,对因变量的值进行估计.一个二层线性模型由层 1 和层 2 两个子模型所构成.例如,我们欲考察不同板块上市公司利润率与其各种财务指标的关系.此时,层 1 模型描述的是每个上市公司利润率与其各财务指标变量之间的关系,而层 2 模型描述的是各行业板块之间各因素的影响.一般地,有 $i=1, 2, \cdots, n_j$ 个层 1 单元(如上市公司)嵌套入 $j=1, 2, \cdots, J$ 个层 2 单元(行业板块)中.

1) *层 1 模型*

在层 1 模型中,我们把第 j 个群组(层 2)单元中的第 i 个个体单元的结果变量 Y_{ij} 表示为

$$\begin{aligned} Y_{ij} &= \beta_{0j} + \beta_{1j}X_{1ij} + \beta_{2j}X_{2ij} + \cdots + \beta_{Qj}X_{Qij} + e_{ij} \\ &= \beta_{0j} + \sum_{q=1}^{Q}\beta_{qj}X_{qij} + e_{ij}, \end{aligned} \tag{11-42}$$

其中,β_{qj}, $q=0, 1, \cdots, Q$ 表示层 1 的系数;X_{qij} 表示第 j 个群组单元中第 i 个个体单元的第 q 个预测变量;e_{ij} 表示层 1 的随机效应.

一般而言,β_{0j} 是式(11-42)的截距,表示第 j 个群组单元中,所有自变量都为 0 时第 i 个个体单元结果变量观测值 Y_{ij} 的期望.β_{qj} ($q=1, 2, \cdots, Q$)是式(11-42)的回归斜率,表示第 j 个群组单元中第 q 个自变量 X_{qij} 对结果变量的影响大小,反映第 j 个群组单元的变化速率.e_{ij} 是式(11-42)的误差项,表示第 j 个群组单元中第 i 个个体单元的观测值 Y_{ij} 不能被自变量解释的部分.同时,我们假定随机项 $e_{ij} \sim N(0, \sigma^2)$.

相应的中心化模型为

$$\begin{aligned} Y_{ij} &= \beta_{0j} + \beta_{1j}(X_{1ij} - \bar{X}_{1\cdot j}) + \beta_{2j}(X_{2ij} - \bar{X}_{2\cdot j}) + \cdots + \beta_{Qj}(X_{Qij} - \bar{X}_{Q\cdot j}) + e_{ij} \\ &= \beta_{0j} + \sum_{q=1}^{Q}\beta_{qj}(X_{qij} - \bar{X}_{q\cdot j}) + e_{ij}. \end{aligned} \tag{11-43}$$

2）层 2 模型

每一个在层 1 模型中定义的系数 β_{qj}（$q=1, 2, \cdots, Q$）将作为层 2 模型的因变量为

$$\begin{aligned}\beta_{0j} &= \gamma_{00}+\gamma_{01}W_{1j}+\gamma_{02}W_{2j}+\cdots+\gamma_{0S_0}W_{S_0j}+u_{0j}\\ &= \gamma_{00}+\sum_{s=1}^{S_0}\gamma_{0s}W_{sj}+u_{0j},\end{aligned} \tag{11-44}$$

$$\begin{aligned}\beta_{qj} &= \gamma_{q0}+\gamma_{q1}W_{1j}+\gamma_{q2}W_{2j}+\cdots+\gamma_{qS_q}W_{S_qj}+u_{qj}\\ &= \gamma_{q0}+\sum_{s=1}^{S_q}\gamma_{qs}W_{sj}+u_{qj},\end{aligned} \tag{11-45}$$

其中，γ_{qs}，$s=0, 1, \cdots, S_q$ 表示层 2 的系数；W_{sj}，$s=0, 1, \cdots, S_q$ 表示层 2 的预测变量；u_{qj} 表示层 2 的随机效应.

在式（11-44）中，γ_{00} 是截距项，表示第 j 个群体单元中所有自变量 W_{sj} 都为 0 时，β_{0j} 在第 i 个个体单元结果变量观测值 Y_{ij} 上的均值.γ_{0s}，$s=1, 2, \cdots, S_0$ 是回归斜率，表示第 j 个群体单元中第 s 个自变量 W_{sj} 对结果变量初始值的影响大小.u_{0j} 是误差项，表示第 j 个群体单元中第 i 个个体单元的观测值 Y_{ij} 不能被自变量 W_{sj} 解释的部分.在式（11-45）中，γ_{q0}（$q\neq 0$）是截距项，表示第 j 个群体单元中所有自变量 W_{sj} 都为 0 时，β_{qj} 对第 i 个个体单元结果变量观测值 Y_{ij} 的影响大小，反映第 j 个群组单元的变化速率.γ_{qs}（$q\neq 0$，$s\neq 0$）是回归斜率，表示第 j 个群组单元中第 s 个自变量 W_{sj} 对结果变量观测值 Y_{ij} 变化速率的影响大小.u_{qj}（$q\neq 0$）是误差项，表示第 j 个群体单元中第 i 个个体单元的观测值 Y_{ij} 的变化速率未被自变量 W_{sj} 解释的部分.

以下假定，对于任意 j，向量 $(u_{0j}, u_{1j}, \cdots, u_{Qj})^{\mathrm{T}}$ 服从多元正态分布，每一元素 u_{qj} 均值为 0，方差为 τ_{qq}，即

$$E(u_{qj})=0,\ \mathrm{var}(u_{qj})=\tau_{qq}, \tag{11-46}$$

对于任意两个随机效应 u_{qj} 和 $u_{q'j}$，满足

$$\mathrm{cov}(u_{qj}, u_{q'j})=\tau_{qq'}, \tag{11-47}$$

以上这些层 2 的方差和协方差分量可构成一个矩阵 $\boldsymbol{T}$，其维度为 $(Q+1)\times(Q+1)$.

对层 2 自变量一般采用组间中心化（grand-mean centering）模型，即

$$\begin{aligned}\beta_{qj} &= \gamma_{q0}+\gamma_{q1}(W_{1j}-\bar{W}_{1\cdot})+\gamma_{q2}(W_{2j}-\bar{W}_{2\cdot})+\cdots+\gamma_{qS_q}(W_{S_qj}-\bar{W}_{S_q\cdot})+u_{qj}\\ &= \gamma_{q0}+\sum_{s=1}^{S_q}\gamma_{qs}(W_{sj}-\bar{W}_{s\cdot})+u_{qj}.\end{aligned} \tag{11-48}$$

3) 几个简单的子模型

当原模型中某些项为 0 时，我们就可以得到一些形式较为简单的子模型，包括带随机项的单因素方差分析模型(one-way ANOVA with random effects)、随机截距模型(random intercept model)、带固定项的随机效应模型(random effect model with fixed effects).

(1) 带随机项的单因素方差分析模型(零模型).

最简单的分层线性模型是带随机项的单因素方差分析模型，其中，将层 1 模型式(11-42)里的 $\beta_{qj}(q=1, 2, \cdots, Q)$项中所有 $j=1, 2, \cdots, J$ 设定为 0，得到

$$Y_{ij}=\beta_{0j}+e_{ij}, \tag{11-49}$$

对于误差项 e_{ij}，同样假定 $e_{ij}\sim N(0, \sigma^2)$. 可以发现，该模型在预测每个层 1 单元的结果变量时仅利用一个层 2 参数，即截距项 β_{0j}，在这种情形下，β_{0j} 就是第 j 个单元结果变量的平均值，即 $\beta_{0j}=\mu_{Y_j}$.

对于层 2 截距模型式(11-44)，将 $\gamma_{0s}(s=1, 2, \cdots, S_0)$设定为 0，可得

$$\beta_{0j}=\gamma_{00}+u_{0j}, \tag{11-50}$$

其中，γ_{00} 表示总体中结果变量的组间平均值，u_{0j} 表示与第 j 个单元相关的随机项，且假定其均值为 0，方差为 τ_{00}.

将式(11-50)代入式(11-49)中，可得合并方程

$$Y_{ij}=\gamma_{00}+u_{0j}+e_{ij}, \tag{11-51}$$

这是一个带有组间均值 γ_{00}、群组(层 2)效应 u_{0j}、个体(层 1)效应 e_{ij} 的单因素方差分析模型，也是一个带随机项的模型，因为群组效应都是随机的. 我们也注意到结果变量的方差为

$$\text{var}(Y_{ij})=\text{var}(u_{0j}+e_{ij})=\tau_{00}+\sigma^2, \tag{11-52}$$

在对分层数据的分析中，对单因素方差分析模型进行估计往往是第一步，也是重要的一步，它可以产生组间均值的点估计和置信区间. 更重要的是，它能评估组内同质性(within-group homogeneity)或组间异质性(between-group heterogeneity). 参数 σ^2 表示了组内的差异，而 τ_{00} 反映了组间的差异. 由于式(11-49)与式(11-50)中没有预测变量，故我们也将该模型称为零模型(null model).

一个与该模型有关的较为重要的参数是组内相关系数(intraclass correlation coefficient, ICC)，由以下公式表示

$$\text{ICC}=\tau_{00}/(\tau_{00}+\sigma^2), \tag{11-53}$$

它度量了结果变量方差中层 2 单元间(组间)的方差所占比例.

(2) 随机截距模型.

另一个常用的子模型是随机截距模型，它是将层 2 中的预测变量 W_{sj} ($s=1, 2, \cdots, S_q$)加入上述的零模型中，即

$$Y_{ij}=\beta_{0j}+e_{ij}, \tag{11-54}$$

$$\beta_{0j}=\gamma_{00}+\sum_{s=1}^{S_0}\gamma_{0s}W_{sj}+u_{0j}, \tag{11-55}$$

对层 2 中的自变量进行中心化处理，合并后的模型为

$$Y_{ij}=\gamma_{00}+\sum_{s=1}^{S_0}\gamma_{0s}(W_{sj}-\bar{W}_{s\cdot})+u_{0j}+e_{ij}, \tag{11-56}$$

通常，该模型是在零模型之后建立的，因为如果零模型的分析结果显示数据存在显著的组内相关或存在组内同质性，意味着数据存在组间异质性.这样，我们就需要对组间的变异进行解释，而方法就是在零模型中引入层 2 自变量.

(3) 带固定项的随机效应模型.

将层 1 的自变量加入上述随机截距模型中，并对其进行中心化，同时假设所有层 1 自变量均为固定效应，可得

$$Y_{ij}=\beta_{0j}+\sum_{q=1}^{Q}\beta_{qj}(X_{qij}-\bar{X}_{q\cdot j})+e_{ij}, \tag{11-57}$$

$$\beta_{0j}=\gamma_{00}+\sum_{s=1}^{S_0}\gamma_{0s}(W_{sj}-\bar{W}_{s\cdot})+u_{0j}, \tag{11-58}$$

$$\beta_{qj}=\gamma_{q0}\ (q\neq 0), \tag{11-59}$$

这一模型往往是在随机截距模型之后建立的，其目的在于观测层 1 自变量的引入对模型的影响.

从分层线性模型的各个子模型的表述可以看到，子模型有简单有复杂，但它们具有几个共同的特点：① 层际逻辑关系清晰；② 子模型的每一层都是线性模型；③ 低层变量的变化被来自高层的信息所解释.

4) 关于参数估计与假设检验的点评

对具有层次结构的数据进行建模分析时，由于个体行为不仅受个体自身特征的影响，也受到其所处环境(群组/层次)的影响，这样导致同属一个层次的个体之间的相关性会大于来自不同层次的个体之间的相关性，整个样本观测就不再具有独立同分布性质.也就是说，经典线性回归模型设定中的独立性和方差齐性假设将得不到满足.其次，对处于不同层次的数据进行变异分解时，传统的线性模型分离不出群组效应，导致增大模型的误差项.在模型应用方面，不同群组

(层次)的数据,也不能应用同一模型.如果忽略了这些数据的层次结构特征,将导致有偏的参数估计和错误的统计推断结果.

在二层线性模型中,我们需要估计三类参数:固定效应、层1随机系数以及方差-协方差分量.事实上,对其中一类参数的估计往往要涉及其他类型的参数.在已知方差-协方差分量的情况下,对前两类参数进行估计,之后再考虑对第三类参数的估计.对固定效应、层1随机系数的参数估计和区间估计与第11.1节是类似的.由于在分层线性模型的大多数应用中,数据都是不平衡的(即 n_J 在 J 个群组单元中不断变化,且对层1预测变量的观测方式也在变化),因而使用传统估计方法很难获得方差-协方差分量的有效估计.针对上述问题,当前主要有3种方法来解决,即完全极大似然方法(full maximum likelihood)、限制极大似然方法(restricted maximum likelihood)和贝叶斯方法(Bayes estimation).而从理论上看,限制极大似然方法的估计更为精确.分层线性模型对非平衡嵌套数据中方差协方差成分所做的分解估计,常常能够检测出不同层次方差贡献的差异,而这些差异用常规模型往往检测不出来.

在二层线性模型中,关于固定效应、层1随机系数以及方差-协方差分量所进行的假设检验与第11.3节也是类似的.分层线性模型的一个重要用途反映在某一层次测量的变量如何影响其他层次变量之间的关系,并且对各层次之间的效应进行假设检验.由于这种层次间的效应在许多研究领域中十分普遍,因此分层模型的框架比传统方法有明显的优越性.

分层线性模型的适用范围非常广,凡是具有嵌套和分层的数据均可使用分层线性模型进行分析.对这些内容有兴趣的读者可以进一步参考文献[43,44].

11.6.2 差异分析

本节我们将利用分层线性模型对我国交通运输行业上市公司利润率的差异进行分析.从分析过程所获得的主要结果中,我们可以初步体会到分层线性模型在分析复杂数据中的优越性.

交通运输行业上市公司依据其运输方式和物流活动分为铁路运输、道路运输、水上运输、航空运输、装卸搬运和运输代理以及仓储6个子行业.本节选取铁龙物流等3家铁路运输业、粤高速等32家道路运输业、中远航运等14家水上运输航业、南方航空等9家航空运输业、上港集团等21家装卸搬运和运输代理业及中储股份等17家仓储业共计96家交通运输行业上市公司从2011年至2013年的相关财务数据.其中,从东方财富网和Wind数据库中采集各上市企业年报中的财务数据,从国家统计局网站上采集交运子行业的相关数据,并根据模型需要对部分数据进行处理，以获取相应的自变量(具体的处理方法和公式详见下一节)，最后将各年度的企业数据与子行业数据汇总(数据文件可以从本书作者的公共邮箱中下载获得).为了考察交运行业上市公司的利润水平，我们选取各公司年营业利润率作为因变量，选取直接影响企业利润率的几个会计指标作为模型第1层的自变量，其中包括：主营业务收入、主营业务成本、营业税金及附加、存货周转率、应收账款周转率、总资产周转率、从业人员平均工作效率.选取行业竞争力、资产总额、营业收入、技术水平差异、稳定性等相关指标作为模型第2层的自变量.

在数据分析处理上，利用 SPSS 软件对变量进行选择及共线性诊断，利用 Eviews 软件判断 7 个自变量是否是利润率的 Granger 原因，利用 HLM 7 Student 软件建立 HLM 模型，并进行相关分析.建立了以下两层随机效应模型

$$Y_{ij}=\beta_{0j}+\sum_{q=1}^{2}\beta_{qj}(X_{qij}-\bar{X}_{q\cdot j})+r_{ij}, \tag{11-60}$$

$$\beta_{0j}=\gamma_{00}+\sum_{s=1}^{2}\gamma_{0s}(W_{sj}-\bar{W}_{s\cdot})+u_{0j}, \tag{11-61}$$

$$\beta_{1j}=\gamma_{10}, \tag{11-62}$$

$$\beta_{2j}=\gamma_{20}+u_{2j}. \tag{11-63}$$

经 HLM 软件迭代后，检验结果见表 11-5 和表 11-6.

表 11-5　固定效应的估计结果

固定效应	系　数	标准差	t 值	自由度	P 值
对于层 1 截距 β_{0j}					
层 2 截距 γ_{00}	15.771 687	2.623 629	6.011	3	0.009
稳定性 γ_{01}	272.348 150	31.366 932	8.683	3	0.003
营业收入 γ_{02}	21.895 009	1.512 084	14.480	3	<0.001
对于主营业务成本斜率 β_{1j}					
层 2 截距 γ_{10}	−0.011 731	0.004 803	−2.442	274	0.015
对于总资产周转率斜率 β_{2j}					
层 2 截距 γ_{20}	−16.045 296	4.578 763	−3.504	5	0.017

表 11-6 方差分量的估计结果

随机效应	标准差	方差	自由度	χ^2值	P值
层 1 随机截距残差 u_{0j}	6.722 57	40.948 89	3	17.333 17	<0.001
总资产周转率斜率残差 u_{2j}	10.585 60	112.054 97	5	31.286 83	<0.001
层 1 残差 r_{ij}	25.427 18	646.832 00			

由表 11-5 和表 11-6 可知，各项统计结果均显著.基于此，最后所建议的模型中只设定一个层 1 随机斜率，即总资产周转率变量的斜率.

利用 Raudenbush 和 Bryk 方法进行估计，得到层 1 和层 2 的解释方差为

$$\text{RB: 层 1 方差中可解释的 }\% = 1 - \frac{\hat{\sigma}^2(\text{设定模型})}{\hat{\sigma}^2(\text{零模型})} = 0.123\,7,$$

$$\text{RB: 层 2 方差中可解释的 }\% = 1 - \frac{\hat{\tau}_{00}(\text{设定模型})}{\hat{\tau}_{00}(\text{零模型})} = 0.693\,8.$$

通过之前的分层模型的建立及对照分析，我们可以得出以下结论：

(1) 在利润率的总变异中，约有 15.34%是由于子行业的差异(组间差异)所造成的，剩余 84.66%.

(2) 在个体层面，企业的主营业务成本和总资产周转率对其利润率的影响较为显著，其中总资产周转率的影响最大，这两个因素可解释约 16.74%的组内差异，其他诸如主营业务收入、从业人员平均工作效率、存货周转率等因素与利润率的相关性不大，且彼此容易产生共线性.

(3) 在群体层面，子行业的稳定性和营业收入也对企业的利润率产生比较明显的影响，它们可解释 66.44%的组间差异.

(4) 交运各子行业的企业平均利润率为 15.78%，而且利润率随着子行业的不同而存在显著差异.

(5) 子行业的稳定性对利润率的影响非常显著，两者呈正相关关系，稳定性增加 1%可带动利润率增加约 272 个百分点，此处稳定性指子行业企业法人单位数目与子行业法人单位数目的比值，我们可以这样理解，当子行业的稳定性越强，说明该子行业成规模的企业数较多，经济实力较强，管理能力较高，发展潜力较大.

(6) 子行业的营业收入对企业利润率也会产生非常明显的影响，营业收入每增长 1%会使利润率增加 21.90%.

(7) 企业的主营业务成本对其利润率的影响微乎其微，两者具有极小的负相关关系，主营业务成本每增加 1%将导致利润率下降 0.01%，其原因可以解释

为，对于交通运输行业而言，其营业收入通常伴随着相应规模的营业成本，其中涉及装卸成本、运输成本、堆存成本、代理业务成本等，在营业收入不变的情况下，营业成本的上升可能造成企业亏损，从而使利润率降低.

(8) 企业的总资产周转率与利润率也呈负相关关系，总资产周转率每增加1%将导致利润率下降约16.05%，这是因为一个成熟的企业主要通过降价的方式来提升资产周转率，在成本不变的前提下便会导致利润下滑，从而使利润率降低，因而该结论也反映出资产周转的速度并非越快越好.

(9) 模型不存在跨层交互作用，即层2变量(行业稳定性和行业营业收入)对层1变量(主营业务成本和总资产周转率)的调节效应不显著.

(10) 分层模型的残差中，航空运输业的残差值最小，且最符合正态性假设.

对这个案例具体分析有兴趣的读者可以参考其他资料[45]. HLM 软件具体操作步骤可以参考其他资料[46].

11.7 广义线性混合效应模型简介

11.7.1 模型简介

广义线性混合效应模型(generalized linear mixed-effects models, GLMM)是在广义线性模型的基础上，在线性预测器中引入随机效应而形成的新模型.设有 n 个样本 $\boldsymbol{y}_1, \boldsymbol{y}_2, \cdots, \boldsymbol{y}_n$ 组成的样本族，$\boldsymbol{y}_i=(y_{i1}, y_{i2}, \cdots, y_{in_i})^{\mathrm{T}}$ 是第 i 个样本的观测向量，其中 n_i 是第 i 个样本的观测次数.本节假定样本族拥有共同的随机效应向量 $\boldsymbol{u}=(u_1, \cdots, u_n)^{\mathrm{T}}$，设第 i 个样本的观测 $y_{ij}(j=1, \cdots, n_i)$ 服从具有如下密度函数的指数分布族，

$$f(y_{ij}, \theta_{ij}, \phi \mid \boldsymbol{u})=\exp\left\{\frac{y_{ij}\theta_{ij}-b(\theta_{ij})}{a_i(\phi)}+c_i(y_{ij}, \phi)\right\},$$

对第 i 个样本的第 j 个响应 Y_{ij}，定义其相应的线性预测器为

$$\eta_{ij}=\boldsymbol{x}_{ij}^{\mathrm{T}}\boldsymbol{\beta}+\boldsymbol{z}_i^{\mathrm{T}}\boldsymbol{u}=\sum_{k=1}^{K}x_{ijk}\beta_k+\sum_{\ell=1}^{n}z_{i\ell}u_\ell \quad (i=1, \cdots, n, j=1, \cdots, n_i)$$

式中，$\boldsymbol{x}_{ij}=(x_{ij1}, \cdots, x_{ijK})^{\mathrm{T}}$ 和 $\boldsymbol{z}_i=(z_{i1}, \cdots, z_{in})^{\mathrm{T}}$ 为已知列向量，$\boldsymbol{\beta}$ 和 $\boldsymbol{u}$ 均为未知列向量.进一步假定随机效应向量 $\boldsymbol{u}\sim N(\boldsymbol{0}, \sigma^2 I)$，$i=1, 2, \cdots, n$.因为同一个样本内的均值响应分享相同的随机效应组合，而不同样本间的响应变量并不

是独立的.当然,在极限状态 $\sigma^2 \to 0$ 时,各群组(clusters)响应变量的观测值将趋于独立.

设 $\mu_{ij}=E(Y_{ij} \mid \boldsymbol{u})$ 是给定 $\boldsymbol{u}$ 的条件下 Y_{ij} 的条件期望,而 $g(\cdot)$ 是单调可微的条件联结函数,将随机成分的条件期望 $\mu_{ij} \mid \boldsymbol{u}$ 与线性预测器 η_{ij} 联结起来,即

$$g(\mu_{ij})=\eta_{ij}=\boldsymbol{x}_{ij}^{\mathrm{T}}\boldsymbol{\beta}+\boldsymbol{z}_{i}^{\mathrm{T}}\boldsymbol{u}\ (i=1,\ 2,\ \cdots,\ n),$$

本节仅考虑经典联结函数的情况,此时 $\eta_{ij}=\theta_{ij}$.

广义线性混合效应模型可以看成是广义线性模型和线性混合模型的有机结合.广义线性模型中一个重要假设是样本观测间的相互独立性.但是在许多实际问题研究中,由于纵向数据、群组数据的存在,使这一假设遭到破坏.广义线性混合效应模型通过在广义线性模型的线性预测器中加入随机效应推广了广义线性模型.随机效应的引入主要反映了不同对象之间的异质性,以及同一对象不同观测之间的相关性,从而使广义线性混合效应模型兼具了广义线性模型与线性混合效应模型的优点.首先,响应变量的分布由正态分布拓广到整个指数族;其次,可以用于拟合存在复杂相关结构的数据,随机效应之间可以相关也可以独立;再次,广义线性混合效应模型可以有效地处理非正态分布数据中较为常见的过度离差现象,以及数据中潜在的自回归结构或异方差结构.正因为如此,广义线性混合效应模型在许多领域获得了越来越广泛的应用.

由于在广义线性混合效应模型中,联结函数本质上是条件联结函数,这导致了这一模型在参数估计和假设检验的计算技术方面远难于广义线性模型,有兴趣的读者可以参考相关资料[47].

11.7.2 我国人口死亡率建模

下面我们通过应用广义线性混合效应模型对我国人口死亡率及其相关因素进行建模,来演示该模型分析数据的效果,对这部分内容感兴趣的读者可以进一步参考相关资料[48].

每个个体的死亡率是不同的,它受到很多因素的影响,最一般的是考虑性别和年龄对死亡率的影响.然而,在现实生活中,影响死亡率的因素还有很多,比如生活的年代,常住地区,居住在城市、镇还是乡村,受教育程度,婚姻状况,收入水平,职业,健康状况,信仰等.因为针对个体的核保数据属于商业机密,暂无相关公开数据,所以我们从已公开的核保数据选择了以下因素作为解释变量:① 性别;② 年龄;③ 生活的年代;④ 常住省市;⑤ 常住省市所在区域;⑥ 生活在城市、镇还是乡村.其中性别和年龄作为固定效应变量,其他 4 项为备选的随机效

应变量.

我们从国家统计局网站(http://www.stats.gov.cn/tjsj/pcsj/)公布的“中国2010年第6次人口普查数据”和“中国2000年第5次人口普查数据”,选择前述性别、年龄、生活的年代和常住省市等变量作为解释变量,并将原始普查数据表中期末总人数加死亡人数记为普查期初的总人数,(期初+期末)/2记为普查期的平均人数.整理成原始普查数据表(仅列出前10个数据),见表11-7.

表11-7 中国2000年和2010年人口普查数据死亡率数据汇总表

序号	性别	年龄段	省级地区编码	区域	城乡划分	生活年代	总人数	死亡人数	平均人数
1	男性	0	11	N	1	2010	47 615	55	47 642.5
2	男性	0	12	N	1	2010	24 093	42	24 114.0
3	男性	0	13	N	1	2010	58 468	157	58 546.5
4	男性	0	14	N	1	2010	37 826	71	37 861.5
5	男性	0	15	N	1	2010	29 400	116	29 458.0
6	男性	0	21	NE	1	2010	56 847	191	56 942.5
7	男性	0	22	NE	1	2010	24 812	28	24 826.0
8	男性	0	23	NE	1	2010	37 342	60	37 372.0
9	男性	0	31	E	1	2010	51 121	218	51 230.0
10	男性	0	32	E	1	2010	108 067	283	108 208.5

注:① 年龄段,从0岁到100岁以上,分成22个年龄段;② 区域,N、E、S、C、NE、NW、SW分别代表华北、华东、华南、华中、东北、西北、西南;③ 城乡划分,1、2、3分别代表城市、镇、乡村;④ 生活年代,这里考虑了2000年和2010年.

为方便对定性变量建模,把性别和年龄转换成0~1变量,得表11-8的数据.

由于所考虑的响应变量是死亡率,可以假设其服从二项分布,取联结函数$g(\cdot)$为Logit联结函数.利用SAS PROC GLIMMIX程序得到以下各个表格结果.表11-9给出了模型拟合统计量.2 Log Likelihood values是用来比较嵌套模型的.所谓嵌套模型,简单地说,如果乙模型所有自由参数只是甲模型中自由参数的一部分,则称乙模型嵌套于甲模型内.而AIC, AICC, BIC, CAIC和HQIC是用来比较非嵌套模型的.所谓非嵌套模型,简单地说,没有一个模型可以通过对参数施加限制条件而被表示成另一个模型的特例的两个(或更多)模型.在广义线性模型中Pearson统计量与它的自由度的比一般应该等于1.如果这个值大于1则说明模型是过度离差的,即实际观察值的变异大于由二项分布所预期的变异.因而我们要用广义线性混合模型来解决问题.

表 11-8 将性别和年龄转换为 0~1 变量的数据汇总表

序号	性别	年龄段	省级地区编码	区域	城乡划分	生活年代	总人数	死亡人数	平均人数	女性	b1	b2	b3	b4	b5	b6	b7	b8	b9	b10	b11	b12	b13	b14	b15	b16	b17	b18	b19	b20	b21
1	男性	0	11	N	1	2010	47 615	55	47 642.5	0	1	0	0	0	0	0	0	0	0	0	0	0	0	0	0	0	0	0	0	0	0
2	男性	0	12	N	1	2010	24 093	42	24 114.0	0	1	0	0	0	0	0	0	0	0	0	0	0	0	0	0	0	0	0	0	0	0
3	男性	0	13	N	1	2010	58 468	157	58 546.5	0	1	0	0	0	0	0	0	0	0	0	0	0	0	0	0	0	0	0	0	0	0
4	男性	0	14	N	1	2010	37 826	71	37 861.5	0	1	0	0	0	0	0	0	0	0	0	0	0	0	0	0	0	0	0	0	0	0
5	男性	0	15	N	1	2010	29 400	116	29 458.0	0	1	0	0	0	0	0	0	0	0	0	0	0	0	0	0	0	0	0	0	0	0
6	男性	0	21	NE	1	2010	56 847	191	56 942.5	0	1	0	0	0	0	0	0	0	0	0	0	0	0	0	0	0	0	0	0	0	0
7	男性	0	22	NE	1	2010	24 812	28	24 826.0	0	1	0	0	0	0	0	0	0	0	0	0	0	0	0	0	0	0	0	0	0	0
8	男性	0	23	NE	1	2010	37 342	60	37 372.0	0	1	0	0	0	0	0	0	0	0	0	0	0	0	0	0	0	0	0	0	0	0
9	男性	0	31	E	1	2010	51 121	218	51 230.0	0	1	0	0	0	0	0	0	0	0	0	0	0	0	0	0	0	0	0	0	0	0
10	男性	0	32	E	1	2010	108 067	283	108 208.5	0	1	0	0	0	0	0	0	0	0	0	0	0	0	0	0	0	0	0	0	0	0

注：表中 gender1 = 0 为男性，gender1 = 1 为女性；b1～b21 是代表年龄段的哑变量.

表 11－9 模型拟合统计量

Fit Statistics	
−2 Log Likelihood	1975039
AIC (smaller is better)	1975085
AICC (smaller is better)	1975085
BIC (smaller is better)	1975246
CAIC (smaller is better)	1975269
HQIC (smaller is better)	1975140
Pearson Chi-Square	2090600
Pearson Chi-Square/DF	256.26

表 11－10 展示了固定因素的 F 检验，从 P 值可知，模型总体检验显著.

表 11－10 固定效应的Ⅲ型检验

Type Ⅲ Tests of Fixed Effects				
Effect	Num DF	Den DF	F Value	Pr>F
gender	1	8 158	552 978	<0.0001
b	21	8 158	1 584 806	<0.0001

表 11－11 展示了最大似然估计结果、标准误差、t 检验结果.从 t 检验的 P 值可知，所有变量的估计均显著.从参数估计结果可得到结论：① 男性死亡率高于女性；② 10 岁之后，年龄越大死亡率也越大；③ 10 岁之前，年龄越小死亡率也越小.

表 11－11 参数估计结果

Parameter Estimates							
Effect	gender	b	Estimate	Standard Error	DF	t Value	Pr>|t|
Intercept			−1.161 7	0.003 304	8 158	−351.62	<0.000 1
gender	female		−0.403 3	0.000 542	8 158	−743.63	<0.000 1
gender	male		0	—	—	—	—
b		0	−2.897 6	0.003 654	8 158	−792.94	<0.000 1
b		100～	0.753 3	0.009 020	8 158	83.51	<0.000 1
b		10～14	−6.560 2	0.004 918	8 158	−1 333.8	<0.000 1

续 表

Parameter Estimates							
Effect	gender	b	Estimate	Standard Error	DF	t Value	Pr>|t|
b		15～19	−6.235 9	0.004 517	8 158	−1 380.6	<0.000 1
b		1～4	−5.511 9	0.004 336	8 158	−1 271.2	<0.000 1
b		20～24	−5.920 4	0.004 152	8 158	−1 425.9	<0.000 1
b		25～29	−5.684 6	0.003 995	8 158	−1 422.9	<0.000 1
b		30～34	−5.473 2	0.003 856	8 158	−1 419.4	<0.000 1
b		35～39	−5.240 5	0.003 740	8 158	−1 401.2	<0.000 1
b		40～44	−4.865 9	0.003 636	8 158	−1 338.2	<0.000 1
b		45～49	−4.505 7	0.003 554	8 158	−1 267.9	<0.000 1
b		50～54	−4.013 5	0.003 508	8 158	−1 144.0	<0.000 1
b		55～59	−3.620 2	0.003 456	8 158	−1 047.6	<0.000 1
b		5～9	−6.366 5	0.004 946	8 158	−1 287.2	<0.000 1
b		60～64	−3.088 3	0.003 415	8 158	−904.32	<0.000 1
b		65～69	−2.554 2	0.003 388	8 158	−753.79	<0.000 1
b		70～74	−1.997 8	0.003 365	8 158	−593.73	<0.000 1
b		75～79	−1.525 2	0.003 361	8 158	−453.80	<0.000 1
b		80～84	−1.002 1	0.003 374	8 158	−297.03	<0.000 1
b		85～89	−0.578 5	0.003 438	8 158	−168.27	<0.000 1
b		90～94	−0.156 3	0.003 680	8 158	−42.47	<0.000 1
b		95～99	0	—	—	—	—

图 11－1 详细展示了不同年龄段的系数估值.在传统保险精算理论的生命表中，通常会研究不同性别、不同年龄的死亡率情况，按此研究惯例，本节把年龄和性别当作固定效应，年代、地区、区域、城乡划分当作随机效应来处理.由于 SAS 处理数据能力的限制，从这些随机效应中选取至少一个因素作为每个模型的随机效应，通过不断地对比不同模型的检验结果选取最恰当的模型，表11－12 展示了 7 个模型的随机效应设定以及检验统计量的结果.

表 11－12 中，“随机效应”是指模型中的随机效应；“subject”是用于确定多层模型的组水平单位，说明多层模型的结构；“Optimization Technique”是指非线性参数估计优化技术，程序的默认优化法为二元准牛顿算法（dual quasi-Newton algorithm)，其可应用于几乎所有的分布，但在某些分布中可能存在收

表 11-12 7 个模型随机效应设定的检验结果

序号	随机效应	subject	Optimization Technique	t-test (fixed effects)	t-test (random effects)	F-test	−2 Res Log Pseudo-Likelihood	Generalized Chi-Square	Gener. Chi-Square/DF
1	code		Dual Quasi-Newton	显著	小部分不显著	显著	17 085.53	1 763 048	216.11
2	zone		Dual Quasi-Newton	显著	显著	显著	15 828.57	1 421 447	174.24
3	time		Dual Quasi-Newton	显著	显著	显著	16 169.32	1 660 800	203.58
4	time	code	Newton-Raphson with Ridging	显著	小部分不显著	显著	14 612.94	1 337 899	164
5	time，zone	dist	Dual Quasi-Newton	显著	小部分不显著	显著	12 574.78	940 775.2	115.32
6	time，dist	zone	Dual Quasi-Newton	not converge					
7	time，dist	zone	Newton-Raphson with Ridging	显著	显著	显著	12 573.41	941 696.5	115.43

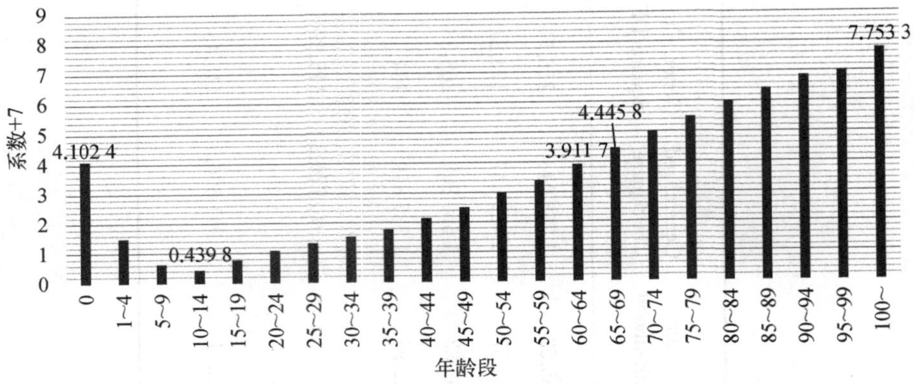

图 11－1　不同年龄段的系数估计值

敛问题，特别是在二项分布中，就如模型 6.如果这种情况发生，我们一般采用 Newton-Raphson 岭稳定优化法；“t-test(fixed effects)”固定效应的参数估计的 t 检验，原假设是估计值为零；“t-test (random effects)”随机效应的参数估计的 t 检验，原假设是估计值为零；“F-test”是对所有固定效应参数估计的检验，原假设是所有估计值相等且为零；“−2 Res Log Pseudo-Likelihood”是估计模型的残差对数近似；“Generalized Chi-Square”是用来衡量最终模型的残差平方和；“Gener. Chi-Square/DF”是用来衡量平均模型观察的变异性.

这里本节仅对模型 7 建模结果进行介绍.模型 7 的随机因子都是年代(time)、地域(dist)，并用城乡划分(zone)做了分组，并采用了 Newton-Raphson 岭稳定优化法(NRRIDG).模型 7 的随机效应估计结果如表 11－13.从表 11－13 和图 11－2 的结果，我们可以得到以下结论：无论是城市、镇、农村，2010 年的死亡率均低于 2000 年的死亡率.由图 11－3 知，对于城市居民，各地区的死亡率由大到小依次是东北、华北、华中、华东、华南、西南、西北；由图 11－4 知，对于镇居民，各地区的死亡率由大到小依次是华北、东北、华中、西南、西北、华东、华南；由图 11－5 知，对于镇居民，各地区的死亡率由大到小依次是西北、西南、华北、东北、华中、华东、华南.

针对以上因城乡划分不同导致不同地域死亡率排序不同的现象，进行进一步分析得出以下结论：

① 西北地区和西南地区的死亡率城乡差距较大；② 东北地区和华北地区的死亡率，尤其是城市和镇的死亡率在全国来看是偏高的；③ 华南地区和华东地区的死亡率在全国来看是偏低的；④ 中部地区的死亡率排名无论城市还是乡镇始终处于中流地位.

表 11-13 随机效应的解

Solution for Random Effects							
Effect	dist	Subject	Estimate	Std Err Pred	DF	t Value	Pr>|t|
time		zone 1	−0.992 1	0.068 91	8 158	−14.40	<0.000 1
time		zone 1	−1.403 6	0.075 64	8 158	−18.56	<0.000 1
dist	*C*	zone 1	−5.038 0	0.223 9	8 158	−22.50	<0.000 1
dist	*E*	zone 1	−5.050 7	0.232 6	8 158	−21.71	<0.000 1
dist	*N*	zone 1	−5.014 5	0.227 5	8 158	−22.04	<0.000 1
dist	*NE*	zone 1	−4.901 1	0.229 9	8 158	−21.32	<0.000 1
dist	*NW*	zone 1	−5.113 5	0.231 3	8 158	−22.11	<0.000 1
dist	*S*	zone 1	−5.063 5	0.230 2	8 158	−22.00	<0.000 1
dist	*SW*	zone 1	−5.097 9	0.230 4	8 158	−22.13	<0.000 1
time		zone 2	−0.745 7	0.071 46	8 158	−10.43	<0.000 1
time		zone 2	−1.055 7	0.080 22	8 158	−13.16	<0.000 1
dist	*C*	zone 2	−5.141 3	0.224 2	8 158	−22.93	<0.000 1
dist	*E*	zone 2	−5.167 5	0.232 6	8 158	−22.22	<0.000 1
dist	*N*	zone 2	−5.024 4	0.226 7	8 158	−22.17	<0.000 1
dist	*NE*	zone 2	−5.140 8	0.230 6	8 158	−22.29	<0.000 1
dist	*NW*	zone 2	−5.150 3	0.231 6	8 158	−22.24	<0.000 1
dist	*S*	zone 2	−5.226 8	0.230 2	8 158	−22.71	<0.000 1
dist	*SW*	zone 2	−5.150 1	0.229 9	8 158	−22.40	<0.000 1
time		zone 3	−0.650 2	0.063 58	8 158	−10.23	<0.000 1
time		zone 3	−0.920 7	0.065 69	8 158	−14.02	<0.000 1
dist	*C*	zone 3	−5.006 0	0.223 1	8 158	−22.44	<0.000 1
dist	*E*	zone 3	−5.045 5	0.230 5	8 158	−21.89	<0.000 1
dist	*N*	zone 3	−4.895 7	0.224 1	8 158	−21.85	<0.000 1
dist	*NE*	zone 3	−4.974 3	0.227 2	8 158	−21.89	<0.000 1
dist	*NW*	zone 3	−4.820 7	0.227 2	8 158	−21.22	<0.000 1
dist	*S*	zone 3	−5.088 3	0.227 2	8 158	−22.40	<0.000 1
dist	*SW*	zone 3	−4.829 9	0.227 0	8 158	−21.28	<0.000 1

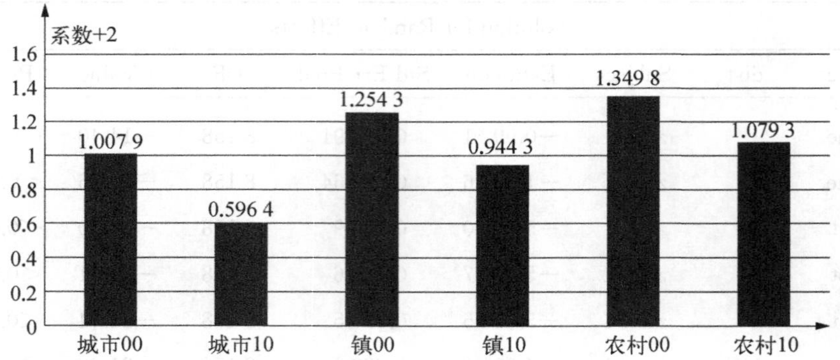

图 11-2 城市、镇以及农村居民的系数估计值

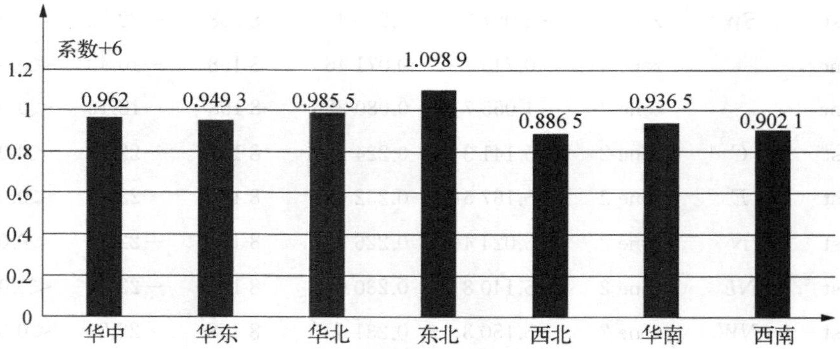

图 11-3 城市居民在不同地域的系数估计值

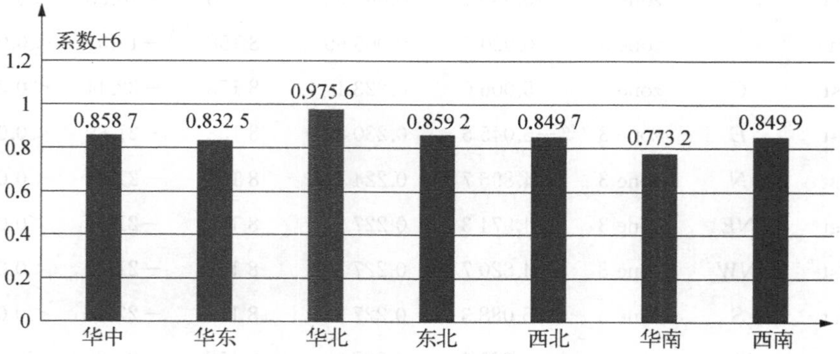

图 11-4 镇居民在不同地域的系数估计值

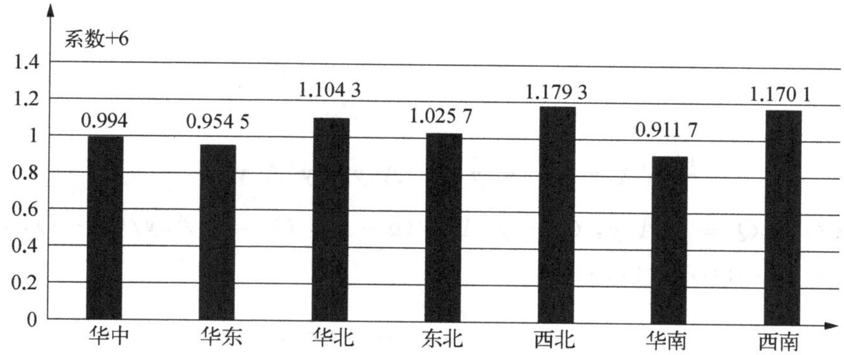

图 11－5　农村居民在不同低于的系数估计值

习　题　11

1. 证明：使 $E(\boldsymbol{\xi}-g(\boldsymbol{y}))^2$ 达到最小的 $\boldsymbol{\xi}$ 的最佳均方预测 $g_0(\boldsymbol{y})=E(\boldsymbol{\xi}\mid\boldsymbol{y})$. 并由此证明式(11－19).

2. 考虑式(11－10)，若视 $\boldsymbol{\xi}$ 为固定效应，则估计 $\boldsymbol{\beta}$,$\boldsymbol{\xi}$ 的正则方程为

$$\begin{bmatrix}\boldsymbol{X}^{\mathrm{T}}R^{-1}\boldsymbol{X} & \boldsymbol{X}^{\mathrm{T}}R^{-1}\boldsymbol{U}\\ \boldsymbol{U}^{\mathrm{T}}R^{-1}\boldsymbol{X} & \boldsymbol{U}^{\mathrm{T}}R^{-1}\boldsymbol{U}\end{bmatrix}\begin{bmatrix}\boldsymbol{\beta}\\ \boldsymbol{\xi}\end{bmatrix}=\begin{bmatrix}\boldsymbol{X}^{\mathrm{T}}R^{-1}\boldsymbol{y}\\ \boldsymbol{U}^{\mathrm{T}}R^{-1}\boldsymbol{y}\end{bmatrix},$$

在系数矩阵的右下角的 $\boldsymbol{U}^{\mathrm{T}}R^{-1}\boldsymbol{U}$ 上加上 D^{-1}，得到

$$\begin{bmatrix}\boldsymbol{X}^{\mathrm{T}}R^{-1}\boldsymbol{X} & \boldsymbol{X}^{\mathrm{T}}R^{-1}\boldsymbol{U}\\ \boldsymbol{U}^{\mathrm{T}}R^{-1}\boldsymbol{X} & \boldsymbol{U}^{\mathrm{T}}R^{-1}\boldsymbol{U}+D^{-1}\end{bmatrix}\begin{bmatrix}\tilde{\boldsymbol{\beta}}\\ \tilde{\boldsymbol{\xi}}\end{bmatrix}=\begin{bmatrix}\boldsymbol{X}^{\mathrm{T}}R^{-1}\boldsymbol{y}\\ \boldsymbol{U}^{\mathrm{T}}R^{-1}\boldsymbol{y}\end{bmatrix}$$

称为混合模型方程(mixed model equation)，记它的解为$\tilde{\boldsymbol{\beta}}$, $\tilde{\boldsymbol{\xi}}$.试验证

$$\tilde{\boldsymbol{\beta}}=\boldsymbol{\beta}^*, \tilde{\boldsymbol{\xi}}=\hat{\boldsymbol{\xi}},$$

这里 $\boldsymbol{\beta}^*=(\boldsymbol{X}^{\mathrm{T}}\boldsymbol{\Sigma}^{-1}\boldsymbol{X})^{-}\boldsymbol{X}^{\mathrm{T}}\boldsymbol{\Sigma}^{-1}\boldsymbol{y}$ 是 GLS 解，$\hat{\boldsymbol{\xi}}$是由式(11－18)给出的 BLU 估计. 并解释这个结果的意义.

3. 对两向分类随机模型

$$y_{ij}=\mu+\alpha_i+\beta_j+e_{ij}, i=1, 2, \cdots, a, j=1, 2, \cdots, b,$$

这里 α_i和β_j 皆为随机效应，$\alpha_i\sim N(0, \sigma_\alpha^2)$, $\beta_j\sim N(0, \sigma_\beta^2)$, $e_{ij}\sim N(0, \sigma_e^2)$, α_i, β_j, e_{ij} 相互独立.证明

(1) $\boldsymbol{y}^{\mathrm{T}}\boldsymbol{y}$ 有分解式

$$\begin{aligned} \boldsymbol{y}^{\mathrm{T}}\boldsymbol{y} &= \bar{y}_{..}^2(ab) + b\sum_{i=1}^{a}(\bar{y}_{i.} - \bar{y}_{..})^2 + a\sum_{j=1}^{b}(\bar{y}_{.j} - \bar{y}_{..})^2 \\ &\quad \sum_i\sum_j(\bar{y}_{ij} - \bar{y}_{i.} - \bar{y}_{.j} + \bar{y}_{..})^2 \\ &\stackrel{\text{def}}{=} \boldsymbol{y}^{\mathrm{T}}\boldsymbol{A}_0\boldsymbol{y} + \boldsymbol{y}^{\mathrm{T}}A_1\boldsymbol{y} + \boldsymbol{y}^{\mathrm{T}}A_2\boldsymbol{y} + \boldsymbol{y}^{\mathrm{T}}A_3\boldsymbol{y}. \end{aligned}$$

(2) 记 $Q_0 = \boldsymbol{y}^{\mathrm{T}}A_0\boldsymbol{y}$，$Q_1 = \boldsymbol{y}^{\mathrm{T}}A_1\boldsymbol{y}/(a-1)$，$Q_2 = \boldsymbol{y}^{\mathrm{T}}A_2\boldsymbol{y}/(b-1)$，$Q_3 = \boldsymbol{y}^{\mathrm{T}}A_3\boldsymbol{y}/(a-1)(b-1)$，证明

$$E(Q_1) \stackrel{\text{def}}{=} a_1^2 = b\sigma_\alpha^2 + \sigma_e^2,$$

$$E(Q_2) \stackrel{\text{def}}{=} a_2^2 = b\sigma_\beta^2 + \sigma_e^2,$$

$$E(Q_3) \stackrel{\text{def}}{=} a_3^2 = \sigma_e^2.$$

(3) 证明

$$(a-1)Q_1/a_1^2 \sim \chi_{a-1}^2,$$

$$(b-1)Q_2/a_2^2 \sim \chi_{b-1}^2,$$

$$(a-1)(b-1)Q_3/a_3^2 \sim \chi_{(a-1)(b-1)}^2.$$

且 $\bar{y}_{..}$，Q_1，Q_2 和 Q_3 相互独立.

(4) 证明，方差分量 σ_α^2，σ_β^2，σ_e^2 的方差分析估计为

$$\hat{\sigma}_\alpha^2 = (Q_1 - Q_3)/b,\ \hat{\sigma}_\beta^2 = (Q_2 - Q_3)/a,\ \hat{\sigma}_e^2 = Q_3.$$

4. 根据上例的结果，试导出假设 $H_0: \sigma_\beta^2 = 0 \leftrightarrow H_1: \sigma_\beta^2 \neq 0$ 的检验统计量，并证明此检验与 Wald 检验相同.

5. 在例 11.4 中，假设 $\boldsymbol{y}$ 的分布为正态，证明均值 μ 的置信区间为

$$\left\{\bar{y}_{..} - t_{(a-1)}\sqrt{(a-1)Q_2/ab},\ \bar{y}_{..} + t_{(a-1)}\sqrt{(a-1)Q_2/ab}\right\}.$$

6. 考虑有交互效应的两向分类模型

$$y_{ij} = \mu + \alpha_i + \beta_j + \gamma_{ij} + e_{ij},$$

$$i = 1, 2, \cdots, a;\ j = 1, 2, \cdots, b;\ k = 1, 2, \cdots, c.$$

这里 μ 为总平均，是固定效应，α_i，β_j 和 γ_{ij} 都为随机效应.假设 $\alpha_i \sim N(0, \sigma_\alpha^2)$，$\beta_j \sim N(0, \sigma_\beta^2)$，$e_{ij} \sim N(0, \sigma_e^2)$，且都相互独立.

(1) 试利用方差分析法构造 σ_α^2，σ_β^2，σ_γ^2 和 σ_e^2 的估计 $\hat{\sigma}_\alpha^2$，$\hat{\sigma}_\beta^2$，$\hat{\sigma}_\gamma^2$ 和 $\hat{\sigma}_e^2$.

(2) 计算 $\mathrm{var}(\hat{\sigma}_\alpha^2)$，$\mathrm{var}(\hat{\sigma}_\beta^2)$，$\mathrm{var}(\hat{\sigma}_\gamma^2)$ 和 $\mathrm{var}(\hat{\sigma}_e^2)$.

7. 对于分块混合效应模型

$$\boldsymbol{y}=\boldsymbol{X}_1\boldsymbol{\beta}_1+\boldsymbol{X}_2\boldsymbol{\beta}_2+\boldsymbol{U}\boldsymbol{\xi}+\boldsymbol{e},\ \boldsymbol{\xi}\sim \boldsymbol{N}(\boldsymbol{0},\ \sigma_1^2\boldsymbol{I}),\ \boldsymbol{e}\sim N(\boldsymbol{0},\ \sigma_e^2\boldsymbol{I}),$$

这里 $\boldsymbol{X}=(\boldsymbol{X}_1\ \vdots\ \boldsymbol{X}_2)$ 为 $n\times p$ 列满秩阵，$\mathcal{M}(\boldsymbol{X}_1)\subset\mathcal{M}(\boldsymbol{U})$，$\mathcal{M}(\boldsymbol{X}_2)\cap\mathcal{M}(\boldsymbol{U})=\{\boldsymbol{0}\}$. 我们常常仅对模型中的 $\boldsymbol{\beta}_2$ 估计感兴趣.

(1) 试写出部分参数 $\boldsymbol{\beta}_2$ 的 BLU 估计 $\boldsymbol{\beta}_2^*$ 和 LS 估计 $\hat{\boldsymbol{\beta}}_2$.

(2) 用 $Q_u=\boldsymbol{I}-\boldsymbol{U}(\boldsymbol{U}^{\mathrm{T}}\boldsymbol{U})^-\boldsymbol{U}^{\mathrm{T}}$ 左乘该模型，得简约模型

$$Q_u\boldsymbol{y}=Q_u\boldsymbol{X}_2\boldsymbol{\beta}_2+\boldsymbol{e},\ \boldsymbol{e}\sim N(\boldsymbol{0},\ \sigma_e^2Q_B).$$

从而得到 $\boldsymbol{\beta}_2$ 另一简单估计

$$\tilde{\boldsymbol{\beta}}_2=({\boldsymbol{X}^{\mathrm{T}}}_2Q_u\boldsymbol{X}_2)^{-1}{\boldsymbol{X}^{\mathrm{T}}}_2Q_u\boldsymbol{y},$$

试证明 $\tilde{\boldsymbol{\beta}}_2=\boldsymbol{\beta}_2^*\Leftrightarrow\mathcal{M}(Q_B\boldsymbol{X}_2)\subset\mathcal{M}(Q_1\boldsymbol{X}_2)$.

8. 为分析性别差异对考试成绩的影响，表 11－14 搜集了 31 名学生某学科期末考试成绩及相关示性变量数据.考虑到学生成绩可能受到生源地区的影响，试利用统计软件建立以性别为固定效应，以地区为随机效应的混合效应模型来分析性别差异对考试成绩的影响.

表 11－14　某学科期末考试成绩数据

学生号	性　别	地　区	考试分数	学生号	性　别	地　区	考试分数
1	男	甲	56.3	17	女	甲	68.8
2	女	甲	84.2	18	男	乙	55.8
3	男	甲	56.8	19	女	甲	95.1
4	男	甲	87.4	20	男	乙	55.0
5	男	乙	70.1	21	女	甲	82.6
6	女	乙	69.8	22	女	甲	81.8
7	女	甲	91.3	23	男	甲	80.3
8	女	甲	92.6	24	女	乙	82.5
9	男	乙	72.1	25	男	甲	60.7
10	男	乙	70.5	26	女	甲	56.3
11	男	乙	63.6	27	男	乙	60.6
12	女	甲	85.0	28	男	甲	80.2
13	男	甲	73.9	29	女	甲	86.8
14	男	甲	69.0	30	男	甲	84.3
15	男	乙	69.8	31	男	甲	78.5
16	男	甲	83.1				

9. 在第 8 题的数据中，将学生视为第一水平，地区看作第二水平，试利用统计软件进行分层线性模型统计分析.

12 面板数据模型

12.1 面板数据模型概述

12.1.1 面板数据的含义

横截面数据(cross-sectiondata)是计量经济学专用名词,也称为截面数据或静态数据.横截面数据是在同一时间,不同统计单位相同统计指标组成的数据列.与时序数据相比较,其区别在于数据的排列标准不同,时序数据是按时间顺序排列的,横截面数据是按照统计单位排列的.因此,横截面数据不要求统计对象及其范围相同,但要求统计的时间相同.也就是说必须是同一时间截面上的数据.与时间数据完全一样,横截面数据的统计口径和计算方法(包括价值量的计算方法)也应当是可比的.例如,工业普查数据、人口普查数据、家庭收入调查数据等.

举一个具体的例子,为了研究某一行业各个企业的产出与投入的关系,我们需要关于同一时间截面上各个企业的产出 Q 和劳动 L、资本投入 K 的截面数据.这些数据的统计对象显然是不同的,因为是不同企业的数据.但是关于产出 Q 和投入 L、K 的解释,统计口径和计算方法仍然要求相同,即本企业的 Q、L、K 在统计上要求可比.

横截面数据对应同一时点上不同空间(对象)所组成的一维数据集合,研究的是某一时点上的某种经济现象,突出空间(对象)的差异.横截面数据的突出特点就是离散性高.横截面数据体现的是个体的个性,突出个体的差异,通常横截面数据表现的是无规律的而非真正的随机变化,即计量经济学中所谓的"无法观测的异质性".本节仅针对简单情形下的横截面数据,即在同一时间(时期或时点)截面上反映一个总体的一批(或全部)个体的同一特征变量的观测值,是样本数据中的常见类型之一.

面板数据(panel data)也称平行数据,或时间序列截面数据(time series and cross section data),在生物医学统计中常称为纵向数据(longitudinal or micropanel data),是混合数据(pool data)中一种特殊类型的数据.它是指在时间序列上不同时间节点取相应的截面,在这些截面上同时选取样本观测值所构成的样本数据.

面板数据从横截面上看，是由若干个体在某一时刻构成的截面观测值，从纵剖面上看是一个时间序列.

对于面板数据 y_{it}，$i=1, 2, \cdots, N$，如果从横截面逐个单元上看，每个个体的观测次数都相等，常用 T 表示，即 $t=1, 2, \cdots, T$，则该数据集就是一个平衡面板数据(balanced panel data).非平衡面板数据集(unbalanced panel data)是指其中的个体被观测的次数可能有所不同，我们将其记为 T_i.本章仅讨论平衡面板数据，对非平衡面板数据分析理论感兴趣的读者可以进一步参考其他相关资料[9, 49, 50].平衡面板数据用双下标变量表示.例如

$$y_{it}, \ i=1, 2, \cdots, N; \ t=1, 2, \cdots, T,$$

表示在时间 t 横截面的第 i 个个体(单元)的特征变量的取值.N 表示面板数据中含有 N 个个体.T 表示时间序列的最大长度.若固定 t 不变，$y_{it}(i=1, 2, \cdots, N)$是横截面上的 N 个个体截面数据序列；若固定 i 不变，$y_{it}(t=1, 2, \cdots, T)$是纵剖面上的一个时间序列(个体)，如图 12-1 中图(a)所示.

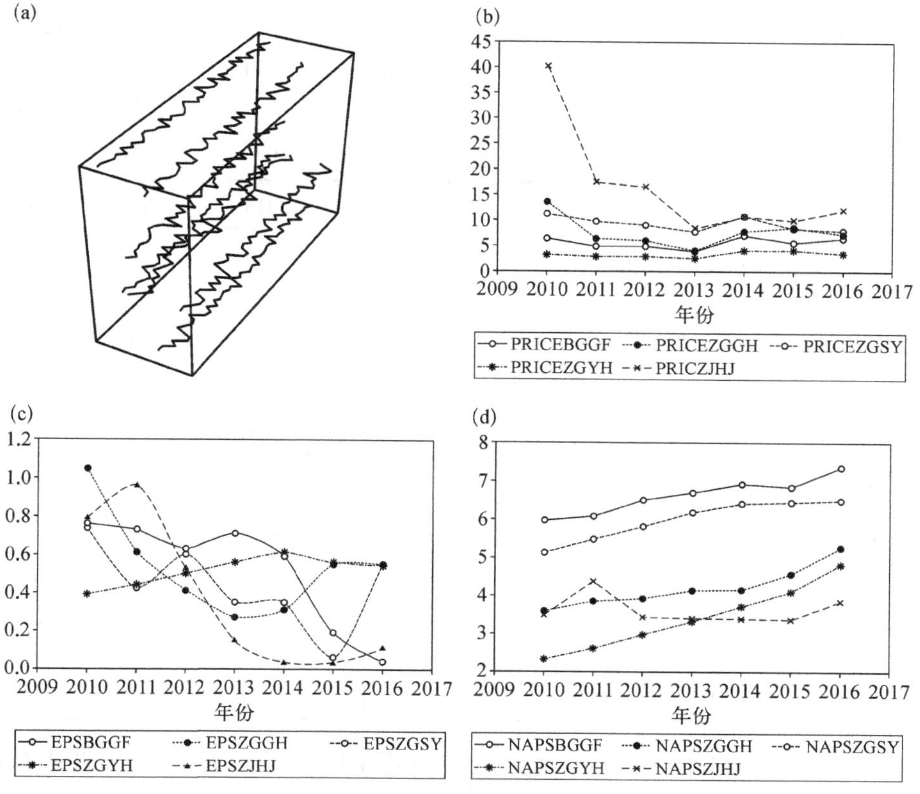

图 12-1 沪市 5 只股票面板数据示意图

例 12.1 2010～2016 年沪市中国石油(ZGSY)、中金黄金(ZJHJ)、宝钢股份(BGGF)、中国国航(ZGGH)和中国银行(ZGYH)5 只股票的年末收盘价格(PRICE)、每股收益(EPS)和每股净资产(NAPS)数据见表 12-1,包含共 7 年的数据,每一年都有 15 个数据,共 105 个观测值.

固定在某一年份上,它是由 5 个年末收盘价数字、5 个 EPS 数字和 5 个 NAPS 数字组成的截面数据;固定在某一股票上,它是由 7 年股票年末收盘价(或 EPS、NAPS)数据组成的一个时间序列.面板数据由 15 个个体组成,共有 105 个观测值.值得一提的是,"横截面数据"中的"横"字仅是中文翻译的原因,不一定表示是数据表中的横向行数据.在表 12-1 的排表格式中反而是纵向列数据是横截面数据.

表 12-1　沪市 5 只股票数据

股价/元	2010	2011	2012	2013	2014	2015	2016
ZGSY	11.22	9.74	9.04	7.71	10.81	8.35	7.95
ZJHJ	40.34	17.51	16.63	8.55	10.62	9.93	12.09
BGGF	6.39	4.85	4.89	4.09	7.01	5.58	6.35
ZGGH	13.68	6.37	6.00	3.95	7.84	8.58	7.20
ZGYH	3.23	2.92	2.92	2.62	4.15	4.01	3.44
EPS/元	**2010**	**2011**	**2012**	**2013**	**2014**	**2015**	**2016**
ZGSY	0.76	0.73	0.63	0.71	0.59	0.19	0.04
ZJHJ	0.79	0.96	0.53	0.15	0.03	0.03	0.11
BGGF	0.74	0.42	0.60	0.35	0.35	0.06	0.55
ZGGH	1.05	0.61	0.41	0.27	0.31	0.55	0.55
ZGYH	0.39	0.44	0.50	0.56	0.61	0.56	0.54
NAPS/元	**2010**	**2011**	**2012**	**2013**	**2014**	**2015**	**2016**
ZGSY	5.13	5.48	5.81	6.19	6.43	6.45	6.50
ZJHJ	3.47	4.37	3.42	3.39	3.37	3.35	3.84
BGGF	5.98	6.08	6.51	6.71	6.94	6.85	7.37
ZGGH	3.58	3.84	3.92	4.14	4.15	4.57	5.26
ZGYH	2.31	2.59	2.95	3.31	3.70	4.09	4.80

图 12-1 中图(b)是从纵剖面观察截面的 5 只股票单元的 7 年年收盘价序列,图 12-1 中图(c)(d)分别是从纵剖面观察截面的 5 只股票 7 年的 EPS 和

NAPS 序列.图 12-2 中图(a)(b)分别是 5 只股票 7 年年收盘价分别关于 EPS 和 NAPS 的面板数据散点图.

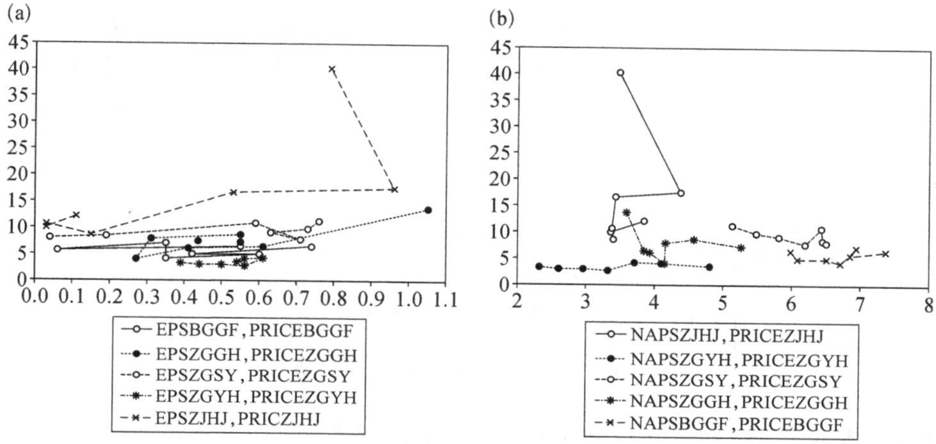

图 12-2 沪市 5 只股票价格关于 EPS、NAPS 示意图

12.1.2 面板数据模型的基本类型

我们把建立在面板数据基础上的计量经济模型称为面板数据模型.设 y_{it} 为时间 t 横截面上第 i 个被解释变量的数值,x_{jit} 为时间 t 横截面上第 i 个个体的第 j 个解释变量的数值,u_{it} 为相应的随机误差项;b_{ji} 为截面上第 i 个个体(单元)的第 j 个解释变量的模型参数;a_i 为常数项或截距项,代表横截面第 i 个个体的影响;解释变量数为 $j=1, 2, \cdots, k$;截面数为 $i=1, 2, \cdots, N$;时间长度为 $t=1, 2, \cdots, T$.其中,N 表示同一截面拥有个体的个数,T 表示每个截面个体的观测时期总数,k 表示解释变量的个数.则单方程面板数据模型的(分量)一般形式可写成

$$y_{it} = a_i + b_{1i}x_{1it} + b_{2i}x_{2it} + \cdots + b_{ki}x_{kit} + u_{it},\ i = 1, 2, \cdots, N;\ t = 1, 2, \cdots, T \tag{12-1}$$

其中 u_{it} 为随机误差项,满足相互独立、零均值、同方差为 σ_u^2 的假设.若记 $\boldsymbol{x}_{it} = (x_{1it}, x_{2it}, \cdots, x_{kit},)$ 为 $1\times k$ 解释变量,$\boldsymbol{b}_i = (b_{1i}, b_{2i}, \cdots, b_{ki})^{\mathrm{T}}$ 为 $k\times 1$ 系数向量,则单方程面板数据式(12-1)也可写成

$$y_{it} = a_i + \boldsymbol{x}_{it}\boldsymbol{b}_i + u_{it},\ i=1, 2, \cdots, N;\ t=1, 2, \cdots, T, \tag{12-2}$$

进一步,若记横截面第 i 个单元样本数据为

$$\boldsymbol{y}_i=\begin{bmatrix} y_{i1} \\ y_{i2} \\ \vdots \\ y_{iT} \end{bmatrix},\ \boldsymbol{x}_i=\begin{bmatrix} x_{1i1} & x_{2i1} & \cdots & x_{ki1} \\ x_{1i2} & x_{2i2} & \cdots & x_{ki2} \\ \cdots & \cdots & \cdots & \cdots \\ x_{1iT} & x_{2iT} & \cdots & x_{kiT} \end{bmatrix}=\begin{bmatrix} \boldsymbol{x}_{i1} \\ \boldsymbol{x}_{i2} \\ \vdots \\ \boldsymbol{x}_{iT} \end{bmatrix},\ \boldsymbol{u}_i=\begin{bmatrix} \boldsymbol{u}_{i1} \\ \boldsymbol{u}_{i2} \\ \vdots \\ \boldsymbol{u}_{iT} \end{bmatrix}$$

并记为

$$\boldsymbol{y}=\begin{bmatrix} \boldsymbol{y}_1 \\ \boldsymbol{y}_2 \\ \vdots \\ \boldsymbol{y}_N \end{bmatrix},\ \boldsymbol{x}=\begin{bmatrix} \boldsymbol{x}_1 \\ \boldsymbol{x}_2 \\ \vdots \\ \boldsymbol{x}_N \end{bmatrix},\ \boldsymbol{U}=\begin{bmatrix} \boldsymbol{u}_1 \\ \boldsymbol{u}_2 \\ \vdots \\ \boldsymbol{u}_N \end{bmatrix},\ \boldsymbol{b}=\begin{bmatrix} \boldsymbol{b}_1 \\ \boldsymbol{b}_2 \\ \vdots \\ \boldsymbol{b}_k \end{bmatrix},\ \boldsymbol{a}=\begin{bmatrix} a_1 \\ a_2 \\ \vdots \\ a_N \end{bmatrix},$$

则面板数据模型的一般形式也可写为以下矩阵形式

$$\boldsymbol{y}=\boldsymbol{a}+\boldsymbol{x}\boldsymbol{b}+\boldsymbol{U}. \tag{12-3}$$

对于平衡的面板数据,由于在每一个截面单元上具有相同个数的观测值,模型样本观测数据的总数等于 NT.当 $N=1$ 且 T 很大时,就是所熟悉的时间序列数据;当 $T=1$ 而 N 很大时,就只有截面数据.

面板数据模型划分为以下 3 种类型.

(1) 无个体影响的不变系数模型:$a_i=a_j=a$, $\boldsymbol{b}_i=\boldsymbol{b}_j=\boldsymbol{b}$,

$$y_{it}=a+\boldsymbol{x}_{it}\boldsymbol{b}+u_{it},\ i=1,\ 2,\ \cdots,\ N;\ t=1,\ 2,\ \cdots,\ T, \tag{12-4}$$

这种情形意味着模型在横截面上无个体影响、无结构变化,可将模型简单地视为是横截面数据堆积的模型.这种模型与一般的回归模型无本质区别,只要随机扰动项服从经典基本假设条件,就可以采用 OLS 法进行估计(共有 $k+1$ 个参数需要估计),该模型也被称为联合回归模型(pooled regression model).

(2) 变截距模型:$a_i\neq a_j$, $\boldsymbol{b}_i=\boldsymbol{b}_j=\boldsymbol{b}$,

$$y_{it}=a_i+\boldsymbol{x}_{it}\boldsymbol{b}+u_{it},\ i=1,\ 2,\ \cdots,\ N;\ t=1,\ 2,\ \cdots,\ T, \tag{12-5}$$

这种情形意味着模型在横截面上存在个体影响,不存在结构性的变化,即解释变量的结构参数 $\boldsymbol{b}_i$ 在不同横截面上是相同的,不同的只是截距项,个体影响可以用截距项 $a_i(i=1,\ 2,\ \cdots,\ N)$的差别来说明,故通常把它称为变截距模型.

(3) 变系数模型:$a_i\neq a_j$, $\boldsymbol{b}_i\neq\boldsymbol{b}_j$,

$$y_{it}=a_i+\boldsymbol{x}_{it}\boldsymbol{b}_i+u_{it},\ i=1,\ 2,\ \cdots,\ N;\ t=1,\ 2,\ \cdots,\ T. \tag{12-6}$$

这种情形意味着模型在横截面上存在个体影响，又存在结构变化，即在允许个体影响由变化的截距项 $a_i(i=1, 2, \cdots, N)$ 来说明，同时还允许由系数向量 $\boldsymbol{b}_i(i=1, 2, \cdots, N)$ 依个体成员的不同而变化，用以说明个体成员之间的结构变化.我们称该模型为变系数模型.

从建模角度考虑，面板数据模型具有以下优点：

(1) 利用面板数据模型可以解决样本容量不足的问题.实际所获得的数据，单个个体单元数据的观测个数 T 往往比较少，即样本容量不足.如果分别对每个个体建立线性模型，并利用这 T 个观测值进行模型参数估计和相应的假设检验，其估计精度和检验功效都将明显不足.如果将这 N 个个体单元组合成一个整体的模型，由于各个个体存在一些共性特征，使得我们能够利用所有 NT 个观测数据对模型中的带共性意义的参数获得比较精确的估计和检验，从而也就消除了个体差异对这些参数估计与检验的影响.

(2) 由于面板数据模型利用了所有的 TN 个数据，相对于单个个体模型而言增加了数据的自由度并降低了解释变量间的共线性程度，从而提高了计量模型估计的有效性.

(3) 面板数据模型不仅体现了某个单元数据的时间序列特征，而且能够刻画各个单元之间的关系.因此该模型有助于从横截面和纵剖面两个角度正确地分析各变量之间的关系，构造和检验具有更复杂行为的模型.

(4) 如果面板数据集中某个个体的个别解释变量的观测数据难以精确测量或存在遗漏，面板数据模型可以借助其他个体的相应数据估计这些变量对响应变量的影响.

12.2 模型形式设定检验

建立面板数据模型首先要检验被解释变量 y_{it} 的参数 a_i 和 $\boldsymbol{b}_i$ 是否对所有个体样本点和时间都是常数，即检验样本数据究竟属于上述 3 种情况的哪一种面板数据模型形式，从而避免模型设定的偏差，改进参数估计的有效性.主要检验如下两个假设：

$$H_1: \boldsymbol{b}_1=\boldsymbol{b}_2=\cdots=\boldsymbol{b}_N,$$

$$H_2: a_1=a_2=\cdots=a_N;\ \boldsymbol{b}_1=\boldsymbol{b}_2=\cdots=\boldsymbol{b}_N.$$

如果接受假设 H_2，则可以认为样本数据符合不变截距、不变系数模型.如果拒绝假设 H_2，则需检验假设 H_1.如果接受 H_1，则认为样本数据符合变截距、不变系数模型;反之,则认为样本数据符合变系数模型.

下面介绍假设检验的 F 统计量的计算方法.

首先计算变截距、变系数式(12-6)的残差平方和 S_1.

如果记

$$\bar{y}_i = \frac{1}{T}\sum_{t=1}^{T} y_{it}, \ \bar{\boldsymbol{x}}_i = \frac{1}{T}\sum_{t=1}^{T} \boldsymbol{x}_{it}, \tag{12-7}$$

则式(12-6)参数的最小二乘估计为

$$\begin{cases} \hat{\boldsymbol{b}}_i = \boldsymbol{W}_{xx,i}^{-1}\boldsymbol{W}_{xy,i}, \\ \hat{a}_i = \bar{y}_i - \bar{\boldsymbol{x}}_i \hat{\boldsymbol{b}}_i, \end{cases} \tag{12-8}$$

称为群内估计,

其中

$$\boldsymbol{W}_{xx,i} = \sum_{t=1}^{T} (\boldsymbol{x}_{it} - \bar{\boldsymbol{x}}_i)^{\mathrm{T}}(\boldsymbol{x}_{it} - \bar{\boldsymbol{x}}_i), \tag{12-9}$$

$$\boldsymbol{W}_{xy,i} = \sum_{t=1}^{T} (\boldsymbol{x}_{it} - \bar{\boldsymbol{x}}_i)^{\mathrm{T}}(\boldsymbol{y}_{it} - \bar{\boldsymbol{y}}_i), \tag{12-10}$$

$$\boldsymbol{W}_{yy,i} = \sum_{t=1}^{T} (\boldsymbol{y}_{it} - \bar{\boldsymbol{y}}_i)^2, \tag{12-11}$$

第 i 个截面单元(群组)的残差平方和是 $RSS_i = \boldsymbol{W}_{yy,i} - \boldsymbol{W}^{\mathrm{T}}{}_{xy,i}\boldsymbol{W}_{xx,i}^{-1}\boldsymbol{W}_{xy,i}$,式(12-6)的残差平方和记为 S_1,则

$$S_1 = \sum_{i=1}^{N} RSS_i, \tag{12-12}$$

其次计算变截距、不变系数式(12-5)的残差平方和 S_2.

如果记

$$\boldsymbol{W}_{xx} = \sum_{i=1}^{N} \boldsymbol{W}_{xx,i}, \ \boldsymbol{W}_{xy} = \sum_{i=1}^{N} \boldsymbol{W}_{xy,i}, \ \boldsymbol{W}_{yy} = \sum_{i=1}^{N} \boldsymbol{W}_{yy,i} \tag{12-13}$$

则式(12-5)的最小二乘估计为

$$\hat{\boldsymbol{b}}_w = \boldsymbol{W}_{xx}^{-1}\boldsymbol{W}_{xy}, \ \hat{a}_i = \bar{y}_i - \bar{x}_i \hat{\boldsymbol{b}}_w, \tag{12-14}$$

式(12-5)的残差平方和记为 S_2,则

$$S_2 = \boldsymbol{W}_{yy} - \boldsymbol{W}^{\mathrm{T}}{}_{xy}\boldsymbol{W}_{xx}^{-1}\boldsymbol{W}_{xy}, \tag{12-15}$$

最后计算不变截距、不变系数式(12-4)的残差平方和 S_3.

如果记

$$\boldsymbol{T}_{xx}=\sum_{i=1}^{N}\sum_{t=1}^{T}(\boldsymbol{x}_{it}-\bar{\boldsymbol{x}}_i)^{\mathrm{T}}(\boldsymbol{x}_{it}-\bar{\boldsymbol{x}}_i), \tag{12-16}$$

$$\boldsymbol{T}_{xy}=\sum_{i=1}^{N}\sum_{t=1}^{T}(\boldsymbol{x}_{it}-\bar{\boldsymbol{x}}_i)^{\mathrm{T}}(\boldsymbol{y}_{it}-\bar{\boldsymbol{y}}_i), \tag{12-17}$$

$$\boldsymbol{T}_{yy}=\sum_{i=1}^{N}\sum_{t=1}^{T}(y_{it}-\bar{y}_i)^2, \tag{12-18}$$

其中

$$\bar{\boldsymbol{x}}=\frac{1}{NT}\sum_{i=1}^{N}\sum_{t=1}^{T}\boldsymbol{x}_{it},\ \bar{y}=\frac{1}{NT}\sum_{i=1}^{N}\sum_{t=1}^{T}y_{it}, \tag{12-19}$$

则式(12-4)的最小二乘估计为

$$\hat{\boldsymbol{b}}=\boldsymbol{T}_{xx}^{-1}\boldsymbol{T}_{xy},\ \hat{a}=\bar{y}-\bar{\boldsymbol{x}}\hat{\boldsymbol{b}}, \tag{12-20}$$

式(12-4)的残差平方和记为 S_3,则

$$S_3=\boldsymbol{T}_{yy}-\boldsymbol{T}^{\mathrm{T}}_{xy}\boldsymbol{T}_{xx}^{-1}\boldsymbol{T}_{xy}. \tag{12-21}$$

由此可以得到下列结论:

(1) $S_1/\sigma_u^2\sim\chi^2[N(T-k-1)]$.

(2) 当 H_2 成立时,$S_3/\sigma_u^2\sim\chi^2[NT-(k+1)]$ 和 $(S_3-S_1)/\sigma_u^2\sim\chi^2[(N-1)(k+1)]$.

(3) $(S_3-S_1)/\sigma_u^2$ 与 S_1/σ_u^2 独立.

所以当假设 H_2 成立时,检验统计量 F_2 服从相应自由度下的 F 分布,即

$$F_2=\frac{(S_3-S_1)/[(N-1)(k+1)]}{S_1/[NT-N(k+1)]}\sim F[(N-1)(k+1),\ N(T-k-1)], \tag{12-22}$$

若 F_2 统计量的值小于给定显著性水平下的相应临界值,即 $F_2<F_\alpha$,则接受假设 H_2,认为样本数据符合式(12-4).反之,若 $F_2>F_\alpha$,则继续检验假设 H_1.

同样可以得到下列结论:

(1) 当 H_1 成立时,$S_2/\sigma_u^2\sim\chi^2[NT-(N+k)]$ 和 $(S_2-S_1)/\sigma_u^2\sim\chi^2[(N-1)k]$;

(2) $(S_2-S_1)/\sigma_u^2$ 与 S_1/σ_u^2 独立.

所以,在假设 H_1 下检验统计量 F 也服从相应自由度下的 F 分布,即

$$F_1 = \frac{(S_2 - S_1)/[(N-1)k]}{S_1/[NT - N(k+1)]} \sim F[(N-1)k,\ N(T-k-1)],\tag{12-23}$$

若 F_1 统计量的值小于给定显著性水平下的相应临界值,即 $F_1 < F_\alpha$,则接受假设 H_1,认为样本数据符合式(12-5).反之,若 $F_1 > F_\alpha$,则认为样本数据符合式(12-6).

12.3 变截距模型

该模型允许个体成员之间存在个体影响,并用截距项的差别来说明.模型的回归方程形式为

$$y_{it} = a_i + \boldsymbol{x}_{it}\boldsymbol{b} + u_{it},\ i = 1,\ 2,\ \cdots,\ N;\ t = 1,\ 2,\ \cdots,\ T,\tag{12-24}$$

其中 $\boldsymbol{x}_{it} = (x_{1it},\ x_{2it},\ \cdots,\ x_{kit},)$ 为 $1\times k$ 解释变量,$\boldsymbol{b} = (b_1,\ b_2,\ \cdots,\ b_k)^{\mathrm{T}}$ 为 $k\times 1$ 系数向量,k 表示解释变量的个数,a_i 为个体影响,u_{it} 为随机误差项,假设其均值为零,方差为 σ_u^2,并假定 u_{it} 与 $\boldsymbol{x}_{it}$ 不相关.根据个体影响的不同形式,变截距模型又分为固定影响变截距模型和随机影响变截距模型两种.

12.3.1 固定影响变截距模型

1) 最小二乘虚拟变量模型(LSDV)及其参数估计

令 $\boldsymbol{y}_i$ 和 $\boldsymbol{x}_i$ 是第 i 个个体的 T 个观测值向量和矩阵,并令 $\boldsymbol{u}_i$ 是随机干扰项 $T\times 1$ 向量,式(12-24)对应的向量形式为

$$\boldsymbol{y}_i = \boldsymbol{1}a_i + \boldsymbol{x}_i\boldsymbol{b} + \boldsymbol{u}_i,\ i = 1,\ 2,\ \cdots,\ N,\tag{12-25}$$

其中

$$\boldsymbol{y}_i = \begin{bmatrix} y_{i1} \\ y_{i2} \\ \vdots \\ y_{iT} \end{bmatrix},\ \boldsymbol{1} = \begin{bmatrix} 1 \\ 1 \\ \vdots \\ 1 \end{bmatrix},\ \boldsymbol{b} = \begin{bmatrix} b_1 \\ b_2 \\ \vdots \\ b_k \end{bmatrix},\tag{12-26}$$

$$\boldsymbol{x}_i=\begin{bmatrix} x_{1i1} & x_{2i1} & \cdots & x_{ki1} \\ x_{1i2} & x_{2i2} & \cdots & x_{ki2} \\ \cdots & \cdots & \cdots & \cdots \\ x_{1iT} & x_{2iT} & \cdots & x_{kiT} \end{bmatrix}=\begin{bmatrix} \boldsymbol{x}_{i1} \\ \boldsymbol{x}_{i2} \\ \vdots \\ \boldsymbol{x}_{iT} \end{bmatrix},\ \boldsymbol{u}_i=\begin{bmatrix} \boldsymbol{u}_{i1} \\ \boldsymbol{u}_{i2} \\ \vdots \\ \boldsymbol{u}_{iT} \end{bmatrix}, \tag{12-27}$$

式(12-25)也可以写成

$$\boldsymbol{y}=\boldsymbol{Da}+\boldsymbol{xb}+\boldsymbol{U}, \tag{12-28}$$

其中

$$\boldsymbol{y}=\begin{bmatrix} \boldsymbol{y}_1 \\ \boldsymbol{y}_2 \\ \vdots \\ \boldsymbol{y}_N \end{bmatrix},\ \boldsymbol{D}=(\boldsymbol{d}_1,\ \boldsymbol{d}_2,\ \cdots,\ \boldsymbol{d}_N)=\begin{bmatrix} \mathbf{1} & \mathbf{0} & \cdots & \mathbf{0} \\ \mathbf{0} & \mathbf{1} & \cdots & \mathbf{0} \\ \cdots & \cdots & \cdots & \cdots \\ \mathbf{0} & \mathbf{0} & \cdots & \mathbf{1} \end{bmatrix}_{NT\times N}, \tag{12-29}$$

$$\boldsymbol{a}=\begin{bmatrix} \boldsymbol{a}_1 \\ \boldsymbol{a}_2 \\ \vdots \\ \boldsymbol{a}_N \end{bmatrix},\ \boldsymbol{x}=\begin{bmatrix} \boldsymbol{x}_1 \\ \boldsymbol{x}_2 \\ \vdots \\ \boldsymbol{x}_N \end{bmatrix},\ \boldsymbol{U}=\begin{bmatrix} \boldsymbol{u}_1 \\ \boldsymbol{u}_2 \\ \vdots \\ \boldsymbol{u}_N \end{bmatrix}, \tag{12-30}$$

其中 $\boldsymbol{d}_i$ 为第 i 个单元的虚拟(哑巴)变量,$\boldsymbol{D}$ 为 $NT\times N$ 阶虚拟变量矩阵,所以式(12-28)称为最小二乘虚拟变量模型(least squares dummy variable, LSDV).利用普通最小二乘法可以得到参数 a_i 和 $\boldsymbol{b}$ 的最优线性无偏估计(BLUE)为

$$\begin{cases} \hat{\boldsymbol{b}}_{\mathrm{CV}}=\left[\sum_{t=1}^{T}(\boldsymbol{x}_{it}-\bar{\boldsymbol{x}}_i)^{\mathrm{T}}(\boldsymbol{x}_{it}-\bar{\boldsymbol{x}}_i)\right]^{-1}\left[\sum_{t=1}^{T}(\boldsymbol{x}_{it}-\bar{\boldsymbol{x}}_i)^{\mathrm{T}}(y_{it}-\bar{y}_i)\right], \\ \hat{a}_i=\bar{y}_i-\bar{\boldsymbol{x}}_i\hat{\boldsymbol{b}}_{\mathrm{CV}}, \end{cases} \tag{12-31}$$

其中

$$\bar{\boldsymbol{x}}_i=\frac{1}{T}\sum_{t=1}^{T}\boldsymbol{x}_{it},\ \bar{y}_i=\frac{1}{T}\sum_{t=1}^{T}y_{it},\ \boldsymbol{x}_{it}=(x_{1it},\ x_{2it},\ \cdots,\ x_{kit}), \tag{12-32}$$

在式(12-28)中,参数 a_i 被写为可观测的虚拟变量的系数的形式.因此,式(12-31)所表示的 OLS 估计也称为最小二乘虚拟变量(LSDV)估计.式(12-28)可以当作具有$(N+k)$个参数的多元线性回归模型,参数可由普通最小二乘法进行估计.

当 N 很大时，可用下列分块回归的方法进行计算：

令 $\boldsymbol{Q}=\boldsymbol{I}_T-\frac{1}{T}\boldsymbol{1}\boldsymbol{1}^{\mathrm{T}}$，因为 $\boldsymbol{I}_T\boldsymbol{1}=\frac{1}{T}\boldsymbol{1}\boldsymbol{1}^{\mathrm{T}}\boldsymbol{1}$，所以 $\boldsymbol{Q}\boldsymbol{1}=\boldsymbol{0}$，则由式(12-25)有

$$\boldsymbol{Q}\boldsymbol{y}_i=\boldsymbol{Q}\boldsymbol{1}a_i+\boldsymbol{Q}\boldsymbol{x}_i\boldsymbol{b}+\boldsymbol{Q}\boldsymbol{u}_i=\boldsymbol{Q}\boldsymbol{x}_i\boldsymbol{b}+\boldsymbol{Q}\boldsymbol{u}_i,\ i=1,2,\cdots,N,$$

$$\boldsymbol{x}_i^{\mathrm{T}}\boldsymbol{Q}\boldsymbol{y}_i=\boldsymbol{x}_i^{\mathrm{T}}\boldsymbol{Q}\boldsymbol{x}_i\boldsymbol{b}+\boldsymbol{x}_i^{\mathrm{T}}\boldsymbol{Q}\boldsymbol{u}_i,$$

于是

$$\sum_{i=1}^{N}\boldsymbol{x}_i^{\mathrm{T}}\boldsymbol{Q}\boldsymbol{y}_i=\sum_{i=1}^{N}x_i^{\mathrm{T}}\boldsymbol{Q}\boldsymbol{x}_i\boldsymbol{b}+\sum_{i=1}^{N}\boldsymbol{x}_i^{\mathrm{T}}\boldsymbol{Q}\boldsymbol{u}_i, \tag{12-33}$$

$$\hat{\boldsymbol{b}}_{CV}=\left[\sum_{i=1}^{N}\boldsymbol{x}_i^{\mathrm{T}}\boldsymbol{Q}\boldsymbol{x}_i\right]^{-1}\left[\sum_{i=1}^{N}\boldsymbol{x}_i^{\mathrm{T}}\boldsymbol{Q}\boldsymbol{y}_i\right], \tag{12-34}$$

截距的估计式为(12-34)，参数 $\boldsymbol{b}$ 的协方差估计是无偏的，且当 N 或 T 趋于无穷大时，其为一致估计.对应的协方差矩阵为

$$\operatorname{var}(\hat{\boldsymbol{b}}_{CV})=\sigma_u^2\left[\sum_{i=1}^{N}\boldsymbol{x}_i^{\mathrm{T}}\boldsymbol{Q}\boldsymbol{x}_i\right]^{-1}, \tag{12-35}$$

对应的协方差矩阵为

$$\operatorname{var}(a_i)=\frac{\sigma_u^2}{T}+\bar{\boldsymbol{x}}_i\operatorname{var}(\hat{\boldsymbol{b}}_{CV})\,\bar{\boldsymbol{x}}_i^{\mathrm{T}}, \tag{12-36}$$

方差 σ_u^2 的估计量为

$$\hat{\sigma}_u^2=\frac{1}{NT-N-k}\sum_{i=1}^{N}\sum_{t=1}^{T}(\boldsymbol{y}_{it}-\hat{\boldsymbol{a}}_i-\boldsymbol{x}_{it}\hat{\boldsymbol{b}}_{CV})^2. \tag{12-37}$$

例 12.2 利用 2010～2016 年沪市中国石油(ZGSY)、中金黄金(ZJHJ)、宝钢股份(BGGF)、中国国航(ZGGH)和中国银行(ZGYH)5 只股票的年末收盘价格(PRICE)、每股收益(EPS)和每股净资产(NAPS)数据(见表 12-1)，试研究这些股票的价格与每股收益(EPS)和每股净资产的关系：(1) 建立合成数据库(pool)对象或混合数据库对象；(2) 定义序列名并输入数据；(3) 估计无个体影响的不变系数模型；(4) 估计变截距模型.

解 无个体影响的不变系数模型为

$$\mathrm{PRICE}_{it}=\beta_0+\beta_1\cdot\mathrm{EPS}_{it}+e_{it},\ i=1,\cdots,5;t=2010,2011,\cdots,2016,$$

根据表 12-2 的估计结果，相应的表达式为

$$\mathrm{PRICE}_{it}=7.904\,586+7.455\,720\mathrm{EPS}_{it}-0.625\,636\mathrm{NAPS}_{it}.$$

表 12 - 2 结果表明，回归系数不是特别显著不为零，调整后的判定系数仅 0.046，说明用这种模型去拟合数据拟合优度非常低，而且 $DW = 0.78$ 说明建模误差 e 存在明显的一阶负相关.

表 12 - 2　沪市 5 只股票无个体影响的不变系数模型估计结果

Dependent Variable: PRICE?
Method: Pooled Least Squares
Date: 10/08/17　Time: 08:36
Sample: 2010　2016
Included observations: 7
Cross-sections included: 5
Total pool (balanced) observations: 35
Cross-section SUR (PCSE) standard errors & covariance (d.f. corrected)

Variable	Coefficient	Std.Error	t-Statistic	Prob.
C	7.904 586	5.276 136	1.498 177	0.143 9
EPS?	7.455 720	5.736 845	1.299 620	0.203 0
NAPS?	−0.625 636	0.595 824	−1.050 035	0.301 6

R-squared	0.102 546	Mean dependent var	8.473 143
Adjusted R-squared	0.046 455	S.D. dependent var	6.667 224
S.E. of regression	6.510 521	Akaike info criterion	6.666 532
Sum squared resid	1 356.380	Schwarz criterion	6.799 848
Log likelihood	−113.664 3	Hannan-Quinn criter.	6.712 553
F-statistic	1.828 202	Durbin-Watson stat	0.560 466
Prob (F-statistic)	0.177 092		

根据表 12 - 3，变截距模型输出结果的方程形式为

$$\mathrm{PRICE}_{1t} = 2.160\,844 + 11.140\,12\mathrm{EPS}_{1t} + 0.215\,115\mathrm{NAPS}_{1t},$$

$$\mathrm{PRICE}_{2t} = 11.611\,81 + 11.140\,12\mathrm{EPS}_{2t} + 0.215\,115\mathrm{NAPS}_{2t},$$

$$\mathrm{PRICE}_{3t} = -0.718\,583 + 11.140\,12\mathrm{EPS}_{3t} + 0.215\,115\mathrm{NAPS}_{3t},$$

$$\mathrm{PRICE}_{4t} = 0.786\,755 + 11.140\,12\mathrm{EPS}_{4t} + 0.215\,115\mathrm{NAPS}_{4t},$$

$$\mathrm{PRICE}_{5t} = -3.131\,913 + 11.140\,12\mathrm{EPS}_{5t} + 0.215\,115\mathrm{NAPS}_{5t}.$$

表 12 - 3 结果表明，EPS 的回归系数显著不为零，调整后的判定系数仅 0.56，说明用这种模型较无个体影响的不变系数模型其拟合优度有了大幅提高.

表 12-3 沪市 5 只股票变截距模型估计结果

Dependent Variable：PRICE?
Method：Pooled Least Squares
Date：10/08/17 Time：13:07
Sample：2010 2016
Included observations：7
Cross-sections included：5
Total pool (balanced) observations：35
Cross-section SUR (PCSE) standard errors & covariance (d.f. corrected)

Variable	Coefficient	Std. Error	t-Statistic	Prob.
EPS?	11.140 12	4.172 714	2.669 753	0.012 5
NAPS?	0.215 115	1.075 486	0.200 016	0.842 9
ZGSY—C	2.160 844	7.641 275	0.282 786	0.779 4
ZJHJ—C	11.611 81	5.788 517	2.006 007	0.054 6
BGGF—C	−0.718 583	8.084 765	−0.088 881	0.929 8
ZGGH—C	0.786 755	5.807 551	0.135 471	0.893 2
ZGYH—C	−3.131 913	4.914 120	−0.637 329	0.529 1

R-squared	0.640 718	Mean dependent var	8.473 143
Adjusted R-squared	0.563 729	S.D. dependent var	6.667 224
S.E. of regression	4.403 757	Akaike info criterion	5.979 650
Sum squared resid	543.006 1	Schwarz criterion	6.290 719
Log likelihood	−97.643 87	Hannan-Quinn criter.	6.087 031
F-statistic	8.322 196	Durbin-Watson stat	1.613 525
Prob (F-statistic)	0.000 032		

类似地，如果面板数据模型的解释变量对被解释变量的截距影响只是随着时间变化而不随个体变化(即对不同时点有不同的截距)，则可以设定如下面板数据模型(时点变截距模型)

$$y_{it}=a_t+b_{1i}x_{1it}+b_{2i}x_{2it}+\cdots+b_{ki}x_{kit}+u_{it},\ i=1,2,\cdots,N;\ t=1,2,\cdots,T,$$

如果面板数据模型的解释变量对被解释变量的截距影响随着个体和时点变化(即对不同时点、不同个体有不同的截距)，则可以设定如下面板数据模型(时点个体变截距模型)

$$y_{it}=a_{it}+b_{1i}x_{1it}+b_{2i}x_{2it}+\cdots+b_{ki}x_{kit}+u_{it},\ i=1,2,\cdots,N;\ t=1,2,\cdots,T.$$

2）非平衡数据的固定影响模型

如果设 t 时刻截面的第 i 个单元观测数据个数为 T_i，则观测数据总数为 $\sum_{i=1}^{N} T_i$，变量的总体平均为

$$\bar{\boldsymbol{x}} = \frac{\sum_{i=1}^{N}\sum_{t=1}^{T_i}\boldsymbol{x}_{it}}{\sum_{i=1}^{N}\boldsymbol{T}_i} = \sum_{i=1}^{N}\omega_i\bar{\boldsymbol{x}}_i,\ \bar{\boldsymbol{y}} = \frac{\sum_{i=1}^{N}\sum_{t=1}^{T_i}\boldsymbol{y}_{it}}{\sum_{i=1}^{N}\boldsymbol{T}_i} = \sum_{i=1}^{N}\omega_i\bar{\boldsymbol{y}}_i, \tag{12-38}$$

其中 $\omega_i = T_i \Big/ \sum_{i=1}^{N}\boldsymbol{T}_i$. 模型参数 $\boldsymbol{b}$ 对应的估计量为

$$\hat{\boldsymbol{b}}_{CV} = \left[\sum_{i=1}^{N}\boldsymbol{x}_i^{\mathrm{T}}\boldsymbol{Q}\boldsymbol{x}_i\right]^{-1}\left[\sum_{i=1}^{N}\boldsymbol{x}_i^{\mathrm{T}}\boldsymbol{Q}\boldsymbol{y}_i\right], \tag{12-39}$$

$$\hat{a}_i = \bar{y}_i - \bar{\boldsymbol{x}}_i\hat{\boldsymbol{b}}_{CV}. \tag{12-40}$$

其中 $\boldsymbol{Q} = \boldsymbol{I}_{T_i} - \frac{1}{T_i}\boldsymbol{1}\boldsymbol{1}^{\mathrm{T}}$，估计出参数 $\boldsymbol{b}$ 后，根据式(12－34)可以求出最小二乘虚拟变量形式下的固定影响变截距模型的截距项.

3）固定影响变截距模型的广义最小二乘估计

在固定影响变截距模型中，如果随机误差项不满足等方差或相互独立的假设，则需要使用广义最小二乘法(GLS)对模型进行估计.

下面只介绍个体成员截面异方差和同期相关协方差两种情形.

(1) 个体成员截面异方差情形的 GLS 估计.

个体成员截面异方差是指各个体成员方程的随机误差项之间存在异方差，但个体成员之间和时期之间的协方差为零，对应的假设为

$$E(u_{it}u_{it}) = \sigma_i^2,\ E(u_{is}u_{jt}) = 0,\ i \neq j,\ s \neq t. \tag{12-41}$$

该情形用广义最小二乘法进行估计非常简单，即先对方程进行普通的最小二乘估计，然后计算各个体成员的残差向量，并用其来估计个体成员的样本方差 s_i^2，得

$$s_i^2 = \frac{1}{T}\sum_{t=1}^{T}(y_{it} - \hat{y}_{it})^2,\ i = 1,\ 2,\ \cdots,\ N, \tag{12-42}$$

其中 $\hat{y}_{it}$ 是 OLS 的拟合值.个体成员方程截面异方差的协方差矩阵的估计为

$$\boldsymbol{\Sigma}_N=\begin{bmatrix} s_1^2 & 0 & \cdots & 0 \\ 0 & s_2^2 & \cdots & 0 \\ \cdots & \cdots & \cdots & \cdots \\ 0 & 0 & \cdots & s_N^2 \end{bmatrix}, \tag{12-43}$$

然后,用得到的样本方差估计作为各个体成员的权重,即加权矩阵为 $\boldsymbol{\Sigma}_N \otimes \boldsymbol{I}_T$,利用加权最小二乘方法得到相应的 GLS 估计.

(2) 同期相关协方差情形的近似不相关估计(SUR)估计.

同期相关协方差是指不同的个体成员 i 和 j 的同时期的随机误差项是相关的,但其在不同时期之间是不相关的,相应的假设为

$$E(u_{it}u_{jt})=\sigma_{ij},\ E(u_{is}u_{jt})=0,\ s\neq t. \tag{12-44}$$

需要指出的是同期相关协方差是允许同一时期即 t 不变时,不同个体成员之间存在协方差.如果把假设式(12-44)中的第一个表达式写成向量和矩阵的形式为

$$E(\boldsymbol{u}_t\boldsymbol{u}_t^{\mathrm{T}})=\boldsymbol{\Sigma}_N=\begin{bmatrix} \sigma_{11} & \sigma_{12} & \cdots & \sigma_{1N} \\ \sigma_{21} & \sigma_{22} & \cdots & \sigma_{2N} \\ \cdots & \cdots & \cdots & \cdots \\ \sigma_{N1} & \sigma_{N2} & \cdots & \sigma_{NN} \end{bmatrix},$$

此时这种个体成员之间存在协方差的方差结构有些类似于个体成员方程框架下的近似不相关回归(seemingly unrelated regression, SUR),因此将这种结构称为个体成员截面 SUR(cross-section SUR).

$\boldsymbol{\Sigma}_{\mathrm{N}}$已知的情况

如果 $\boldsymbol{\Sigma}_N$ 已知,则参数 $\boldsymbol{b}$ 的 SUR 估计为

$$\hat{\boldsymbol{b}}_{\mathrm{SUR}}=[(\boldsymbol{x}-\bar{\boldsymbol{x}})^{\mathrm{T}}(\boldsymbol{\Sigma}\otimes\boldsymbol{I}_T)^{-1}(\boldsymbol{x}-\bar{\boldsymbol{x}})]^{-1}[(\boldsymbol{x}-\bar{\boldsymbol{x}})^{\mathrm{T}}(\boldsymbol{\Sigma}\otimes\boldsymbol{I}_T)^{-1}(\boldsymbol{y}-\bar{\boldsymbol{y}})], \tag{12-45}$$

$$\boldsymbol{y}=\begin{bmatrix} \boldsymbol{y}_1 \\ \boldsymbol{y}_2 \\ \vdots \\ \boldsymbol{y}_N \end{bmatrix},\ \boldsymbol{x}=\begin{bmatrix} \boldsymbol{x}_1 \\ \boldsymbol{x}_2 \\ \vdots \\ \boldsymbol{x}_N \end{bmatrix},\ \bar{\boldsymbol{y}}=\begin{bmatrix} \bar{\boldsymbol{y}}_1 \\ \bar{\boldsymbol{y}}_2 \\ \vdots \\ \bar{\boldsymbol{y}}_N \end{bmatrix},\ \bar{\boldsymbol{x}}=\begin{bmatrix} \bar{\boldsymbol{x}}_1 \\ \bar{\boldsymbol{x}}_2 \\ \vdots \\ \bar{\boldsymbol{x}}_N \end{bmatrix},$$

其中 $\boldsymbol{y}_i$ 是 $T\times 1$ 维因变量向量；$\boldsymbol{x}_i$ 是 $T\times k$ 维解释变量向量矩阵；$\bar{\boldsymbol{x}}_i=\frac{1}{T}\sum_{i=1}^{T}\boldsymbol{x}_{iT}$，$\bar{\boldsymbol{y}}_i=\frac{1}{T}\sum_{i=1}^{T}\boldsymbol{y}_{iT}$.

$\boldsymbol{\Sigma}_N$ 未知的情况

在一般的情况下，$\boldsymbol{\Sigma}_N$ 是未知的，这时，就需要利用普通最小二乘法先估计未加权系统的参数，计算残差估计值，以此构造协方差矩阵估计量，得到 $\boldsymbol{\Sigma}_N$ 的一致估计矩阵 $\boldsymbol{\Sigma}_N$，$\boldsymbol{\Sigma}_N$ 中的元素的估计值为

$$s_{ij}=\frac{1}{T}(y_i-\hat{a}_i-\boldsymbol{x}_i\hat{\boldsymbol{b}}_{CV})^{\mathrm{T}}(y_i-\hat{a}_i-\boldsymbol{x}_i\hat{\boldsymbol{b}}_{CV}),\ i,\ j=1,\ 2,\ \cdots,\ N,$$

其中 $\hat{\boldsymbol{b}}_{CV}$ 和 $\hat{a}_i$ 可由式(12－31)和式(12－34)得到.计算 $\hat{\boldsymbol{\Sigma}}_N$ 后，再进行广义最小二乘估计(GLS)，此时 $\boldsymbol{b}$ 的 SUR 估计为

$$\hat{\boldsymbol{b}}_{\mathrm{SUR}}=[(\boldsymbol{x}-\bar{\boldsymbol{x}})^{\mathrm{T}}(\hat{\boldsymbol{\Sigma}}_N\otimes\boldsymbol{I}_T)^{-1}(\boldsymbol{x}-\bar{\boldsymbol{x}})]^{-1}[(\boldsymbol{x}-\bar{\boldsymbol{x}})^{\mathrm{T}}(\hat{\boldsymbol{\Sigma}}_N\otimes\boldsymbol{I}_T)^{-1}(\boldsymbol{y}-\bar{\boldsymbol{y}})]. \tag{12－46}$$

4）固定影响变截距模型的二阶段最小二乘估计

如果随机误差项与解释变量相关，此时需要采用二阶段最小二乘方法对模型进行估计.如果矩阵 $\boldsymbol{Z}_i=(z_{i1},\ z_{i2},\ \cdots,\ z_{iq})$ 中的 $q(>k)$ 个变量同解释变量相关，但同随机误差项不相关，则可用 $\boldsymbol{Z}_i$ 作为工具变量对模型进行二阶段最小二乘估计，参数相应的估计结果为

$$\hat{\boldsymbol{b}}_{CV}=\left[\sum_{i=1}^{N}\boldsymbol{x}_i^{\mathrm{T}}\boldsymbol{Q}\widetilde{\boldsymbol{P}}_{\widetilde{Z}_i}\boldsymbol{Q}\boldsymbol{x}_i\right]^{-1}\left[\sum_{i=1}^{N}\boldsymbol{x}_i^{\mathrm{T}}\boldsymbol{Q}\boldsymbol{P}_{\widetilde{Z}_i}\boldsymbol{Q}\boldsymbol{y}_i\right], \tag{12－47}$$

$$\hat{a}_i=\bar{y}_i-\bar{\boldsymbol{x}}_i\hat{\boldsymbol{b}}_{CV}, \tag{14－48}$$

其中

$$\boldsymbol{Q}=\boldsymbol{I}_T-\frac{1}{T}\boldsymbol{1}\boldsymbol{1}^{\mathrm{T}},\ \widetilde{\boldsymbol{Z}}_i=\boldsymbol{Q}\boldsymbol{Z}_i,\ \boldsymbol{P}_{\widetilde{Z}_i}=\widetilde{\boldsymbol{Z}}_i(\widetilde{\boldsymbol{Z}}^{\mathrm{T}}_i\widetilde{\boldsymbol{Z}}_i)^{-1}\widetilde{\boldsymbol{Z}}^{\mathrm{T}}_i.$$

12.3.2 随机影响变截距模型

1）随机影响变截距模型的形式

与固定影响模型不同，随机影响变截距模型把变截距模型中用来反映个体差异的截距项分为常数项和随机变量项两部分，并用其中的随机变量项来表示模型中被忽略的、反映个体差异的变量的影响.模型的基本形式为

$$y_{it}=(a+v_i)+\boldsymbol{x}_{it}\boldsymbol{b}+u_{it},\ i=1,\ 2,\ \cdots,\ N;\ t=1,\ 2,\ \cdots,\ T \tag{12-49}$$

其中 a 为截距中的常数项部分；v_i 为截距中的随机变量部分，代表个体的随机影响. 对于式(12-49)所表示的模型，一般有如下的进一步假定：

(1) v_i 与 $\boldsymbol{x}_{it}$ 不相关.

(2) $E(u_{it})=E(v_i)=0$.

(3) $E(u_{it}v_j)=0,\ i,\ j=1,\ \cdots,\ N$.

(4) $E(u_{it}u_{js})=0,\ i\neq j,\ t\neq s$.

(5) $E(v_iv_j)=0,\ i\neq j$.

(6) $E(u_{it}^2)=\sigma_u^2,\ E(v_i^2)=\sigma_v^2$.

为了分析方便，可以将式(12-49)写成如下形式为

$$y_{it}=\tilde{\boldsymbol{x}}_{it}\boldsymbol{\delta}+\omega_{it},\ i=1,\ 2,\cdots,\ N;\ t=1,\ 2,\ \cdots,\ T \tag{12-50}$$

其中 $\tilde{\boldsymbol{x}}_{it}=(1,\ \boldsymbol{x}_{it}),\ \delta=(\boldsymbol{a},\ \boldsymbol{b}^{\mathrm{T}})^{\mathrm{T}},\ \omega_{it}=v_i+u_{it}$.

如果令 $\boldsymbol{w}_i=(\omega_{i1},\ \omega_{i2},\ \cdots,\ \omega_{iT}),\ \boldsymbol{w}=(\boldsymbol{w}_1,\ \boldsymbol{w}_2,\ \cdots,\ \boldsymbol{w}_N)$，则有

(1) ω_{it} 与 $\boldsymbol{x}_{it}$ 不相关.

(2) $E(\omega_{it})=0$.

(3) $E(\omega_{it}^2)=\sigma_u^2+\sigma_v^2,\ E(\omega_{it}\omega_{is})=\sigma_v^2,\ t\neq s$.

(4) $$E(\boldsymbol{w}^{\mathrm{T}}{}_i\boldsymbol{w}_i)=\begin{bmatrix}\sigma_u^2+\sigma_v^2 & \sigma_v^2 & \cdots & \sigma_v^2\\ \sigma_v^2 & \sigma_u^2+\sigma_v^2 & \cdots & \sigma_v^2\\ \cdots & \cdots & \cdots & \cdots\\ \sigma_u^2 & \sigma_v^2 & \cdots & \sigma_u^2+\sigma_v^2\end{bmatrix}=\sigma_u^2\boldsymbol{I}_T+\sigma_v^2\boldsymbol{1}\boldsymbol{1}^{\mathrm{T}}=\boldsymbol{\Omega}.$$

(5) $$E(\boldsymbol{w}^{\mathrm{T}}\boldsymbol{w})_{NT\times NT}=\boldsymbol{I}_N\otimes\Omega=\mathbf{V}. \tag{12-51}$$

可见，随机影响变截距模型的误差项为两种随机误差之和，方差为各随机误差的方差之和.

2) 随机影响变截距模型的估计

在式(12-51)中可以看出 NT 个观测值的扰动协方差矩阵为 $E(\boldsymbol{w}^{\mathrm{T}}\boldsymbol{w})_{NT\times NT}=\boldsymbol{I}_N\otimes\boldsymbol{\Omega}=\mathbf{V}$，所以有 $\mathbf{V}^{-1}=\boldsymbol{I}_N\otimes\boldsymbol{\Omega}^{-1}$.

由于

$$\boldsymbol{\Omega}=\sigma_u^2\boldsymbol{I}_T+\sigma_v^2\boldsymbol{1}\boldsymbol{1}^{\mathrm{T}},$$

因此有

$$\Omega^{-1}=\frac{1}{\sigma_u^2}\left[\boldsymbol{I}_T-\frac{\sigma_v^2}{\sigma_u^2+\boldsymbol{T}\sigma_v^2}\mathbf{1}\mathbf{1}^{\mathrm{T}}\right],$$

当成分方差 σ_u^2 和 σ_v^2 已知时，可以求出式(12－50)中参数 δ 的 GLS 估计量

$$\hat{\delta}_{\mathrm{GLS}}=\left[\sum_{i=1}^{N}\tilde{\boldsymbol{x}}_i^{\mathrm{T}}\Omega^{-1}\tilde{\boldsymbol{x}}_i\right]^{-1}\left[\sum_{i=1}^{N}\tilde{\boldsymbol{x}}_i^{\mathrm{T}}\Omega^{-1}\tilde{\boldsymbol{y}}_i\right],\tag{12-52}$$

其中 $\tilde{\boldsymbol{x}}_i=(\tilde{\boldsymbol{x}}_{i1},\tilde{\boldsymbol{x}}_{i2},\cdots,\tilde{\boldsymbol{x}}_{iT})^{\mathrm{T}}$，对应的协方差阵为

$$\mathrm{var}(\hat{\delta}_{\mathrm{GLS}})=\sigma_u^2\left[\sum_{i=1}^{N}\tilde{\boldsymbol{x}}_i^{\mathrm{T}}\Omega^{-1}\tilde{\boldsymbol{x}}_i\right]^{-1},\tag{12-53}$$

在实际分析中，成分方差几乎都是未知的.因此，需要采用可行广义最小二乘估计法(feasible generalized leastsquared, FGLS)对模型进行估计，即先利用数据求出未知成分方差的无偏估计，然后再进行广义最小二乘估计.

例 12.3 利用 2010～2016 年沪市中国石油(ZGSY)、中金黄金(ZJHJ)、宝钢股份(BGGF)、中国国航(ZGGH)和中国银行(ZGYH)5 只股票的年末收盘价格(PRICE)、每股收益(EPS)和每股净资产(NAPS)数据(见表 12－1)，试建立随机影响变截距模型，研究这些股票的价格与每股收益(EPS)和每股净资产的关系.

该情形下随机影响变截距模型的形式为

$$\mathrm{PRICE}_{it}=(\beta_0+v_i)+\beta_1\mathrm{EPS}_{it}+\beta_2\mathrm{NAPS}_{it}+e_{it},$$

$$(i=1,\cdots,5;\ t=2010,2011,\cdots,2016).$$

随机影响变截距模型输出结果如表 12－4 所示相应的经验回归方程为

$$\widehat{\mathrm{PRICE}}_{it}=4.173\,524+\hat{v}_i+10.672\,69\mathrm{EPS}_{it}-0.164\,328\mathrm{NAPS}_{it}.$$

表 12－4 沪市 5 只股票随机影响变截距模型估计结果

Dependent Variable: PRICE?
Method: Pooled EGLS (Cross-section random effects)
Date: 10/08/17 Time: 11:54
Sample: 2010 2016
Included observations: 7
Cross-sections included: 5
Total pool (balanced) observations: 35
Swamy and Arora estimator of component variances
Cross-section SUR (PCSE) standard errors & covariance (d.f. corrected)

续 表

Variable	Coefficient	Std.Error	t-Statistic	Prob.
C	4.173 524	7.197 490	0.579 858	0.566 1
EPS?	10.672 69	4.129 644	2.584 409	0.014 5
NAPS?	−0.164 382	1.054 321	−0.155 912	0.877 1
Random Effects (Cross)				
ZGSY—C	0.453 249			
ZJHJ—C	8.019 055			
BGGF—C	−1.937 567			
ZGGH—C	−1.374 723			
ZGYH—C	−5.160 014			
Effects Specification				
			S.D.	Rho
Cross-section random			4.811 680	0.544 2
Idiosyncratic random			4.403 757	0.455 8
Weighted Statistics				
R-squared	0.278 306	Mean dependent var		2.769 993
Adjusted R-squared	0.233 200	S.D. dependent var		5.089 590
S.E. of regression	4.456 807	Sum squared resid		635.620 2
F-statistic	6.170 058	Durbin-Watson stat		1.320 938
Prob (F-statistic)	0.005 416			
Unweighted Statistics				
R-squared	0.077 555	Mean dependent var		8.473 143
Sum squared resid	1 394.150	Durbin-Watson stat		0.602 242

由于效应设定中的两个判断指标“cross-section random”的 $\rho=0.544\ 2$ 和“idiosyncratic random”的 $\rho=0.455\ 88$，说明截距项的随机影响不显著.另外调整后的判定系数仅为 0.233，因此我们不建议此模型.

12.3.3 随机效应模型的检验

在实际应用中，究竟是采用固定效应模型还是采用随机效应模型，这需要进行模型设定检验.下面主要介绍两种检验方法.

1）LM 检验

Breush 和 Pagan 年提出基于 OLS 残差[51]，为随机效应模型构造了一种拉格朗日乘子检验方法.

随机效应模型的检验问题为是否存在随机效应，即检验零假设和备择假设：

$$H_0 : \sigma_v^2 = 0;\ H_1 : \sigma_v^2 \neq 0.$$

如果不否定原假设，就意味着没有随机效应，应当采用固定效应模型.否则采用随机效应模型.

在原假设成立的前提下，检验的统计量为

$$\mathrm{LM} = \frac{NT}{2(T-1)}\left[\frac{\sum_{i=1}^{N}\left(\sum_{t=1}^{T}\boldsymbol{e}_{it}\right)^2}{\sum_{i=1}^{N}\sum_{t=1}^{T}\boldsymbol{e}_{it}^2} - 1\right]^2 = \frac{NT}{2(T-1)}\left[\frac{\boldsymbol{e}^{\mathrm{T}}\boldsymbol{D}\boldsymbol{D}^{\mathrm{T}}\boldsymbol{e}}{\boldsymbol{e}\boldsymbol{e}^{\mathrm{T}}} - 1\right]^2,$$

其中 e_{it} 是线性回归的残差，$\boldsymbol{e}$ 是由混合模型 OLS 估计的残差组成的向量，$\boldsymbol{D}$ 是前面的虚拟变量矩阵.在原假设成立情况下，LM 统计量服从自由度为 1 的 χ^2 分布.给定显著性水平 α.若统计量 $\mathrm{LM} > \chi_\alpha^2(1)$，则否定原假设，采用随机效应模型；否则采用固定效应模型.

需要说明的是，该检验假设模型的设定是正确的，即 $a_i = a + v_i$ 与解释变量是不相关的，而这一假设是否正确还需要做进一步的检验.这就是下面要介绍的豪斯曼检验.

2）豪斯曼（Hausman）检验

在实际分析中，究竟应该使用随机效应模型还是固定效应模型呢？某些学者指出，试图区分固定效应和随机效应本身就是错误的，两者似乎不具可比性. Mundlak[52]指出，一般情况下，我们都应当把个体效应视为随机的.如果从单纯的实际操作来考虑，固定效应模型往往会耗费很大的自由度，尤其是对于截面数目很大的面板数据，随机效应模型似乎更合适.但另一方面，固定效应模型有一个独特的优势，我们无须做个体效应与其他解释变量不相关的假设，而在随机效应模型中，这个假设是必需的，在模型的设定中如果遗漏了重要的变量，就会导致参数估计的非一致性.

因此，我们可以通过检验固定效应 a_i 与其他解释变量是否相关作为进行固定效应和随机效应模型筛选的依据.豪斯曼检验就是这样一个检验统计量，其基本思想是，在 a_i 与其他解释变量不相关的原假设下，我们采用 OLS 估计固定效应模型和采用 GLS 估计随机效应模型得到的参数估计都是无偏且一致的，只是前者不具有效性.若原假设不成立，则固定效应模型的参数估计仍然是一致的，但随机效应却不是.因此，在原假设下，两者的参数估计应该不会有显著的差异，这样使得我们可以基于两者参数估计的差异构造检验统计量.

William[9]介绍了豪斯曼检验.该检验基于以下 Wald 统计量为

$$\boldsymbol{W}=(\hat{\boldsymbol{b}}_{CV}-\hat{\boldsymbol{b}}_{GLS})^{T}[\operatorname{var}(\hat{\boldsymbol{b}}_{CV})-\operatorname{var}(\hat{\boldsymbol{b}}_{GLS})]^{-1}(\hat{\boldsymbol{b}}_{CV}-\hat{\boldsymbol{b}}_{GLS}),$$

其中 k 为解释变量的个数,$\hat{\boldsymbol{b}}_{CV}$ 为固定效应模型的估计参数,$\hat{\boldsymbol{b}}_{GLS}$ 为随机效应模型的估计参数.在原假设成立情况下,$\boldsymbol{W}$ 服从自由度为 k 的 χ^2 分布,这样可以利用 χ^2 分布的临界值与上述统计量对比来判断原假设是否成立.

特别地,当解释变量的个数为 1 时,豪斯曼检验的统计量为

$$\boldsymbol{W}=\frac{(\hat{\boldsymbol{b}}_{CV}-\hat{\boldsymbol{b}}_{GLS})^2}{s(\hat{\boldsymbol{b}}_{CV})^2-s(\hat{\boldsymbol{b}}_{GLS})^2},$$

如果拒绝了原假设,就表明个体效应 a_i 和 $\boldsymbol{x}_{it}$ 是相关的.此时我们有两种处理方法:一是采用固定效应模型,某些情况下这是一种无赖的选择;二是采用工具变量法来处理内生问题.

例 12.4 利用 2010～2016 年沪市中国石油(ZGSY)、中金黄金(ZJHJ)、宝钢股份(BGGF)、中国国航(ZGGH)和中国银行(ZGYH)5 只股票的年末收盘价格(PRICE)、每股收益(EPS)和每股净资产(NAPS)数据(见表 12-1),(1) 利用豪斯曼检验选择面板模型,研究这些股票的价格与每股收益(EPS)和每股净资产的关系.(2) 试进行面板单位根检验.

解 (1) 豪斯曼检验:表 12-5 的结果表明本例数据相应的 Hausman 检验无效,说明可以接受随机效应模型.

表 12-5 沪市 5 只股票 Hausman 检验结果

Correlated Random Effects-Hausman Test
Pool: POOL01
Test cross-section random effects

Test Summary	Chi-Sq. Statistic	Chi-Sq.d.f.	Prob.
Cross-section random	0.000 000	2	1.000 0

* Cross-section test variance is invalid. Hausman statistic set to zero.

** WARNING: robust standard errors may not be consistent with assumptions of Hausman test variance calculation.

Cross-section random effects test comparisons:

Variable	Fixed	Random	Var (Diff.)	Prob.
EPS?	11.140 117	10.672 690	NA	NA
NAPS?	0.215 115	−0.164 382	NA	NA

（2）面板单位根检验：表 12－6 的结果表明本例序列不存在单位根.

表 12－6 沪市 5 只股票单位根检验结果

Pool Unit Root Test on PRICE? EPS? NAPS?

Pool unit root test：Summary
Series：PRICEZGSY，PRICEZJHJ，PRICEBGGF，PRICEZGGH，PRICEZG，EPSZGSY，EPSZJHJ，EPSBGGF，EPSZGGH，EPSZGYH，NAPSZGS，NAPSZJHJ，NAPSBGGF，NAPSZGGH，NAPSZGYH
Date：10/08/17 Time：13:34
Sample：2010 2016
Exogenous variables：Individual effects
Automatic selection of maximum lags
Automatic lag length selection based on SIC：0
Newey-West automatic bandwidth selection and Bartlett kernel
Balanced observations for each test

Method	Statistic	Prob.**	Cross-sections	Obs
Null：Unit root (assumes common unit root process)				
Levin，Lin & Chut*	−2.546 49	0.005 4	15	90
Null：Unit root (assumes individual unit root process)				
Im，Pesaran and Shin W-stat	−0.797 89	0.212 5	15	90
ADF-Fisher Chi-square	51.403 3	0.008 8	15	90
PP-Fisher Chi-square	64.685 8	0.000 2	15	90

** Probabilities for Fisher tests are computed using an asymptotic Chisquare distribution. All other tests assume asymptotic normality.

12.4 变系数模型

变系数模型的基本形式为

$$y_{it}=a_i+\boldsymbol{x}_{it}\boldsymbol{b}_i+u_{it},\ i=1,\ 2,\ \cdots,\ N;\ t=1,\ 2,\ \cdots,\ T. \quad (12-54)$$

其中记号的解释同式(12－1)和式(12－2)，u_{it} 为随机误差项，满足相互独立、零均值、同方差为 σ_u^2 的假设.式(12－54)共有 $N(K+1)$ 个参数需要估计.

在式(12－54)所表示的变系数模型中，常数项 a_i 和系数向量 $\boldsymbol{b}_i$ 都是随着横

截面个体的改变而变化的，因此可以将变系数模型改写成

$$y_{it}=\widetilde{\boldsymbol{x}}_{it}\boldsymbol{\delta}_i+u_{it}, i=1, 2, \cdots, N;\ t=1, 2, \cdots, T. \tag{12-55}$$

其中 $\widetilde{\boldsymbol{x}}_{it}=(1, \boldsymbol{x}_{it})$, $\delta_i=(a_i, \boldsymbol{b}_i^{\mathrm{T}})^{\mathrm{T}}$.

模型相应的矩阵形式为

$$\boldsymbol{y}=\boldsymbol{x}\boldsymbol{\delta}+\boldsymbol{U}, \tag{12-56}$$

其中

$$\boldsymbol{y}=\begin{bmatrix}\boldsymbol{y}_1\\ \boldsymbol{y}_2\\ \vdots\\ \boldsymbol{y}_N\end{bmatrix}, \boldsymbol{y}_i=\begin{bmatrix}\boldsymbol{y}_{i1}\\ \boldsymbol{y}_{i2}\\ \vdots\\ \boldsymbol{y}_{iT}\end{bmatrix}, \widetilde{\boldsymbol{x}}=\begin{bmatrix}\widetilde{\boldsymbol{x}} & \boldsymbol{0} & \cdots & \boldsymbol{0}\\ \boldsymbol{0} & \widetilde{\boldsymbol{x}}_2 & \cdots & \boldsymbol{0}\\ \cdots & \cdots & \cdots & \cdots\\ \boldsymbol{0} & \boldsymbol{0} & \cdots & \widetilde{\boldsymbol{x}}_N\end{bmatrix}, \tag{12-57}$$

$$\widetilde{\boldsymbol{x}}_i=\begin{bmatrix}\widetilde{\boldsymbol{x}}_{i11} & \widetilde{\boldsymbol{x}}_{i12} & \cdots & \widetilde{\boldsymbol{x}}_{i1(k+1)}\\ \widetilde{\boldsymbol{x}}_{i21} & \widetilde{\boldsymbol{x}}_{i22} & \cdots & \widetilde{\boldsymbol{x}}_{i2(k+1)}\\ \cdots & \cdots & \cdots & \cdots\\ \widetilde{\boldsymbol{x}}_{iT1} & \widetilde{\boldsymbol{x}}_{iT2} & \cdots & \widetilde{\boldsymbol{x}}_{iT(k+1)}\end{bmatrix}, \boldsymbol{\delta}=\begin{bmatrix}\delta_1\\ \delta_2\\ \vdots\\ \delta_N\end{bmatrix}, \boldsymbol{U}=\begin{bmatrix}\boldsymbol{u}_1\\ \boldsymbol{u}_2\\ \vdots\\ \boldsymbol{u}_N\end{bmatrix}, \boldsymbol{u}_i=\begin{bmatrix}\boldsymbol{u}_{i1}\\ \boldsymbol{u}_{i2}\\ \vdots\\ \boldsymbol{u}_{iT}\end{bmatrix}. \tag{12-58}$$

12.4.1 固定影响变系数模型

1) 不同个体之间随机误差项不相关的固定影响变系数模型(OLS)

当不同横截面个体之间的随机误差项不相关时，即 $E(\boldsymbol{u}_i\boldsymbol{u}^{\mathrm{T}}_j)=0(i\neq j)$，且 $E(\boldsymbol{u}_i\boldsymbol{u}^{\mathrm{T}}_i)=\sigma_i^2\boldsymbol{I}$，上述固定影响变系数模型的估计是极为简单的.可以将模型分成对应于横截面个体的 N 个单方程，利用各横截面个体的时间序列数据采用经典的单方程模型估计方法分别估计各单方程中的参数.

2) 不同个体之间随机误差项相关的固定影响变系数模型

当不同横截面个体的随机误差项之间存在相关性时，即 $E(\boldsymbol{u}_i\boldsymbol{u}^{\mathrm{T}}_j)=\boldsymbol{\Omega}_{ij}=\boldsymbol{O}(i\neq j)$ 时，各截面上的单方程 OLS 估计量虽然仍是一致和无偏的，但不是最有效的，因此需要使用广义最小二乘法对模型进行估计.如果协方差矩阵 $\boldsymbol{\Omega}_{ij}$ 已知

$$\boldsymbol{V}=\begin{bmatrix}\boldsymbol{\Omega}_{11} & \boldsymbol{\Omega}_{12} & \cdots & \boldsymbol{\Omega}_{1N}\\ \boldsymbol{\Omega}_{21} & \boldsymbol{\Omega}_{22} & \cdots & \boldsymbol{\Omega}_{2N}\\ \cdots & \cdots & \cdots & \cdots\\ \boldsymbol{\Omega}_{N1} & \boldsymbol{\Omega}_{N2} & \cdots & \boldsymbol{\Omega}_{NN}\end{bmatrix}_{NT\times NT}, \tag{12-59}$$

则可以直接得到参数的 GLS 估计

$$\hat{\boldsymbol{\delta}}_{GLS}=(\tilde{\boldsymbol{x}}^{T}\boldsymbol{V}^{-1}\tilde{\boldsymbol{x}})^{-1}\tilde{\boldsymbol{x}}^{T}\boldsymbol{V}^{-1}\boldsymbol{y}, \tag{12-60}$$

一般而言,协方差矩阵 $\boldsymbol{\Omega}_{ij}$ 是未知的.如何得到协方差矩阵 $\boldsymbol{\Omega}_{ij}$ 的估计量.一种可行的方法是:首先采用经典单方程计量经济模型的估计方法,分别估计每个截面个体上的 $\boldsymbol{b}_i$,计算残差估计值,以此构造协方差矩阵的估计量,然后再进行 GLS 估计.

例 12.5 利用 2010～2016 年沪市中国石油(ZGSY)、中金黄金(ZJHJ)、宝钢股份(BGGF)、中国国航(ZGGH)和中国银行(ZGYH)五只股票的年末收盘价格(PRICE)、每股收益(EPS)和每股净资产(NAPS)数据(见表 12-1),试建立固定影响变系数模型,研究这些股票的价格与每股收益(EPS)和每股净资产的关系.

该情形下变系数模型的形式为

$$\mathrm{PRICE}_{it}=a_i+b_i\mathrm{EPS}_{it}+e_{it},\ i=1,\cdots,5;\ t=2010,2011,\cdots,2016,$$

随机影响变截距模型输出结果如表 12-7 所示输出结果对应的经验回归方程式为

$$\mathrm{ZGSY}:\ \mathrm{PR\hat{I}CE}_{it}=(5.188\,995+2.709\,510)+2.611\,085\mathrm{EPS}_{it},$$

$$\mathrm{ZJHJ}:\ \mathrm{PR\hat{I}CE}_{it}=(5.188\,995+3.984\,482)+19.790\,64\mathrm{EPS}_{it},$$

$$\mathrm{BGGF}:\ \mathrm{PR\hat{I}CE}_{it}=(5.188\,995+0.044\,567)+0.822\,496\mathrm{EPS}_{it},$$

$$\mathrm{ZGGH}:\ \mathrm{PR\hat{I}CE}_{it}=(5.188\,995-2.995\,030)+10.203\,27\mathrm{EPS}_{it},$$

$$\mathrm{ZGYH}:\ \mathrm{PR\hat{I}CE}_{it}=(5.188\,995-3.743\,528)+3.658\,814\mathrm{EPS}_{it}.$$

平均截距常数 C 显著不为零,调整后的判定系数为 0.633 4,加权估计的调整后的判定系数为 0.847 8,$DW=2.29$,F 统计量的 P 值<0.000.

表 12-7 沪市 5 只股票固定影响变系数模型估计结果

Dependent Variable: PRICE?
Method: Pooled EGLS (Cross-section weights)
Date: 10/08/17 Time: 14:50
Sample: 2010 2016
Included observations: 7
Cross-sections included: 5
Total pool (balanced) observations: 35
Linear estimation after one-step weighting matrix
Cross-section SUR (PCSE) standard errors & covariance (d.f. corrected)

续 表

Variable	Coefficient	Std.Error	t-Statistic	Prob.
C	5.188 995	0.870 429	5.961 421	0.000 0
ZGSY—EPSZGSY	2.611 085	1.810 857	1.441 906	0.161 7
ZJHJ—EPSZJHJ	19.790 64	9.182 997	2.155 139	0.041 0
BGGF—EPSBGGF	0.822 496	2.093 517	0.392 878	0.697 7
ZGGH—EPSZGGH	10.203 27	2.531 199	4.031 000	0.000 5
ZGYH—EPSZGYH	3.658 814	2.946 054	1.241 937	0.225 8
Fixed Effects (Cross)				
ZGSY—C	2.709 510			
ZJHJ—C	3.984 482			
BGGF—C	0.044 567			
ZGGH—C	−2.995 030			
ZGYH—C	−3.743 528			

Effects Specification			
Cross-section fixed (dummy variables)			
Weighted Statistics			
R-squared	0.888 106	Mean dependent var	20.109 30
Adjusted R-squared	0.847 824	S.D. dependent var	8.782 773
S.E. of regression	4.036 561	Sum squared resid	407.345 6
F-statistic	22.047 25	Durbin-Watson stat	2.268 175
Prob(F-statistic)	0.000 000		
Unweighted Statistics			
R-squared	0.730 478	Mean dependent var	8.473 143
Sum squared resid	407.345 6	Durbin-Watson stat	2.289 973

3) 含有 AR(p)项的固定影响变系数模型

对于含有 AR(p)项的固定影响变系数模型，经过适当的变换，可以将其转换成基本的固定影响变系数模型进行估计.

例如，含有 AR(1)项的固定影响变系数模型的基本形式为

$$y_{it}=a_i+\boldsymbol{x}_{it}\boldsymbol{b}_i+u_{it},\ i=1,\ 2,\ \cdots,\ N;\ t=1,\ 2,\ \cdots,\ T, \tag{12-61}$$

$$u_{it}=\rho_i u_{it-1}+v_{it}, \tag{12-62}$$

其中 v_{it} 为白噪声，则含有 AR(1)项的固定影响变系数式(12-61)可变形为

$$y_{it}=a_i(1-\rho_i)+\rho_i y_{it-1}+(\boldsymbol{x}_{it}-\rho_i\boldsymbol{x}_{it-1})\boldsymbol{b}_i+v_{it}. \tag{12-63}$$

利用前面所介绍的固定影响变系数模型的估计方法，能够实现对于变形后的式(12-63)的估计.

类似，对于含有 AR(p)项的固定影响变截距模型，也可以经适当变换转变为基本的固定影响变截距模型进行估计.

12.4.2 随机影响变系数模型

1) 随机影响模型的形式

考虑如下形式的变系数模型

$$y_{it}=\tilde{\boldsymbol{x}}_{it}\boldsymbol{\delta}_i+u_{it},\ i=1,\ 2,\ \cdots,\ N;\ t=1,\ 2,\ \cdots,\ T, \tag{12-64}$$

其中 $\tilde{\boldsymbol{x}}_{it}=(1,\ \boldsymbol{x}_{it})$，$\boldsymbol{\delta}_i=(a_i,\ \boldsymbol{b}_i^{\mathrm{T}})^{\mathrm{T}}$.

在随机影响变系数模型中，系数向量 $\boldsymbol{\delta}_i$ 为跨截面变化的随机值向量，其一个基本的模型设定为

$$\boldsymbol{\delta}_i=\bar{\boldsymbol{\delta}}+\boldsymbol{v}_i,\ i=1,\ 2,\ \cdots,\ N,$$

其中 $\bar{\delta}$ 为跨截面变化的系数的均值部分，$\boldsymbol{v}_i$ 为随机变量，表示变化系数的随机部分，其服从如下 Swamy 假设[53]：

(1) $E(\boldsymbol{v}_i)=\boldsymbol{0}_{k+1}$.

(2) $E(\boldsymbol{v}_i\boldsymbol{v}_i^{\mathrm{T}})=\begin{cases}\lambda\boldsymbol{I}_{k+1}, & i=j,\\ \boldsymbol{O}_{(k+1)\times(k+1)}, & i\neq j.\end{cases}$

(3) $E(\tilde{\boldsymbol{x}}_{it}^{\mathrm{T}}\boldsymbol{v}_j^{\mathrm{T}})=\boldsymbol{O}_{(k+1)\times(k+1)}$，$E(\boldsymbol{v}_i\boldsymbol{u}_j^{\mathrm{T}})=\boldsymbol{O}_{(k+1)\times T}$.

(4) $E(\boldsymbol{u}_i\boldsymbol{u}_i^{\mathrm{T}})=\begin{cases}\sigma_i^2\boldsymbol{I}_T,\ i=j,\\ \boldsymbol{O}_{T\times T},\ i\neq j.\end{cases}$

此时式(12-64)的矩阵形式可以改写为

$$\boldsymbol{y}=\tilde{\boldsymbol{x}}\,\bar{\boldsymbol{\delta}}+\boldsymbol{D}\boldsymbol{v}+\boldsymbol{U},$$

其中 $\boldsymbol{v}=(\boldsymbol{v}_1,\ \boldsymbol{v}_2,\ \cdots,\ \boldsymbol{v}_N)^{\mathrm{T}}$；$\tilde{\boldsymbol{x}}=(\tilde{\boldsymbol{x}}_1,\ \tilde{\boldsymbol{x}}_2,\ \cdots,\ \tilde{\boldsymbol{x}}_N)^{\mathrm{T}}{}_{NT\times(k+1)}$；$\boldsymbol{D}=\mathrm{diag}(\tilde{\boldsymbol{x}}_1,\ \tilde{\boldsymbol{x}}_2,\ \cdots,\ \tilde{\boldsymbol{x}}_N)^{\mathrm{T}}{}_{NT\times N(k+1)}$；$\boldsymbol{D}$ 是$\tilde{\boldsymbol{x}}_i$的分块对角矩阵.复合误差项 $\boldsymbol{D}\boldsymbol{v}+\boldsymbol{U}$ 的协方差矩阵 $\boldsymbol{\Phi}$ 为分块对角矩阵

$$\boldsymbol{\Phi}=\begin{bmatrix}\boldsymbol{\Phi}_1 & \boldsymbol{O} & \cdots & \boldsymbol{O}\\ \boldsymbol{O} & \boldsymbol{\Phi}_2 & \cdots & \boldsymbol{O}\\ \cdots & \cdots & \cdots & \cdots\\ \boldsymbol{O} & \boldsymbol{O} & \cdots & \boldsymbol{\Phi}_N\end{bmatrix}_{NT\times NT},$$

其中 $\boldsymbol{\Phi}_i=\tilde{\boldsymbol{x}}_i\boldsymbol{H}\tilde{\boldsymbol{x}}_i^{\mathrm{T}}+\sigma_i^2\boldsymbol{I}_T$；$\boldsymbol{H}=\lambda\boldsymbol{I}_{k+1}$.

2) 随机影响模型的估计

响变截距模型类似，在 Swamy[53] 假设下，如果 $(1/NT)\tilde{\boldsymbol{x}}\tilde{\boldsymbol{x}}^{\mathrm{T}}$ 收敛于非零常数矩阵，则参数 $\bar{\delta}$ 的最优线性无偏估计是由下式给出的广义最小二乘(GLS)估计

$$\hat{\bar{\delta}}_{\mathrm{GLS}}=\left[\sum_{i=1}^{N}\tilde{\boldsymbol{x}}_i^{\mathrm{T}}\boldsymbol{\Phi}_i^{-1}\tilde{\boldsymbol{x}}_i\right]^{-1}\left[\sum_{i=1}^{N}\tilde{\boldsymbol{x}}_i^{\mathrm{T}}\boldsymbol{\Phi}_i^{-1}\boldsymbol{y}_i\right]=\sum_{i=1}^{N}\boldsymbol{w}_i\hat{\delta}_i,$$

其中 $\boldsymbol{w}_i=[\boldsymbol{H}+\sigma_i^2(\tilde{\boldsymbol{x}}_i^{\mathrm{T}}\tilde{\boldsymbol{x}}_i)^{-1}]^{-1}\Big/\sum_{i=1}^{N}[\boldsymbol{H}+\sigma_i^2(\tilde{\boldsymbol{x}}_i^{\mathrm{T}}\tilde{\boldsymbol{x}}_i)^{-1}]^{-1}$；$\hat{\delta}_i=(\tilde{\boldsymbol{x}}_i^{\mathrm{T}}\tilde{\boldsymbol{x}}_i)^{-1}\tilde{\boldsymbol{x}}_i^{\mathrm{T}}\boldsymbol{y}_i$.

在实际分析中，这两项方差几乎都是未知的，因此需要采用可行广义最小二乘估计法(FGLS)对模型进行估计，即先利用数据求出未知方差的无偏估计，然后再进行广义最小二乘估计.

遗憾的是，目前的 Eviews 软件不能进行随机影响变系数模型的参数估计.

习 题 12

统计建模实验题：2010～2016 年中国东北、华北、华东 15 个省级地区的经济单位所在地出口总额(千美元).

地区名	2016	2015	2014	2013	2012	2011	2010
北　京	52 022 843	54 666 817	62 338 417	63 097 561	59 632 089	58 997 146	55 436 211
天　津	44 278 694	51 162 928	52 590 658	49 004 938	48 312 563	44 481 941	37 484 826
河　北	30 575 538	32 932 763	35 710 195	30 960 609	29 598 202	28 569 849	22 556 443
山　西	9 932 190	8 420 768	8 940 869	7 995 574	7 016 041	5 425 124	4 702 815
内蒙古	4 395 988	5 650 008	6 393 548	4 092 561	3 970 163	4 686 973	3 334 426
辽　宁	43 062 765	50 710 982	58 745 183	64 522 007	57 959 053	51 042 356	43 098 711
吉　林	4 202 011	4 613 753	5 777 591	6 738 906	5 982 684	4 997 715	4 475 849

续 表

地区名	2016	2015	2014	2013	2012	2011	2010
黑龙江	5 035 529	8 035 413	17 335 238	16 231 726	14 435 173	17 672 985	16 280 786
上　海	183 352 132	195 913 212	210 133 864	204 180 026	206 730 168	209 673 843	180 713 982
江　苏	319 053 086	338 644 778	341 832 503	328 801 752	328 523 522	312 590 057	270 538 690
浙　江	267 863 753	276 332 114	273 327 046	248 746 241	224 517 144	216 349 491	180 464 783
安　徽	28 446 682	32 270 174	31 485 371	28 251 314	26 748 502	17 082 639	12 412 888
福　建	103 677 985	112 680 109	113 452 293	106 474 420	97 832 594	92 837 782	71 493 128
江　西	29 798 398	33 116 737	32 025 319	28 166 652	25 112 787	21 876 063	13 416 063
山　东	137 096 088	143 925 676	144 708 654	134 190 125	128 709 205	125 712 568	104 225 604

1. 上网搜集这 15 个省市相应年份的 GDP 总量并整理成表.

2. 试利用 Eviews 软件对 15 个省级地区的出口总额和 GDP 总量数据进行面板数据建模分析.

3. 对所建立的模型给出相应的经济解释.

4. 你也可以不使用本书提供的案例,而从网络上收集你感兴趣领域的相关多元数据进行类似的面板数据建模实验.

参考文献

[1] James R S. Matrix analysis for statistics[M]. 3rd ed. New York: Wiley, 2016.
[2] 陈希孺,王松桂.近代回归分析[M].合肥：安徽教育出版社,1987.
[3] 王松桂,史建虹,尹素菊,等.线性模型引论[M].北京：科学出版社,2004.
[4] 方开泰,陈敏.统计学中的矩阵代数[M]. 北京：高等教育出版社,2013.
[5] 程云鹏,张凯院,徐仲.矩阵论[M].第 3 版.西安：西北工业大学出版社,2006.
[6] Wang S G, Chow S C. Advanced linear models [M]. New York: Marcel Dekker Inc., 1994.
[7] 吴密霞.线性混合效应模型引论[M].北京：科学出版社,2016.
[8] James G, Witten D, Hastie T, et al. An introduction to statistical learning-with application in R[M]. New York: Springer, 2013.
[9] Greene W H. Econometric analysis [M]. 8th ed. London: Pearson Education Limited, 2017.
[10] Cook D R, Weisberg S. Residuals and Influence in regression[M]. New York: Chapman and Hall, 1982.
[11] 林建忠.金融信息分析[M].上海：上海交通大学出版社,2015.
[12] Cook R D. Detection of influential observation in linear regression [J]. Technometrics, 1977, 42(1): 65 - 68.
[13] Cook R D. Influential observations in linear regression[J]. J. Am. Stat. Assoc., 1977, 74: 169 - 174.
[14] 韦博成,林金官,解锋昌.统计诊断[M]. 北京：高等教育出版社,2009.
[15] Belsley D A, Kuh E, Welsch R E. Regression diagnostics: Identifying influential data and sources of collinearity[M]. New York: Wiley, 1980.
[16] Ferguson T S. On the rejection of outliers[C]//Proceeding of the fourth berkley sym-posium on math. Statist. and Prob., 1961, Vol.1,253 - 287.
[17] Durbin J, Watson G S. Testing for serial correlation in least square

regression: I[J]. Biometrika, 1950, 37(314): 409 - 428.
[18] Durbin J, Watson G S. Testing for serial correlation in least square regression, II[J]. Biometrika, 1951, 38: 159 - 179.
[19] Box, G E P, Wetz J M. Criterion for judging the adequacy of estimation by an approximating response polynomial [R]. Madison: Technical Report No.9, Department of Statistics, University of Wisconsin, 1973.
[20] Suich R, Derringer G C. Is the regression equation adequate — one criterion? [J]. Technometrics, 1977, 19(2): 213 - 216.
[21] Hill R C, Judge G G, Fomby T B. On testing the adequacy of a regression model[J]. Technometrics, 1978, 20(4): 491 - 494.
[22] Ellerton R R W. Is the regression equation adequate — A generalization? [J]. Technometrics, 1978, 20(3): 313 - 315.
[23] Gunst R F, Mason R L. Some considerations in the evaluation of alternative prediction equations [J]. Technometrics, 1979, 21(1): 55 - 63.
[24] Mendenhall W, Sincich T. A second course in statistics: Regression analysis[M]. 6th ed. New Jersey: Prentice Hall, 2003.
[25] Carroll R, Ruppert D. Transformations and weighting in regression[M]. New York: Wiley, 1989.
[26] Chatterjee S, Hadi A S. Regression analysis by example[M]. 5th ed. New York: Wiley, 2012.
[27] Montgomery D C, Peck E A, Vining G G. Introduction to linear regression analysis[M]. 3th ed. New York: Wiley, Inc., 2001.
[28] Maxwell Katrina D. Applied statistics for software managers [M]. London: Pearson Education, Inc., 2002.
[29] Hoerl A E, Kennard R W. Ridge regression: Biased estimation for nonorthogonal problems[J]. Technometrics, 1970, 12: 55 - 67.
[30] 薛毅,陈立萍.统计建模与R软件[M].北京:清华大学出版社,2007.
[31] Mallows C L. Choosing variables in a linear regression: A graphical aid [C]//Central Regional Meeting of the Institute of Mathematical Statistics. New York: [unknown], 1964.
[32] Akaike H. A new look at the statistical model identification[J]. IEEE Transactions on Automatic Control, 1974, 19(6): 716 - 723.
[33] 高惠璇.统计计算[M].北京:北京大学出版社,1995.

[34] 王松桂，陈敏，陈立萍.线性统计模型-回归分析与方差分析[M].北京：高等教育出版社，1999.
[35] 叶中行，王蓉华，徐晓岭，等.概率论与数理统计[M].北京：北京大学出版社，2009.
[36] Snee R D. Validation of regression models：Methods and examples[J]. Technometrics，1977，19(4)：415－428.
[37] Schmidt M，Schneider D P，Gunn J E. Spectroscopic CCD surveys for quasars at large redshift. Astronomical Journal，1995，110(1)：68.
[38] Litzinger T A，Buzza T G. Performance and emissions of adiesel engine using a coal-derived fuel. Journal of Energy Resources Technology，1990，112(1)：30－35.
[39] McCullagh P，Nelder J A. Generalized linear models[M]. 2th ed. London：Champman and Hall，1989.
[40] 陈夏.广义线性模型引论[M].北京：科学出版社，2017.
[41] 茆诗松，王静龙，濮晓龙.高等数理统计[M].第 2 版.北京：高等教育出版社，2006.
[42] Demidenko E. Mixed models theory and applications[M]. New York：Wiley，2004.
[43] Raudenbush S W，Bryk A S. Hierarchical linear models：Applications and data analysis methods[M]. 2nd ed. Newbury Park：Sage Publications，2002.
[44] 王济川，谢海义，姜宝华.多层统计分析模型-方法于应用[M].北京：高等教育出版社，2008.
[45] 张铁.我国交运行业上市公司利润率的差异分析-基于分层线性模型的比较[D].上海：上海交通大学硕士论文，2016.
[46] 张雷，雷雳，郭伯良，等.多层线性模型应用[M].北京：教育科学出版社，2005.
[47] 费宇，陈飞，喻达磊，等.线性和广义线性混合模型及其统计推断[M].北京：科学出版社，2013.
[48] 杨宇弘.广义线性混合模型在死亡数据分析中的应用[D].上海：上海交通大学硕士论文，2015.
[49] Hsiao C. Analysis of panel data[M]. 2nd ed. Cambridge：Cambridge University Press，2003.
[50] Baltagi B H. Econometric analysis of panel data[M]. 4th ed. New York：

Wiley, 2008.
[51] Breusch T S, Pagan A R. The Lagrange multiplier test and its applications to model specification in econometrics [J]. Review of Economic Studies, 1980, 47(1): 239 - 253.
[52] Mundlak Y. On the pooling of time series and cross section data[J]. Econometrica, 1978, 46(1): 69 - 85.
[53] Swamy P A V B. Efficient inference in a random coefficient regression model[J]. Econometrica, 1970, 38(2): 311 - 323.